高等学校计算机基础教育教材精选

大学计算机基础教程

（第2版）

郭娜 刘颖 王小英 庞国莉 编著

清华大学出版社
北 京

内 容 简 介

本书共 9 章，主要包括计算机基础知识、Windows 10、Word 2016、Excel 2016、PowerPoint 2016、计算机网络基础、信息安全、多媒体技术基础、数据库基础等内容。

本书的创新点主要有：一是特别适合 64 学时以下的学校来使用，部分内容即使课上没有时间讲解，课下学生通过看此教程、做练习也比较容易掌握；二是本书的习题将历年国家计算机等级考试中所涉及的部分题目引入，使得学生在学习本课程的同时也为参加计算机一级考试做了复习准备，可谓一举两得；三是部分内容采用实用性较强的案例来介绍，趣味性也较强。

图书在版编目(CIP)数据

大学计算机基础教程/郭娜等编著. —2 版. —北京：清华大学出版社，2019(2023.1重印)
(高等学校计算机基础教育教材精选)
ISBN 978-7-302-52980-4

Ⅰ. ①大… Ⅱ. ①郭… Ⅲ. ①电子计算机－高等学校－教材 Ⅳ. ①TP3

中国版本图书馆 CIP 数据核字(2019)第 085704 号

责任编辑：龙启铭
封面设计：傅瑞学
责任校对：胡伟民
责任印制：宋 林

出版发行：清华大学出版社
网　　址：http://www.tup.com.cn，http://www.wqbook.com
地　　址：北京清华大学学研大厦 A 座　　**邮　　编**：100084
社 总 机：010-83470000　　**邮　　购**：010-62786544
投稿与读者服务：010-62776969，c-service@tup.tsinghua.edu.cn
质量反馈：010-62772015，zhiliang@tup.tsinghua.edu.cn
课件下载：http://www.tup.com.cn，010-62795954
印 装 者：三河市天利华印刷装订有限公司
经　　销：全国新华书店
开　　本：185mm×260mm　　**印　　张**：21.25　　**字　　数**：535 千字
版　　次：2016 年 9 月第 1 版　2019 年 8 月第 2 版　　**印　　次**：2023 年 1 月第11次印刷
定　　价：49.00 元

产品编号：080978-01

前言

在大数据、云计算、物联网、人工智能、移动互联网与“互联网+”成为热词的今天,熟练掌握计算机基础知识、具备熟练操作计算机的基本技能就显得格外重要。在2017年7月国务院印发的《新一代人工智能发展规划》中明确提出要广泛开展人工智能科普活动,目前已经有省份在高中阶段开设人工智能课程,并且有的省份在高中阶段还开设Python程序设计课程。而对计算机基础理论知识和基本操作的掌握是学习好上述课程的坚实基础。可见,不仅对大学生来说,获得计算机基础知识和具备计算机的应用能力才能适应当前社会发展的需要,对中学生来说也同样重要。并且,作为高校开设的计算机基础类课程只能与时俱进,紧跟社会发展步伐和时代需要,才能培养出符合社会需要的人才,也才能更好地和高中对接。

本书作为计算机基础类教材,使学生通过学习,能较好地掌握计算机基础知识,具备基本的计算机应用能力,对多媒体技术、信息安全、数据库系统也有较深的认识。本书对计算机基础知识、Windows 10、Word 2016、Excel 2016和PowerPoint 2016、计算机网络基础、信息安全、多媒体技术基础、数据库基础这9部分内容进行介绍。

本书在第1版的基础上做了更新,融入了近两年的一些新技术,并将操作系统由原来的Windows 7更新至Windows 10、Office 2010更新至Office 2016,以便读者有更好的阅读体验。

本书最大的特色就是部分内容采用案例形式,并且所采用的案例都是学生在日常学习、生活、工作中将会用到的案例,所以对于学生来说,本书的实用性较强。这在很大程度上锻炼了学生的动手能力。案例还带有一定的趣味性,比如利用PowerPoint制作一个小游戏,利用Gold Wave进行不同歌曲的合成,利用PhotoShop进行图片的合成及编辑,利用Flash制作二维动画,利用FSSB制作电子相册等,这些例子可以提升学生的学习兴趣。

本书共9章,内容是编者从事一线教学工作的总结,几乎全部案例都在课堂上进行过尝试,效果较好。

本书由郭娜、刘颖、王小英、庞国莉编写,其中郭娜负责编写第2、5、8章;刘颖负责编写第1、4章;王小英负责编写第3、7章;庞国莉负责编写第6、9章。在本书的编写过程中,参考了一些文献资料,在此向这些文献资料的作者表示谢意!也向曾提供支持和帮助的各界人士表示深深的谢意!由于编者水平有限、时间仓促,书中难免会有一些疏漏之处,恳请专家、读者批评指正。同时希望读者能够与编者交流教学或学习经验,编者邮箱:guona@cidp.edu.cn。

编　者

2019年6月

前言

目录

第1章 计算机基础知识

学习目标：

(1) 掌握计算机的基本概念。

(2) 了解计算机的发展及中国计算机的发展概况、未来计算机的发展趋势。

(3) 理解数据与信息的基本关系及基于计算机的数据处理过程。

(4) 了解计算机的应用范围。

(5) 掌握计算机系统的概念和组成。

(6) 掌握二进制及编码。

(7) 掌握操作系统的概念和功能。

(8) 理解计算机软件的分类和应用。

1.1 计算机概述

1.1.1 计算机的诞生

世界上第一台电子计算机 ENIAC(Electronic Numerical Integrator and Calculator 电子数字积分计算机，如图 1-1 所示)是在 1946 年 2 月 14 日，由美国宾夕法尼亚大学约翰·莫奇莱博士和研究生 J·普雷斯泊·埃克特(如图 1-2 所示)一起研制成功的。在这台计算机内部，总共安装了 17 468 只电子管，7200 个二极管，电路的焊接点多达 50 万个；在机器表面，布满了电表、电线和指示灯。ENIAC 占地面积为 170 平方米左右，总重量达到 30 吨。它的运算速度达到每秒钟 5000 次加减运算，这比当时最快的继电器计算机的运算速度要快 1000 多倍。但它的耗电量超过 174 千瓦；电子管平均每隔 7 分钟就要被烧坏一只。ENIAC 标志着电子计算机的诞生，人类社会从此迈进了计算机时代的大门。

1946 年 6 月，美籍匈牙利数学家冯·诺依曼提出了存储程序通用电子计算机的方案。方案规定：

- 计算机系统应由运算器、控制器、存储器、输入装置和输出装置五部分组成。
- 计算机的指令和数据一律采用二进制表示。
- 采用“存储程序”方法，将指令和数据都放入存储器。由程序控制计算机按顺序地从一条指令执行到下一条指令，自动完成规定的任务。

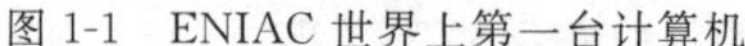

图 1-1　ENIAC 世界上第一台计算机

图 1-2　ENIAC 的发明人莫奇来和埃克特

其工作原理的核心是“存储程序”和“程序控制”。人们把按照这个思想而设计制造出来的计算机称为“冯·诺依曼型计算机”。冯·诺依曼这个理论的提出是计算机发展史上的一个里程碑，它标志着电子计算机时代的真正开始。

早期按照冯·诺依曼体系结构设计的计算机有：

- EDVAC(Electronic Discrete Variable Computer)：电子离散变量计算机。如图 1-3 所示。它是第一台按冯·诺依曼原理设计的计算机，但直到 1952 年才投入运行。这台计算机总共采用了 2300 个电子管，运算速度却比 ENIAC 提高了 10 倍，冯·诺伊曼的设想在这台计算机上得到了圆满的体现。EDVAC 不仅可应用于科学计算，而且可用于信息检索等领域。

图 1-3　冯·诺依曼和 EDVAC

- EDSAC(Electronic Delay Storage Automatic Calculator)：电子延迟存储自动计算机。它是第一台投入运行的冯·诺依曼型计算机，于 1949 年投入使用。它使用了水银延迟线作存储器，利用穿孔纸带输入和电传打字机输出。
- UNIVAC(Universal Automatic Computer)：通用自动计算机。1951 年它作为商品计算机投入使用。

1.1.2 计算机的发展

从第一台计算机问世迄今，短短50多年的时间，计算机系统和计算机应用领域都得到飞速发展。

1. 计算机发展历程

根据计算机所采用的电子元器件，一般把电子计算机发展分为以下几个阶段。

(1) 第一代计算机。第一代计算机是从第一台计算机诞生到20世纪50年代末。这一时期的计算机使用电子管(如图1-4所示)作为电子器件，所以体积大、速度慢，并会产生大量的热，可靠性差。软件早期主要用由0和1组成的机器语言来实现，难度高，只有少数专家懂得为这些计算机编程。到20世纪50年代中期才出现汇编语言。用穿孔卡片实现数据和程序的输入。计算机辅助存储器由磁鼓组成。这一代计算机主要用于科学计算。

(2) 第二代计算机。第二代计算机是从20世纪50年代末到60年代中期。这一时期的计算机是使用晶体管作为电子器件(如图1-5所示)，所以它比第一代计算机体积小、速度快、可靠性高。编制程序开始使用高级语言，高级语言易于理解和使用，可移植性强。但输入和输出装置速度慢，在计算机辅助存储器方面，使用了磁盘。这一代计算机不但用于科学计算，还开始应用于数据处理和工业控制。

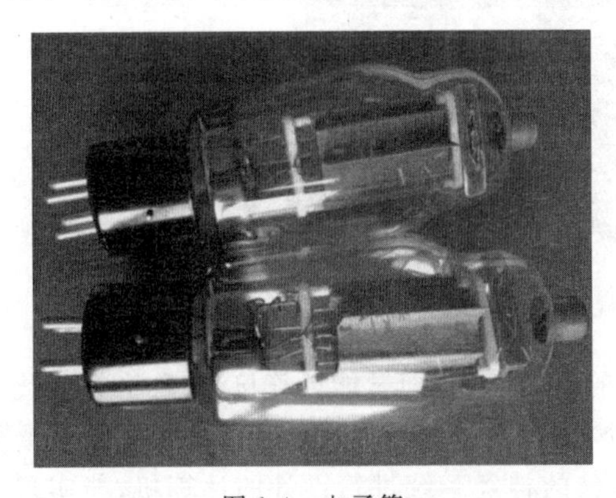

图1-4 电子管

图1-5 晶体管

(3) 第三代计算机。第三代计算机是从20世纪60年代中期到70年代初期。这一时期的计算机是使用中、小规模集成电路作为电子器件(如图1-6所示)，所以它的体积、运算速度和存储容量等指标得到了进一步提高，可靠性进一步加强。在软件方面出现了结构化的程序设计体系，出现了操作系统和网络，计算机系统也越来越标准化、模块化，应用范围越来越广，已经开始渗透到科学技术的各个领域。

(4) 第四代计算机。第四代计算机是从20世纪70年代初期至今，这一时期的计算机是使用大规模与超大规模集成电路作为电子器件。大规模与超大规模集成电路的出现，使计算机向巨型和微型两极发展。利用大规模集成电路制成的芯片组装的巨型、大型

图 1-6　中小规模集成电路

计算机运算速度可达每秒百亿次，存储容量也可达百兆、千兆字节，使这些巨型机和大型机能更好地适应于科学技术尖端领域。另一方面，出现了集成在单个芯片上而具有中央处理机功能的微处理器，使得微型机迅速发展，并很快进入了家庭。在软件方面，出现了面向对象的程序设计语言，更易于编程。各种的软件也越来越丰富。计算机应用的领域更广，成为人们必不可少的工具。

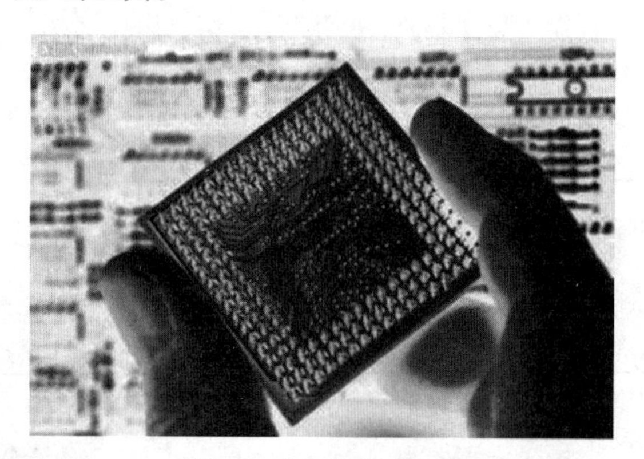

图 1-7　大规模集成电路

目前，很多国家正在进行新一代计算机的研制工作，即智能计算机，被称为第五代计算机。这一代计算机突破冯·诺依曼体系的"顺序控制"串行机制，提出非冯·诺依曼体系结构。如神经网络计算机，它是以模拟人脑的神经系统进行设计的计算机，能实现学习、推理和判断等思维能力。智能化是计算机发展的总趋势。

2. 我国计算机的发展

我国于 1958 年 8 月研制成功第一台电子管数字计算机——103 机，运行速度每秒 1500 次，于 1964 年推出了第一批晶体管计算机；1971 年研制成功我国第三代集成电路计算机。1973 年，中国第一台百万次集成电路电子计算机研制成功。1977 年，中国第一台微型计算机 DJS-050 机研制成功。

1997 年 6 月 19 日，由国防科技大学计算机研究所研制的"银河-Ⅲ"百亿次巨型计算机系统，在北京通过了国家技术鉴定。它采用了大规模并行计算技术，运算速度为 130 万亿次/秒，标志着中国计算机制造技术已进入世界先进行列。

2010 年 11 月 14 日，国际 TOP500 组织在网站上公布了最新全球超级计算机前 500 强排行榜，中国国防科技大学研制的千万亿次超级计算机系统“天河一号”排名全球第一。2014 年 11 月 17 日，全球超级计算机前 500 强排行榜再次公布，国防科技大学研制的“天河二号”（如图 1-8 所示）超级计算机以每秒 33.86 千万亿次的浮点运算速度夺冠，比第二名美国“泰坦”（运算速度每秒 17.59 千万亿次）快近一倍。2016 年 6 月 20 日，新一期全球超级计算机前 500 强榜单公布，使用中国自主芯片制造的“神威·太湖之光”取代“天河二号”登上榜首。不仅速度比第二名“天河二号”快出近两倍，其效率也提高 3 倍。“神威·太湖之光”由国家并行计算机工程技术研究中心研制，全部采用中国国产处理器构建，是世界上首台峰值计算速度超过十亿亿次的超级计算机，其峰值计算速度达每秒 12.54 亿亿次。直到 2018 年 6 月，在法兰克福世界超算大会上，美国能源部橡树岭国家实验室（ORNL）推出的新超级计算机“Summit”以每秒 12.23 亿亿次的浮点运算速度，接近每秒 18.77 亿亿次峰值速度夺冠，“神威·太湖之光”屈居第二。

图 1-8 “天河二号”超级计算机

1.1.3 计算机的分类

计算机是一种能按照事先存储的程序，自动、高速进行大量数值计算和各种信息处理的现代化智能电子装置。

计算机的种类很多，有不同的分类方法。

按工作原理可分为模拟计算机和数字计算机两大类。模拟计算机是用连续变化的模拟量表达数据并完成其运算功能，通常用于过程控制中；数字计算机运算处理的数据是用离散数字（二进制）量表示的。与模拟计算机相比，数字计算机精度高、速度快、可靠性高，可用于科学计算、过程控制、数据处理等几乎所有领域。通常所说的“计算机”即指的是电子数字计算机。

根据设计目的和应用范围，计算机可分为通用计算机和专用计算机两类。专门用来解决某类特定问题或专门与某些设备配套使用的计算机称为专用计算机；通用计算机可以用来完成不同的任务，由程序来指挥使之成为通用设备。我们日常使用的微机就属于通用计算机。

通用计算机又可分为巨型机、大/中型机、小型机、工作站、微型计算机、服务器、网络计算机等七类，如图 1-9 所示。

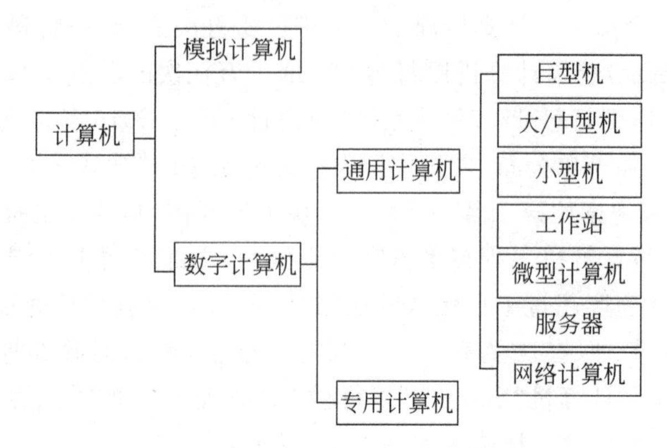

图 1-9　计算机的分类

（1）巨型机。巨型机又称超级计算机，它是目前运算速度最高、存储容量最大、处理能力最强、工艺技术性能最先进的通用超级计算机，主要用于复杂的科学计算和军事等专用领域。我国研制的银河机、曙光机均属于巨型机，如图 1-8 所示。

（2）大/中型机。大/中型机又称大/中型计算机，广泛地应用于科学和工程计算、信息的加工处理、企事业单位的事务处理等方面。这类计算机具有极强的综合处理能力和极广泛的性能覆盖面，通用性强，如图 1-10 所示。

图 1-10　IBM 大型机

（3）小型机。小型机规模较小，结构简单、价格便宜、维修使用方便、易于操作维护、软件开发成本低、便于及时采用先进工艺技术。它们已广泛应用于工业自动控制、大型分析仪器、测量设备、企业管理、大学和科研机构等，同时也可以作为大型与巨型计算机系统的辅助计算机。

（4）工作站。工作站是介于小型机与微型计算机之间的一种高档的微型机。其运算速度比微型机快，且有较强的联网功能，主要用于特殊的专业领域，如图像处理、辅助设计等，如图 1-11 所示。

图 1-11　工作站

(5) 微型计算机。微型计算机简称微机，是当今最为普及的机型。它体积小、功耗低、功能强、可靠性高、结构灵活，对使用环境要求低，性能价格比明显地优于其他类型的计算机，如图 1-12 所示。

(6) 服务器。服务器是在网络环境下为多用户提供服务的共享设备，一般分为文件服务器、计算服务器、通信服务器和打印服务器等，由于需要提供更可靠的服务，因此在处理能力、稳定性、可靠性、安全性、可扩展性、可管理性等方面要求较高，如图 1-13 所示。

图 1-12　微型计算机

图 1-13　服务器

(7) 网络计算机。一种在网络环境下使用的终端设备，内存容量大、通信功能强，但本机中不一定配置外存，所需要的程序和数据存储在网络的服务器中。

1.1.4　计算机的工作特点

与其他工具相比，计算机具有高速性、精确性、存储性、自动性和通用性等特点。

(1) 运算速度快。当今计算机系统的运算速度已经达到每秒万亿次，微型计算机也可以高达每秒亿次以上，使大量复杂的科学计算问题得以解决。

(2) 精确度高。科学技术的发展尤其是尖端科学技术的发展，需要高度精确地计算。计算机的计算精度可达千分之几甚至百万分之几，令其他任何计算工具都望尘莫及。

(3) 具有记忆和逻辑判断能力。随着计算机存储容量的不断增大，可存储记忆的信息越来越多。计算机不仅能进行计算，而且能把参加运算的数据、程序以及计算结果保存起来，以供用户随时调用。还可以对各种信息通过编码进行算术运算和逻辑运算，甚至进行推理和证明。

(4) 计算机内部自动化操作。计算机内部操作是根据人们事先编好的程序自动运行的。用户根据实际应用需要，事先设计好运行步骤与程序，计算机会十分严格地按程序的步骤操作，整个过程无需人工干预。

1.1.5 计算机的应用

计算机在科学技术、国民经济及生产、生活等各个方面都有广泛的应用，概括起来有以下几点。

1. 科学计算

这是计算机应用最早的一个领域，也是最重要的一个领域。用计算机来解决科学研究和工程设计等方面的数学计算问题，称为科学计算。这些数学计算问题复杂、计算量大、要求精度高，只有用计算机才能满足要求。比如，天气预报工作中，需要计算大量的气象数据，如果用传统的计算工具，大约要几个星期甚至几个月才能计算出一个近似值，但如果用计算机，只要几分钟即可得到准确的结果，既及时又准确。目前这方面的应用还有：人造卫星轨道的计算、宇宙飞船的制导、天体演化形态学的研究、可控热核反应等军事、航空、航天和其他领域。

2. 信息处理

这是计算机应用最广泛的一个领域。信息处理是指对信息进行采集、加工、分析等管理工作。特点是要处理的原始数据量大，算术运算比较简单，有大量的逻辑运算与判断，结果要求以表格文件的形式存储、输出等。例如数据报表、资料统计和分析等简单的应用。高级的应用如：用于文字处理的编辑排版系统和办公自动化系统；用于企、事业机构的各种管理信息系统(MIS)；一些企业使用制造商业系统和制造资源计划新一代系统 ERP；用于图像处理的图像信息系统；用于图书资料查询的情报检索系统等。

3. 过程检测与控制

计算机用来控制各种自动装置、自动仪表、生产过程等，称为过程控制或实时控制。计算机通过监测装置及时地搜集被控制对象运行情况的数据，经分析处理后，按照某种最佳的控制规律发出控制信号，以控制过程的进展。例如，工业生产的自动化控制：自动检测、自动启停、自动记录等；交通运输方面的行车调度；制造精密仪器的机器手、危险环境下工作的机器人、导弹发射的自动控制，等等。

应用计算机进行实时控制可以提高生产自动化水平、提高劳动效率与产品质量、降低生产成本、减轻劳动强度、缩短生产周期等，将工业自动化提高到一个新水平。

4. 计算机辅助系统

计算机辅助系统就是利用计算机来帮助我们完成各种工作。如计算机辅助设计(CAD)、计算机辅助制造(CAM)、计算机辅助测试(CAT)、计算机辅助教学(CAI)等。

计算机辅助设计(CAD)主要用于机械、船舶、飞机、建筑工程及大规模集成电路等的设计工作中,让计算机帮助设计人员进行工程设计。既缩短了设计周期、提高了设计质量,又降低了设计成本、提高了效率。如再与计算机辅助制造(CAM)、计算机辅助测试(CAT)相结合,构成计算机辅助工程(CAE),则可实现计算机在生产中的全面应用。

计算机辅助教学(CAI)是用计算机来代替教师进行教学。利用计算机把教学内容编制成软件,学生们可通过计算机,甚至网络来学习。因为计算机可以设计出动静结合、图文并茂的软件,可以提高学生的学习兴趣和教学质量。

5. 人工智能

这是计算机应用的一个新领域。人工智能是探索计算机模拟人的感觉和思维规律的科学。它是控制论、计算机科学、仿真技术、心理学等多学科的产物。人工智能的研究和应用领域包括模式识别、自然语言理解、专家系统、自动程序设计、智能机器人等。

1.1.6 计算机的发展趋势

当今计算机技术正朝着巨型化、微型化、网络化、多媒体化和智能化方向发展,在未来更有一些新技术融入到计算机的发展里去。

1. 巨型化

巨型化是指计算机的存储容量更大、运算速度更快、功能更强。巨型计算机运算能力一般在每秒一百亿以上、内容容量在几百兆字节以上,主要应用于天文、气象、地质、核技术、航天飞机和卫星轨道计算等尖端科学技术领域。巨型计算机的技术水平是衡量一个国家技术和工业发展水平的重要标志。

2. 微型化

微型化是指利用微电子技术和超大规模集成电路技术,把计算机的体积进一步缩小,价格进一步降低。计算机的微型化已成为计算机发展的重要方向,各种笔记本电脑和PDA 的大量面世,即是计算机微型化的一个标志。

3. 网络化

网络化是把分散在不同地方的计算机联结成一个大规模、功能强的系统,使众多的计算机可以互相传递信息,共享硬件、软件、数据信息等资源。

4. 多媒体化

多媒体化是能综合处理数值、文字、声音、图形、图像、视频和音频等信号。多媒体技术使多种信息建立有机联系，并集成为一个具有人机交互性的系统。多媒体计算机将真正改善人机界面，使计算机朝着人类接受和处理信息的最自然的方式发展。

5. 智能化

智能化是要求计算机具有人工智能，即让计算机能够进行图像识别、定理证明、研究学习、探索、联想、启发和理解人的语言等，是新一代计算机要实现的目标。

1.2 计算机中数据的表示

1.2.1 数制及其不同进制之间的转换

1. 数制

计算机内部能处理的数据是由“0”和“1”组成的二进制，我们生活中经常用的是十进制，另外还有八进制、十六进制。下面分别介绍一下。

(1) 十进制数。日常生活中使用的0,1,2,3,4,5,6,7,8,9,10,11,…就是十进制数。在计算机中表示的方式是加数制符号D或下标来表示，如34D或$(34)_{10}$，也可省略。

十进制的特点是：

① 只有0,1,2,3,4,5,6,7,8,9这十个数码，最小的是0，最大的是9。

② 采用逢十进一的原则，其他的数都是由这些数码组合而成的。

如：

$$865.43=8\times10^2+6\times10^1+5\times10^0+4\times10^{-1}+3\times10^{-2}$$

对于任何一个十进制数A都可用如下的式子表示：

$$\begin{aligned}A&=a_{n-1}\,a_{n-2}\cdots a_1\,a_0.\,a_{-1}\cdots a_{-m}\\&=a_{n-1}10^{n-1}+a_{n-2}10^{n-2}+\cdots+a_1 10^1+a_0 10^0+a_{-1}10^{-1}+\cdots+a_{-m}10^{-m}\end{aligned}$$

其中，a_{n-1}，a_{n-2}，…，a_1，a_0，a_{-1}，…，a_{-m}是0～9十个数码之一，n为小数点左边的位数，m为小数点右边的位数。10^{n-1}，10^{n-2}，…，10^1，10^0，10^{-1}，10^{-m}称为对应数位上的“权”，10称为基数。

(2) 二进制数。计算机中使用的是二进制数，表示的方式是加数制符号B或下标来表示，如11001B或$(11001)_2$。

二进制的特点是：

① 只有0,1两个数码，最小的是0，最大的是1。

② 采用逢二进一的原则，其他的数都是由这两个数码组合而成的。

如：

$$1011.1B = 1\times2^3+0\times2^2+1\times2^1+1\times2^0+1\times2^{-1}=11.5D$$

与十进制类似，任何一个二进制数B都可用如下的式子表示：

$$B = b_{n-1}\ b_{n-2}\cdots b_1\ b_0.\ b_{-1}\cdots b_{-m}$$
$$= b_{n-1}2^{n-1}+b_{n-2}2^{n-2}+\cdots+b_1 2^1+b_0 2^0+b_{-1}2^{-1}+\cdots+b_{-m}2^{-m}$$

其中，b_{n-1}，b_{n-2}，…，b_1，b_0，b_{-1}，…，b_{-m}是0或1两个数码之一，n为小数点左边的位数，m为小数点右边的位数。2^{n-1}，2^{n-2}，…，2^1，2^0，2^{-1}，2^{-m}称为对应数位上的"权"，2称为基数。

(3) 八进制数。八进制数的表示是用大写字母O或加下标来书写。如567O或$(567)_8$。

八进制的特点是：

① 有0,1,2,3,4,5,6,7八个数码，最小的是0，最大的是7。

② 采用逢八进一的原则，其他的数都是由这八个数码组合而成的。

如：

$$321.23O=3\times8^2+2\times8^1+1\times8^0+2\times8^{-1}+3\times8^{-2}=209.296875D$$

一般地，任何一个八进制数C都可用如下的式子表示：

$$C = c_{n-1}\ c_{n-2}\cdots c_1\ c_0.\ c_{-1}\cdots c_{-m}$$
$$= c_{n-1}8^{n-1}+c_{n-2}8^{n-2}+\cdots+c_1 8^1+c_0 8^0+c_{-1}8^{-1}+\cdots+c_{-m}8^{-m}$$

其中，c_{n-1}，c_{n-2}，…，c_1，c_0，c_{-1}，…，c_{-m}是0～7八个数码之一，n为小数点左边的位数，m为小数点右边的位数。8^{n-1}，8^{n-2}，…，8^1，8^0，8^{-1}，8^{-m}称为对应数位上的"权"，8称为基数。

(4) 十六进制数。十六进制数的表示是用大写字母H或加下标来书写。如3AH或$(3A)_{16}$。

十六进制的特点是：

① 有0,1,2,3,4,5,6,7,8,9,A,B,C,D,E,F十六个数码，A表示十进制的10，B表示11，C表示12，D表示13，E表示14，F表示15。最小的是0，最大的是F。

② 采用逢十六进一的原则，其他的数都是由这十六个数码组合而成的。

如：

$$2ADH=2\times16^2+10\times16^1+13\times16^0=685D$$

一般地，任何一个十六进制数D都可用如下的式子表示：

$$D = d_{n-1}\ d_{n-2}\cdots d_1\ d_0.\ d_{-1}\cdots d_{-m}$$
$$= d_{n-1}16^{n-1}+d_{n-2}16^{n-2}+\cdots+d_1 16^1+d_0 16^0+d_{-1}16^{-1}+\cdots+d_{-m}16^{-m}$$

其中，d_{n-1}，d_{n-2}，…，d_1，d_0，d_{-1}，…，d_{-m}是0～F十六个数码之一，n为小数点左边的位数，m为小数点右边的位数。16^{n-1}，16^{n-2}，…，16^1，16^0，16^{-1}，16^{-m}称为对应数位上的"权"，16称为基数。

2. 各进制之间的转换

在日常生活中经常用到十进制，对于二进制、八进制和十六进制可能不太熟悉，表1-1常用计数制对照表为各种数制之间的对照表。

表 1-1　常用计数制对照表

十进制	二进制	八进制	十六进制	十进制	二进制	八进制	十六进制
0	0	0	0	9	1001	11	9
1	1	1	1	10	1010	12	A
2	10	2	2	11	1011	13	B
3	11	3	3	12	1100	14	C
4	100	4	4	13	1101	15	D
5	101	5	5	14	1110	16	E
6	110	6	6	15	1111	17	F
7	111	7	7	16	10000	20	10
8	1000	10	8				

(1) 将二进制、八进制、十六进制转换成十进制。

采用按权展开，逐项相加的方法。

【例 1】 将二进制 110011.1 转换成十进制。

$$110011.1\text{B}=1\times2^5+1\times2^4+0\times2^3+0\times2^2+1\times2^1+1\times2^0+1\times2^{-1}=51.5\text{D}$$

【例 2】 将八进制 157 转换成十进制。

$$157\text{O}=1\times8^2+5\times8^1+7\times8^0=111\text{D}$$

【例 3】 将十六进制 40B 转换成十进制。

$$40\text{BH}=4\times16^2+0\times16^1+11\times16^0=1035\text{D}$$

(2) 将二进制转换成八进制、十六进制。

因为 $2^3=8$，$2^4=16$，所以三位二进制对应一位八进制，同理，四位二进制对应一位十六进制。

【例 4】 将二进制 1001100.1 转换成八进制和十六进制。

首先以小数点为中心，分别向左右两个方向每三位划分成一组，不足三位的在最左边或最右边补 0，然后将每三位二进制对应一位八进制。

$$\frac{001}{1}\quad\frac{001}{1}\quad\frac{100}{4}\,.\,\frac{100}{4}$$

$$1001100.1\text{B}=114.1\text{O}$$

同理可转换成十六进制。

$$\frac{0100}{4}\quad\frac{1100}{\text{C}}\,.\,\frac{1000}{8}$$

$$1001100.1\text{B}=4\text{C}.8\text{H}$$

(3) 将八进制、十六进制转换成二进制。

此为上面的逆过程。只需将 1 位八进制转换成 3 位二进制，将 1 位十六进制转换成 4 位二进制即可。如果小数点最左边和最右边有无意义的零，则可去掉。

【例 5】 将八进制 367 转换成二进制。

$$\frac{3}{011}\quad\frac{6}{110}\quad\frac{7}{111}$$

$$367\text{O}=11110111\text{B}$$

【例 6】 将十六进制 11A 转换成二进制。

1	1	A
0001	0001	1010

11AH = 100011010B

(4) 将十进制转换成二进制。

对于整数部分——采用除 2 取余法：用 2 逐次去除十进制数，直至商为 0 为止。每次除得的余数从后往前排列即为二进制整数部分。

对于小数部分——采用乘 2 取整法：用 2 逐次去乘十进制小数，直到积为 1 为止。每次取乘得的积的整数部分，并从前往后依次排列即为二进制小数部分。转换不尽的可采用四舍五入法。

最后将整数部分和小数部分用小数点连接起来。

【例 7】 将十进制 56.125 转换成二进制。

将整数部分 56 用除 2 取余法：

```
2 | 56 …… 余0
  2 | 28 …… 余0
    2 | 14 …… 余0
      2 | 7 …… 余1
        2 | 3 …… 余1
          2 | 1 …… 余1
              0
```

得到：

56D＝111000B

将小数部分 0.125 用乘 2 取整法：

0.125×2＝0.25 ……取 0

0.25×2＝0.5 ……取 0

0.5×2＝1 ……取 1

0.125D＝0.001B

所以：

56.125D＝111000.001B

(5) 将十进制转换成八进制、十六进制。

方法与十进制转换成二进制方法类似，对于整数部分，除 8 或除 16 取余法；对于小数部分用乘 8 或 16 取整法。也可先将十进制转换成二进制，再用二进制转换成八进制、十六进制的方法求。

【例 8】 将十进制 56.125 转换成八进制。

将整数部分 56 用除 8 取余法：

$$
\begin{array}{r|l}
8 & 56 \quad \cdots\cdots \text{余}0 \\
\hline
8 & 7 \quad \cdots\cdots \text{余}7 \\
\hline
 & 0
\end{array}
$$

得到：

$(56)_{10}=(70)_8$

将小数部分0.125用乘8取整法：

$$0.125\times 8=1 \quad \cdots\cdots \text{取} 1$$

$(0.125)_{10}=(0.1)_8$

所以：

$(56.125)_{10}=(70.1)_8$

1.2.2 数据存储单位

目前计算机内部能处理的数是用二进制表示的。二进制只有两个数码，实现起来比较简单，便于逻辑和算术运算，可靠性高。

计算机内存储的二进制数据是以一定的规则存放的。这就涉及数据单位的问题。数据的单位有：位(bit)、字节(Byte)、字(word)等，基本存储单位是字节。

1. 位

位是计算机中最小的数据单位，就是一个二进制位0或1。

2. 字节

计算机数据处理的基本单位。一个字节由八位二进制位构成。一般地，一个字符占用一个字节，一个汉字占两个字节。字节是计算机中最小的存储单位。还有KB(千字节)，MB(兆字节)，GB(千兆字节)，TB(太字节)，PB(拍字节)，EB(艾字节)，ZB(泽它字节，又称皆字节)，YB(尧它字节)，它们的换算关系如下：

$$1\text{Byte} = 8\text{bit}$$
$$1\text{KB} = 1024\text{Byte} = 2^{10}\text{Byte}$$
$$1\text{MB} = 1024\text{KB}$$
$$1\text{GB} = 1024\text{MB}$$
$$1\text{TB} = 1024\text{GB}$$
$$1\text{PB} = 1024\text{TB}$$
$$1\text{EB} = 1024\text{PB}$$
$$1\text{ZB} = 1024\text{EB}$$
$$1\text{YB} = 1024\text{ZB}$$

3. 字

计算机在处理数据时，参与运算的单位是字。由若干个字节构成，通常将组成一个字的二进制位的位数称为该字的字长。不同的计算机字长也不一样，字长越长，数据的精度越高。

1.2.3 计算机中字符和汉字的表示

1. 字符的表示

在计算机处理的大量信息中，很大一部分是字符，如英文字母A、B、C，符号@、& 等。计算机是如何处理和存储它们呢？

ASCII码是美国标准信息交换代码(American Standard Code for Information Interchange)，用7位二进制表示128个字符，其中包括32个控制符号、10个十进制数码、26个英文大写字母和26个小字母以及34个专用符号。通常采用8位二进制数表示一个字符编码，标准的ASCII码仅使用其中的低7位，最高位是0。后来许多基于x86的系统都支持使用扩展(或“高”)ASCII。扩展的ASCII码允许将每个字符的第8位为1，用于确定附加的128个特殊符号字符、外来语字母和图形符号。标准ASCII码表见表1-2。

表1-2 ACSII码表

低四位代码	高三位代码							
	000	001	010	011	100	101	110	111
0000	32个控制字符		空格	0	@	P	′	p
0001			!	1	A	Q	a	q
0010			”	2	B	R	b	f
0011			#	3	C	S	c	s
0100			$	4	D	T	d	t
0101			%	5	E	U	e	u
0110			&	6	F	V	f	v
0111			‘	7	G	W	g	w
1000			(	8	H	X	h	x
1001			)	9	1	Y	i	y
1010			*	:	J	Z	j	z
1011			+	;	K	[	k	{
1100			,	<	L	\	l	|
1101			—	=	M	]	m	}
1110			.	>	N	^	n	~
1111			/	?	O	_	o	DEL

2. 汉字编码

汉字在计算机上是如何被输入、处理、存储和输出呢？这就需要用到汉字编码。汉字编码有以下几种：

• 汉字输入码：为输入汉字而进行的编码。如五笔字型码。
• 汉字机内码：采用二进制，双字节，是为汉字存储和处理而使用的编码。
• 汉字字形码：采用二进制，是表示汉字字形信息的编码，用于汉字输出。
• 汉字交换码：各种编码间相互转换或映射的基础代码，中国大陆采用的汉字交换码为 GB2312-80，又称“国标码”。

（1）国标码。

国标码是中华人民共和国国家标准信息交换汉字编码，代号为 GB2312-80。该码规定：一个汉字用两个字节表示，每个字节只用 7 位，最高位置 1。

国标码字符集共收录汉字和图形符号 7445 个。按汉字使用频度，可分为一级汉字 3755 个，二级为 3008 个，共 6763 个，覆盖率达到 99.9%。

（2）区位码。

将 GB2312-80 全部字符集组成一个 94×94 的方阵，每一行称为一个“区”，编号从 01～94；每一列称为一个“位”，编号从 01～94。这样，每一个字符便有了一个区码和位码，区码在前，位码在后，构成区位码。区位码是十进制表示的国标码，国标码是十六进制表示的区位码，两者是一一对应的。区位码也可作为输入码，无重码。

1.3 计算机系统

1.3.1 计算机系统的组成

一个完整的计算机系统是由硬件系统和软件系统两大部分构成的，硬件和软件相结合才能充分发挥计算机系统的功能。计算机系统的组成如图 1-14 所示。

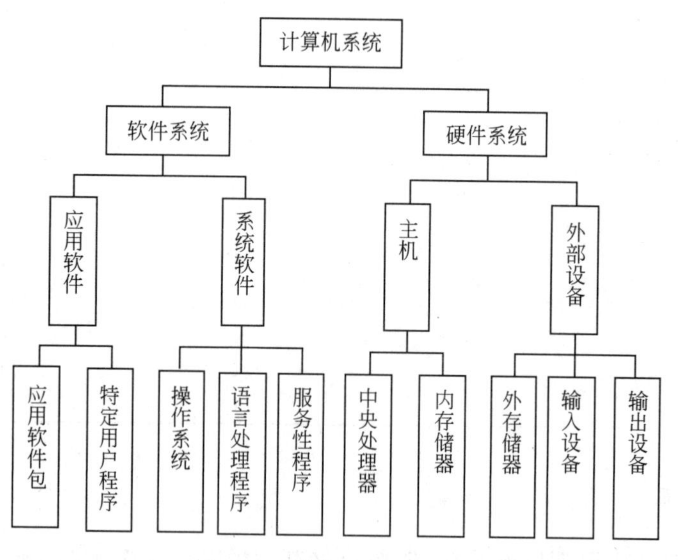

图 1-14　计算机系统结构图

1.3.2 计算机硬件系统

硬件系统是指由电子器件和机电装置组成的计算机实体，是计算机上看得见、摸得着的各种装置。不管是什么类型的计算机，它的基本体系结构都是冯·诺依曼体系结构，即由控制器、运算器、存储器、输入设备和输出设备五部分组成。

其中控制器和运算器合称为中央处理器(Central Processing Unit，CPU)。微型计算机的CPU外观如图1-15所示。CPU和存储器通常组装在一个机箱内，合称为主机。除去主机以外的硬件装置称为外部设备，如图1-14所示。

图1-15 微型计算机CPU外观

1. 中央处理器

中央处理器简称CPU(Central Processing Unit)，是计算机系统的核心，包括运算器和控制器两部分。

(1) 控制器。控制器是计算机的管理机构和指挥中心，用来协调和指挥整个计算机系统的操作。主要由指令寄存器、译码器、程序计数器、操作控制器等组成。

控制器工作的实质就是解释程序，它每次从指令寄存器读取一条指令，经过译码器分析译码，产生一系列操纵计算机其他部分工作的控制信号(操作命令)，通过操作控制器发向各个部件，控制各部件动作，使整个机器连续、有条不紊地运行。

对所有CPU而言，一个共同的关键部件是程序计数器(Program Counter)，它是一个特殊的寄存器，记录着将要读取的下一条指令的位置。

(2) 运算器。运算器完成各种算术运算和逻辑运算。运算器通常由算术逻辑单元(Arithmetic Logic Unit，ALU)和一系列寄存器组成。其中，ALU是具体完成算术与逻辑运算的单元，是运算器的核心，由加法器和其他逻辑运算单元组成。寄存器用于存放参与运算的操作数。累加器是一个特殊的寄存器，除了存放操作数之外，还用于存放中间结果和最后结果。

2. 内存储器

内存储器的主要功能是用来存放当前正在使用的或随时要使用的程序或数据。CPU可直接访问内存。程序是计算机操作的依据，数据是计算机操作的对象。不管是程序还是数据，在存储器中都是用二进制数的形式来表示的，统称为信息。向存储器存入或从存储器取出信息，都称为访问存储器。

内存储器按其工作特点分为只读存储器ROM(Read-Only Memory)和随机存取存储器RAM (Random Access Memory)。

(1) RAM。随机存取存储器(Random Access Memory，RAM)又称作“随机存储器”，是与CPU直接交换数据的内部存储器，也叫主存(内存)。它可以随时读写，而且速度很快，通常作为操作系统或其他正在运行中的程序的临时数据存储媒介。

其中 RAM 又可分为如下两种类型：

① 动态内存 DRAM：周期性地给电容充电，集成度较高、价格较低，存取速度慢。

② 静态内存 SRAM：利用双稳态的触发器来存储 0 和 1，不需要像 DRAM 那样经常刷新，速度快、较稳定，价格比 DRAM 贵。

微型计算机的内存集成电路比 CPU 芯片小一些，通常封装在条形电路板上，称为内存条。内存条外观如图 1-16 所示。

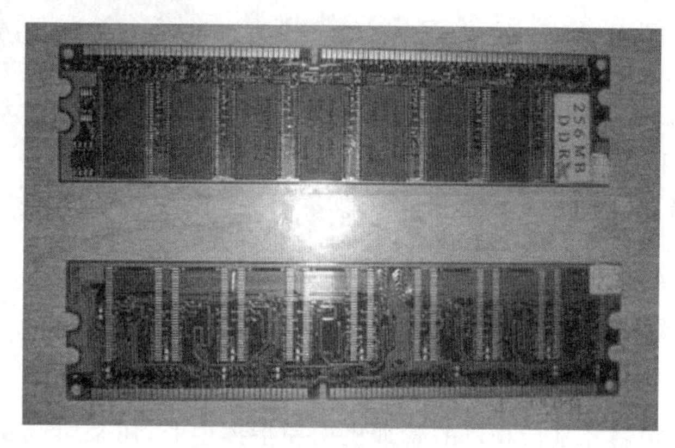

图 1-16　内存条

因为 CPU 工作的速度比 RAM 的读写速度快，所以 CPU 读写 RAM 时需要花费时间等待，这样就使 CPU 的工作速度下降。人们为了提高 CPU 读写程序和数据的速度，在 RAM 和 CPU 之间增加了 Cache（高速缓存）部件。Cache 的内容是随机存储器（RAM）中部分存储单元内容的副本。计算机工作时，先将数据由外存读入 RAM 中，再由 RAM 读入 Cache 中，然后 CPU 直接从 Cache 中取数据。

（2）ROM。ROM 是只读存储器（Read-Only Memory）的简称，是只能读数据不能写数据的存储器。一般由设计者和制造商事先编制好的一些程序固化在里面。这些程序主要用于检查计算机系统的配置情况并提供最基本的输入/输出控制程序。ROM 中的数据在计算机断电后仍然存在。ROM 可分为可编程只读存储器 PROM、可擦除的可编程的只读存储器 EPROM、闪存（Flash）ROM。

3. 外存储器

外存储器是指除计算机内存及 CPU 缓存以外的存储器，此类存储器一般断电后仍然能保存数据。常见的外存储器有硬盘、软盘、光盘、U 盘等。

（1）硬盘。硬盘由涂有磁性材料的铝合金构成，为了方便存储数据，将硬盘划分成面、磁道、扇区。硬盘外观和结构如图 1-17 所示。作为计算机系统的数据存储器，容量是硬盘最主要的参数，另外还有转速、平均访问时间等都是衡量硬盘的参数。生产硬盘的厂商有很多，有希捷（Seagate）、西部数据（Western Digital）等。

（2）光盘存储器。光盘存储器指的是利用光学方式进行信息存储的圆盘。它应用了光存储技术，即使用激光在某种介质上写入信息，然后再利用激光读出信息。光盘存储器可分为：只读型光盘 CD-ROM、一次性可写入光盘 CD-R、可擦写光盘 CD-RW 和 DVD-ROM 等。衡量光盘驱动器传输数据速率的指标是倍速，CD-ROM 一倍速率为 150KB/s。

图 1-17　硬盘外观和结构

(3) U 盘。U 盘全称 USB 闪存盘，英文名"USB flash disk"。它是一种使用 USB 接口的无须物理驱动器的微型高容量移动存储产品，通过 USB 接口与计算机连接，实现即插即用。U 盘最大的优点就是：小巧便于携带、存储容量大、价格便宜、性能可靠。U 盘如图 1-18 所示。

4. 输入输出设备

计算机的输入输出(I/O)设备是计算机从外部世界接收信息并反馈结果的手段，统称为 I/O 设备或外围设备(Peripheral，简称外设)。各种人机交互操作、程序和数据的输入、计算结果或中间结果的输出、被控对象的检测和控制等，都必须通过外围设备才能实现。

在一台典型的个人计算机上，外围设备包括键盘和鼠标、扫描仪等输入设备，以及显示器和打印机等输出设备，如图 1-19 所示。

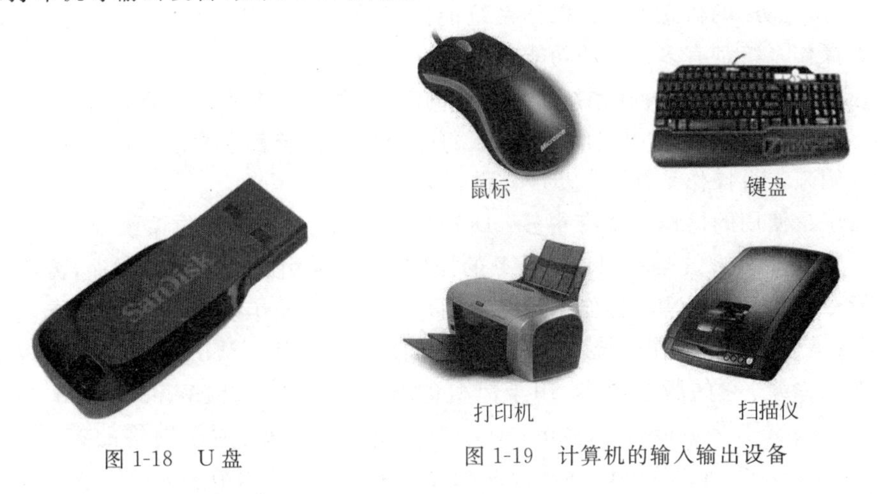

图 1-18　U 盘

图 1-19　计算机的输入输出设备

1.3.3 计算机软件系统

软件系统一般指为计算机运行工作服务的全部技术资料和各种程序。计算机的软件(software)是为了充分发挥硬件的功能和方便用户使用计算机而编制的各种程序。

计算机系统不仅应该具备齐全的硬件设备，还必须配备功能完善的基本软件系统。软件系统又分为系统软件和应用软件。计算机软件系统之间的层次关系如图 1-20 所示。

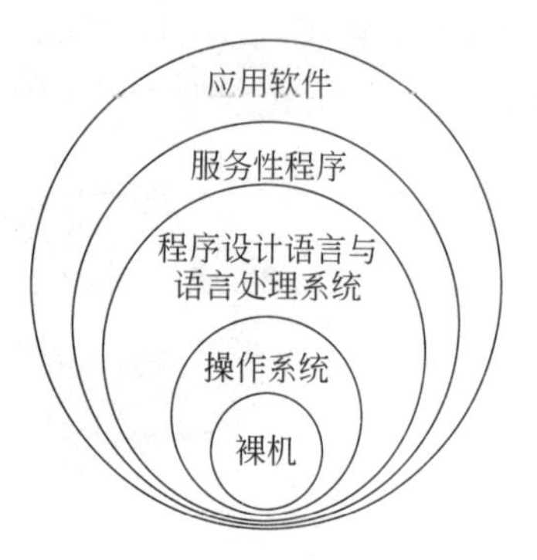

图 1-20 计算机软件系统层次关系

1. 系统软件

系统软件是协助用户来管理计算机资源，操作和控制计算机的软件。它的功能是：能自动管理计算机的资源，简化计算机的操作；能充分发挥硬件的功能；支持应用软件的运行并提供服务。

系统软件的特点是通用性和基础性。系统软件的算法和功能不依赖于特定的用户，不管哪个领域都能使用；其他的软件的开发和运行都是在系统软件的支持下进行的。

系统软件包括操作系统、各种程序设计语言与语言处理系统、能对计算机进行监控、调试、故障诊断的服务性程序。

(1) 操作系统。操作系统是直接面向硬件的第一级软件，是对硬件系统功能的第一级扩充，也是其他软件得以正确运行的基础。

操作系统是指用于协调计算机各部分功能的程序组。操作系统的某些部分可以自动工作，其他部分需要人工参与。

尽管操作系统各不相同，但它们存在三个共同的特点，这三个特点也是它们的三个主要功能：

① 管理资源：操作系统对各种硬件单元进行管理，包括管理 CPU。还可以控制程序的执行。“多任务”的概念就是指操作系统能同时执行一个以上的任务(程序运行)的能力。很多操作系统都有多任务的功能。

② 控制输入/输出：操作系统了解设备的需求，并在设备请求时给予响应。

③ 实现用户和操作系统之间的通信：每一个操作系统都会为用户提供用户界面，响应提问或用来告诉操作系统下一步应该做什么。

目前广泛使用的操作系统有很多：DOS 操作系统、UNIX 操作系统、Windows 操作系统等。DOS 操作系统是单用户单任务的操作系统，采用的是命令行界面，需要输入一条条的指令来操作。UNIX 操作系统是多用户多任务的操作系统，主要用于连接工作站到服务器，是一个网络操作系统。Linux 是 UNIX 的免费版。Windows 操作系统也是多任务的操作系统，它的版本很多，用于单机的有：Windows 95、Windows 98、Windows ME、Windows XP、Windows 7、Windows 8、Windows 10 等；用于网络的有：Windows NT、Windows 2000 等。Windows 操作系统也是微型机上用得最多的操作系统。

(2) 程序设计语言与语言处理系统。程序设计语言又叫计算机语言，是一组专门设计的用来生成一系列可被计算机处理和执行的指令的符号集合。人们用程序设计语言来编写程序，与计算机之间进行交流。

按照演变过程，程序设计语言可分为三类：

① 机器语言。机器语言是计算机唯一能直接识别的计算机语言。机器语言是由二

图 1-21　Windows 10 主界面

进制编写的,每一条二进制语句称为一条指令。一条指令规定了计算机执行的一个动作。一台计算机所能懂得的指令的全体,称为这个计算机的指令系统。不同型号的计算机的指令系统不同。它是面向机器的语言,不具有通用性和可移植性。使用机器语言编写程序,工作量大、难于记忆、容易出错、调试修改困难,但执行速度快。

② 汇编语言。用能反映指令功能的助记符表达的计算机语言称为汇编语言。它是符号化了的机器语言,也称符号语言。用汇编语言编写的程序称为汇编语言源程序,计算机不能直接运行,必须用汇编程序把它翻译成机器语言目标程序,计算机才能执行。这个翻译过程称为汇编。

汇编语言是一种功能强大的语言,编程人员可直接对硬件实现控制。汇编语言源程序比机器语言易读、易检查、易修改,但汇编语言也是面向机器的语言,不具有通用性和可移植性。

③ 高级语言。高级语言是由各种意义的"词"和"数学公式"按照一定的"语法规则"组成的。它使用与自然语言相近的词汇和语法体系,所以比汇编语言更易于使用。常用的高级语言有:BASIC 语言、C 语言、Java 语言、Python 语言等。高级语言不再是面向机器的语言,而是面向问题的语言,具有很好的通用性和可移植性。

用高级语言编写的程序称为高级语言源程序,必须翻译成机器语言目标程序才能被计算机执行。高级语言的翻译有两种方式:编译方式和解释方式。

- 编译方式:先由编译程序把高级语言源程序翻译成目标程序,执行时运行目标程序,如 C 语言就是这样。
- 解释方式:在运行高级语言源程序时,由解释程序对源程序边翻译边执行。如 BASIC 语言就采用这种方式。

现在程序设计语言越来越高级,使用越来越简单,大都是面向对象的语言。使编程人员不用再把精力放到一条条指令的编写上,而是将注意力集中到操作对象上,如何对这些对象(如对话框)进行操作。面向对象的语言大大简化了操作,而且实现功能更强大。现在的可视化的程序设计语言都是面向对象的语言,如 Java、Python 等。

(3) 服务性程序。服务性程序是进行软件开发和维护工作中使用的各种软件工具。

常见的服务性程序有诊断程序、调试程序、编辑程序等。这些服务性程序为用户编制计算机程序及使用计算机提供了方便。

2. 应用软件

尽管系统软件对用户来讲是必不可少，但同样需要应用软件来进行文字处理、创建报表等，应用软件使得计算机更为实用化。应用软件分为特定用户程序和应用软件包。

特定用户程序是为特定用户解决一定问题而设计的程序，一般规模不大。

应用软件包是为解决某种大型问题而精心设计的一组程序，它是面向大量用户的，如字处理、电子表格的软件包。一般应用软件包都被设计得易于使用，采用和操作系统相同的界面，并尽可能满足用户的使用要求。如 Microsoft Office 是面向现代办公人员需要的应用软件，包括 Word、Excel、PowerPoint 等应用软件包，如图 1-22 所示。

图 1-22　Microsoft Office

1.3.4　计算机的工作原理

1. 有关术语

(1) 指令。指挥计算机进行基本操作的指示和命令。它是计算机能够识别的一组二进制编码。通常不同计算机的指令格式可能会略有不同，但一般都由两部分组成，即操作码和操作数(或地址码)，具体如下所示：

①操作码	②操作数(地址码)

① 操作码部分指出应该进行什么样的操作。

② 操作数(或地址码)指出参与操作的数本身或它在内存中的地址。

(2) 指令系统。计算机所能执行的全部指令称为计算机的指令系统。不同型号的计算机有不同的指令系统，这是计算机硬件人员设计好的。

(3) 程序。完成某一特定任务的指令的有序集合称为程序。也就是根据执行过程，将对应的操作指令按顺序排列在一起。

2. 计算机的工作过程

计算机的工作过程如图 1-23 所示。

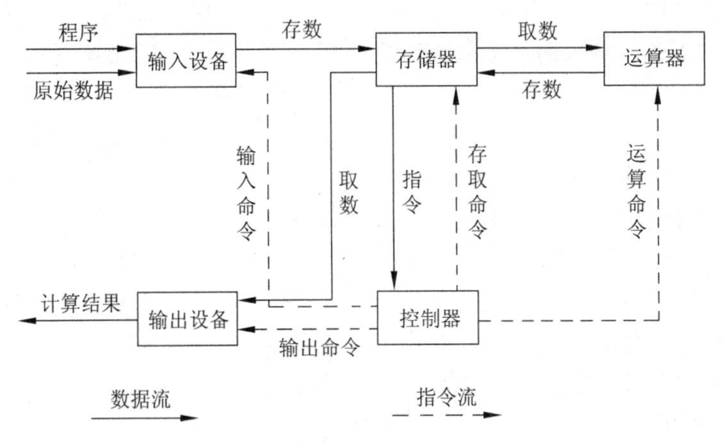

图 1-23　计算机工作过程

(1) 用输入设备将程序和原始数据送入存储器。

(2) 由用户通过输入设备发出运行程序命令。

(3) 控制器从存储器中取出第一条指令，进行分析；然后向受控对象发出相应控制信号，执行该指令。

(4) 控制器再从存储器中取出下一条指令，进行分析，执行该指令……周而复始地重复“取指令、执行指令”这种过程，直到程序中的全部指令执行完毕。在执行的指令中，通常包含有向输出设备输出结果的指令。

习　题　1

一、判断题

1. 制造第二代计算机所使用的主要元器件是超大规模集成电路。(　　)
2. 个人计算机属于小型计算机。(　　)
3. 中国的巨型机的典型代表是：银河、紫光和神威。(　　)
4. 外存上的信息不能直接进入 CPU 被处理。(　　)
5. 指令是由操作码和操作数据组成。(　　)

二、选择题

1. 在计算机时代的划分中，采用中小规模集成电路作为主要逻辑元件的计算机属于(　　)。

　　A. 第一代　　　B. 第二代　　　C. 第三代　　　D. 第四代

2. 二进制数 110000 转换成十六进制数是(　　)。

A. 77　　B. D7　　C. 70　　D. 30

3. 在下列不同进制中的四个数,最小的一个是(　　)。

A. (11011001)B　　B. (75)D　　C. (37)O　　D. (A7)H

4. 对标准 ASCII 编码的描述准确的是(　　)。

A. 使用 7 位二进制代码　　B. 使用 8 位二进制代码,最左一位为 0

C. 使用输入码　　D. 使用 8 位二进制代码,最左一位为 1

5. 早期的计算机的主要应用是(　　)。

A. 科学计算　　B. 信息处理　　C. 实时控制　　D. 辅助设计

三、填空题

1. 第一台电子数字计算机 ENIAC 诞生于(　　)年。
2. 计算机的发展经历了(　　)代。
3. 操作系统是(　　)软件。
4. (　　)是计算机中最小的数据单位。
5. 十进制整数 100 转换为二进制数是(　　)。

四、简答题

1. 计算机的应用有哪些?
2. 简述计算机的工作步骤。
3. 汉字编码有几种?
4. 计算机硬件系统包括哪几个部分?
5. 简述计算机的工作特点。

习题 1 答案

一、判断题

1. ×　　2. ×　　3. ×　　4. √　　5. √

二、选择题

1. C　　2. D　　3. C　　4. B　　5. A

三、填空题

1. 1946　　2. 四　　3. 系统　　4. 位　　5. 1100100

四、简答题

略

第2章 Windows 10

学习目标：

（1）掌握 Windows 10 的启动、退出。

（2）熟悉 Windows 10 的工作环境。

（3）掌握在 Windows 10 中对用户、程序及任务进行管理。

（4）掌握在 Windows 10 中对文件和文件夹的管理。

（5）了解在 Windows 10 中对计算机的个性化设置。

（6）了解在 Windows 10 中如何进行系统维护。

操作系统是用户和计算机的接口，同时也是计算机硬件和其他软件的接口。操作系统的功能包括管理计算机系统的硬件、软件及数据资源，控制程序运行，改善人机界面，为其他应用软件提供支持，让计算机系统所有资源最大限度地发挥作用，提供各种形式的用户界面，使用户有一个好的工作环境，为其他软件的开发提供必要的服务和相应的接口等。目前常用的操作系统有 Windows、Linux、UNIX、Mac OS 等。我们日常工作、学习所使用较多的操作系统是 Windows 系列，本章将以 Windows 10 为例，介绍其具体的使用方法。

Windows 采用了图形化模式 GUI，比起从前的 DOS 需要键入指令使用的方式更为人性化。随着计算机硬件和软件的不断升级，微软公司的 Windows 也在不断升级，从架构的 16 位、32 位再到 64 位，系统版本从最初的 Windows 1.0 到大家熟知的 Windows 95、Windows 98、Windows ME、Windows 2000、Windows 2003、Windows XP、Windows Vista、Windows 7、Windows 8、Windows 10 以及 Windows Server 服务器企业级操作系统，不断持续更新，微软公司一直在致力于 Windows 操作系统的开发和完善。

2.1 Windows 10 简介

Windows 10 是由 Microsoft 开发的操作系统，2015 年 7 月 29 日，微软公司发布 Windows 10 正式版，其启动界面如图 2-1 所示。

Windows 10 共有家庭版、专业版、企业版、教育版、移动版、移动企业版和物联网核心版七个版本，分别面向不同用户和设备。2018 年 5 月的 Build 2018 大会上，微软宣布 Windows 10 用户数接近 7 亿。

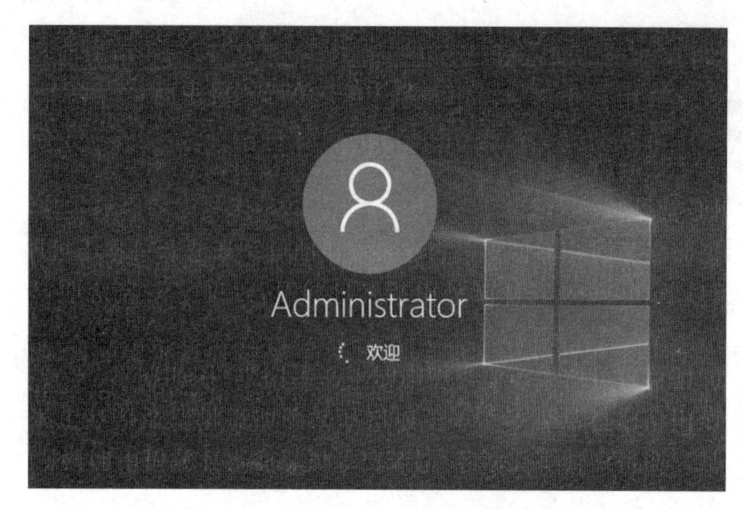

图 2-1　Windows 10 启动界面

Windows 10 是迄今为止最好的 Windows，为用户提供全新的方式。同时微软在照顾老用户的同时，也没有忘记随着触控屏幕成长的新一代用户。Windows 10 提供了针对触控屏设备优化的功能，同时还提供了专门的平板电脑模式，开始菜单和应用都将以全屏模式运行。在桌面应用方面，微软放弃激进的 Metro 风格，回归传统风格，用户可以调整应用窗口大小，标题栏重回窗口上方，最大化与最小化按钮也给用户更多的选择和自由度。像这样的优点还有很多，总结起来，Windows 10 的显著特点如下：

1. 凭借省时工具提高生产力

通过时间线，无论你在浏览网页、购物还是工作，现在在手机或 PC 上都可以回到过去某个时间点，继续之前的工作。

通过专注助手，可以屏蔽通知、声音和提醒，营造无分心的工作时间。

通过就近共享，可以用蓝牙或 Wi-Fi 即时共享视频、照片、文档和网站。

2. 手机和 PC 保持连接

通过 Microsoft Launcher 应用，在 Android 手机上轻松访问资讯、活动和 Microsoft 应用(包括 Office)。

通过“在电脑上继续任务”应用，可以将 Android 或 iPhone 中的网站、搜索和文章转发到 PC，以便在更大的屏幕上查看和编辑。

具有适用于 Windows 10 的最佳浏览器，组织、注释、在 PC 或手机或平板电脑上继续浏览 Microsoft Edge 是完成网络任务更快速、更安全的方式。

通过使用 Windows 版 Office 完成更多任务，无论在家、在学校还是在工作中使用手机或 PC，Windows 版 Office 拥有完成工作所需的一切，包括 3D 功能和最新的墨迹书写技术。

通过 Cortana (由微软公司开发的人工智能助理)搜索功能可以用来搜索硬盘内的文

件，系统设置，安装的应用，甚至是互联网中的其他信息。

3. 挥洒创意

通过 Windows Ink 技术，使用数字手写笔进行记录、标注、涂鸦、绘制和书写个性签名。

凭借 Windows 3D 工具集合，任何人都可以很容易地以新维度创建作品。

4. 尽情开玩

使用 Windows 10 在真实或虚拟世界里尽情开玩。玩 4K 游戏，凭借游戏模式和 DirectX 12 获得性能优势，利用内置 Mixer 广播一展身手。

5. 安全防护

Windows 10 提供全面持续的内置安全保护，在设备支持的生命周期内提供防病毒、防火墙和防钓鱼技术，不产生任何额外费用。此外，Windows 10 所新增的 Windows Hello 功能带来一系列对于生物识别技术的支持。可以使用你的面孔、指纹或随身设备实现安全、快速、免密码的登录。

2.1.1 Windows 10 运行环境与安装

要想使用 Windows 10，首先要进行安装，在安装之前先来了解一下 Windows 10 的运行环境。配置要求如下：

① 1GHz 以上的处理器。

② 1GB 内存(基于 32 位)或 2GB 内存(基于 64 位)。

③ 16GB 可用硬盘空间(基于 32 位)或 20GB 可用硬盘空间(基于 64 位)。

④ 带有 WDDM 1.0 或更高版本的驱动程序的 DirectX 9 图形设备。

Windows 10 的安装非常简单，它支持光盘安装、USB 存储器安装、硬盘安装等。需要说明的是，如果采用 USB 存储器安装，要保证计算机支持 USB 设备启动。如果需要使用非光盘方式安装，需要先用虚拟光驱软件或其他解压缩软件把下载的 ISO 光盘映像文件解压缩到硬盘或 USB 存储器上。如果要安装的计算机上已经有操作系统，可以选择升级安装或全新安装两种方式。如果选择升级安装，在安装的过程中会保留下来用户设置和应用程序设置。如果选择全新安装，安装后会覆盖原来计算机中的操作系统，原系统中的用户设置和应用程序设置都会丢失。所以在安装前要将需要保存下来的文件进行备份。全新安装的优点是可以避免原系统中的不安全因素，比如病毒、木马等，可以安装一个纯净的系统。

安装时，运行 setup.exe 文件或者用光盘自动引导，进入安装界面后，单击【现在安装】按钮，然后按照安装向导的提示一步一步操作即可。在安装过程中可能会出现计算机的重启，需要耐心等待。

2.1.2 Windows 10 启动与退出

Windows 10 的启动与退出操作也很简单，与其他版本的 Windows 操作类似。具体操作如下。

1. 启动

接通各种电源和数据线，打开显示器，待指示灯变亮后按下主机的电源开关，启动 Windows 10。如需输入用户名、密码，只要保证输入正确就可以，启动后的界面如图 2-2 所示。

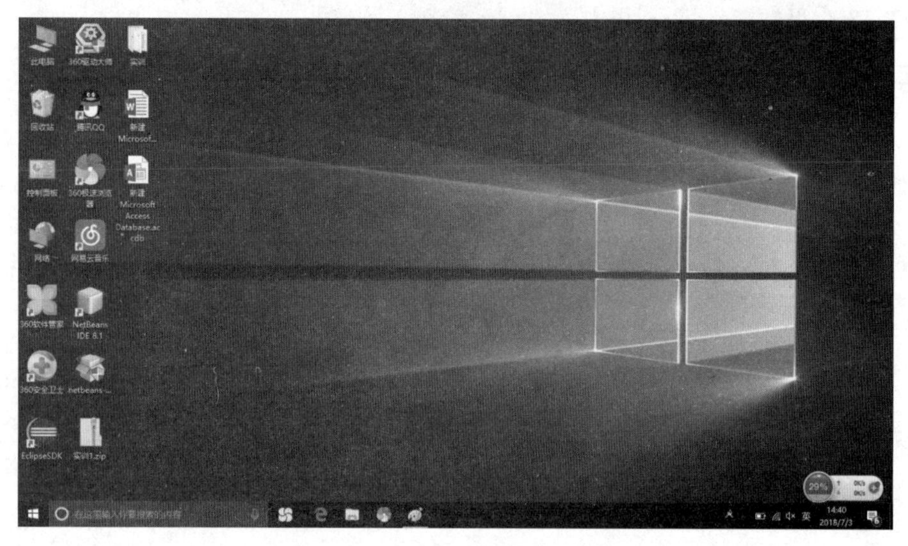

图 2-2 Windows 10 启动后界面

2. 退出

单击桌面左下角的【开始】按钮，弹出开始菜单后，如图 2-3 所示，再单击【电源】选项，如图 2-4 所示，从弹出的快捷菜单中，单击【更新并关机】，如果系统没有更新，那么就单击【关机】选项，即可安全地退出 Windows 系统。如果系统死机，则需要强行关机，按住电源开关几秒钟，直至指示灯关闭为止。

也可以在桌面环境下通过快捷键【Alt+F4】组合键，打开【关闭 Windows】对话框，默认就是关机操作，单击【确定】按钮即可。

还可以按下键盘上的组合键【Win+X】，并在弹出的菜单中单击【关机】，接着即可在弹出的子菜单中选择关机选项，用鼠标单击后即可完成关机操作。

2.1.3 Windows 10 桌面介绍

Windows 10 启动后呈现在眼前的整个背景区域就称为桌面。桌面主要由桌面背景、

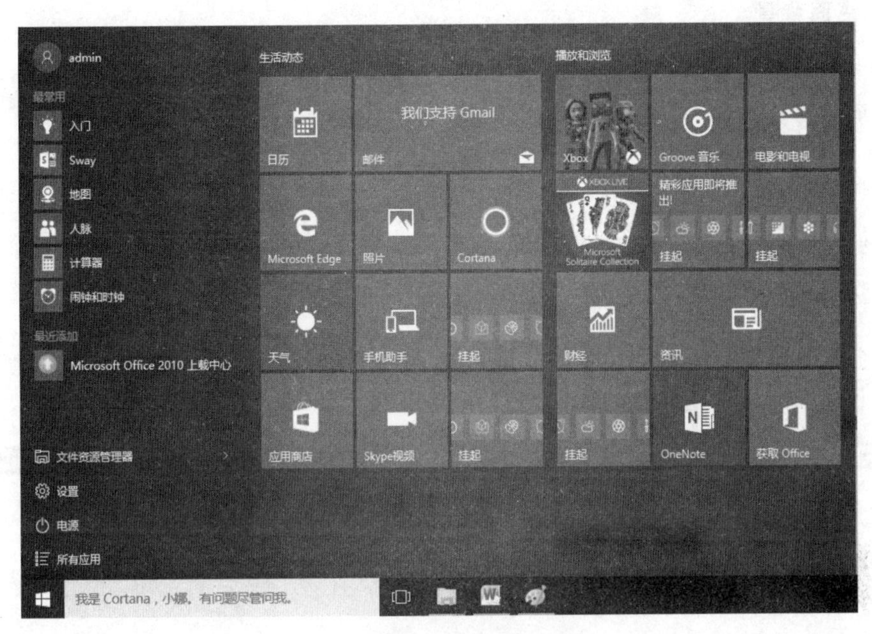

图 2-3　开始菜单

图 2-4　关机

桌面图标和任务栏组成，如图 2-2 所示。

1. 桌面背景

桌面背景就是显示器屏幕上的主体部分显示的图像。如图 2-2 所示，桌面背景的更改在后面再做介绍。

2. 桌面图标

桌面图标包括文件、文件夹的图标，还有一些程序的快捷方式，如图 2-2 所示。

3. 任务栏

任务栏是屏幕最下方的长条区域，任务栏可分为【开始】菜单、快速启动工具栏、窗口按钮栏和通知区域等几部分，如图 2-5 所示。

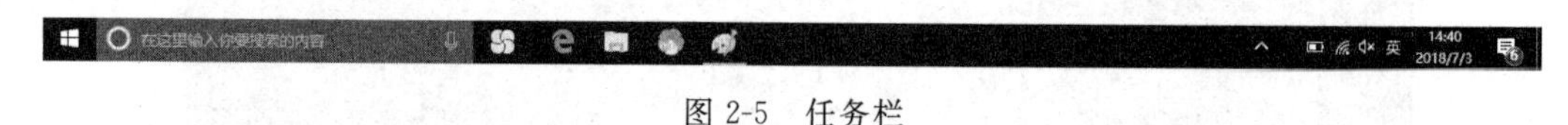

图 2-5　任务栏

(1) “任务栏”位于屏幕底部。
(2) 启动组中的应用程序图标位于任务栏上。
(3) 每启动一个程序或打开一个窗口后，任务栏上就会出现一个代表该窗口的按钮。
(4) 利用任务栏可以进行窗口间的切换。
(5)【开始】按钮位于屏幕底部。
(6) 单击【开始】按钮弹出开始菜单。
(7) 开始菜单包含了使用 Windows 所需的命令，如图 2-3 所示。更改任务栏和开始菜单属性时，在任务栏的空白处右击，选择任务栏【设置】，弹出的对话框如图 2-6 所示。在此

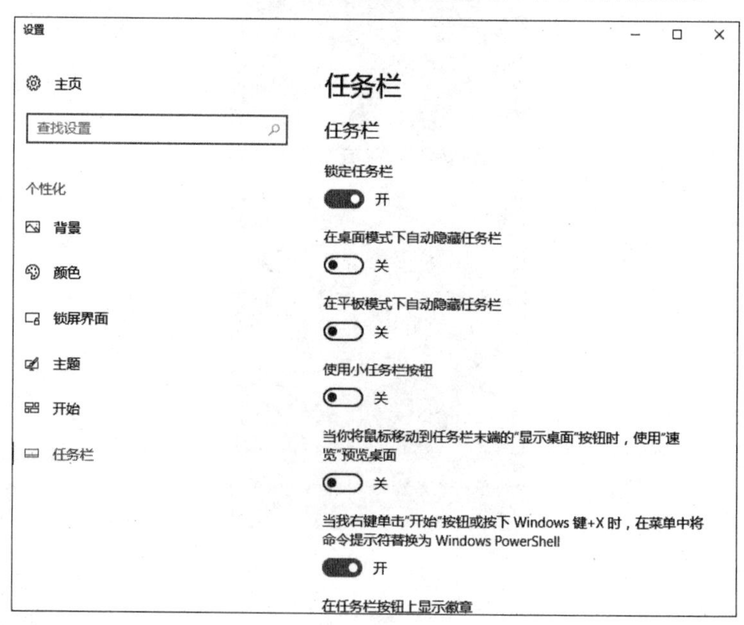

图 2-6　任务栏【设置】

对话框中可以对任务栏进行详细设置。

2.2 Windows 10 三大元素操作

Windows 10 的三大元素是指窗口、菜单、对话框。几乎所有的操作都是在窗口中完成的,在窗口中的相关操作一般都是由鼠标和键盘来完成的。在运行应用程序时,经常会用菜单来进行操作,这样可以更简洁、直观。对话框其实是一种特殊的窗口,在对话框中用户通常需要做出一些选择或者输入一些信息,就像人机在对话一样,所以形象地称其为对话框。下面就具体来看一下这三大元素的组成及其操作。

2.2.1 Windows 10 窗口的组成及操作

1. 窗口的组成

窗口的组成如图 2-7 所示。

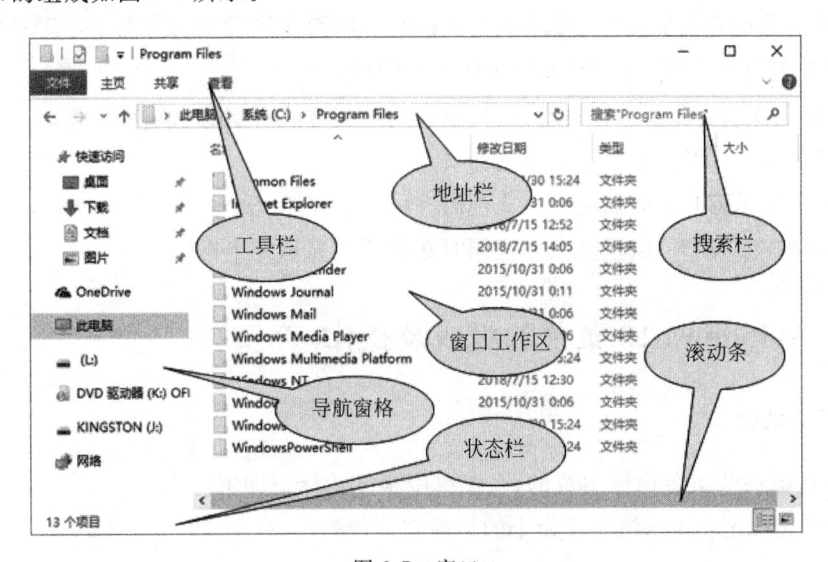

图 2-7 窗口

(1) 标题栏:标题栏位于窗口顶部,拖动其可改变窗口位置。

(2) 地址栏:显示当前窗口文件在系统中的位置。

(3) 搜索栏:用于快速搜索计算机中的文件。

(4) 工具栏:根据窗口中对象同步变化,以便于用户快速操作。

(5) 导航窗格:导航窗格位于工作区的左边区域,包括“桌面”“下载”“文档”和“图片”等部分。

(6) 滚动条:若当前窗口显示不下内容时,会出现滚动条,有上下滚动的,也有左右滚动的。

(7) 窗口工作区：窗口中的主要区域就是窗口工作区。

(8) 状态栏：用于显示计算机的配置信息或当前窗口中选择对象的信息。

2. 窗口的操作

对一个窗口的操作主要分为以下几种。

(1) 打开窗口：打开窗口的方法很多，双击某个文件图标或右击某个文件图标，在弹出的快捷菜单中选择【打开】，均可以打开一个窗口；双击某个应用程序的快捷方式也可以打开一个窗口；在程序列表中选中某个程序后单击，也可以打开一个窗口。

(2) 移动窗口：移动窗口最常用的方式就是直接用鼠标操作，也可以配合键盘来操作。在某个窗口的标题栏右击，在弹出如图 2-8 所示的快捷菜单中选择【移动】后，就可以通过键盘的方向键进行上下左右移动，到合适的位置后直接按回车键即可。

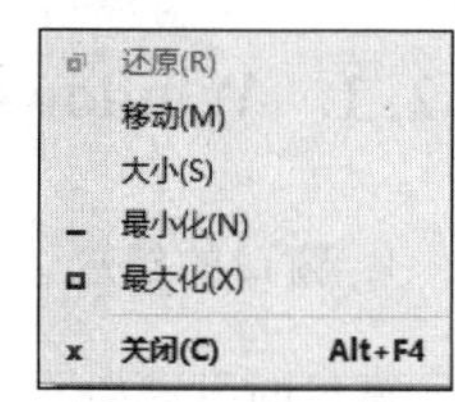

图 2-8 选择【移动】

(3) 改变窗口大小：改变窗口大小最常用的方法也是用鼠标操作，当然也和上面移动窗口一样，也可以配合键盘操作。方法同上，在图 2-8 所示的快捷菜单中选择【大小】，就可以操作键盘的方向键进行扩大或缩小窗口，调整完后按回车键即可。

(4) 排列窗口：多个窗口都打开时，窗口的排列方式有层叠、堆叠、并排。

- 层叠窗口：以层叠的方式排列窗口。
- 堆叠显示窗口：以横向的方式同时在屏幕上显示几个窗口。
- 并排显示窗口：以垂直的方式同时在屏幕上显示几个窗口。

2.2.2 Windows 10 菜单的组成及操作

1. 菜单的组成

菜单是由一些菜单命令组成的，在菜单中常见的标记如下。

(1) 字母标记：表示该菜单命令的快捷键。

(2) 复选标记：复选，表示已将该菜单命令选中并应用了效果。

(3) 单选标记：单选，表示已将该菜单命令选中。

(4) 子菜单标记：选择该菜单命令将弹出相应的子菜单命令。

(5) 对话框标记：执行该菜单命令后将弹出对话框。

如图 2-9 所示，里面包含了上述部分标记。

2. 菜单的操作

菜单的操作比较简单，直接在上述的标记中做出选择或者在弹出的对话框中做出设置即可。

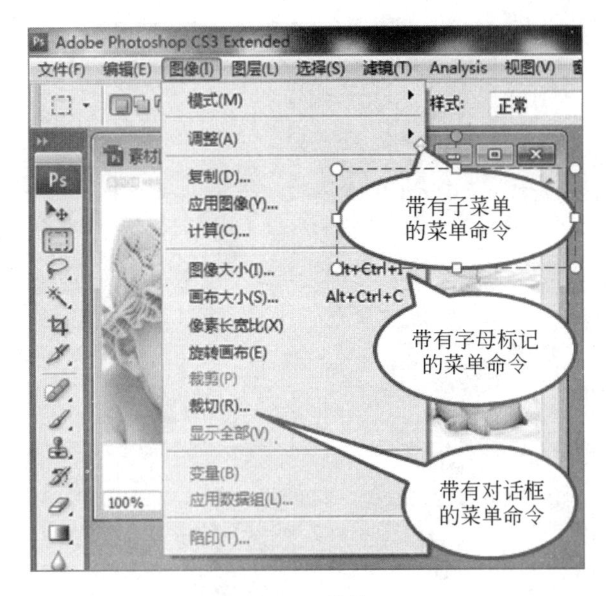

图 2-9　菜单

3. 菜单的类型

菜单可以分为以下几类。

(1) 快捷菜单：通常是右击目标后打开的，如图 2-10 所示。

(2) 窗口控制菜单：是在窗口的标题栏右击打开的，如图 2-11 所示。

(3) 下拉菜单：一些应用程序里都使用这种菜单，如图 2-12 所示。

(4) 应用程序菜单：例如开始菜单中的程序列表，如图 2-13 所示。

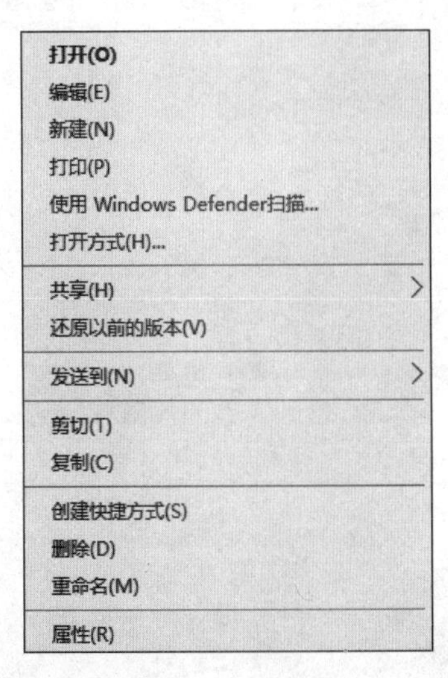

图 2-10　快捷菜单

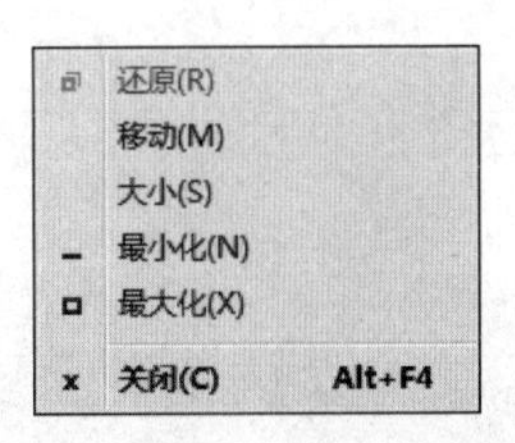

图 2-11　窗口控制菜单

图 2-12　下拉菜单

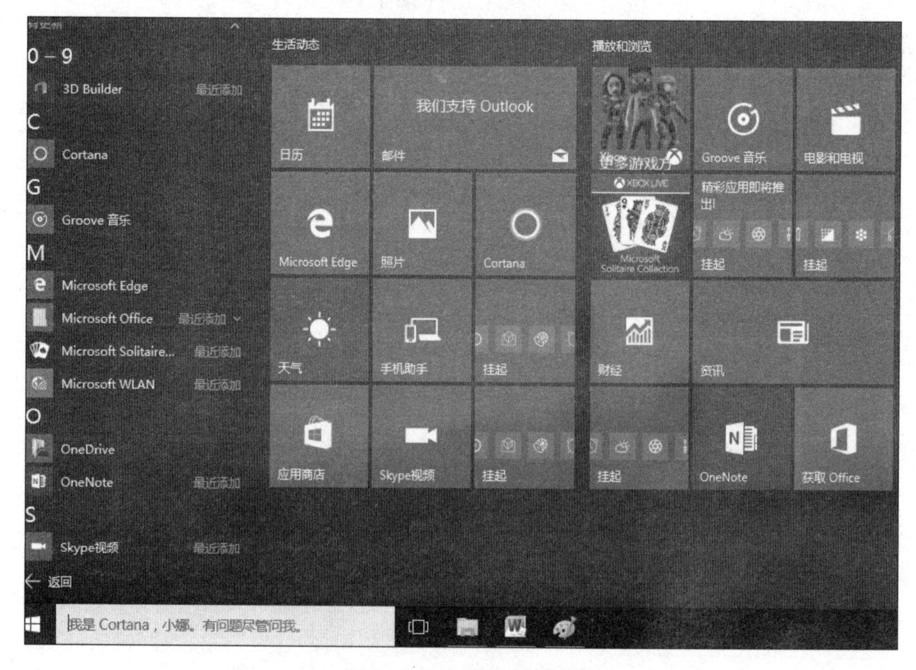

图 2-13　应用程序菜单

2.2.3 Windows 10 对话框的组成及操作

1. 对话框的组成

对话框由以下元素组成。

(1) 复选框：可以一次选择一项、多项或全部，也可不选。

(2) 单选项：只能选择其中的一个选项。

(3) 微调按钮：可直接输入参数，也可通过微调按钮改变参数大小。

(4) 列表框：在一个区域中显示多个选项，可根据需要选择其中的一项。

(5) 下拉式列表：下拉式列表是由一个列表框和一个向下箭头按钮组成。

(6) 命令按钮：单击可直接执行命令按钮上显示的命令。

(7) 选项卡：在有限的空间内显示更多内容。

(8) 文本框：是对话框给用户输入信息所提供的位置。

典型的对话框实例如图 2-14 所示，在此几乎包含了对话框的所有类型的组成部分。

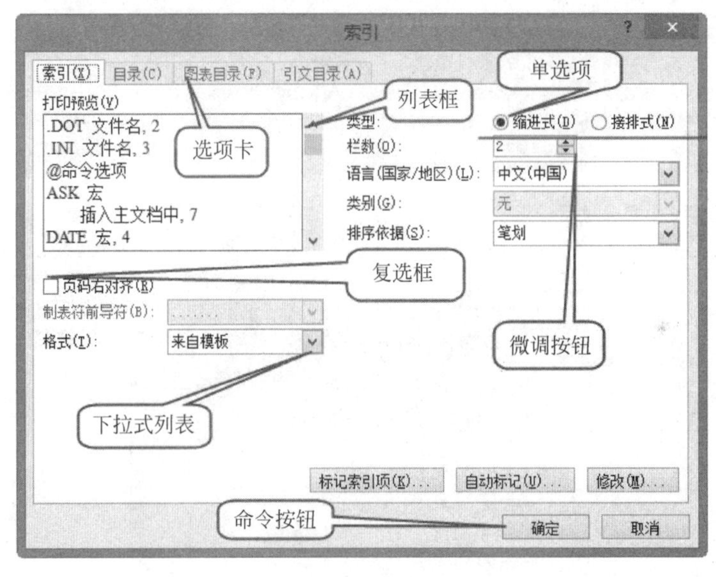

图 2-14 对话框

2. 对话框的操作

对话框的操作主要有以下几种。

(1) 对话框的移动和关闭：对话框的移动操作方法同窗口的移动方法一样，在此不再赘述。对话框的关闭可以直接单击如图 2-15 所示的右上方的“关闭”按钮，或者设置好各项参数后单击【确定】按钮，或者不需设置，直接单击【取消】按钮都可以关闭对话框。

(2) 在对话框中的切换：最直接易用的切换方式就是通过鼠标来操作，当然也可以用键盘来进行切换。

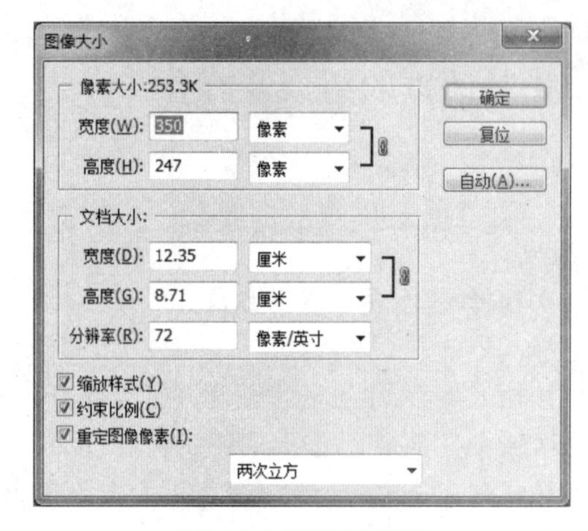

图 2-15　对话框例图

(3) 使用对话框中的帮助：如所弹出的对话框中有帮助按钮，如图 2-16 所示，看到标题栏的"?"按钮，直接单击它即可使用。相关的帮助信息打开后如图 2-17 所示。

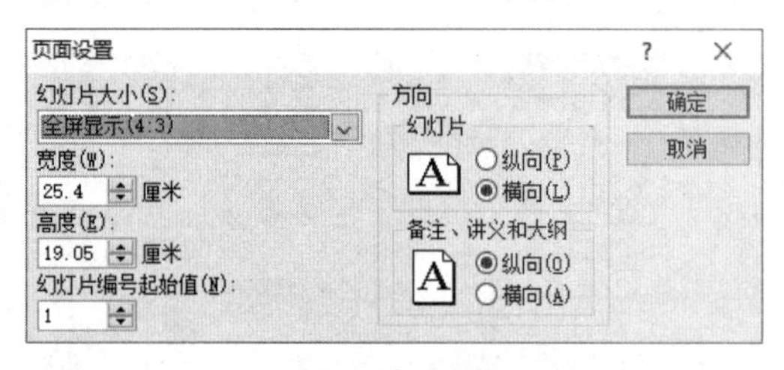

图 2-16　【页面设置】对话框

图 2-17　打开帮助

2.3 用户、程序及任务管理

Windows 10 对用户、程序和任务的管理与其他版本的 Windows 类似，下面分别来介绍。

2.3.1 用户管理

Windows 10 中对用户的管理可以概括为两个方面：一是创建新账户，二是设置账户。Windows 10 也和 Windows 7 等版本一样可以实现多账户管理。

1. 创建新账户

在控制面板窗口单击【用户账户】选项，打开如图 2-18 所示的【用户账户】窗口中再选择【用户账户】链接，打开如图 2-19 所示的【管理账户】窗口。单击【在电脑设置中添加新用户】链接，就可以进行新账户的创建。

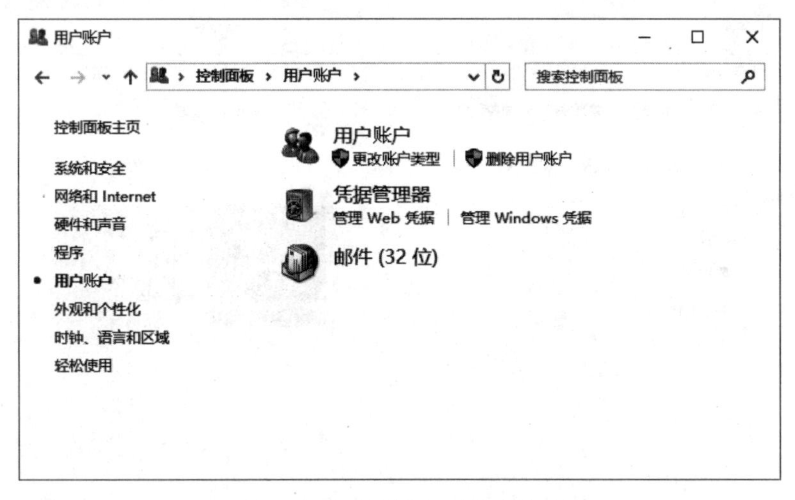

图 2-18 【控制面板】→【用户账户】

2. 设置账户

在【管理账户】窗口中选择一个账户，单击该账户名，弹出如图 2-20 所示的【更改账户】窗口，可进行更改账户名称、创建、修改或删除密码、更改图片、删除账户等操作。

2.3.2 程序管理

Windows 10 对程序的管理主要体现在卸载或更改计算机上的程序。计算机之所以

图 2-19 管理账户

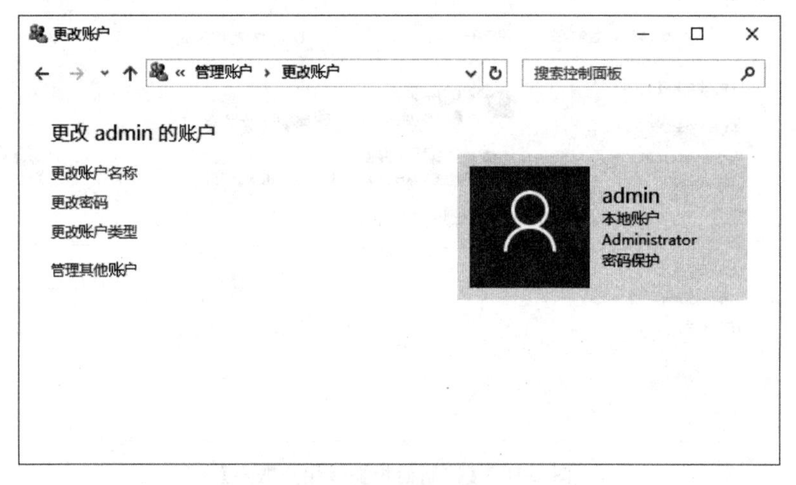

图 2-20 更改账户

能完成一些工作，都是因为事先在计算机中存储了相关的程序。计算机离开了程序就会一事无成，由此可见管理计算机中的程序是至关重要的。

1. 安装程序

我们平时安装从网上下载的安装程序时，大多采用直接将安装程序打开运行，按照安装向导的提示一步一步操作即可。如果安装程序是存放在光盘中，就把光盘放入光驱，一般情况下，将显示【自动播放】对话框，然后按照安装向导的提示一步一步操作。如果没有自动播放，就将光盘中的文件夹打开，手动找到安装程序后运行即可。

2. 卸载程序

卸载程序不能像删除某个文件那样用【Delete】键删除，需要打开【控制面板】，选择【程序和功能】如图 2-21 所示，在打开的程序列表中选中需要卸载的程序后右击，在弹出的快捷菜单中选择【卸载】。有些程序的卸载过程中会弹出一些对话框，大多是问用户是否确认卸载，或者是询问卸载后有些残留文件是否一并删除，根据自己的实际需要选择就可以。

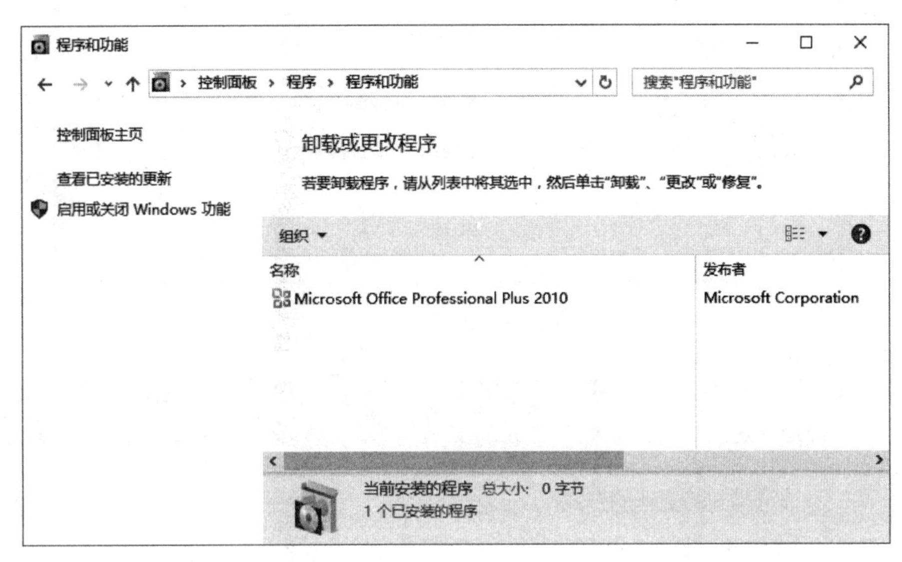

图 2-21　程序和功能窗口

3. Windows 自动更新设置

任何一款操作系统都不是完美无瑕的，Windows 也不例外，所以 Windows 会不断推出一些更新程序，如果想对 Windows 进行自动更新，需要做以下操作。

单击【开始菜单】→【设置】→【更新和安全】，打开【Windows 更新】设置窗口。在如图 2-22 所示的【Windows 更新】窗口中，单击【高级选项】链接，打开如图 2-23 所示的【高级选项】窗口。在【自动(推荐)】下拉列表中根据自己的需要进行选择，还可以选择复选框【更新 Windows 时提供其他 Microsoft 产品的更新】或【推迟升级】。

2.3.3　任务管理器

Windows 不同于 DOS，DOS 是单任务的操作系统，而它是一款多任务的操作系统。多个任务就需要管理，而任务管理器就是一个非常实用的管理工具。利用它可以查看当前正在运行的应用程序、进程、服务等信息，还可以查看 CPU 和内存的使用情况等信息。如果计算机已经联网，还可以查看当前的网络状态。

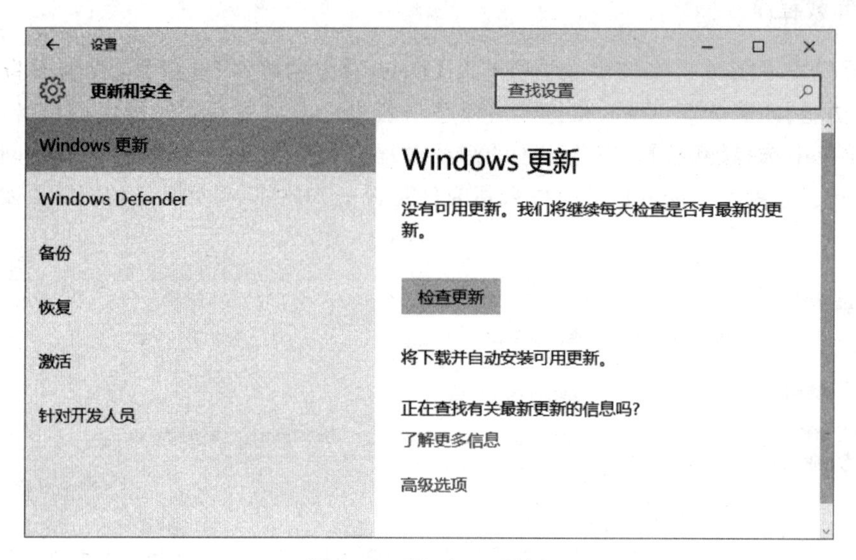

图 2-22　Windows 更新

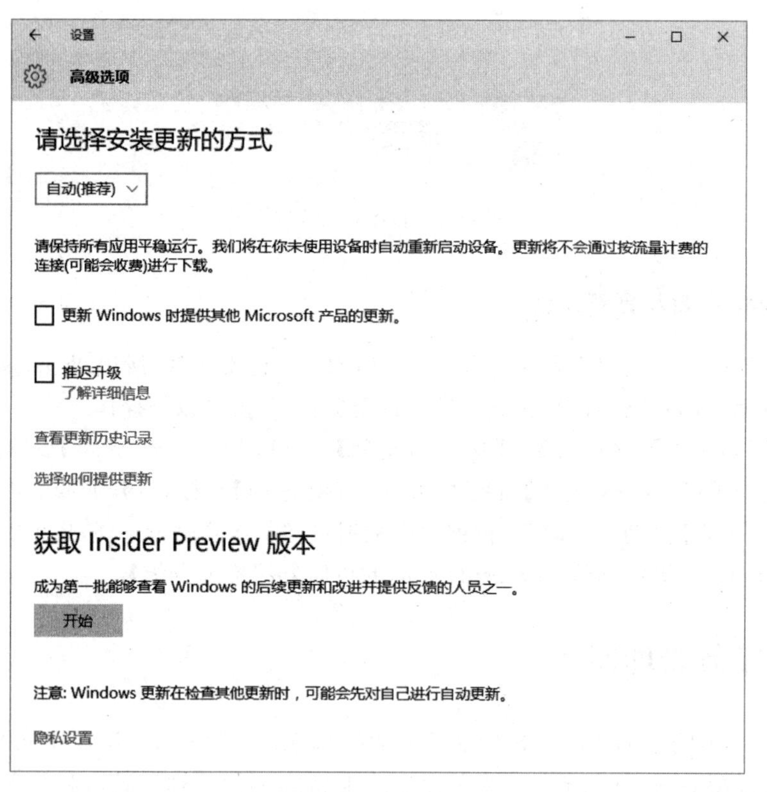

图 2-23　高级选项

1. 打开任务管理器

打开任务管理器可以通过右击【任务栏】的空白处，在弹出的快捷菜单中单击【任务管理器】，打开的任务管理器窗口如图 2-24 所示。还有另一种打开任务管理器的方法，按住【Ctrl＋Alt＋Delete】组合键，然后单击【任务管理器】，也同样可以打开任务管理器。

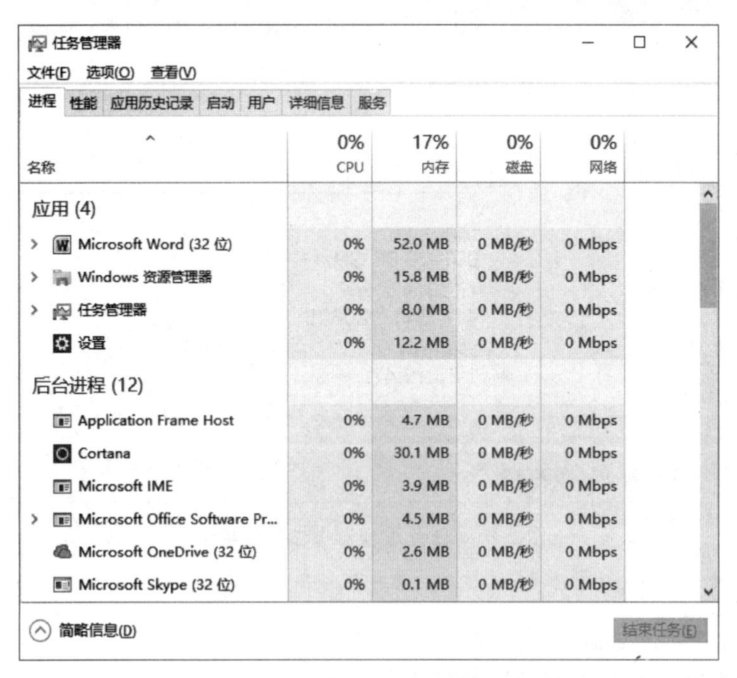

图 2-24 任务管理器

2. 使用任务管理器

任务管理器中有以下几个选项卡：进程、性能、应用历史记录、启动、用户、详细信息、服务。每个选项卡对应任务管理器实现管理功能的一个方面。

(1) 如图 2-24 所示的进程选项卡显示当前用户运行的所有进程信息。如果需要强制结束某个进程，选中此进程后，单击【结束任务】即可。这种做法对于未保存的程序来说会导致数据的丢失，一般不建议使用。

(2) 如图 2-25 所示的性能选项卡显示当前 CPU 和内存使用的性能的动态信息。

(3) 如图 2-26 所示的应用历史记录选项卡显示自使用此系统以来，当前用户账户的资源使用情况。

(4) 如图 2-27 所示的启动选项卡中主要显示的是登录时自动运行哪些程序，还可以在这里设置禁用。

(5) 用户选项卡显示当前登录的用户信息及连接到本机上的所有用户的信息。

(6) 详细信息选项卡显示当前正在运行或已暂停的进程的基础信息。

(7) 服务选项卡显示系统当前各个服务程序的状态，选中某个服务后右击可以启动或停止该服务。不过需要说明的是，如果不是特别了解服务，就不要轻易自行改变服务的状态。

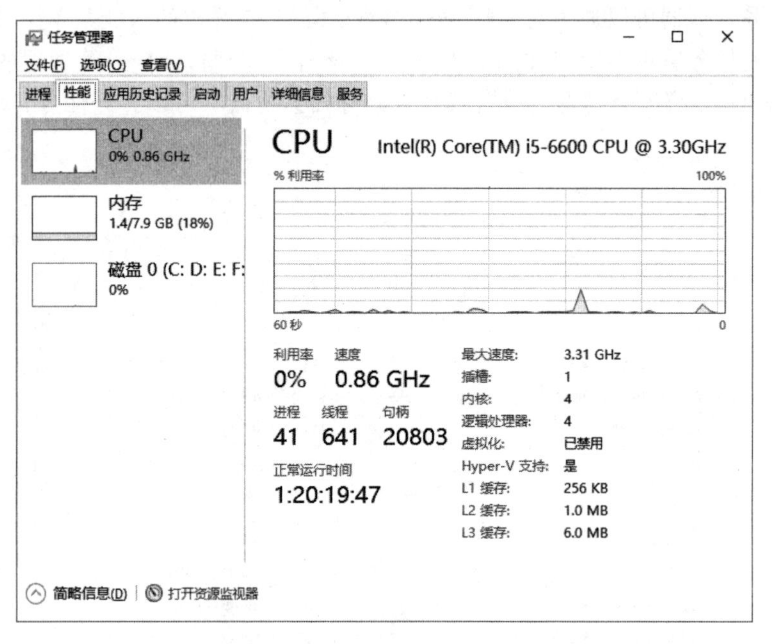

图 2-25　任务管理器中性能选项卡

任务管理器

文件(F) 选项(O) 查看(V)

进程 性能 应用历史记录 启动 用户 详细信息 服务

自 2018/7/15 以来，当前用户账户的资源使用情况。

删除使用情况历史记录

名称	CPU 时间	网络	按流量计费的网...	磁贴更新
3D Builder	0:00:00	0 MB	0 MB	0 MB
Cortana	0:01:00	0 MB	0 MB	0 MB
Groove 音乐	0:00:00	0 MB	0 MB	0 MB
Microsoft Edge	0:00:01	0 MB	0 MB	0 MB
Microsoft Solitaire Col...	0:00:00	0 MB	0 MB	0 MB
Microsoft WLAN	0:00:00	0 MB	0 MB	0 MB
Microsoft 消息 (2)	0:00:03	0 MB	0 MB	0 MB
OneNote	0:00:00	0 MB	0 MB	0 MB
Sway	0:00:00	0 MB	0 MB	0 MB
Windows 反馈	0:00:00	0 MB	0 MB	0 MB
Xbox	0:00:00	0 MB	0 MB	0 MB

简略信息(D)

图 2-26　任务管理器中应用历史记录选项卡

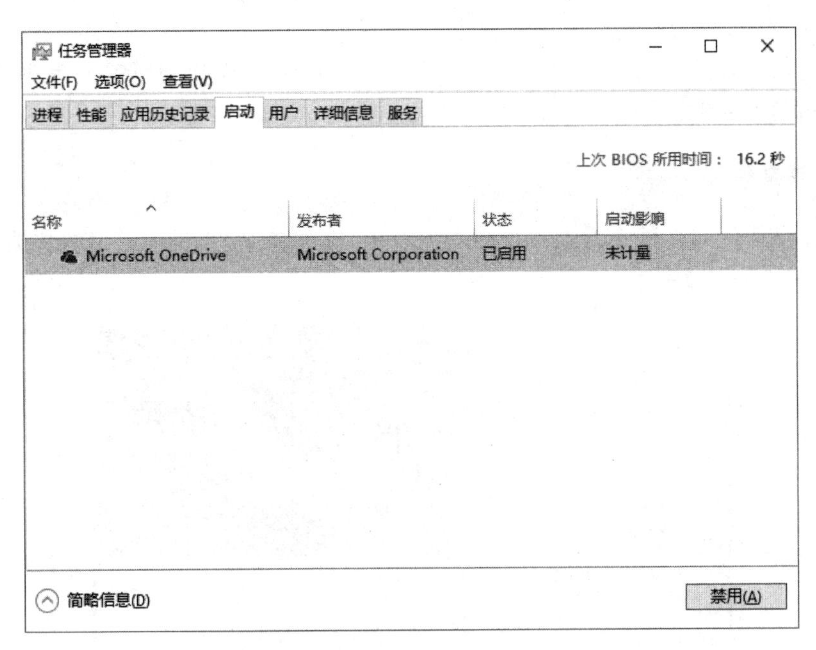

图 2-27 任务管理器中启动选项卡

2.4 文件及文件夹管理

文件是用户赋予了名字并存储在磁盘上的信息的集合，它可以是用户创建的文档，也可以是可执行的应用程序或一张图片、一段声音等。

文件的类型有：程序文件、支持文件、文档文件、多媒体文件、图像文件等。

文件的属性有：只读、隐藏、存档。

文件的显示方式有：缩略图、平铺、图标、列表、详细资料。

文件夹是系统组织和管理文件的一种形式，是为方便用户查找、维护和存储而设置的，用户可以将文件分门别类地存放在不同的文件夹中。文件和文件夹是 Windows 中非常重要的内容之一。

此外，还可以利用 Windows 10 中的 OneDrive 进行相册的自动备份，也可以利用 Office 和 OneDrive 结合，进行在线创建、编辑和共享文档。

2.4.1 创建文件及文件夹

1. 创建文件

(1) 在桌面上或其他位置创建文件。在桌面空白处单击鼠标右键，在如图 2-28 所示弹出的快捷菜单中单击【新建】，然后选中在已存在快捷菜单中的某一种应用程序，即可创建一个该应用程序的文件。不过这种方法的弊端是，如果在快捷菜单中没有出现要创建的那类应用程序，就无法使用此法来创建。

(2) 利用打开的应用程序创建文件。在应用程序列表中找到所需的程序，选中后单击，在打开的应用程序窗口中新建文件即可。

2. 创建文件夹

(1) 在桌面创建文件夹。在桌面空白处右击，在如图 2-28 所示弹出的快捷菜单中选择【新建】→【文件夹】命令。

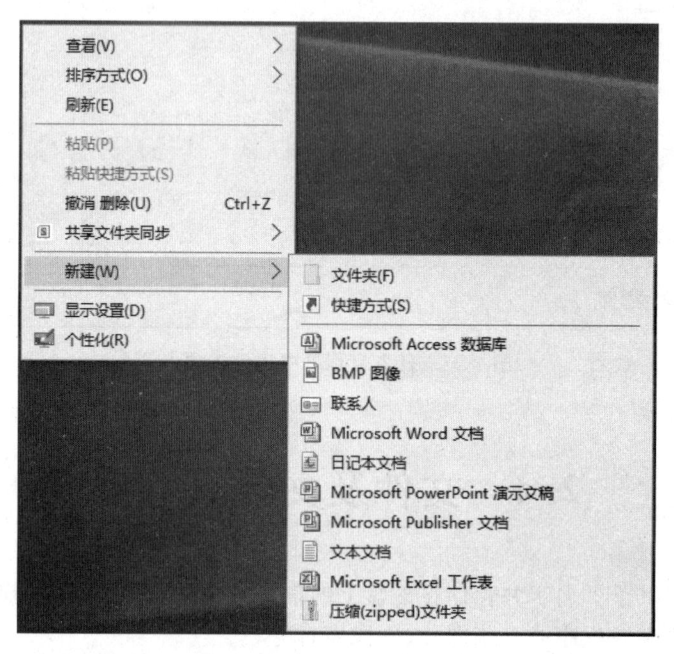

图 2-28 新建文件或文件夹

(2) 通过【此电脑】或【文件资源管理器】创建文件夹。打开如图 2-29 所示的【此电脑】或【文件资源管理器】窗口，选择创建文件夹的位置，然后单击【文件】→【新建】→【文件夹】命令。或右击，在弹出的快捷菜单中单击【新建】→【文件夹】命令。

2.4.2 选择文件及文件夹

1. 选择一个文件或文件夹

如图 2-30 所示，用鼠标单击该文件或文件夹即可。

2. 选择多个连续文件或文件夹

单击第一个要选择的文件或文件夹图标后，按住【Shift】键不放，再单击最后一个要选择的文件或文件夹。

或者在第一个或最后一个要选择的文件外侧按住鼠标左键，然后拖动出一个虚线框

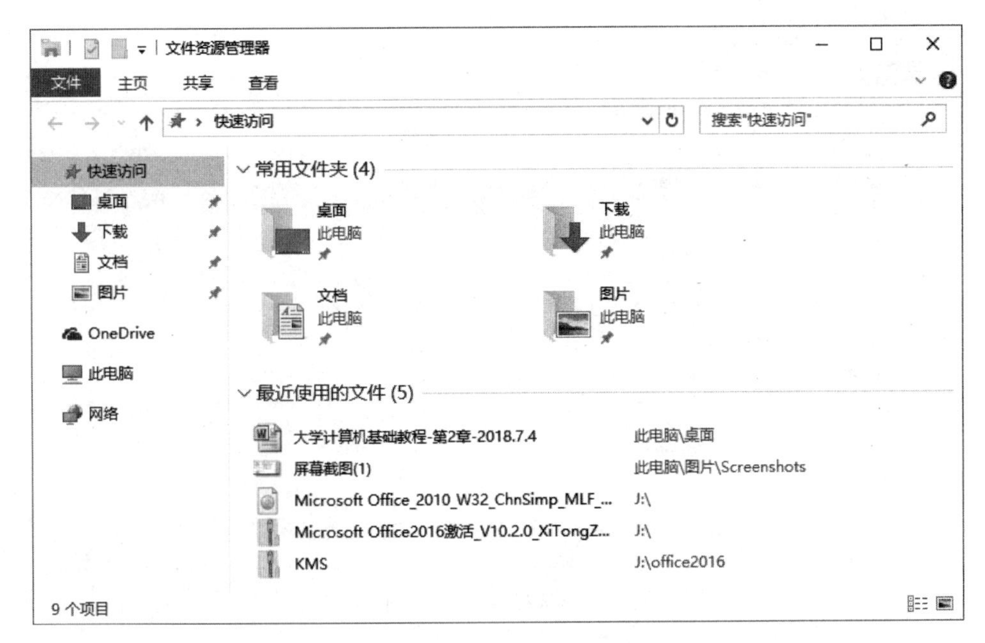

图 2-29 文件资源管理器

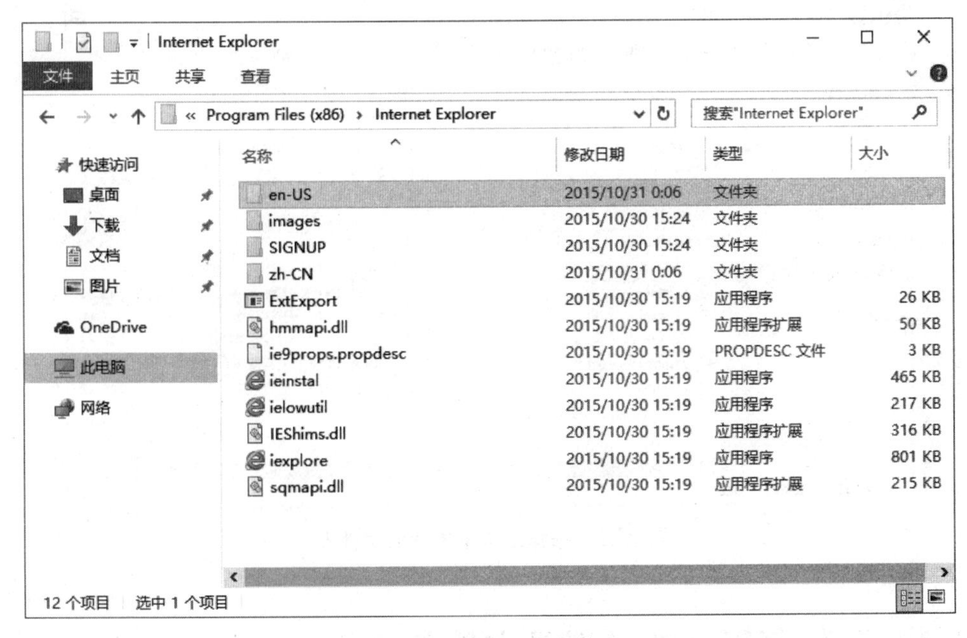

图 2-30 选择一个文件夹

将所要选择的文件或文件夹框住即可，如图 2-31 所示。

3. 选择多个不连续文件或文件夹

按住【Ctrl】键不放，依次用鼠标单击要选择的其他文件或文件夹即可，如图 2-32 所示。

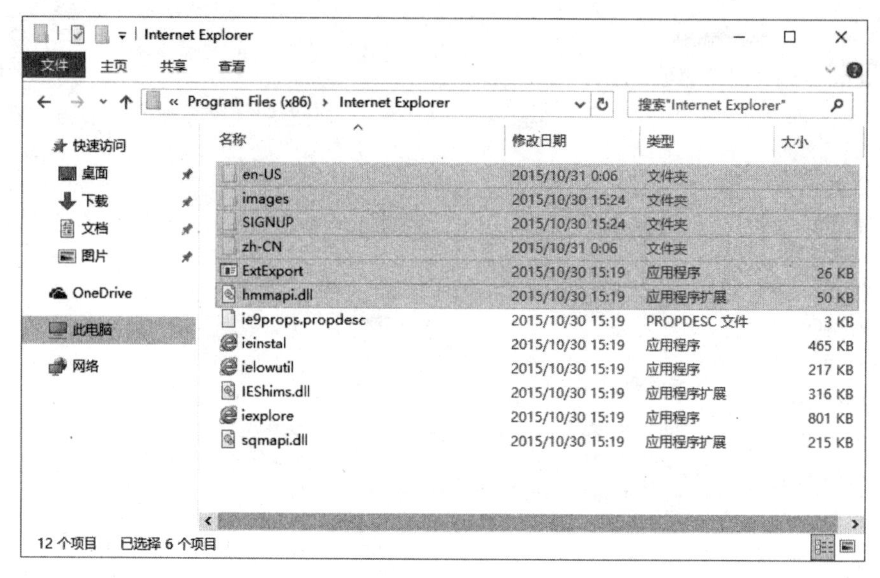

图 2-31　选择多个连续文件夹

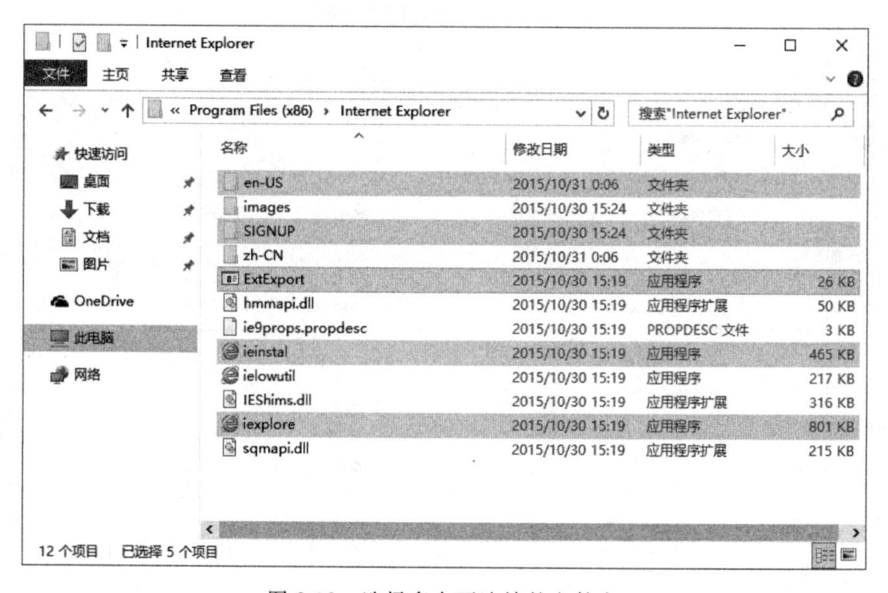

图 2-32　选择多个不连续的文件夹

2.4.3　移动、复制、删除文件及文件夹

1. 移动文件或文件夹

(1)【剪切】和【粘贴】的配合使用。选中需要移动的文件或文件夹，单击菜单栏上的【主页】→【剪切】命令，如图 2-33 所示。然后将目标文件夹打开，单击菜单栏上的【主页】→【粘贴】命令，如图 2-34 所示。当然，也可以通过快捷菜单中的【剪切】和【粘贴】来实现。

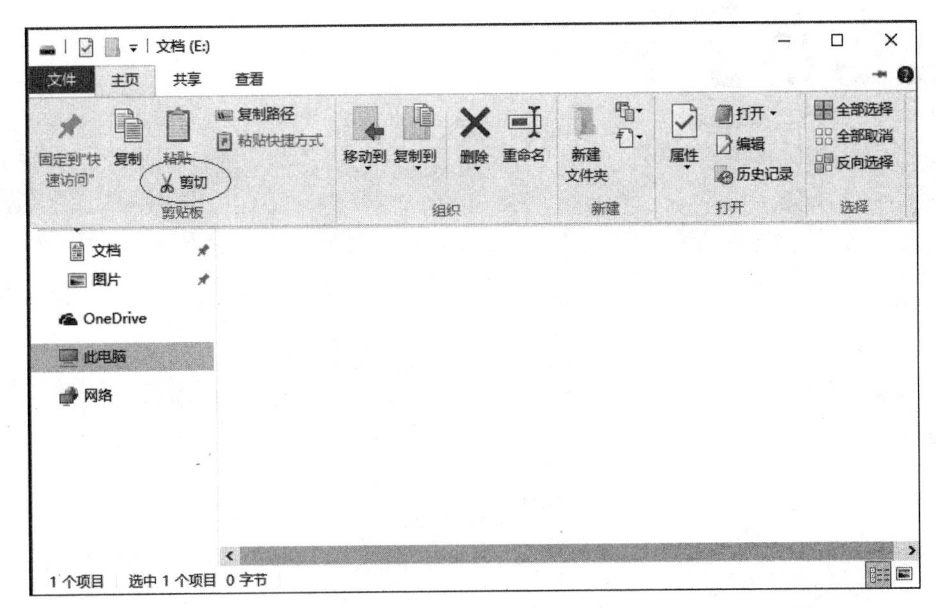

图 2-33 【主页】→【剪切】

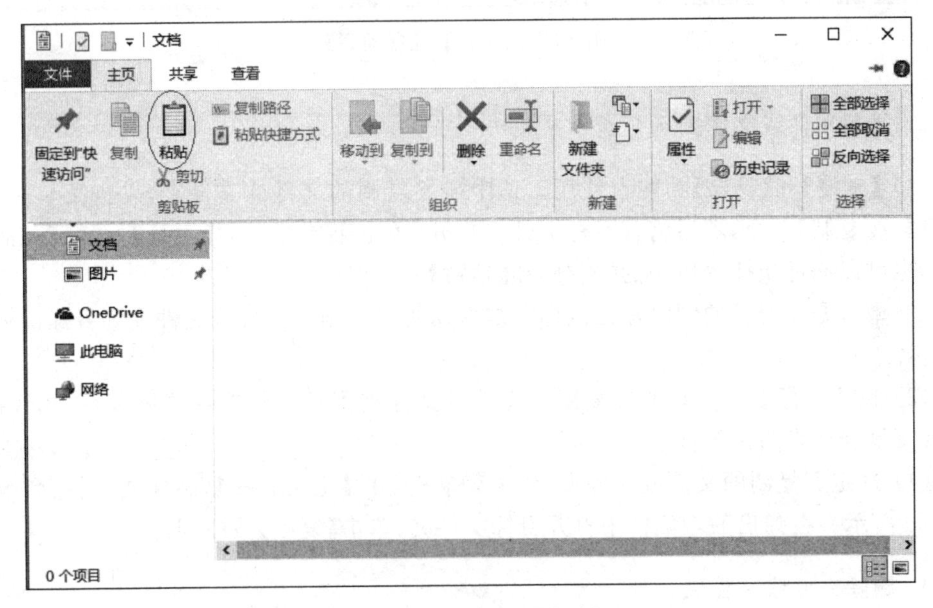

图 2-34 【主页】→【粘贴】

(2) 按住【Shift】键的同时按住鼠标左键拖动所要移动的文件或文件夹到要移动到的目标处，释放鼠标即可。

(3) 按住鼠标右键拖动所要移动的文件或文件夹到要移动到的目标处释放鼠标，选择快捷菜单中的【移动到当前位置】命令。

(4) 选择要移动的文件或文件夹，单击菜单栏上的【主页】→【移动到】命令，如图 2-35 所示。在弹出的对话框中，选择目标位置，单击【移动】按钮即可。

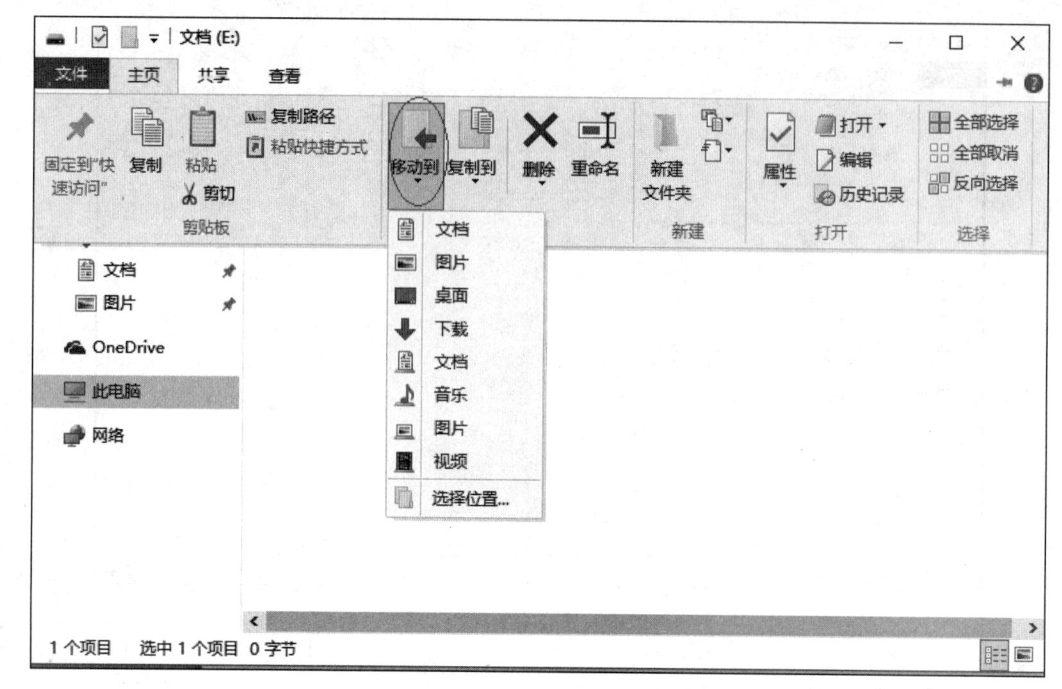

图 2-35 【主页】→【移动到】

2. 复制文件或文件夹

(1)【复制】和【粘贴】的配合使用。选中需要复制的文件或文件夹,单击菜单栏上的【主页】→【复制】命令,然后将其目标文件夹打开,单击菜单栏上的【主页】→【粘贴】命令。同样,也可以通过快捷菜单中的【复制】和【粘贴】来实现。

(2) 按下【Ctrl】键的同时按住鼠标左键拖动所要复制的文件或文件夹到目标位置,释放鼠标。

(3) 按住鼠标右键拖动所要复制的文件或文件夹到目标位置释放鼠标,选择快捷菜单中的【复制到当前位置】命令。

(4) 选定要复制的文件或文件夹,单击菜单栏上的【主页】→【复制到文件夹】命令,如图 2-36 所示。在弹出的对话框中打开目标文件夹,单击【复制】按钮即可。

3. 删除文件或文件夹

(1) 选定要删除的文件或文件夹,在【文件资源管理器】或【此电脑】窗口的菜单栏中单击【主页】→【删除】命令,如图 2-37 所示。

(2) 选定要删除的文件或文件夹,按【Delete】键删除。

(3) 选定要删除的文件或文件夹,在回收站图标可见的情况下,拖动待删除的文件或文件夹到【回收站】。

(4) 选定要删除的文件或文件夹后右击,在弹出的快捷菜单中选择【删除】命令,如图 2-38 所示。

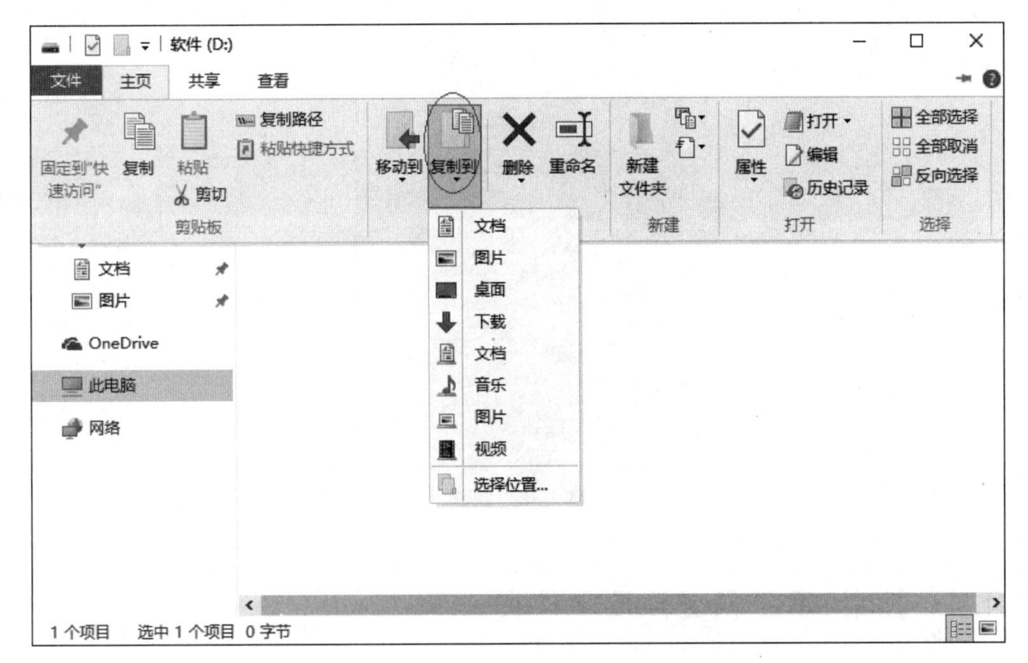

图 2-36 【主页】→【复制到】

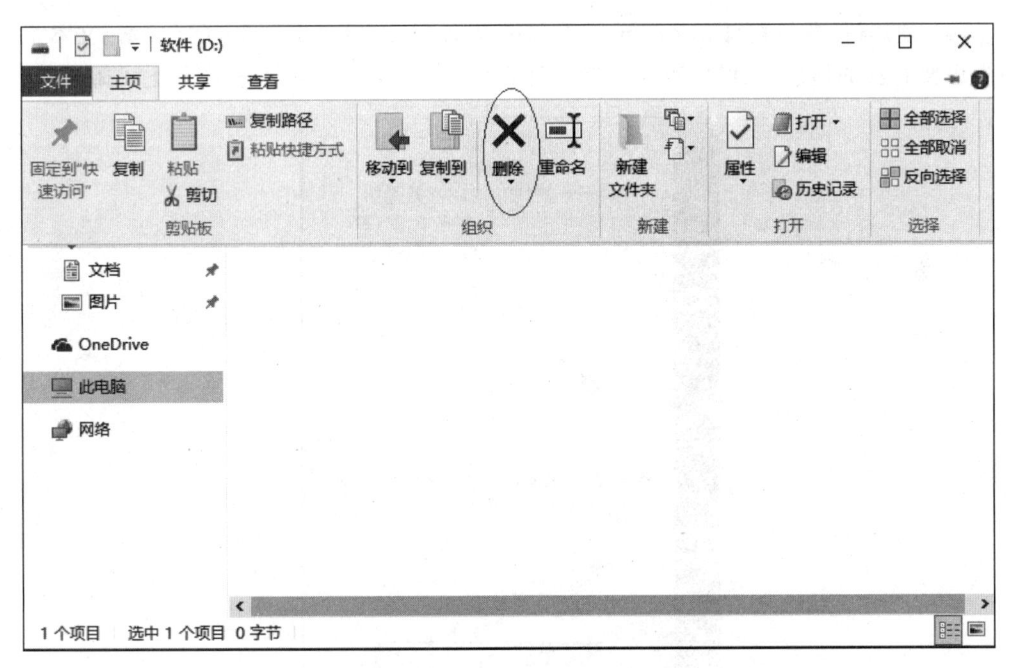

图 2-37 【主页】→【删除】

(5) 要想彻底删除文件或文件夹，先选中将要删除的文件或文件夹，按【Shift+Delete】组合键即可。

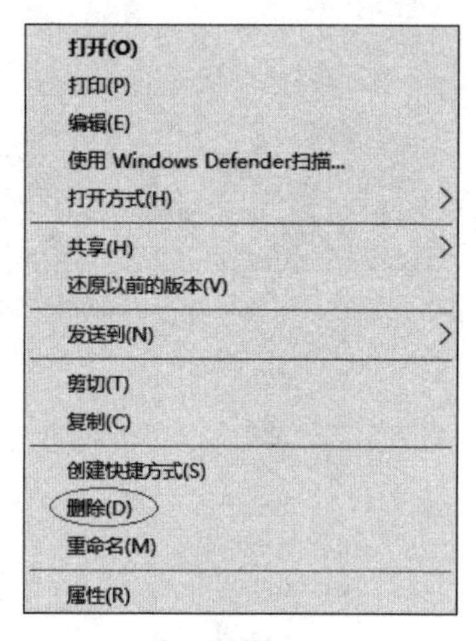

图 2-38　删除

2.4.4　搜索、重命名文件及文件夹

1. 搜索文件或文件夹

(1) 使用【任务栏】上的 Cortana。在如图 2-39 所示的【任务栏】上的【搜索】文本框中输入想要查找的信息，就可以查找存储在计算机上的文件、文件夹、程序和电子邮件等。

图 2-39　任务栏上的 Cortana

（2）使用【此电脑】或文件夹中的搜索框。若已知所需文件或文件夹位于某个特定的文件夹中，可使用位于每个文件夹窗口的顶部的【搜索】文本框进行搜索，如图 2-40 所示。

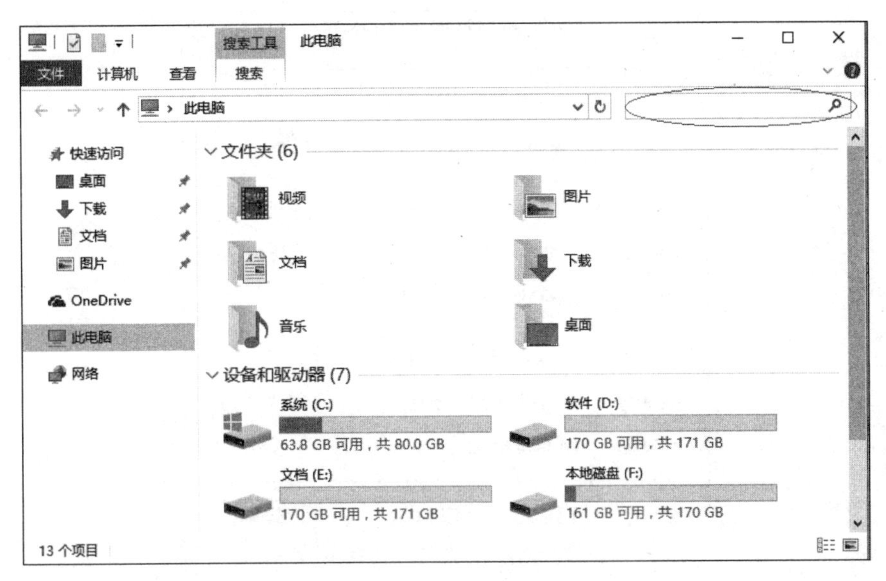

图 2-40　此电脑中搜索框

2. 文件和文件夹的重命名

（1）使用【主页】菜单重命名。选择要重命名的文件或文件夹，单击菜单栏【主页】→【重命名】命令。

（2）使用快捷菜单重命名。在需要重命名的文件或文件夹上右击，在弹出的快捷菜单中选择【重命名】命令。

（3）两次单击鼠标重命名。单击需要重命名的文件或文件夹，然后再单击此文件或文件夹的名称，输入新名称即可。

2.4.5　更改文件及文件夹的属性

在某一文件或文件夹上右击，选择快捷菜单中的【属性】，在弹出的如图 2-41 所示的【属性对话框】中提供了该对象的有关信息，如文件类型、大小、创建时间、文件的属性等。如需更改文件或文件夹的属性，在此对话框中更改即可。

2.4.6　压缩及解压缩文件及文件夹

1. 压缩文件或文件夹

（1）利用 WinRAR 压缩程序对文件或文件夹进行压缩。如果系统中自己安装过

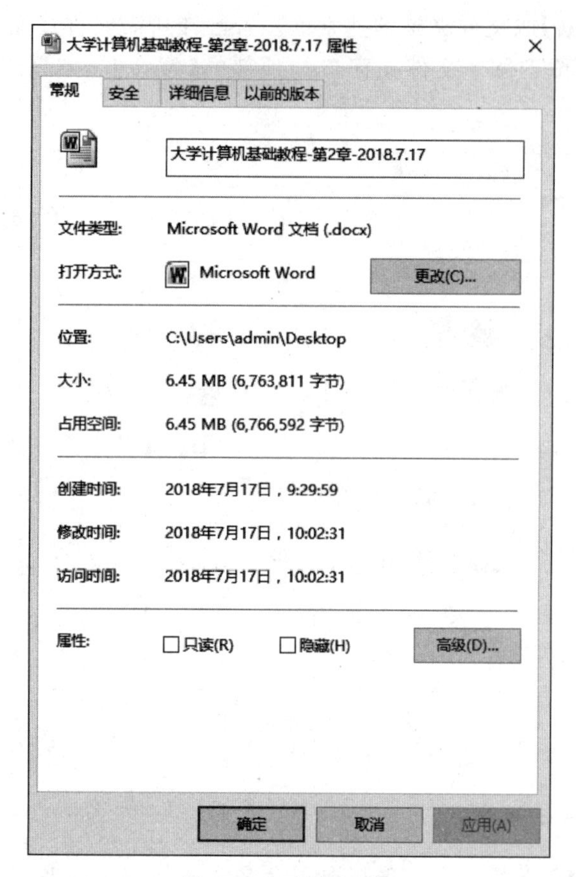

图 2-41　属性对话框

WinRAR，则选择要压缩的文件或文件夹，右击，在弹出的快捷菜单中，单击【添加到“XXX.rar”】命令，如图 2-42 所示。该压缩方式生成的压缩文件的扩展名为 RAR。

(2) 向压缩文件夹添加文件或文件夹。将要添加的文件或文件夹放到压缩文件夹所在的目录下，选择要添加的文件或文件夹，按住鼠标左键不放，将其拖至压缩文件，然后释放鼠标即可。

2. 解压缩文件或文件夹

如果系统已安装 WinRAR，则选择要解压缩的文件或文件夹，右击，弹出的快捷菜单中选择【解压到当前文件夹】选项或【解压到 XXX 文件名】即可，如图 2-43 所示。

图 2-42　压缩文件

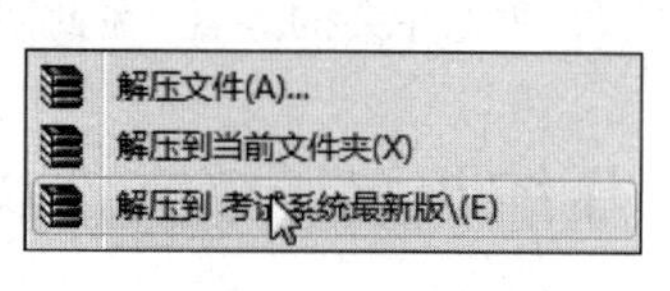

图 2-43　对压缩文件解压缩

2.5 计算机的个性化设置

通过设置个性计算机显示方式，可以为计算机“换肤”，给用户以全新的感觉，主要包括设置主题、设置背景、设置屏幕保护程序、设置屏幕分辨率、设置“开始”菜单、设置任务栏、设置鼠标键盘、设置图标的样式等。

2.5.1 设置个性化桌面

个性化桌面的设置包括设置背景、颜色、锁屏界面、主题、开始。

1. 设置背景

个性化背景的设置方法是单击【个性化】窗口左侧的【背景】，在打开的如图 2-44 所示的【背景】窗口右侧的背景列表中，可以选择图片、纯色、幻灯片放映作为桌面背景。如果需要设置自己保存的图片作为桌面背景，可以单击【浏览】按钮来选择存放图片的文件夹，将所选图片设为桌面背景。

图 2-44 【背景】窗口

2. 设置颜色

颜色的设置方法是单击【个性化】窗口左侧的【颜色】选项，打开图 2-45 所示的【颜色】设置窗口，可对“主题色”“开始菜单、任务栏、操作中心和标题栏的颜色”和“开始菜单、任务栏、操作中心透明”三个方面进行优化配置。若选择窗口下部的【高对比度设置】链接，可进一步对键盘、鼠标、主题等进行设置。

图 2-45 【颜色】窗口

3. 设置锁屏界面

在【锁屏界面】窗口中可以设置锁屏后的背景、选择显示详细状态的应用、选择要显示快速状态的应用、屏幕保护程序、屏幕超时等。在图 2-46 所示的对话框中可以进行屏幕保护程序的设置，包括图案、等待时间等。

4. 设置主题

主题是一整套显示方案，更改主题后，之前所有的设置都将随之改变，包括声音、桌面图标、鼠标指针等。但是在应用了一个主题后也可以单独更改其他元素。Windows 10 中提供了多种自带的主题供用户选择。设置主题的方法是在桌面空白处右击，在弹出的快捷菜单中选择【个性化】，再选择【主题】，打开如图 2-47 所示的【主题】窗口，在窗口的中间部分选择自己喜欢的主题，单击即可应用，读者可以在计算机上自己设置后体验一下。

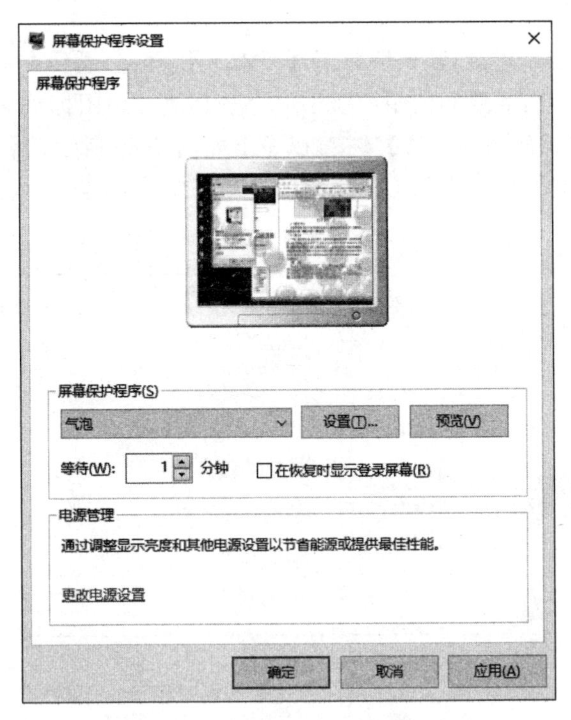

图 2-46 【屏幕保护程序设置】对话框

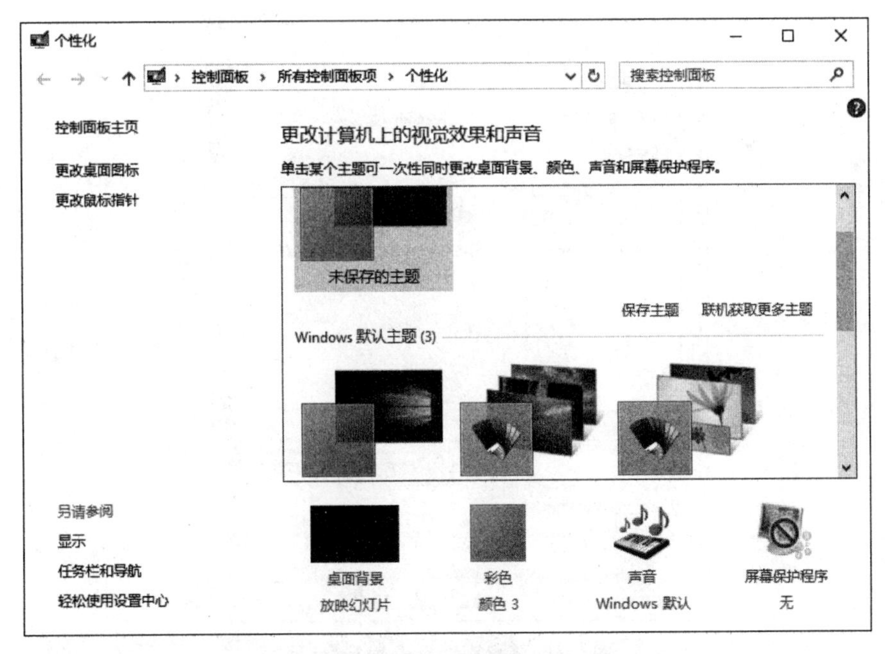

图 2-47 【主题】窗口

5. 设置桌面图标

Windows 10 安装完毕后，默认情况下，【回收站】图标会显示在桌面上。为了使用方便，用户可以根据自己的需要和使用习惯添加一些其他常用图标到桌面上。在如图 2-48 所示【主题】右侧的【桌面图标设置】链接，在弹出如图 2-49 所示的【桌面图标设置】对话框中通过复选框的选择，可将桌面上的该图标隐藏或显示。

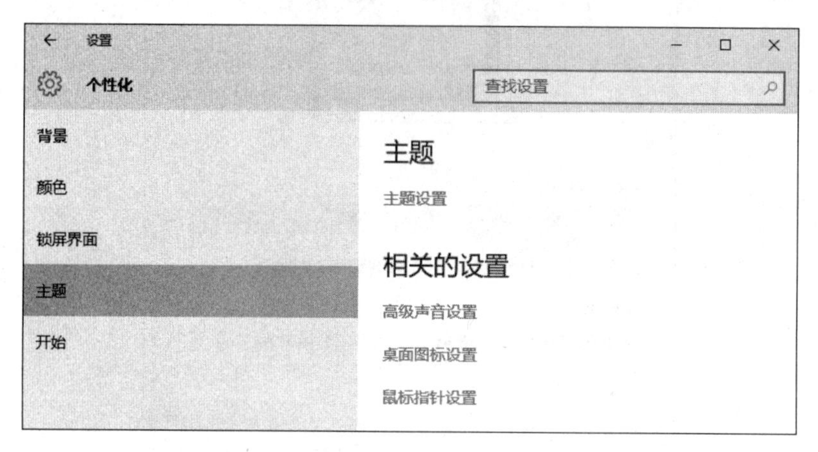

图 2-48 【个性化】→【主题】窗口

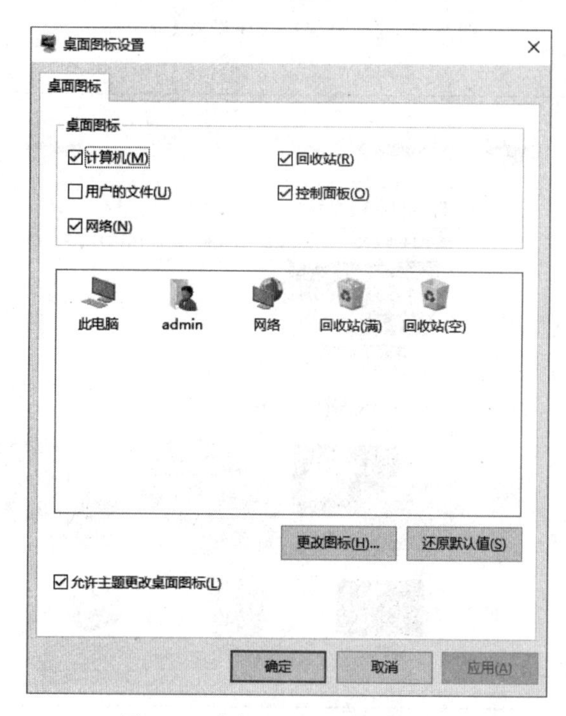

图 2-49 【桌面图标设置】对话框

6. 设置显示

(1) 设置屏幕分辨率。在【控制面板】窗口单击【显示】→【调整分辨率】命令，在打开的如图 2-50 所示的【屏幕分辨率】窗口可调整分辨率。

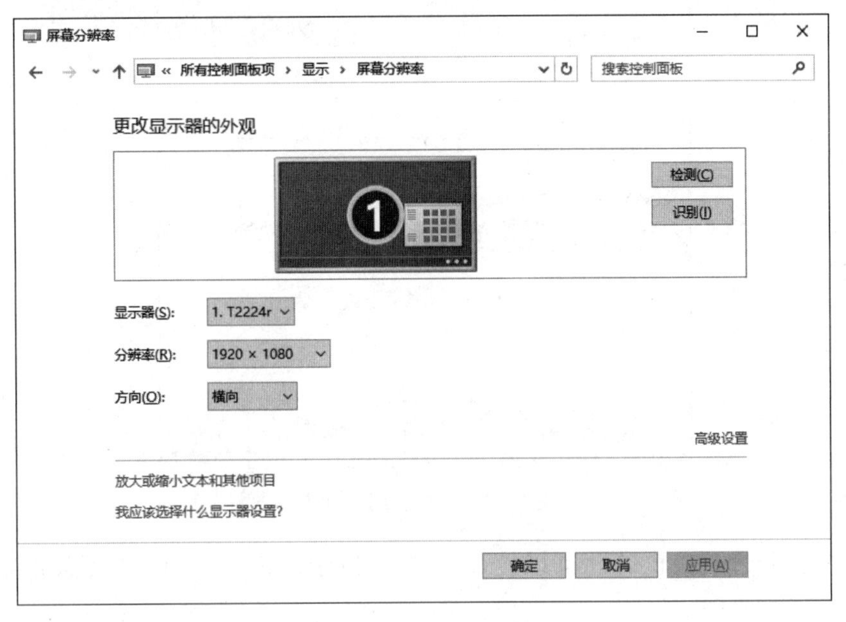

图 2-50　设置屏幕分辨率

(2) 设置刷新频率。在【屏幕分辨率】窗口单击【高级设置】选项，打开如图 2-51 所示的【显示适配器属性】对话框，在如图 2-52 所示的【监视器】选项卡中可设置刷新频率。

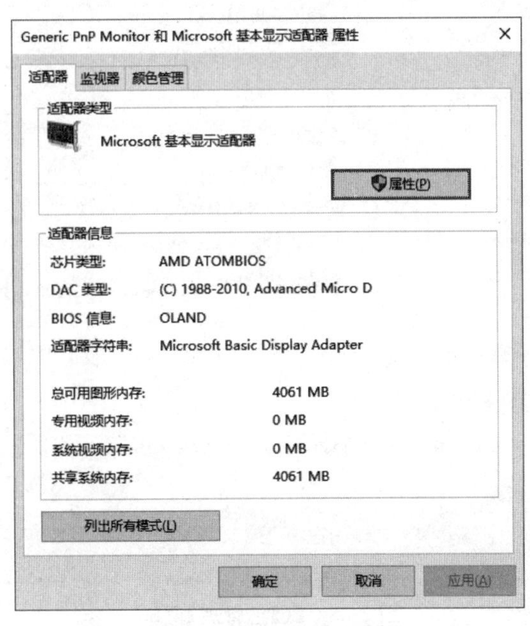

图 2-51　【适配器】对话框

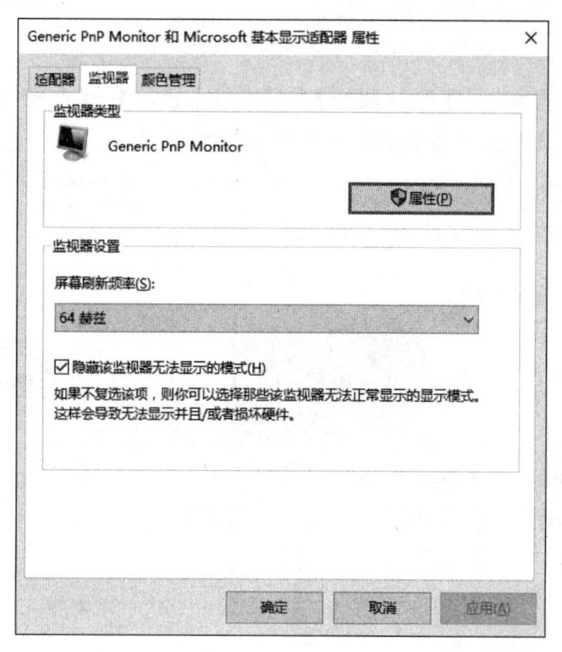

图 2-52 【监视器】选项卡

(3) 颜色管理。颜色管理可以在如图 2-53 所示的窗口中对色度、饱和度等进行设置。

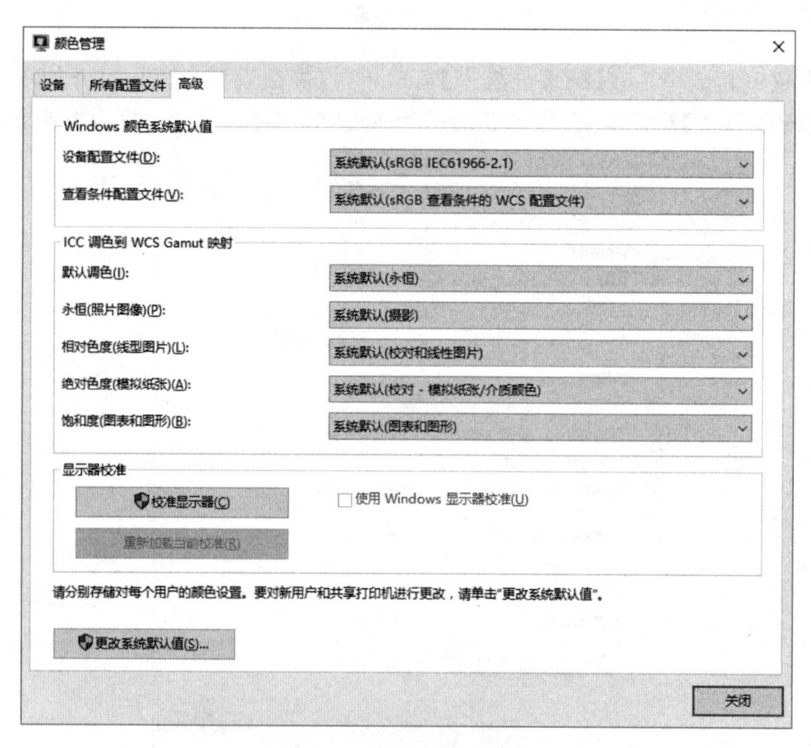

图 2-53 【颜色管理】窗口

2.5.2 设置个性化“开始”菜单

设置个性化“开始”菜单的方法是在个性化窗口中选择【开始】选项卡，如图 2-54 所示，在此可以进行开始菜单的设置。单击【选择哪些文件夹显示中“开始”屏幕上】，在弹出的如图 2-55 所示的窗口中按照自己的使用习惯来修改列出的选项即可。

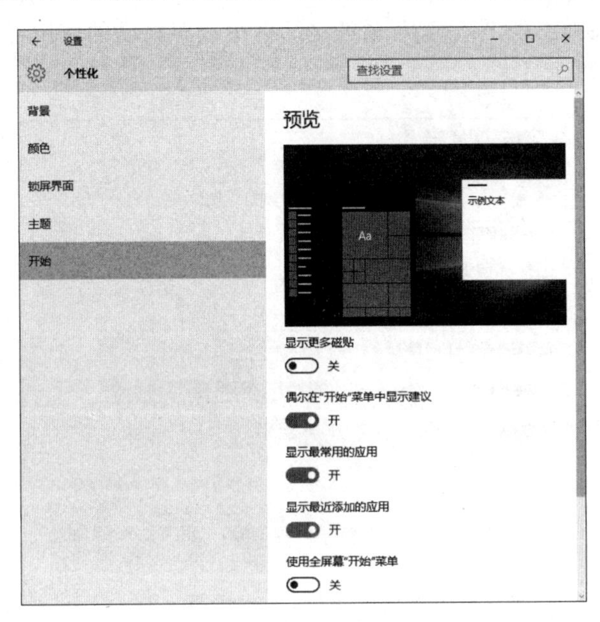

图 2-54 【开始】窗口

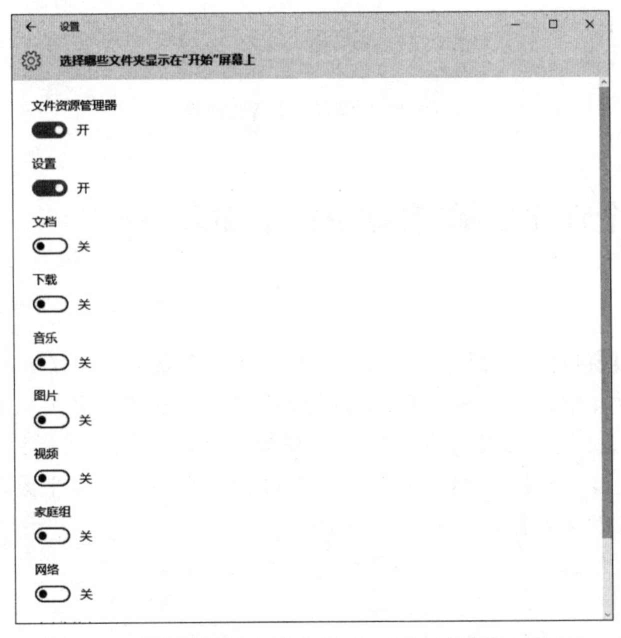

图 2-55 【选择哪些文件夹显示中“开始”屏幕上】窗口

2.5.3 设置个性化任务栏

设置个性化任务栏的方法是在任务栏空白处右击，弹出的快捷菜单中选择【属性】，在弹出的【任务栏和开始菜单属性】对话框中，选择【任务栏】选项卡，如图 2-56 所示，在此可以对任务栏的外观、通知区域等进行设置，如果想进一步对通知区域进行设置，还可以单击【自定义】按钮，在弹出的图 2-57 所示的对话框中按照自己的使用习惯来选择在任务栏上出现的图标和通知即可。

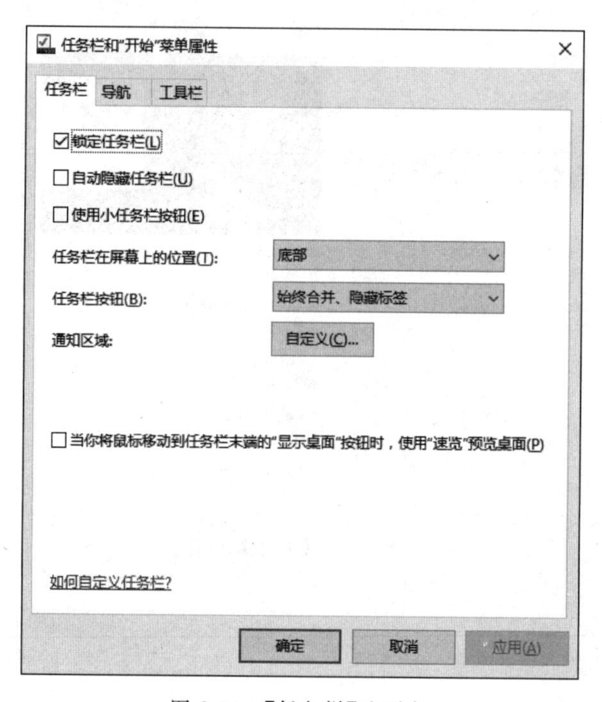

图 2-56 【任务栏】选项卡

2.5.4 设置个性化鼠标、键盘及汉字输入

1. 设置鼠标

在【控制面板】窗口中选择【鼠标】，在弹出的如图 5-58 所示的【鼠标属性】对话框中，对鼠标的属性进行详细设置。可以在【鼠标键】选项卡中通过拖动滑块来设置鼠标的双击速度。在【指针】选项卡中可以自定义指针。在如图 2-59 所示的【指针选项】选项卡中可以设置指针移动速度。在【滑轮】选项卡中可以设置垂直滚动和水平滚动属性。在【硬件】选项卡中可以查看设备属性。

2. 设置键盘

在【控制面板】窗口中选择【键盘】，在弹出的如图 2-60 所示的【键盘属性】对话框中，

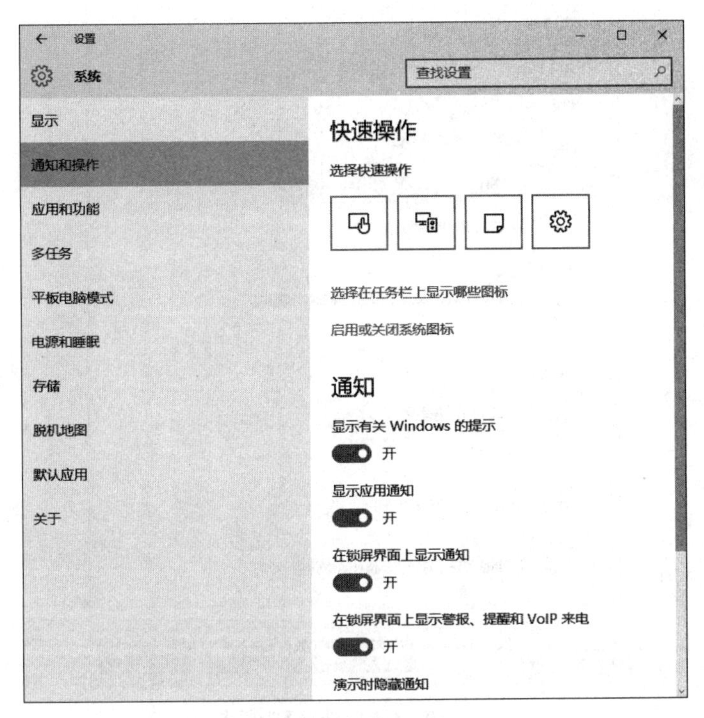

图 2-57　自定义通知区域

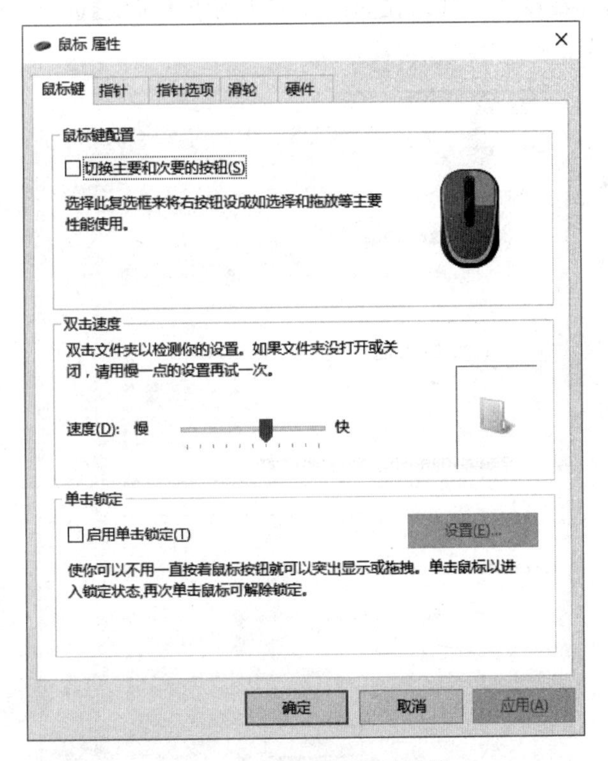

图 2-58　【鼠标属性】对话框

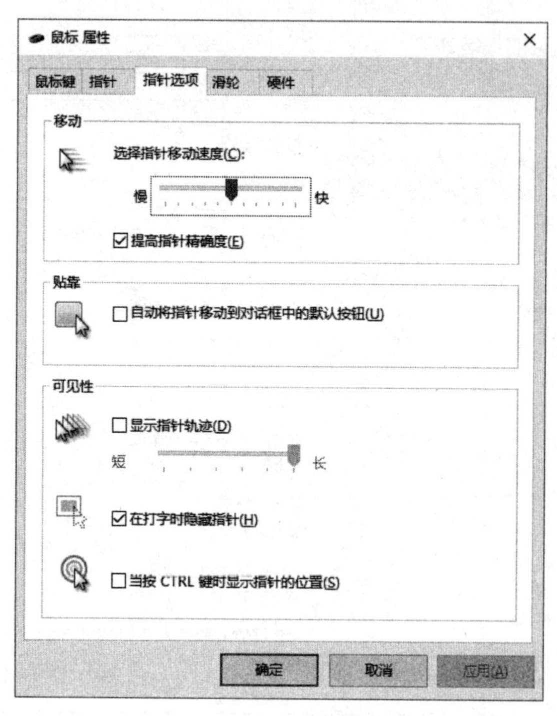

图 2-59 【指针选项】选项卡

对键盘的属性进行详细设置。可以在如图 2-60 所示的【速度】选项卡中设置重复延迟和重复速度;在【硬件】选项卡中查看设备属性。

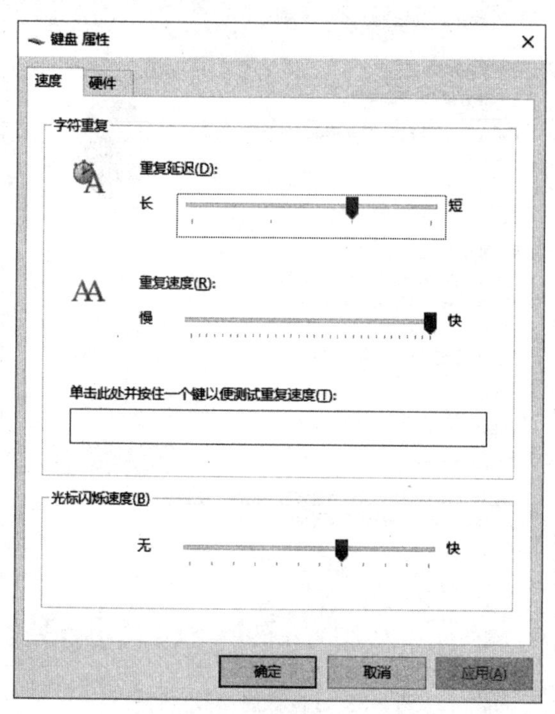

图 2-60 【键盘属性】对话框

3. 设置输入法

(1) 添加 Windows 10 自带的输入法。在【控制面板】中选择【时钟、语言和区域】,在【时钟、语言和区域】对话框中选择【语言】,如图 2-61 所示,单击【选项】按钮,弹出如图 2-62 所示的【语言选项】对话框,单击【添加输入法】按钮,在弹出的如图 2-63 所示的【输入法】对话框中选择输入法,单击【添加】按钮即可。

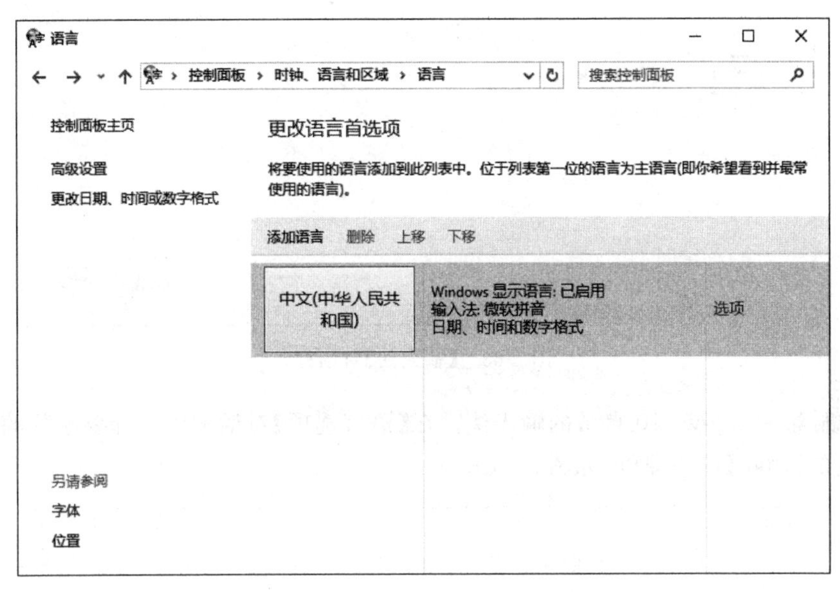

图 2-61 【语言】窗口

图 2-62 【语言选项】对话框

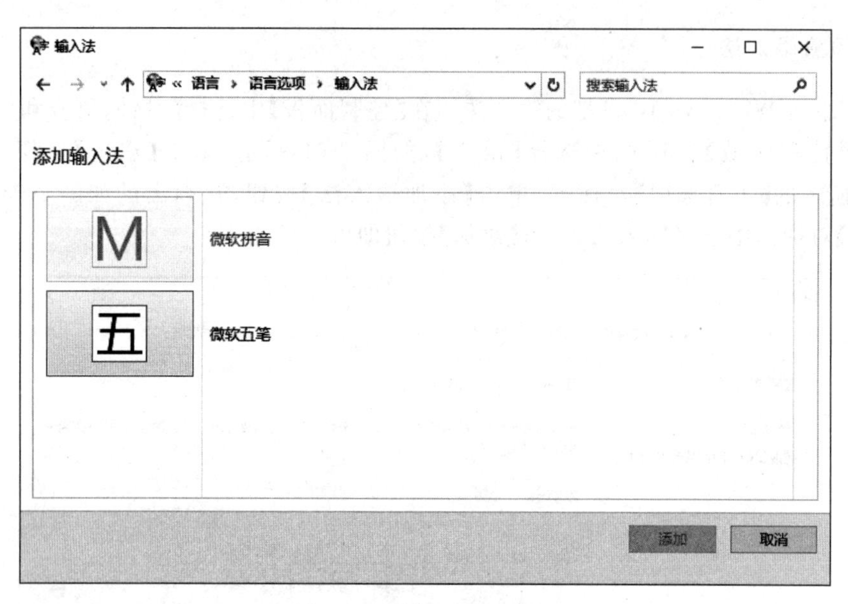

图 2-63 【输入法】对话框

(2) 删除 Windows 10 自带的输入法。在【语言选项】对话框中选择要删除的输入法，单击右侧的【删除】按钮即可，如图 2-64 所示。

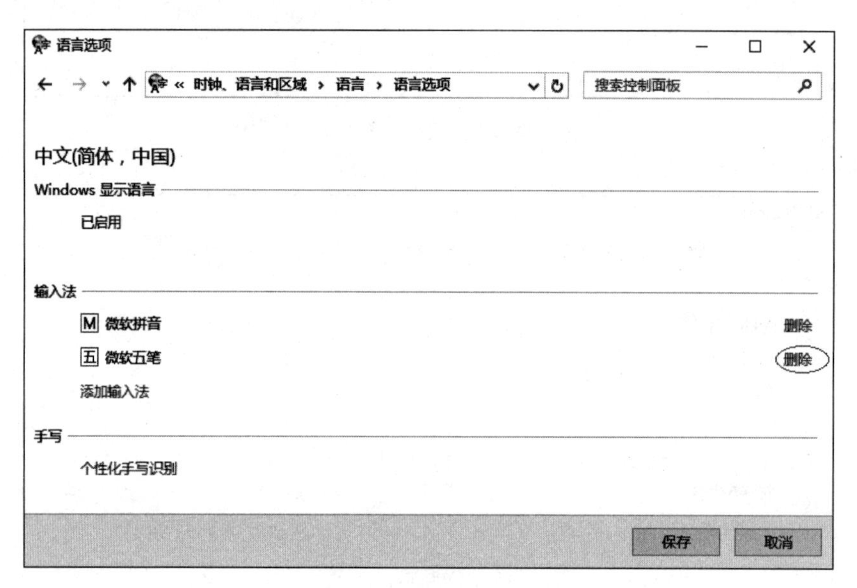

图 2-64 删除输入法

(3) 切换输入法。按【Ctrl+Shift】组合键可以进行各种输入法的切换。按【Ctrl+空格】组合键可以进行中文输入法和英文输入法之间的切换。

2.6 系统维护

在用户使用系统的过程中，要想使用环境稳定、安全、流畅，有效地系统维护和安全设置是必不可少的。这里将介绍如何在 Windows 10 中查看系统信息，进行备份还原、磁盘管理，进行系统安全设置等。

2.6.1 查看系统信息

在系统信息中会显示有关计算机硬件配置、计算机组件和软件的详细信息。通过查看系统信息可以得知系统的运行情况，从而对系统当前运行情况进行判断，以决定下一步应该采取何种操作。

单击【开始】→【所有应用】→【管理工具】→【系统信息】，打开如图 2-65 所示的【系统信息】窗口。在该窗口可以了解系统各组成部分的详细运行情况。

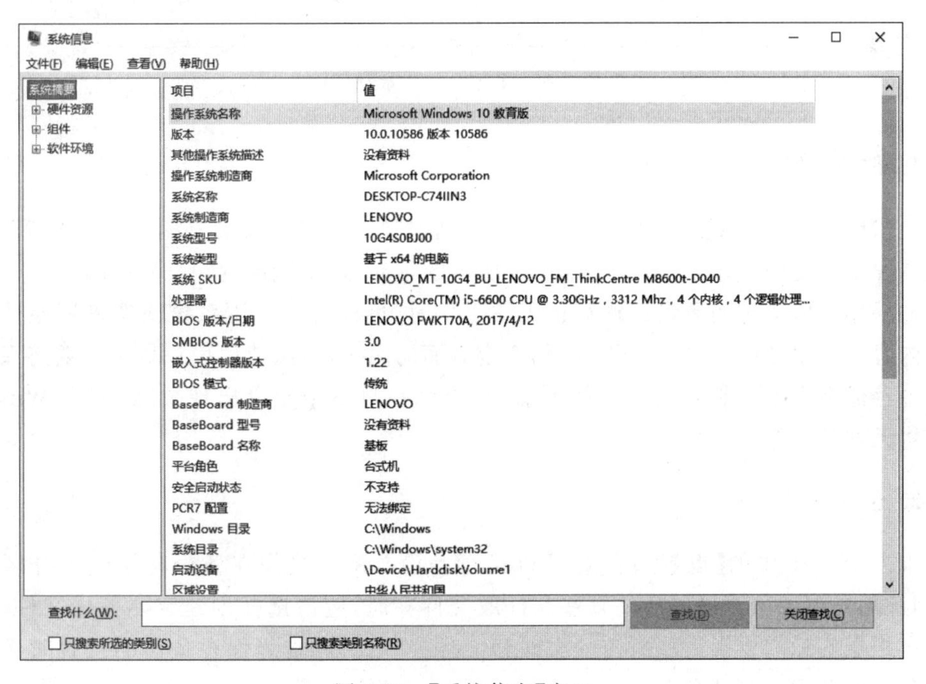

图 2-65 【系统信息】窗口

2.6.2 备份还原

在使用系统的过程中，有时出于一些特殊原因，需要进行备份或还原。而 Windows 10 就自带了功能强大的备份还原功能，并且灵活性很强，主要包括“创建系统映像”“创建系统修复光盘”等主要功能。

单击【控制面板】→【备份和还原】，打开如图 2-66 所示的【备份和还原】窗口。

图 2-66 【备份和还原】窗口

1. 创建系统映像

单击图 2-66 中的【创建系统映像】，可以创建映像。系统映像是驱动器的精确副本，默认情况下系统映像包含 Windows 运行所需的驱动器、系统设置、程序及文件。

如果用户所使用的硬盘或计算机无法工作时，可以考虑使用系统映像来还原计算机中的内容。需要说明的是，由于考虑到安全方面的因素，所以建议用户尽量不要将系统映像文件存储在系统安装分区所在的硬盘上，否则一旦整个硬盘出现故障，那么 Windows 系统将无法从映像中进行彻底还原。

2. 创建文件备份

单击图 2-66 中的【设置备份】，可以进行备份。系统映像在备份时是整个分区的备份，因此用户要备份自己创建的某些文件或文件夹时，应该选择创建定期备份文件，以便以后再根据实际需要来还原所需的文件和文件夹。此外，选择保存备份的位置时建议用户将备份保存到外部硬盘上。

3. 创建系统修复光盘

单击图 2-66 中的【创建系统修复光盘】，可以创建系统修复光盘。用户在使用系统的过程中，系统崩溃现象是有可能发生的，这是非常令人头疼的一件事情。如果事先制作了一个修复光盘，那么利用它系统就可以很快恢复正常，而 Windows 10 就提供了这样一种功能。

要创建系统修复光盘，只需在【系统修复光盘创建向导】对话框中按照向导屏幕的提示选择一个 CD 或 DVD 驱动器，同时将空白光盘插入光驱中，然后按照默认设置完成剩余操作即可。

4. 系统还原

由于使用系统映像是无法还原单个项目的，只能完全覆盖还原，当前的所有程序、系统设置和文件都将被系统映像中的相应内容替换。所以系统映像一般是在系统无法正常启动，或想主动恢复到以前的某个时间状态时才会使用。所以有时会用到系统还原。系统还原有以下三种方法：

(1) 开机后快速按【F8】键进行还原。

(2) 在计算机还能正常启动的情况下，通过【控制面板】还原。

(3) 使用 Windows 10 安装光盘或系统修复光盘还原。

5. 备份文件还原

拥有备份文件后，当遇到故障时，就能快速将所备份的文件或文件夹恢复到正常状态，并且备份文件是可以还原单个项目的。单击如图 2-66 所示窗口中的【选择其他用来还原文件的备份】进行设置即可。

如果想将系统进行恢复，可以在【开始】→【设置】→【更新和安全】中单击【恢复】，在图 2-67 所示的【恢复】窗口中进行进一步设置。

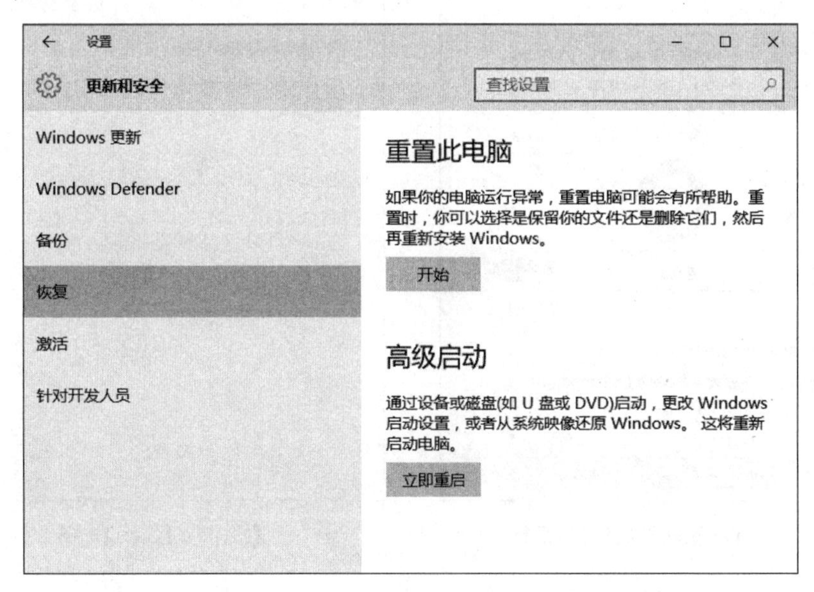

图 2-67 【恢复】窗口

2.6.3 磁盘管理

磁盘是计算机的存储设备，计算机中所有的文件都存放在硬盘中，并且硬盘里还存放着许多应用程序的临时文件。同时 Windows 将硬盘的部分空间作为虚拟内存，所以保持硬盘的正常运转是非常重要的。Windows 10 可以对磁盘进行检查、对磁盘进行清理，还可以整理磁盘碎片。

1. 磁盘检查

通过磁盘检查程序，可以诊断硬盘或 U 盘的错误，分析并修复多种逻辑错误，查找磁盘上的物理错误，例如坏扇区，并标记出其位置，这样下次再执行文件写操作时就不会写到坏扇区中。

操作方法比较简单，在要检查的磁盘驱动器上右击，在弹出的快捷菜单中单击【属性】，打开如图 2-68 所示的【磁盘属性】对话框，选择【工具】选项卡，如图 2-69 所示。在【查错】区域中单击【检查】按钮，弹出如图 2-70 所示的【错误检查】对话框，如果需要进行检查，单击【扫描驱动器】即可。

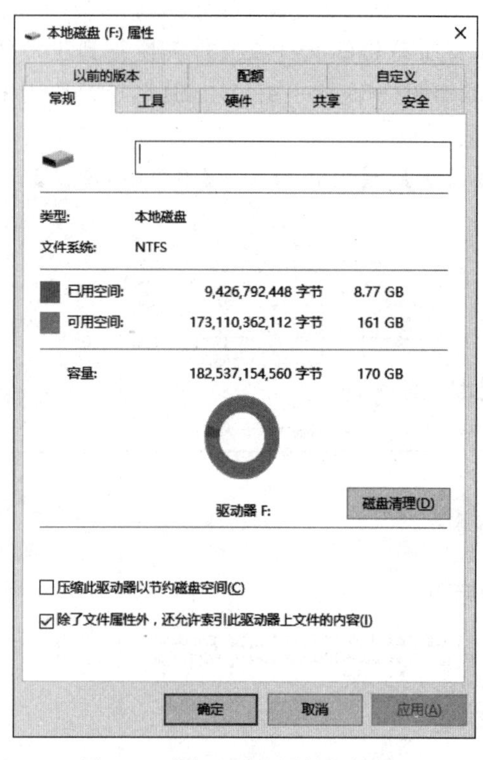

图 2-68 【本地磁盘属性】对话框

图 2-69 【工具】选项卡

2. 磁盘清理

通过磁盘清理可以删除计算机上不再需要的文件，以便释放磁盘空间，提高计算机的运行速度。磁盘清理程序可以删除临时文件、Internet 缓存文件、清空回收站并删除各种系统文件和其他不再需要的项。

单击【开始】→【所有应用】→【Windows 管理工具】→【磁盘清理】，打开如图 2-71 所示的

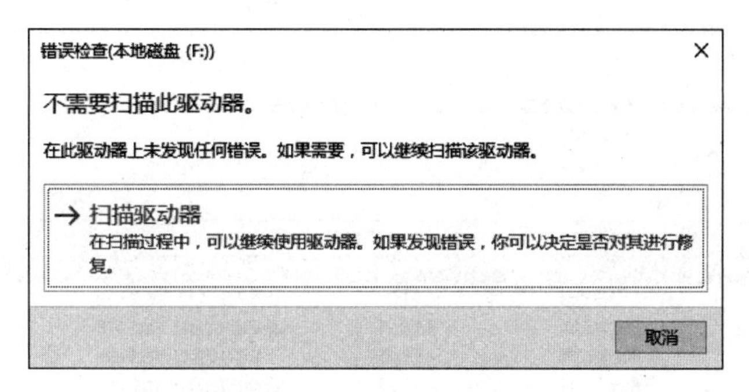

图 2-70 【错误检查】对话框

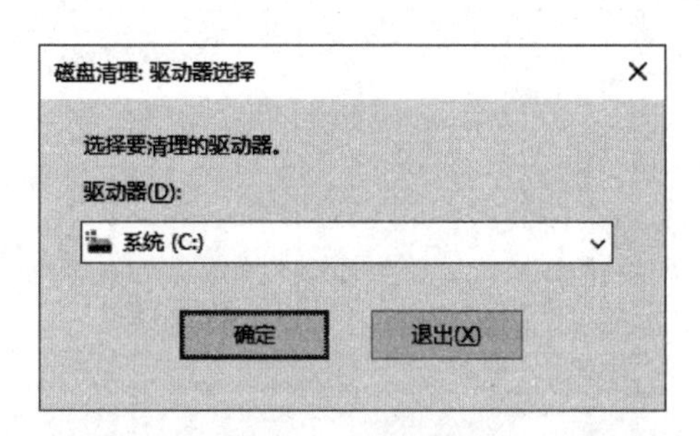

图 2-71 【磁盘清理：驱动器选择】对话框

【磁盘清理：驱动器选择】对话框。选择要清理的驱动器后单击【确定】按钮，就开始检查磁盘空间和可以被清理的数据。清理完毕后，程序会报告清理完毕后会释放的磁盘空间。在列出的可被删除的文件列表中，用户可以自己选择要删除哪些，然后单击【确定】按钮即可。

3. 磁盘碎片整理

所谓的磁盘"碎片"是指磁盘上的不连续的空闲空间。这是由于磁盘在使用过一段时间后由于移动、删除文件等一些操作，导致原来连续的存储空间出现不连续的情况。过多的磁盘碎片存在会导致计算机处理文件时速度变慢，所以应该定期整理磁盘碎片。

通过磁盘碎片整理程序可以重新安排磁盘中的文件存放区和磁盘空闲区，使文件尽可能的存储在连续的单元中，使磁盘空闲区形成连续的空闲区，以便磁盘和驱动器能够更有效地工作。

单击【开始】→【所有应用】→【Windows 管理工具】→【碎片整理和优化驱动器】，打开如图 2-72 所示的【优化驱动器】窗口。在此窗口中选择要进行整理的驱动器后，单击【优化】按钮即可。需要说明的是，一般在整理前，为了确认是否有必要现在进行整理，所以先通过单击【分析】按钮，在出现分析报告后再确定是否现在整理。此外，在整理过程中建议用户不要在此驱动器上做任何操作，以免影响磁盘碎片整理。

2.6.4 系统安全

在大数据、"互联网＋"时代，我们的工作、学习、生活都离不开互联网，因此防火墙对

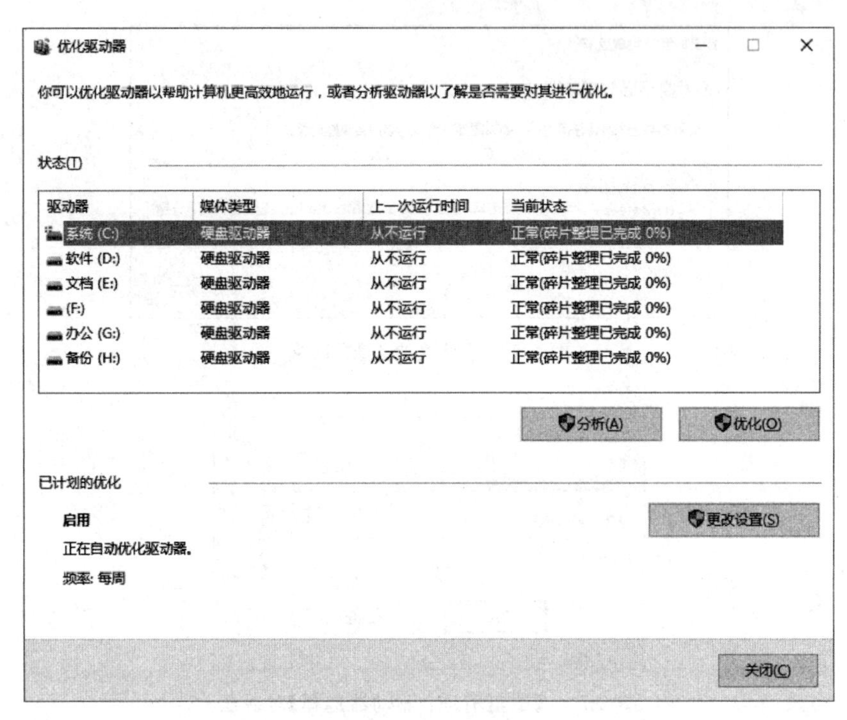

图 2-72 【优化驱动器】窗口

于保护计算机安全就显得非常重要。Windows 10 全面改进了自带的防火墙，提供了更加强大的保护功能。所以即使计算机中没有安装其他的防火墙，用 Windows 10 自带的防火墙也可以保障系统安全。

打开【控制面板】窗口，选择【Windows 防火墙】选项，打开如图 2-73 所示的【Windows 防火墙】窗口。在该窗口右侧可以看到各种类型的网络的连接情况，通过窗口左侧的列表项可以完成对防火墙的设置。

1. 打开或关闭 Windows 防火墙

Windows 10 为每种类型的网络都提供了启用或关闭防火墙的操作。在默认情况下 Windows 防火墙已经打开，此时大部分程序都被阻止通过防火墙进行通信。如果要允许某个程序通过防火墙进行通信，可以将其添加到允许的程序列表中。

关闭 Windows 防火墙可能会使计算机更容易受到黑客和恶意软件的侵害，所以如果用户的计算机上没有安装其他防火墙软件，不推荐关闭 Windows 防火墙。

在图 2-73 中，选择左侧的【启用或关闭 Windows 防火墙】链接，在打开的【自定义设置】窗口中，可以根据实际情况进行设置。

2. Windows 防火墙的高级设置

如果是安装了 Windows 10 的用户，想要把防火墙设置的更全面详细，Windows 10 的防火墙还提供了高级设置功能。选择左侧的【高级设置】链接，在【高级安全 Windows

图 2-73 【Windows 防火墙】窗口

防火墙】窗口里可以为每种网络类型的配置文件进行设置，包括出站规则、入站规则、连接安全规则、监视等。

3. 还原默认设置

Windows 10 系统提供的防火墙还原默认设置功能使得 Windows 10 的用户可以放心的去设置防火墙。如果设置失误，也没有关系，因为还原默认设置功能可以将防火墙恢复到初始状态。但是还原默认设置将会删除为所有网络位置类型设置的所有 Windows 防火墙设置。这可能会导致以前已允许通过防火墙的某些程序停止工作，所以还原后还要根据实际需要来设置允许某些程序通过防火墙进行通信。

选择【还原默认值】，打开如图 2-74 所示的窗口中可以进行还原。

4. 允许应用或功能通过 Windows 防火墙进行通信

默认情况下，Windows 防火墙会阻止大多数陌生的程序，以便使计算机更安全，但有时也需要某些程序通过防火墙进行通信，以便正常工作。这点在前面也已经提到，具体的设置方法是在如图 2-75 所示的窗口中选择【允许应用或功能通过 Windows 防火墙】，然后在图 2-76 所示的对话框中，选中要允许的程序旁边的复选框和要允许通信的网络位置，单击【确定】按钮即可。

需要格外说明的是，有的用户将防火墙和杀毒软件的概念混淆在一起，认为两者有其一就可以了。这是错误的。

防火墙(Firewall)，也称防护墙，是由 Check Point 创立者 Gil Shwed 于 1993 年发明并引入国际互联网。它是一种位于内部网络与外部网络之间的网络安全系统。一项信息

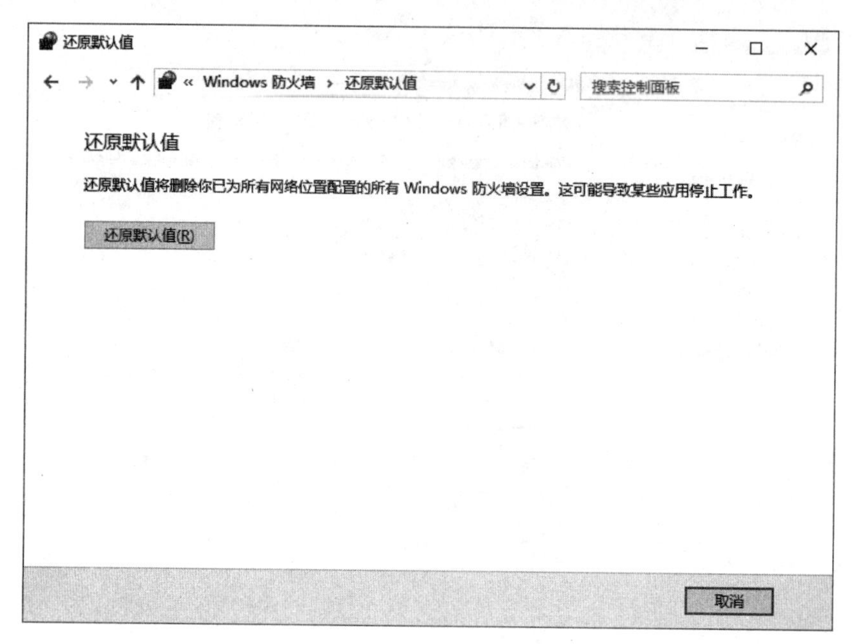

图 2-74 【还原默认值】窗口

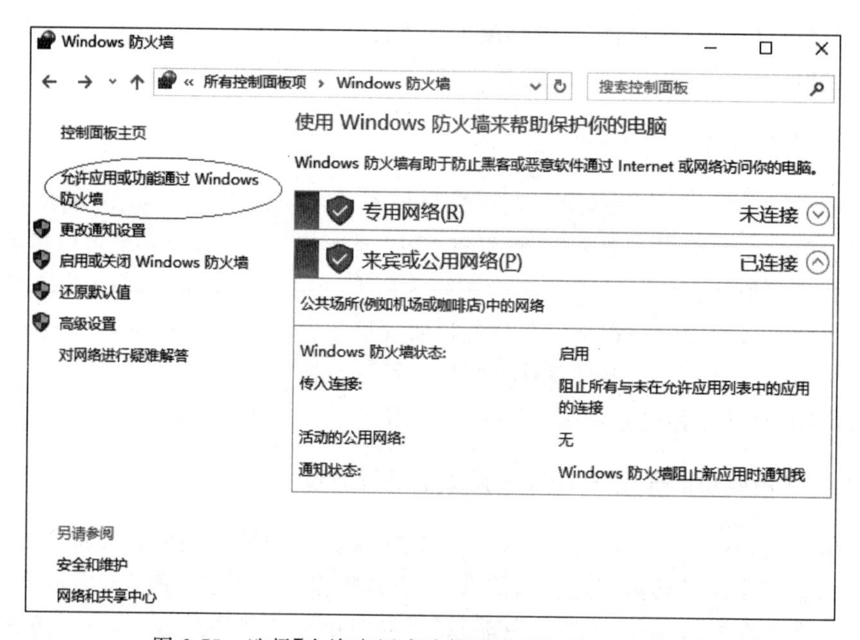

图 2-75 选择【允许应用或功能通过 Windows 防火墙】

安全的防护系统,依照特定的规则,允许或是限制传输的数据通过。

杀毒软件,也称反病毒软件或防毒软件,是用于消除电脑病毒、特洛伊木马和恶意软件等计算机威胁的一类软件。

由此可见防火墙和杀毒软件的作用不同,即使有了防火墙也要安装杀毒软件,并且不要忘记更新,这样才可以保障系统的安全。

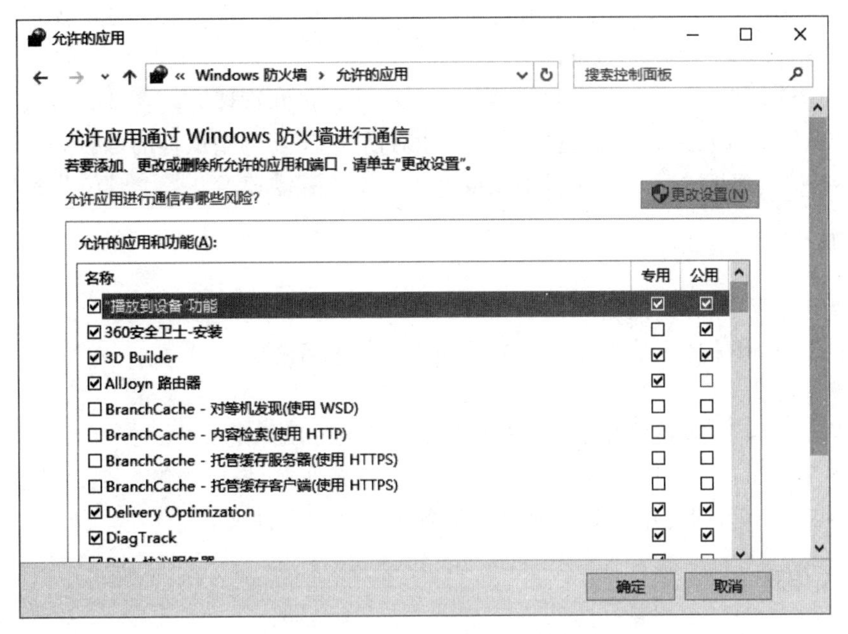

图 2-76 【允许的应用】对话框

以上就是对 Windows 10 基本应用的介绍，读者要想深入感受 Windows 10，还需多在计算机上进行实际操作，在使用的过程中才能更好地体验 Windows 10。

习　题　2

一、判断题

1. Windows 是一种多任务的操作系统。(　　)
2. Windows 中的对话框和窗口是一样的。(　　)
3. 进入 Windows 10 操作系统后，默认使用的是中文输入法。(　　)
4. 若要选中或取消选中某个复选框，只需单击该复选框前的方框即可。(　　)
5. Windows 10 将对话框按类别分成几个选项卡，每个选项卡都有一个名称，并依次排列在一起，选择其中一个选项卡，将会显示此选项卡对应相关的内容。(　　)

二、选择题

1. 窗口的组成部分中不包含(　　)。

   A. 标题栏、地址栏、状态栏　　B. 搜索栏、工具栏

   C. 导航窗格、窗口工作区　　D. 任务栏

2. Windows 10 中可以结束进程的工具程序是(　　)。

   A. 任务管理器　　B. 资源管理器　　C. 管理控制台　　D. 控制面板

3. 按(　　)键可以在汉字输入法中进行中英文切换。

A. Ctrl　　B. Tab　　C. Shift　　D. Alt

4. Windows 10 在(　　)可以进行搜索。

A. IE 浏览器　　B. 开始菜单　　C. 资源管理器　　D. 游戏

5. Windows 10 系统中,通过"鼠标"属性对话框,不能调整鼠标的(　　)。

A. 单击速度　　B. 双击速度　　C. 移动速度　　D. 指针轨迹

三、填空题

1. 要卸载程序,可以通过控制面板,打开(　　)进行。

2. 利用 WinRAR 压缩程序生成的压缩文件扩展名为(　　)。

3. 操作系统是(　　)的接口。

4. Windows 10 安装完毕后,默认出现在桌面上的图标是(　　)。

5. 在 Windows 10 中,要选中不连续的文件或文件夹,先单击第一个文件或文件夹,然后按住(　　)键,同时单击其他要选中的各个文件和文件夹。

四、操作题

1. 把显示器的分辨率调整为 1024*768。

2. 在计算机中查找"企鹅.jpg"文件,把它复制到 D:盘以自己名字命名的文件夹下,并把文件改名为"南极企鹅.jpg"。

习题 2 答案

一、判断题

1. √　　2. ×　　3. ×　　4. √　　5. √

二、选择题

1. D　　2. A　　3. C　　4. B　　5. A

三、填空题

1. 卸载程序　　2. .rar　　3. 用户与计算机　　4. 回收站　　5. Ctrl

四、操作题

略

第3章 Word 2016

学习目标：

(1) 掌握 Word 2016 的版面设置。

(2) 掌握 Word 2016 的页面背景设置。

(3) Word 2016 的形状插入和字体设置。

(4) 掌握 Word 2016 的表格插入设置及表内文字美化过程设置。

(5) 掌握 Word 2016 的高级应用中的页面设置、属性设置、使用样式等操作。

Word 2016 是日常文档编写的重要编辑工具，我们应该熟练掌握其操作的过程，在这一章里，我们从基本应用、综合应用和高级应用三个方面进行讲解，分别以海报的制作、求职简历的制作和毕业论文的编辑过程进行展开，使得学生们掌握 Word 2016 的各个功能模块。

3.1 Word 基本应用——制作海报

在海报的制作过程中，我们主要从版面设置、背景设置、形状插入等方面展开 Word 2016 的基本操作过程描述，最终掌握 Word 2016 的基本应用。

3.1.1 版面设置

(1) 打开 Word 2016，进行版面设置。在【布局】选项卡→【页边距】组→【自定义页边距】，如图 3-1 所示。

(2) 在打开的页面设置窗口中，把页边距的参数都设置为 0，如图 3-2 所示。

(3) 设置完成后，回车符就会贴到页面边缘了，此时导入已经设计好的背景文件就可以全图显示了，如图 3-3 所示。

3.1.2 设置页面背景

使用【布局】选项卡→【页面背景】组→【页面颜色】按钮。

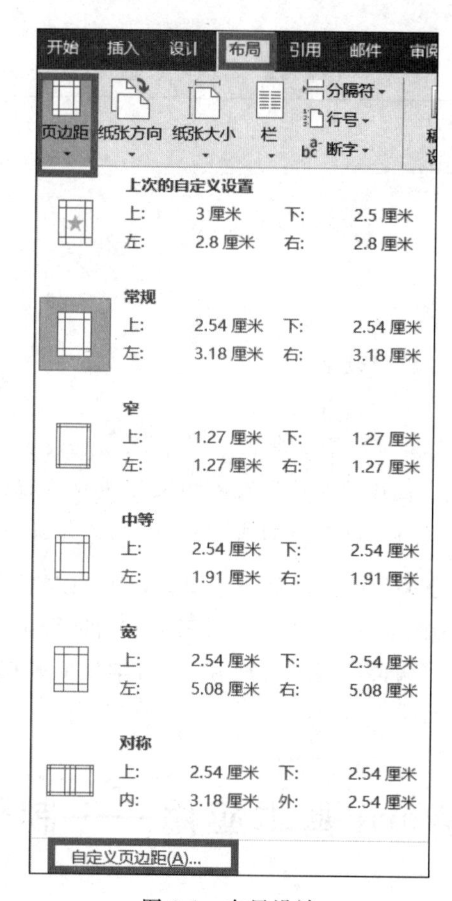

图 3-1　布局设计

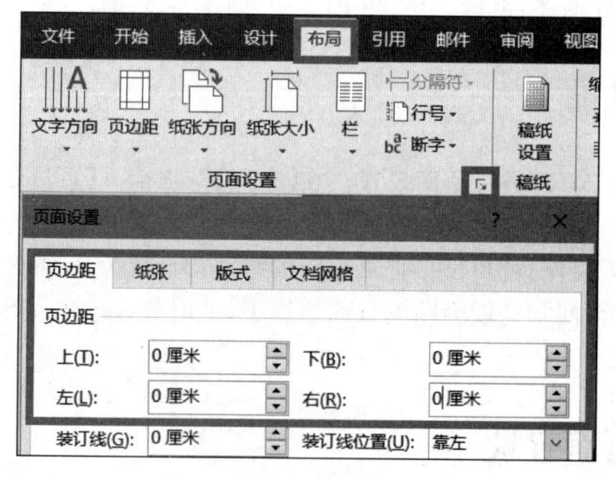

图 3-2　页边距设置

Ginkgo 攻防实验室招新

图 3-3　页边距设置完成后的效果

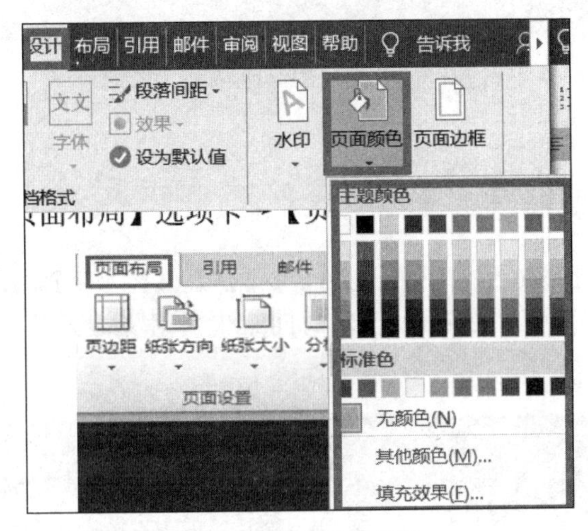

图 3-4　页面设置背景

3.1.3　插入形状

（1）使用【插入】→【图片】命令添加背景图片文件，如图 3-5 所示，插入图片背景后的效果如图 3-6 所示。

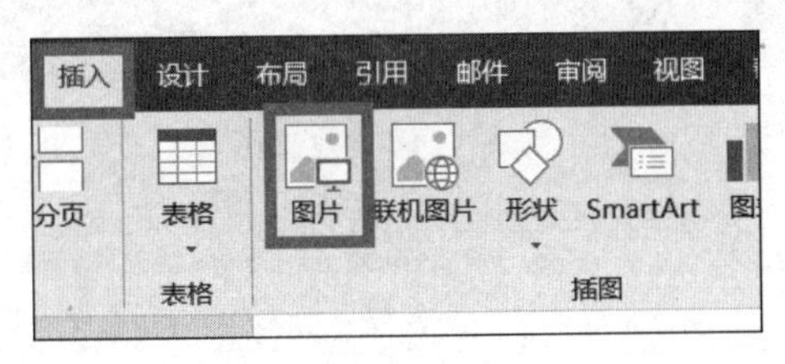

图 3-5　插入图片

（2）使用【插入】→【形状】命令插入图形文件。

（3）使用【格式】下的【形状填充】、【形状轮廓】、【形状效果】等命令调整图形效果。

（4）使用【插入】→【文本框】、【艺术字】添加文字，处理效果；并且文本框的效果也需要使用【格式】下的【形状填充】、【形状轮廓】、【形状效果】等命令调整。

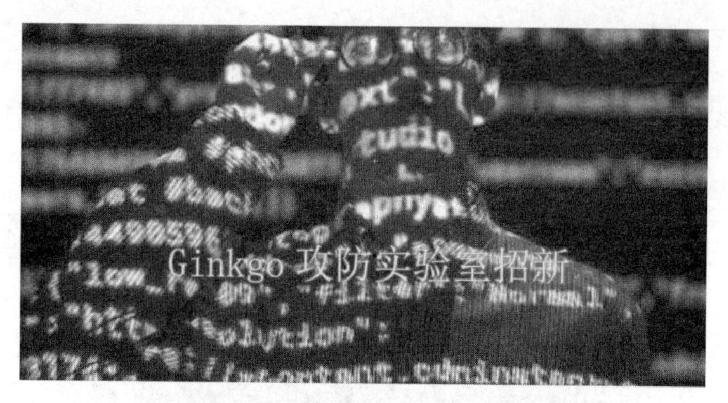

图 3-6　插入图片背景后的效果

3.1.4　制作详细内容

在页面里添加内容，按照使用【插入】→【文本框】→【艺术字】添加文字，处理效果等过程设置字体的颜色和大小以及字号、段落的间距大小对齐方式等，完成的效果如图 3-7 所示。

图 3-7　海报效果图

3.1.5　打印海报

(1) 打印预览文档。在打印前，为预先观看打印效果而显示文档的一种视图。选择【文件】选项卡→【打印】，在【打印】命令面板右侧预览区域可以看到文档页面整体版面的打印效果，如图 3-8 所示。

(2) 打印文档。单击【文件】选项卡，选择【打印】选项，进入打印设置窗口后，就可以开始进行文档的打印设置，然后单击【打印】按钮，就可以开始打印文档了，如图 3-9 所示。

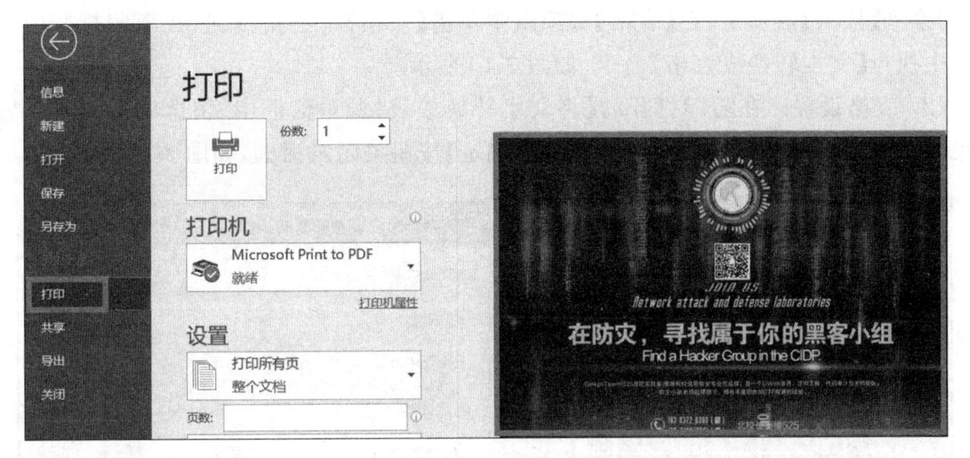

图 3-8　打印预览

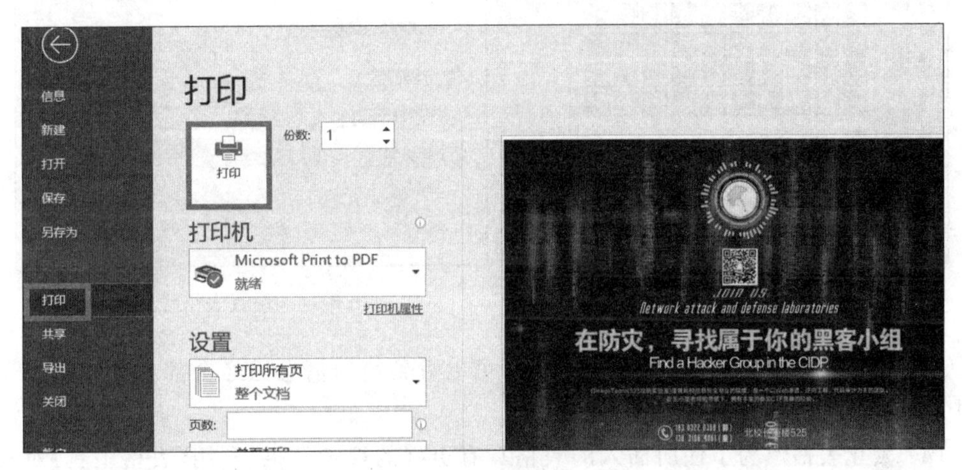

图 3-9　打印海报

3.2　Word 综合应用——制作求职简历

求职简历是给招聘单位的第一张“名片”，应该包含自己的基本信息：姓名、性别、年龄、民族、籍贯、政治面貌、学历、联系方式，以及自我评价、工作经历、学习经历、荣誉与成就、求职愿望、对这份工作的认识等。现在一般找工作都是在网络投简历，因此一份良好的个人简历对于获得面试机会至关重要，在本节我们讲述求职简历的制作过程。

3.2.1　制作个人简历表格

(1) 插入表格。在简历文档中，选中所有文本信息及先前插入的 SmartArt 图形，然后，切换到【插入】选项卡，在【表格】选项组中单击【表格】下三角按钮，在随即打开的下拉列表中执行【文本转换成表格】命令，如图 3-10 所示。

(2) 表格设置。在随即打开的【将文字转换成表格】对话框中，根据实际情况设置表格尺寸，此处，可保留默认值。最后，单击【确定】按钮关闭对话框，如图 3-11 所示。

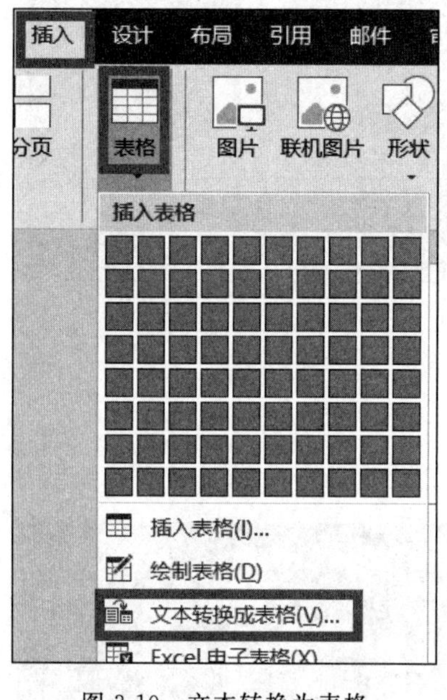

图 3-10 文本转换为表格

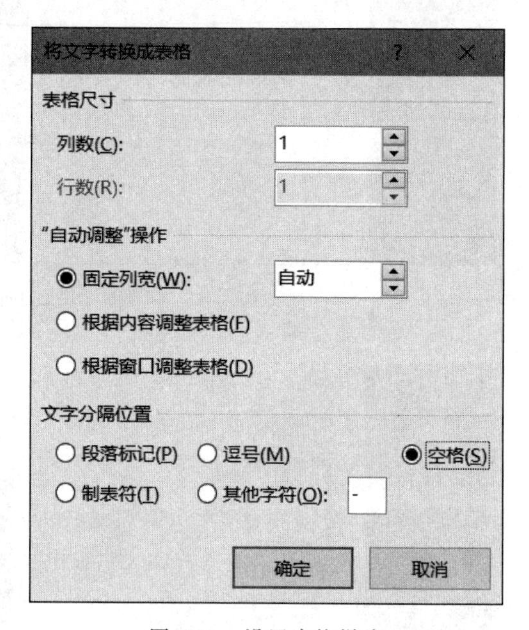

图 3-11 设置表格样式

(3) 文字转换成表格后的效果。此时，可以看到简历信息已经全部自动转换到了表格中，如图 3-12 所示。

(4) 美化表格。为了使所插入的表格具有更好的视觉效果，利用【表格工具】对其进行快速美化。

① 在【表格工具】的【设计】上下文选项卡的【表格样式】选项组中，单击【其他】按钮，如图 3-13 所示。

② 在随即打开的【表格样式库】中选择一种合适的样式，应用到当前表格中，如图 3-14 所示。

③ 为了使表格更简洁，可以将学习中的获奖信息，放置在一个单元格中。于是，选中这些内容，切换到【表格工具】的【布局】上下文选项卡，在【合并】选项组中单击【合并单元格】按钮，如图 3-15 所示。

④ 在现有表格的第 1 行中，输入【个人简历】字样，并在【布局】上下文选项卡的【对齐方式】选项组中，单击【水平居中】按钮，以使其居中显示，如图 3-16 所示。

⑤ 选中【个人简历】文本，切换到【开始】选项卡，利用【字体】选项组中的工具，将字号调整为【三号】，并应用一种合适的【文本效果】，如图 3-17 所示。

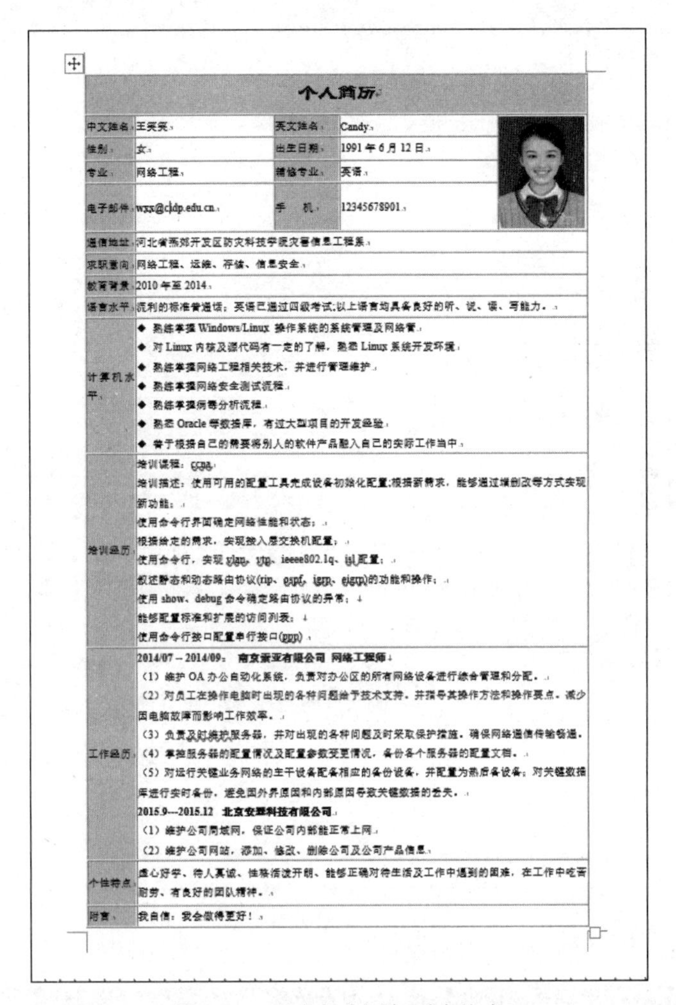

个人简历				
中文姓名	王笑笑	英文姓名	Candy	
性别	女	出生日期	1991 年 6 月 12 日	
专业	网络工程	辅修专业	英语	
电子邮件	wxx@cldp.edu.cn	手　机	12345678901	
通信地址	河北省燕郊开发区防灾科技学院灾害信息工程系			
求职意向	网络工程、运维、存储、信息安全			
教育背景	2010 年至 2014			
语言水平	流利的标准普通话；英语已通过四级考试;以上语言均具备良好的听、说、读、写能力。			
计算机水平	◆ 熟练掌握 Windows/Linux 操作系统的系统管理及网络管 ◆ 对 Linux 内核及源代码有一定的了解，熟悉 Linux 系统开发环境 ◆ 熟练掌握网络工程相关技术，并进行管理维护 ◆ 熟练掌握网络安全测试流程 ◆ 熟练掌握病毒分析流程 ◆ 熟悉 Oracle 等数据库，有过大型项目的开发经验 ◆ 善于根据自己的需要将别人的软件产品融入自己的实际工作当中			
培训经历	培训课程：ccna 培训描述：使用可用的配置工具完成设备初始化配置;根据新需求，能够通过增删改等方式实现新功能； 使用命令行界面确定网络性能和状态； 根据给定的需求，实现接入层交换机配置； 使用命令行，实现 vlan、vtp、ieeee802.1q、isl 配置； 叙述静态和动态路由协议(rip、ospf、igrp、eigrp)的功能和操作； 使用 show、debug 命令确定路由协议的异常； 能够配置标准和扩展的访问列表； 使用命令行接口配置串行接口(ppp)			
工作经历	**2014/07 – 2014/09：　南京新亚有限公司 网络工程师** （1）维护 OA 办公自动化系统，负责对办公区的所有网络设备进行综合管理和分配。 （2）对员工在操作电脑时出现的各种问题给予技术支持。并指导其操作方法和操作要点。减少因电脑故障而影响工作效率。 （3）负责及时维护服务器，并对出现的各种问题及时采取保护措施。确保网络通信传输畅通。 （4）掌控服务器的配置情况及配置参数变更情况，备份各个服务器的配置文档。 （5）对运行关键业务网络的主干设备配备相应的备份设备，并配置为热后备设备；对关键数据库进行实时备份，避免因外界原因和内部原因导致关键数据的丢失。 **2015.9---2015.12　北京安盟科技有限公司** （1）维护公司局域网，保证公司内部能正常上网 （2）维护公司网站，添加、修改、删除公司及公司产品信息			
个性特点	虚心好学、待人真诚、性格活泼开朗、能够正确对待生活及工作中遇到的困难，在工作中吃苦耐劳、有良好的团队精神。			
附言	我自信：我会做得更好！			

图 3-12　所有文本添加到表格中

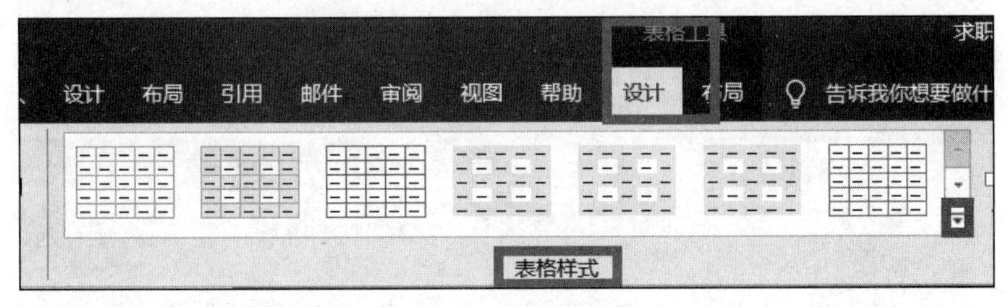

图 3-13　打开表格样式库

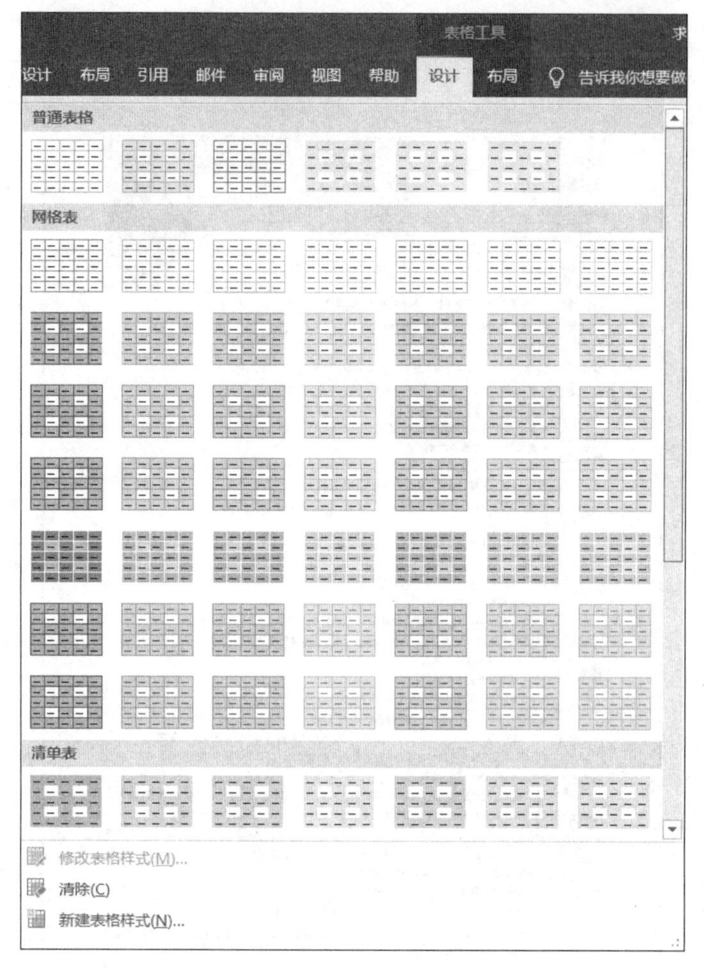

图 3-14 应用表格样式

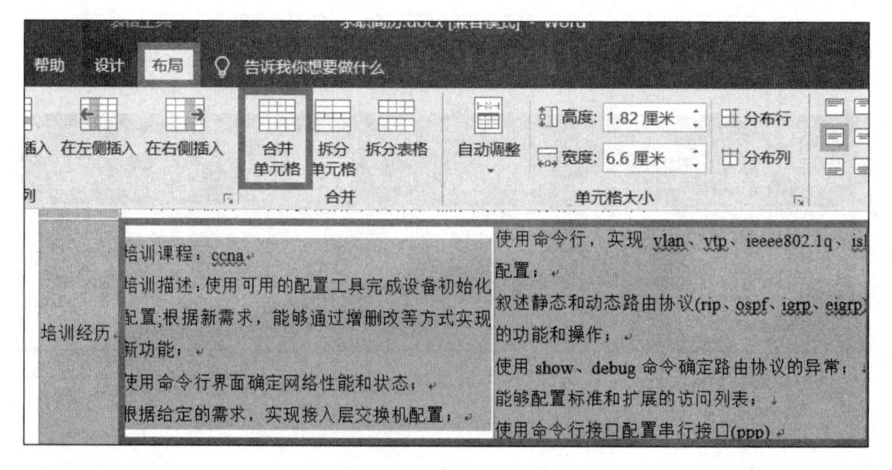

图 3-15 合并单元格

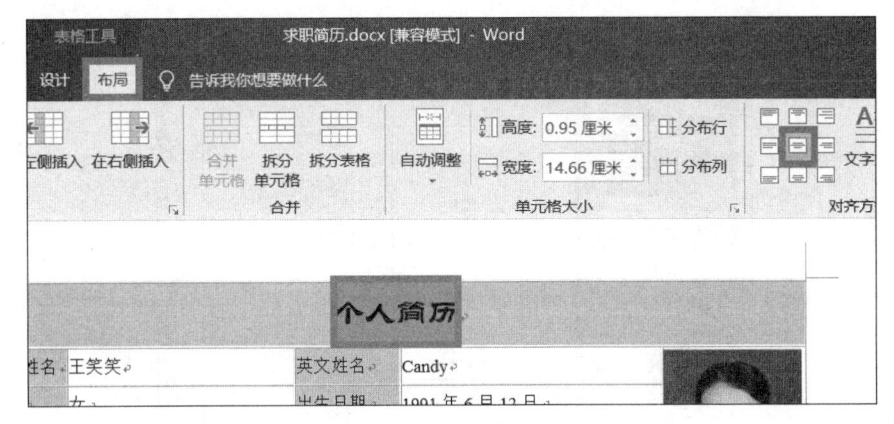

图 3-16　输入简历标题

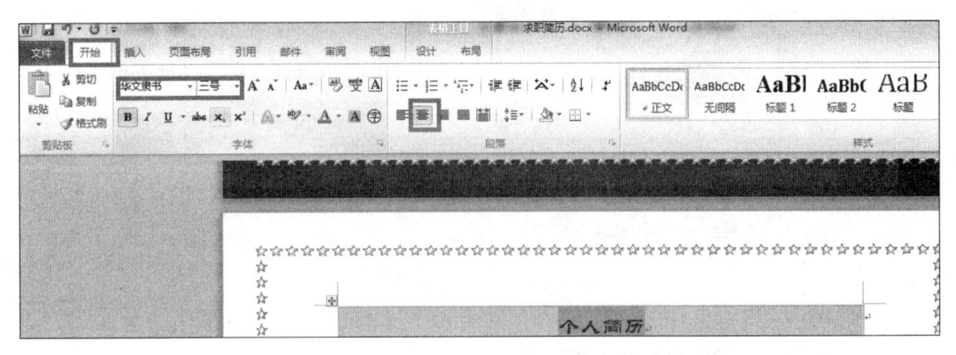

图 3-17　完善标题格式

3.2.2　美化简历的封面

简历正文制作完成后，我们需要配上精美的封面，在这一节中我们将添加简历封面，并进行封面设计。

(1) 使用 Word 2016 打开我们编辑好的简历。然后单击【插入】菜单，在上下文菜单的【页】功能区，单击【封面】，如图 3-18 所示。

(2) 在打开的【封面】功能中，我们看到 Word 2016 提供了很多内置漂亮的封面。然后选择自己喜欢的封面，单击一下这封面即可。例如我们在这里选择【奥斯汀】，如图 3-19 所示。

(3) 这样【奥斯汀】封面就加入到了简历中。下面我们编辑一下这个封面的内容，效果如图 3-20 所示。

图 3-18　插入封面

(4) 同样，我们修改一下，将【键入文档标题】改为【王笑笑的简历】，输入文档等内容，这样简历的封面就编辑完成了，如图 3-21 所示。

(5) 如果觉得当前的封面不符合自己的要求，我们可以再次单击【封面】，然后选择【删除当前封面】，接下来重复上面的操作再次添加主题即可，如图 3-22 所示。

图 3-19　封面效果选择

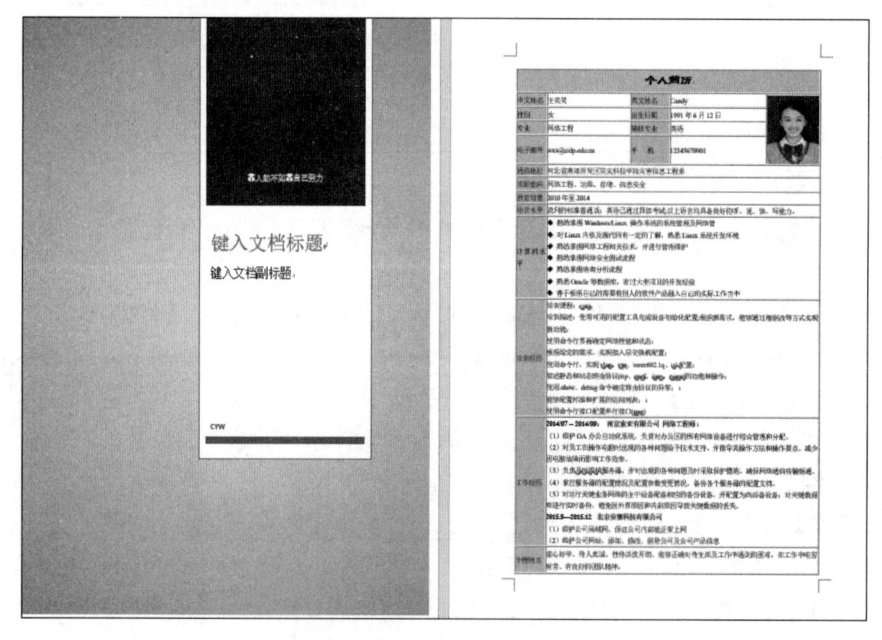

图 3-20　插入封面后的简历效果

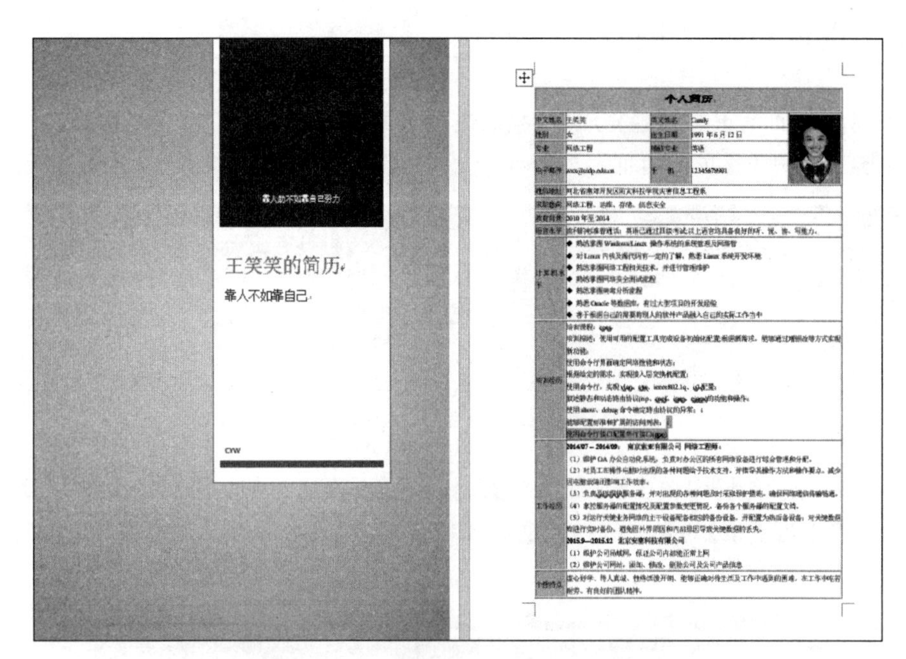

图 3-21 编辑完封面后的简历效果

图 3-22 删除当前封面设置

3.2.3 设置页面边框

(1) 简历封面及正文设置完成后，我们进行页面边框设置。打开 Word 2016 文档，单击【布局】选项卡中的【页面边框】，如图 3-23 所示。

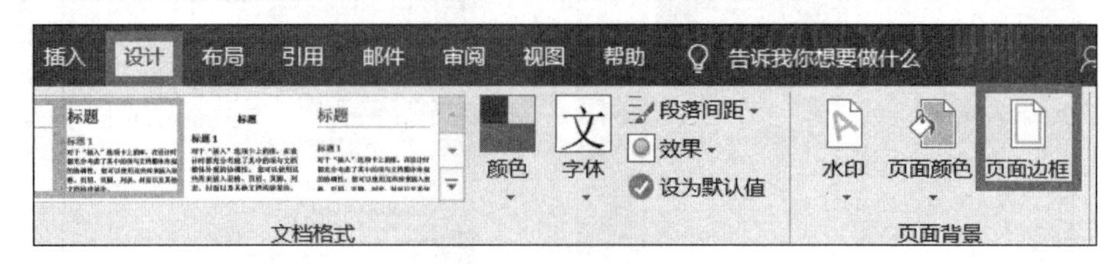

图 3-23 页面边框设置

(2) 在【页面背景】中单击【页面边框】按钮，在【页面边框】选项卡中单击【艺术型】下三角按钮。在【艺术型】列表中选择边框样式，在【宽度】编辑框中设置艺术型边框的宽度，如图 3-24 所示。

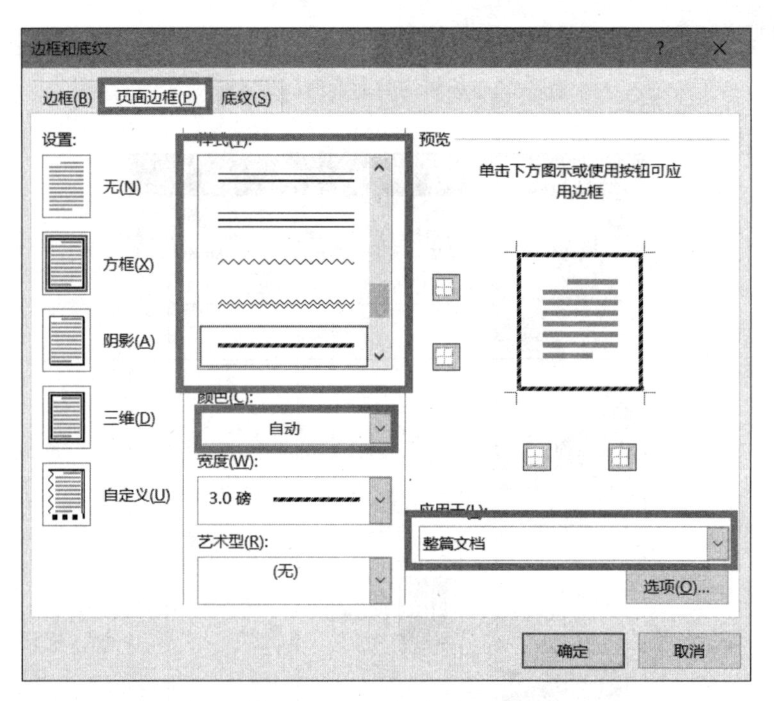

图 3-24 页面边框设置选项

(3) 添加艺术页面边框后的文档页面效果，如图 3-25 所示。

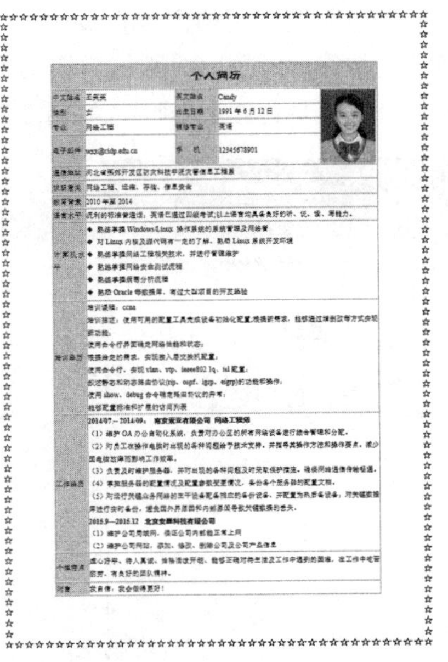

图 3-25　添加页面边框后的效果

3.3　Word 高级应用——制作毕业论文

在毕业设计的过程中，我们需要经历开题、中期检查和毕业设计报告的提交，那么，在毕业设计报告的编写过程中，除了内容的要求之外，格式规范与否也直接会影响论文的阅读，所以本节我们对论文的规范做详细的描述。

3.3.1　页面设置

页面设置涉及文字的方向、页边距和分栏等模块，操作过程如下。

1. 设置文字方向

文档中的纸张大小是针对用户现实生活中所使用的打印机纸的不同规格来标明的，一般分为 A4、B3、B5 等规格，除了这些特定的纸张规格外，在 Word 2016 中，用户也可以根据实际需要来自定义纸张大小，让文档页面更符合要求。使用【布局】选项卡→【页面设置】组→【文字方向】按钮→【水平】对话框，依次如图 3-26 和图 3-27 所示。

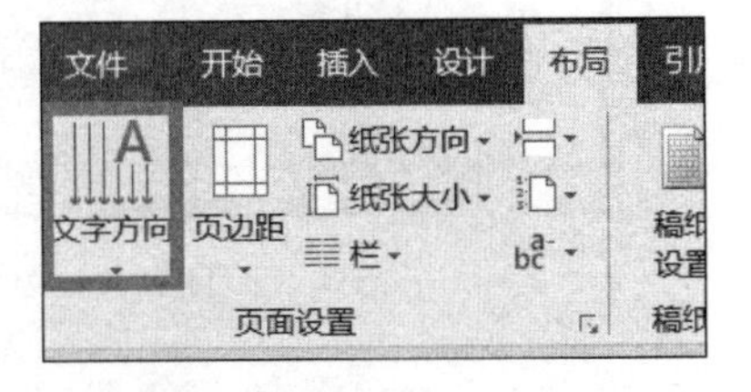

图 3-26　布局文字方向设置

2. 设置页边距

页边距其实就是页面内容与页面边缘的距离。

适当地调整页边距能让文档内容在页面上更好地显示。使用【布局】选项卡→【页面设置】组→【页边距】按钮，如图 3-28 所示，再选择【自定义边距】，如图 3-29 所示，最后使用【页面设置】对话框→【页边距】选项卡，如图 3-30 所示。

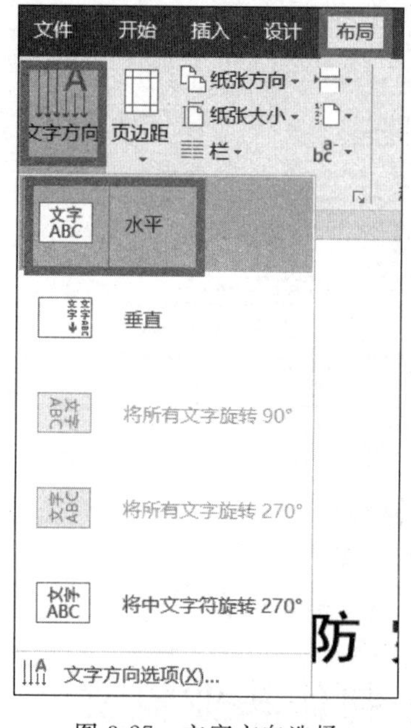

图 3-27　文字方向选择

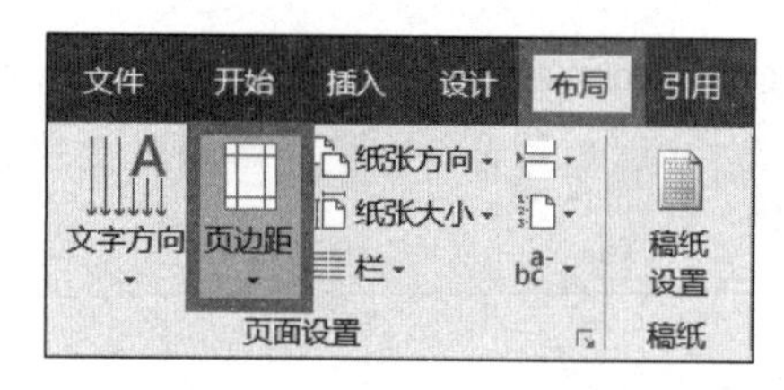

图 3-28　页边距设置窗口

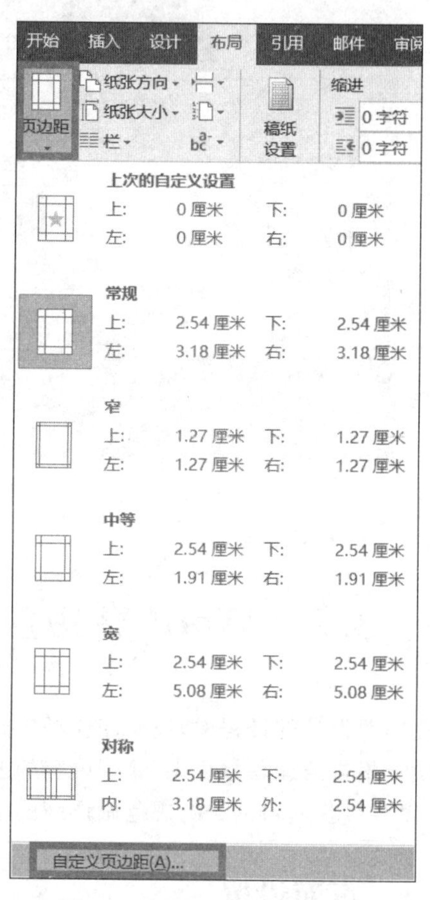

图 3-29　自定义页边距选项卡

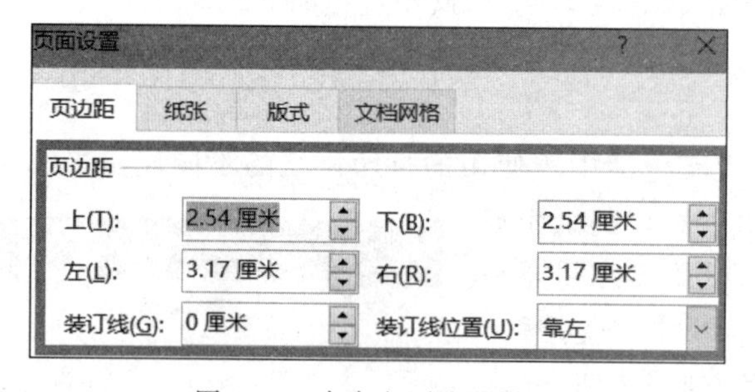

图 3-30　自定义页边距设置

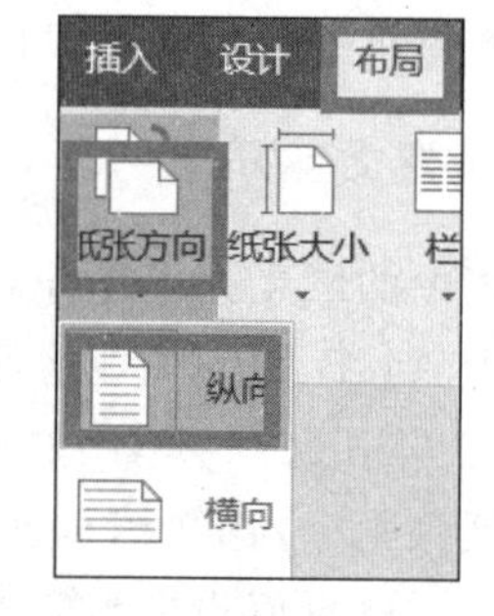

图 3-31　纸张方向选择

3. 设置纸张方向

Word 2016 中的纸张方向分为横向和纵向两种，在输出 Word 文档时，默认的纸张方向为纵向。使用【布局】选项卡→【页面设置】组→【纸张方向】按钮，如图 3-31 所示。

4. 纸张大小

文档中的纸张大小是针对用户现实生活中所使用的打印机纸的不同规格来标明的，一般分为 A4、B3、B5 等规格，除了这些特定的纸张规格外，在 Word 2016 中，用户也可以根据实际需要来自定义纸张大小，让文档页面更符合要求。【布局】选项卡→【页面设置】组→【纸张大小】按钮，如图 3-32 所示。

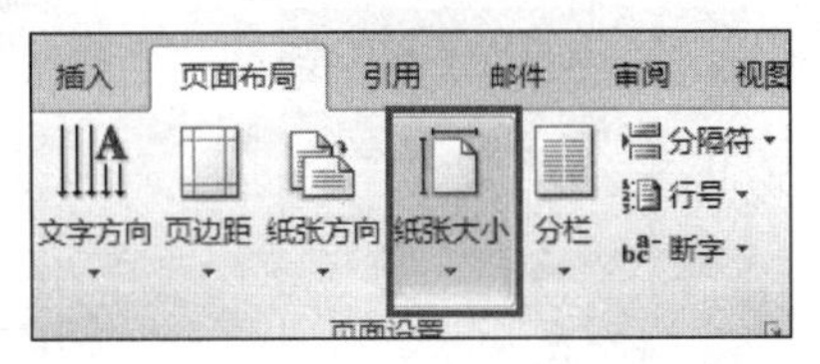

图 3-32　纸张大小选项卡

再选择【其他纸张大小】，如图 3-33 所示。

最后在【页面设置】对话框→【纸张】选项卡，如图 3-34 所示。

图 3-33　其他纸张大小

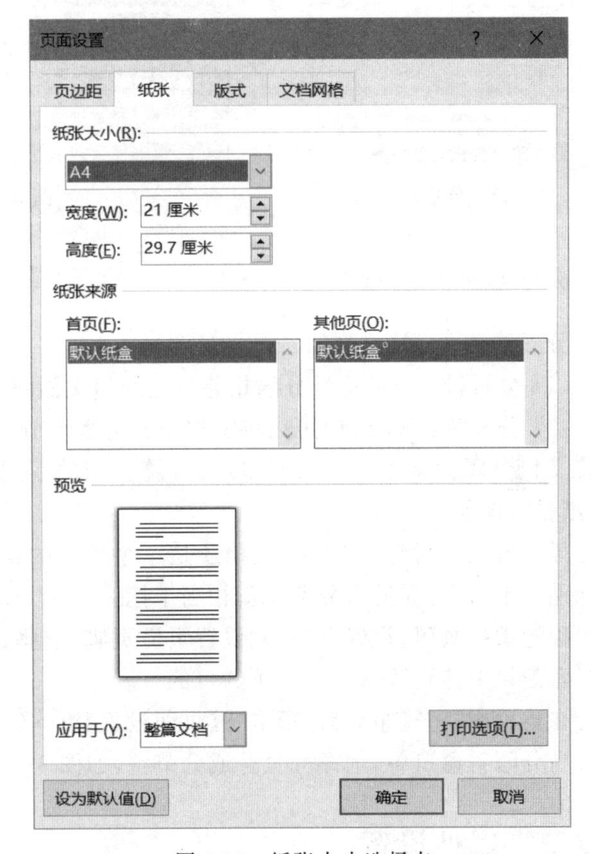

图 3-34　纸张大小选择卡

5. 分栏设置

分栏是指将页面在横向上分为多个栏，文档内容在其中逐栏排列。Word 中可以将文档在页面上分为多栏排列，并可以设置每一栏的栏宽以及相邻栏的栏间距。使用【布局】选项卡→【页面设置】组→【栏】按钮→【更多栏】，如图 3-35 所示。

然后打开【更多栏】窗口，在【栏】对话框中设置各栏间距等数据，如图 3-36 所示。

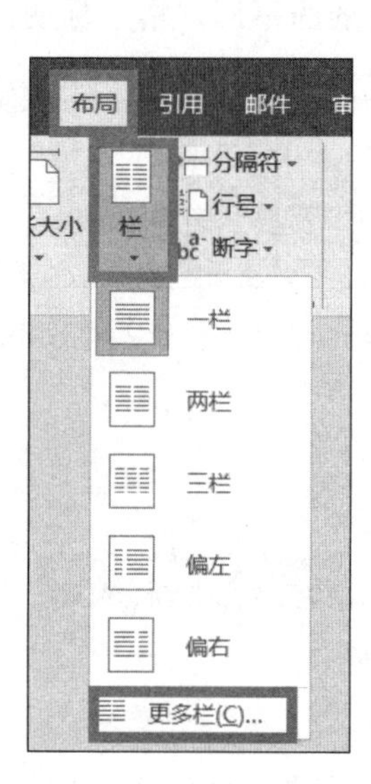

图 3-35　分栏选项卡

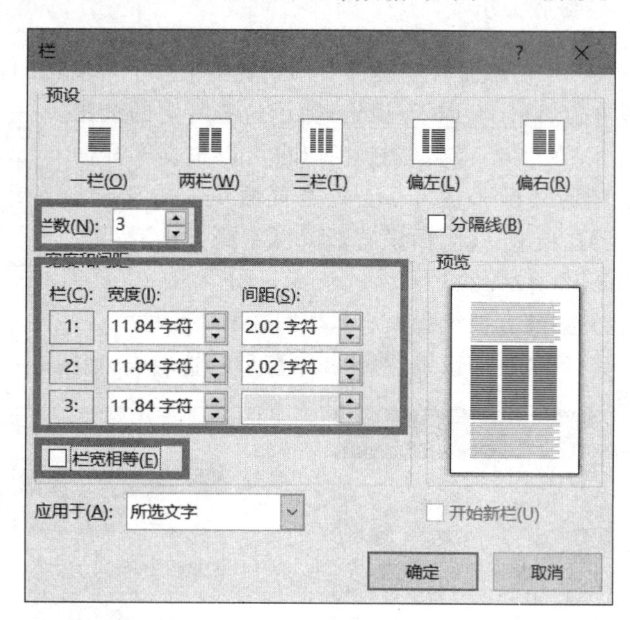

图 3-36　分栏间距设置

6. 设置分页/分节

分隔符是文档中分隔页或节的符号。

(1) 分页符：分页符是分隔相邻页之间的文档内容的符号。

(2) 分节符：Word 中可以将文档中分为多个节，不同的节可以有不同的页格式。通过将文档分隔为多个节，我们可以在一篇文档的不同部分设置不同的页格式(如页面边框、纸张方向等)。

插入分页符后整个 Word 文档还是一个统一的整体，只是在一页内容没书写满时将光标跳至下一页；而插入分节符就相当于把一个 Word 文档分成了几个部分，每个部分可以单独地编排页码、设置页边距、设置页眉页脚、选择纸张大小与方向等。但它们都可以在视觉效果上达到跳跃至下一页的目的。

在页面中打开【布局】选项卡→【页面设置】组→【分隔符】，如图 3-37 所示。

在分隔符窗口中，选择分页符或分节符，如图 3-38 所示。

3.3.2　属性设置

Word 2016 文档属性包括作者、标题、主题、关键词、类别、状态和备注等项目，关键词属性属于 Word 文档属性之一。用户通过设置 Word 文档属性，将有助于管理 Word 文档。在 Word 2016 中设置 Word 文档属性的步骤如下所述：

(1) 打开 Word 2016 文档窗口，依次单击【文件】→【信息】按钮。在打开的【信息】面板中单击【属性】按钮，并在打开的下拉列表中选择【高级属性】选项，如图 3-39 所示。

图 3-37　分隔符设置

图 3-38　分页符或分节符选项

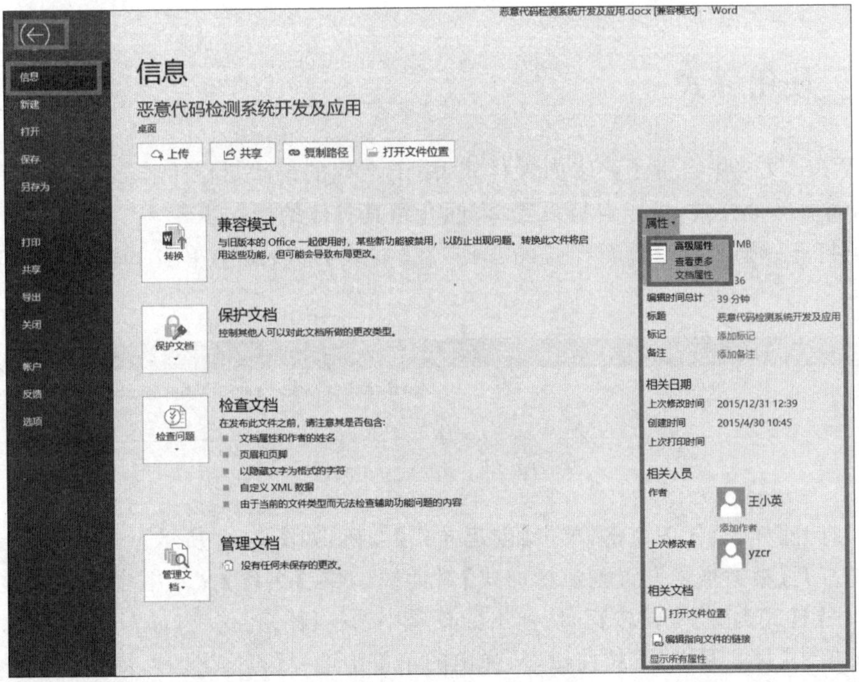

图 3-39　属性设置

在图 3-39 中，选择【高级属性】选项第 2 步，在打开的文档属性对话框中切换到【摘要】选项卡，分别输入作者、单位、类别、关键词等相关信息，并单击【确定】按钮即可，如图 3-40 所示。

图 3-40　输入 Word 文档属性信息

3.3.3　使用样式

在 Word 文档中自带了许多内置样式，用于文档的编辑排版工作，但是，如果在实际应用中，需要其他样式，可以自行设置，下面介绍其具体的操作步骤。

(1) 打开一个需要设置新样式的文档，在【样式】选项组中单击下拉按钮，如图 3-41 所示。

图 3-41　样式选项卡

(2) 打开【样式】任务窗格，单击【创建样式】按钮，如图 3-42 所示。

(3) 打开【根据格式设置创建新样式】对话框，并在【名称】文本框中输入新建样式的名称，单击【样式类型】下拉按钮，从弹出的菜单中选择【段落】选项，如图 3-43 所示。

(4) 单击【样式基准】下拉按钮，从弹出的菜单中选择【正文】选项，如图 3-44 所示。

(5) 单击【后续段落样式】下拉按钮，从弹出的菜单中选择【正文】选项，在【格式】组中设置字体、字号等选项，然后单击【居中】按钮，并选择【添加到快速样式列表】复选框，单击【确定】按钮，即可完成样式的创建操作，如图 3-45 所示。

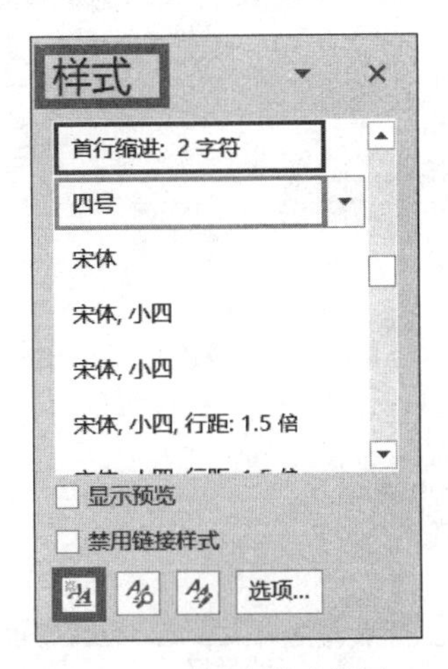

图 3-42　新建样式设置

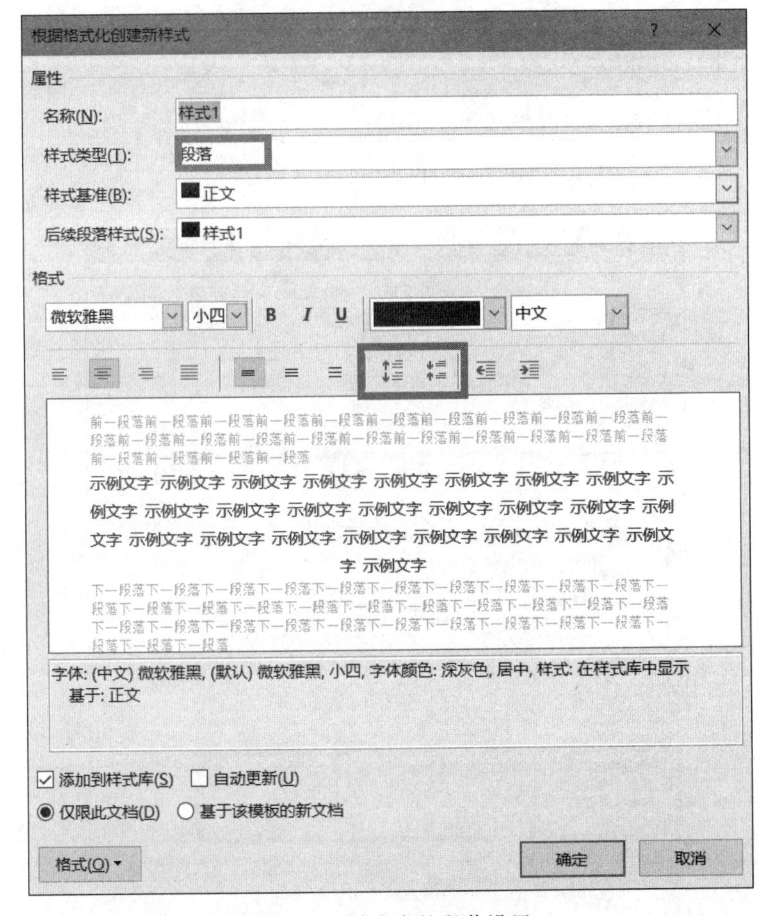

图 3-43　样式中的段落设置

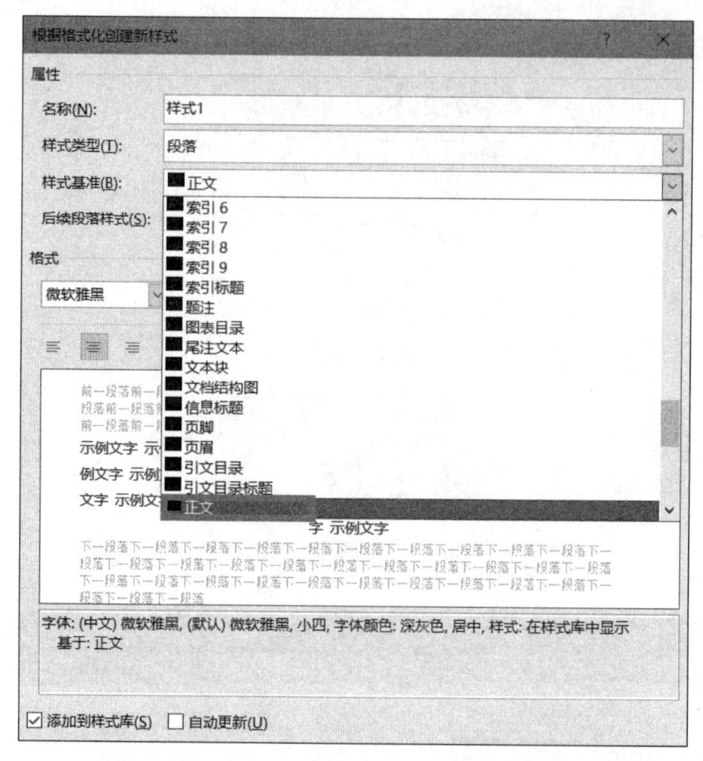

图 3-44　样式中的属性设置

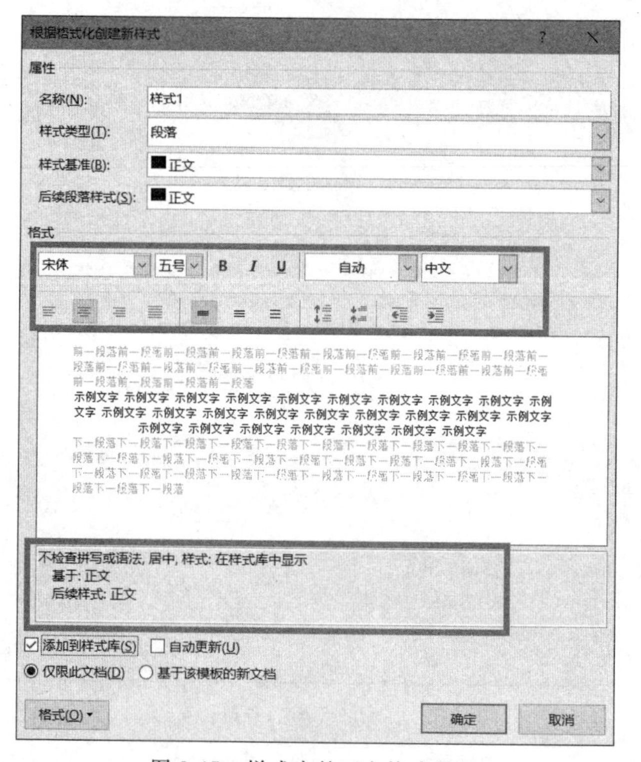

图 3-45　样式中的正文格式设置

3.3.4 多级符号

在正文编写的过程中，我们需要添加各级标题，符号的使用按照多级来划分，这样才能使正文读起来层次清晰，操作过程如下。

（1）打开 Word 2016 文档页面，选中文档中已经存在但是需要更改列表级别的段落。

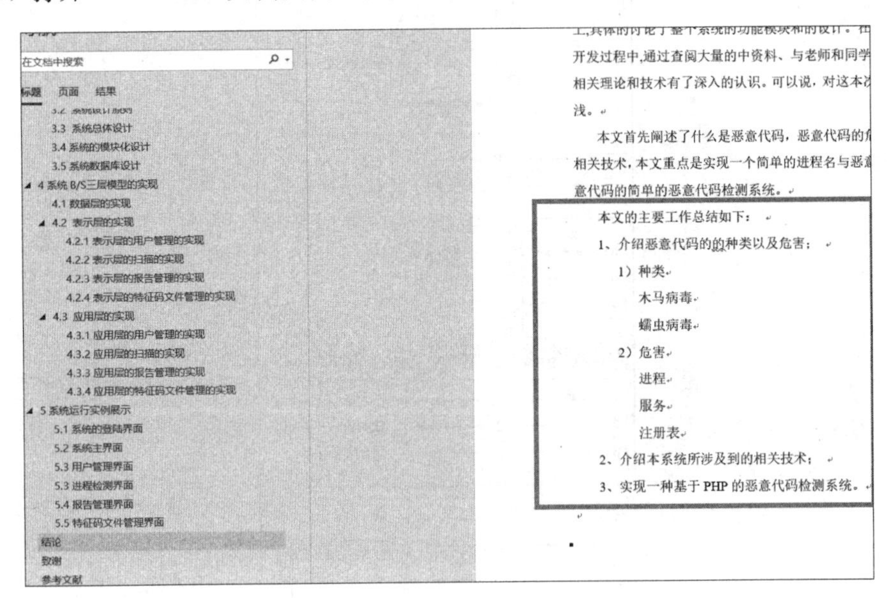

图 3-46 选中的样例文档

（2）在【段落】中单击【多级列表】按钮，如图 3-47 所示。

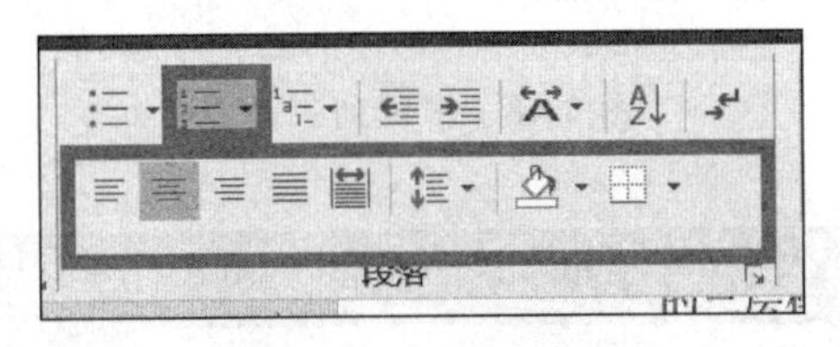

图 3-47 多级列表选项卡

（3）在菜单中选择【更改列表级别】选项，并在下一级菜单中选择符合我们要求的列表级别，如图 3-48 所示。

3.3.5 图表的创建和自动编号

1. 图表的创建

（1）打开 Word 2016 文档窗口，切换到【插入】功能区。在【插图】分组中单击【图表】按钮，如图 3-49 所示。

（2）打开【插入图表】对话框，在左侧的图表类型列表中选择需要创建的图表类型，在

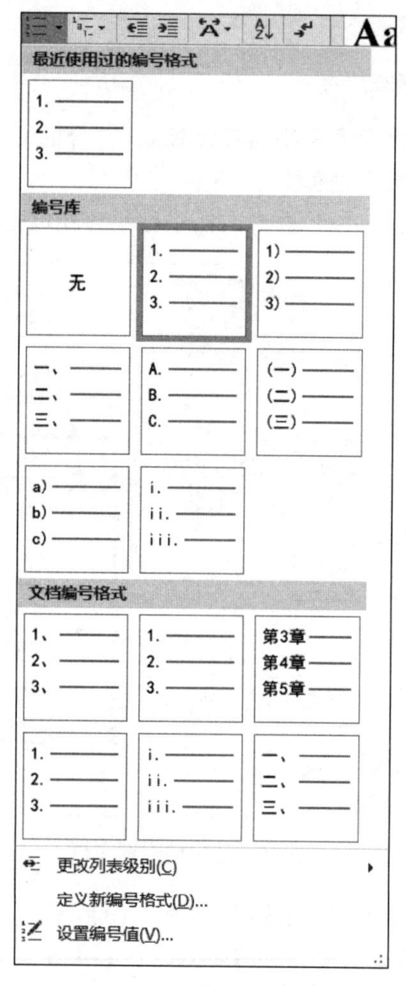

图 3-48 多级列表设置

图 3-49 插入图表

右侧图表子类型列表中选择合适的图表,并单击【确定】按钮,如图 3-50 所示。

(3) 在并排打开的 Word 窗口和 Excel 窗口中,用户首先需要在 Excel 窗口中编辑图表数据,例如修改系列名称和类别名称,并编辑具体数值。在编辑 Excel 表格数据的同时,Word 窗口中将同步显示图表结果,如图 3-51 所示。

(4) 完成 Excel 表格数据的编辑后,关闭 Excel 窗口,在 Word 窗口中可以看到创建完成的图表,如图 3-52 所示。

图 3-50 选择图表类型

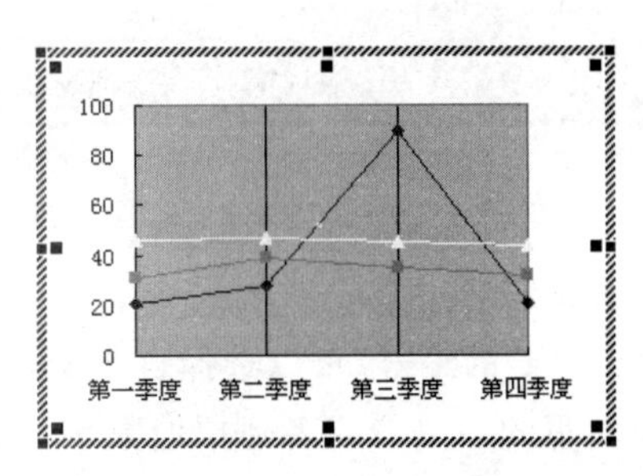

图 3-51 编辑 Excel 数据

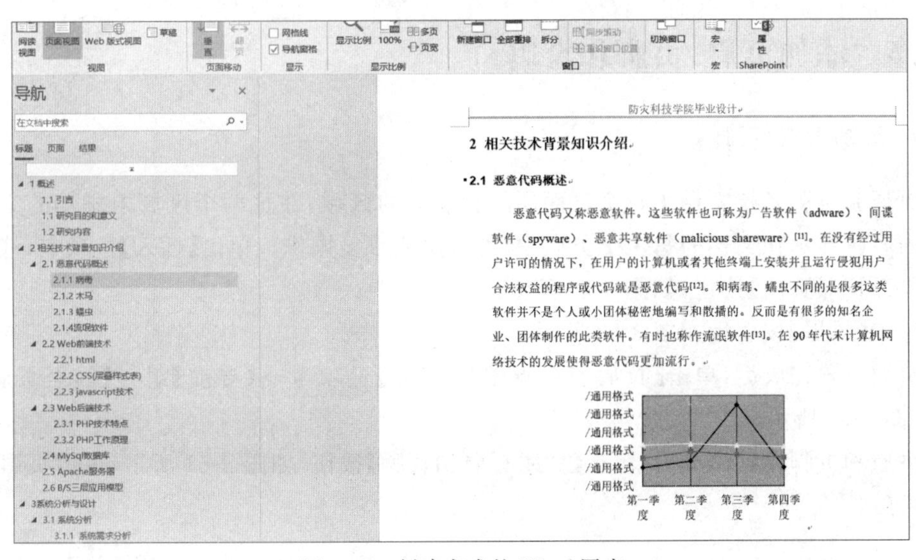

图 3-52 创建完成的 Word 图表

2. 自动编号

(1) 首先打开 Word,如图 3-53 所示。

破坏硬盘以及计算机数据。
频繁的进行网络请求或发送数据，导致网络拥塞。
用户会产生严重的心理压力。
窃取用户的私人信息，对用户的财产生命安全造成重大威胁。

图 3-53　待编号文档内容窗口

(2) 在 Word 中将上访功能区选项卡切换至开始选项卡,选中文字,在开始选项卡中选择段落中的那个编号按钮,选择下拉菜单中的一个即可,如图 3-54 所示。

破坏硬盘以及计算机数据。
频繁的进行网络请求或发送数据，导致网络拥塞。
用户会产生严重的心理压力。
窃取用户的私人信息，对用户的财产生命安全造成重大威胁。

图 3-54　选中待编号区域

(3) 编号的格式选择如图 3-55 所示。

(4) 如果下拉菜单中没有想要的编号,可以选择自定义。在自定义中,可以选择编号的字体,以及编号的类型,如大写的一二三或者阿拉伯数字,如图 3-56 所示。

(5) 添加自动编号之后的效果如图 3-57 所示。

3.3.6　添加页眉/页脚和页码

1. 添加页眉/页脚

页眉和页脚是指文档中每个页面顶部和底部的区域,在这两个区域内添加的文本或图形内容将显示在文档的每一个页面中,可以避免重复操作。单击【插入】选项卡→【页眉和页脚】组→【页眉】按钮,如图 3-58 所示。

单击【页眉】按钮后如图 3-59 所示。

页眉设置完成后,单击【页眉和页脚工具-设计】选项卡→【导航】组→【转至页脚】按钮,如图 3-60 所示。

页眉和页脚设置完成后,单击【关闭页眉和页脚】按钮,如图 3-61 所示,退出页眉页脚设置窗后。

图 3-55　编号的格式选择窗口

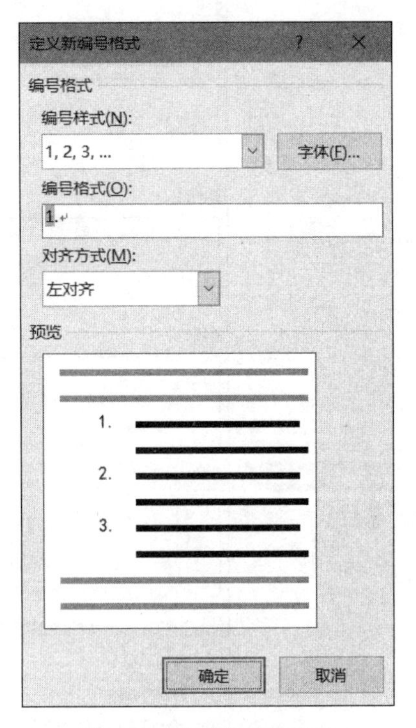

图 3-56　定义新编号格式

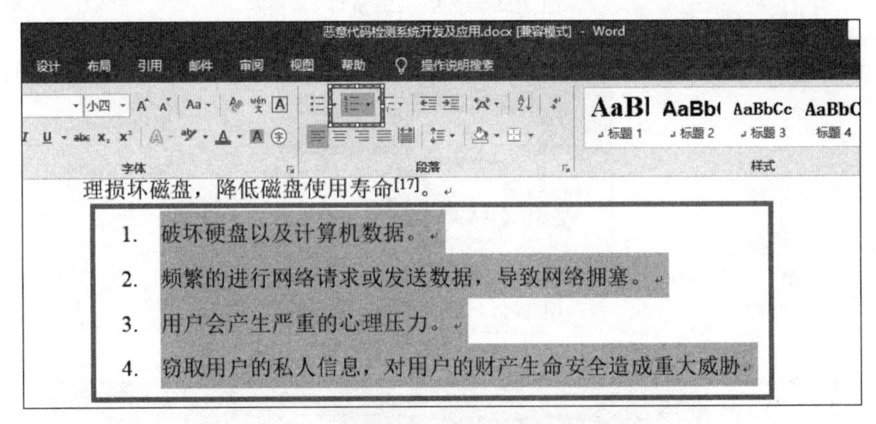

图 3-57　添加完自动编号后的效果图

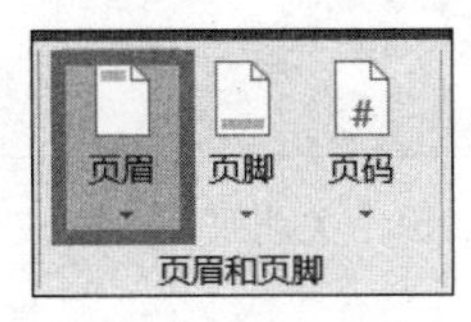

图 3-58　页眉按钮

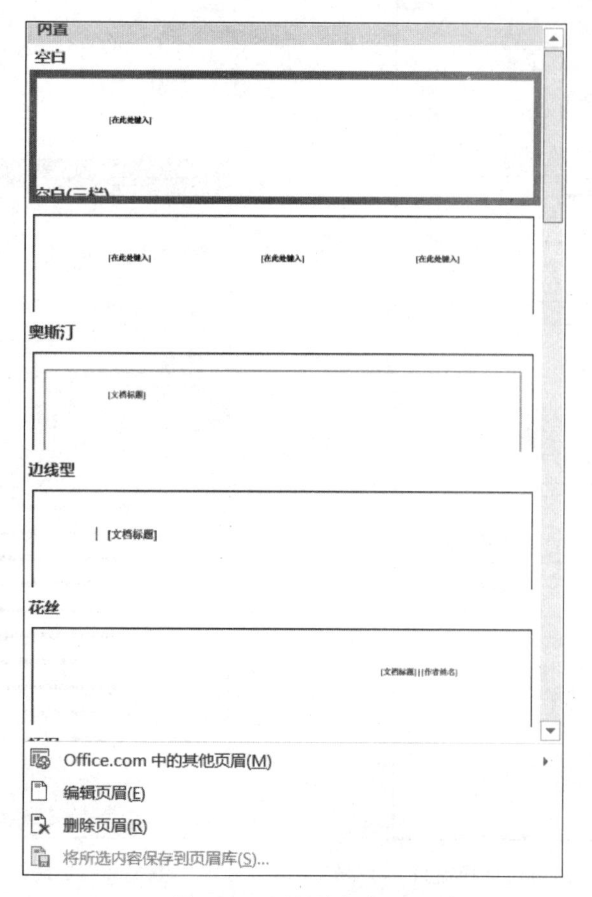

图 3-59　页眉编辑窗口

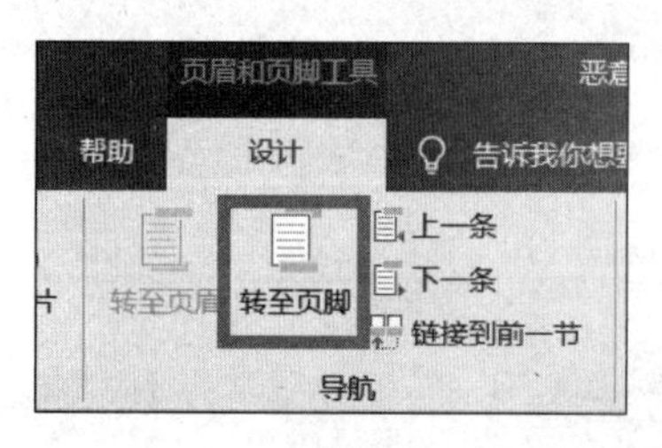

图 3-60　页脚设置窗口

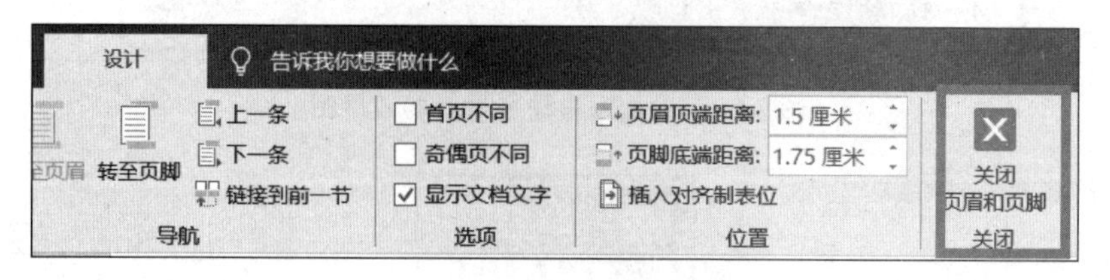

图 3-61　关闭页眉页脚按钮

2. 添加页码

文档编辑完成后，需要添加页码，单击【插入】选项卡→【页眉和页脚】组→【页码】按钮，如图 3-62 所示。

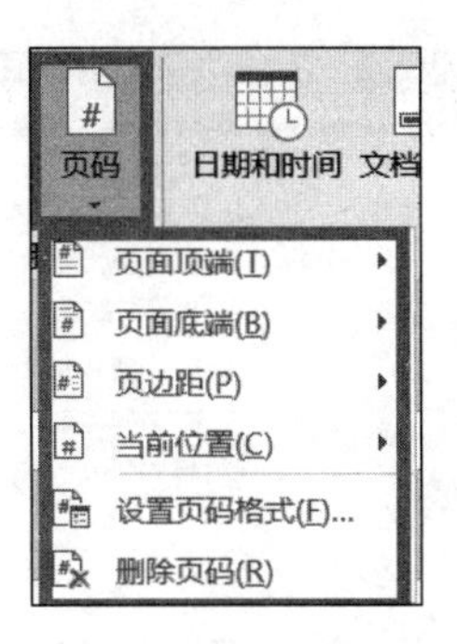

图 3-62　页码设置窗口

页眉页脚及页码设置完成后，文档的页面效果如图 3-63 所示。

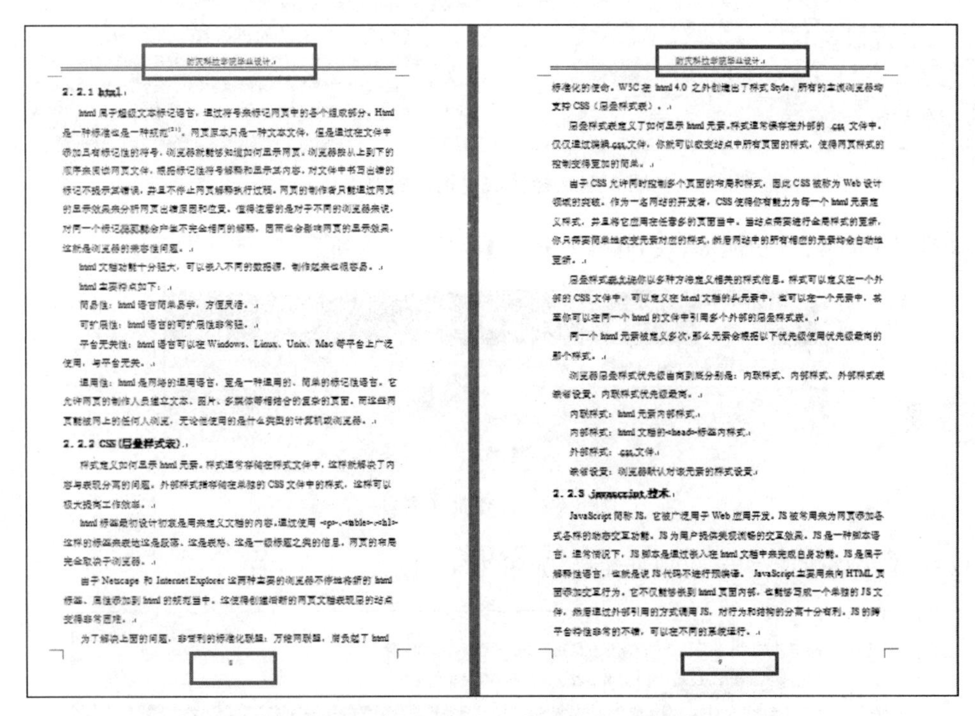

湖北科技学院毕业设计

2.2.1 html

html 用于超级文本标记语言，通过符号来标记网页中的各个组成部分。Html 是一种标准也是一种规范[21]。网页原本只是一种文本文件，但是通过在文件中添加具有标记性的符号，浏览器就能够知道如何显示网页。浏览器按从上到下的顺序来阅读网页文件，根据标记性符号解释和显示其内容。对文件中书写出错的标记不提示其错误，并且不停止网页解释执行过程。网页的制作者只能通过网页的显示效果来分析网页出错原因和位置。值得注意的是对于不同的浏览器来说，对同一个标记符可能会产生不完全相同的解释，因而也会影响网页的显示效果，这就是浏览器的兼容性问题。

html 文档功能十分强大，可以嵌入不同的数据源，制作起来也很容易。

html 主要特点如下：

简易性：html 语言简单易学，方便灵活。

可扩展性：html 语言的可扩展性非常强。

平台无关性：html 语言可以在 Windows、Linux、Unix、Mac 等平台上广泛使用，与平台无关。

通用性：html 是网络的通用语言，是一种通用的、简单的标记性语言。它允许网页的制作人员建立文本、图片、多媒体等相结合的复杂的页面，而这些网页能被网上的任何人浏览，无论他使用的是什么类型的计算机或浏览器。

2.2.2 CSS（层叠样式表）

样式定义如何显示 html 元素。样式通常存储在样式文件中，这样就解决了内容与表现分离的问题。外部样式指存储在单独的 CSS 文件中的样式，这样可以极大提高工作效率。

html 标签最初设计初衷是用来定义文档的内容，通过使用 <p>、<table>、<h1> 这样的标签来表达这是段落、这是表格、这是一级标题之类的信息，网页的布局完全取决于浏览器。

由于 Netscape 和 Internet Explorer 这两种主要的浏览器不停地将新的 html 标签、属性添加到 html 的规范当中，这使得创建相新的网页文档表现层的站点变得非常困难。

为了解决上面的问题，非营利的标准化联盟：万维网联盟，肩负起了 html

8

湖北科技学院毕业设计

标准化的使命。W3C 在 html 4.0 之外创造出了样式 Style，所有的主流浏览器均支持 CSS（层叠样式表）。

层叠样式表定义了如何显示 html 元素，样式通常保存在外部的 .css 文件中。仅仅通过编辑.css文件，你就可以改变站点中所有页面的样式，使得网页样式的控制变得更加的简单。

由于 CSS 允许同时控制多个页面的布局和样式，因此 CSS 被称为 Web 设计领域的突破。作为一名网站的开发者，CSS 使得你有能力为每一个 html 元素定义样式，并且将它应用在任意多的页面当中。当站点需要进行全局样式的更新，你只需要简单地改变元素对应的样式，然后网站中的所有相应的元素均会自动地更新。

层叠样式表允许你以多种方法定义相关的样式信息。样式可以定义在一个外部的 CSS 文件中，可以定义在 html 文档的头元素中，也可以在一个元素中，甚至你可以在同一个 html 的文件中引用多个外部的层叠样式表。

同一个 html 元素被定义多次，那么元素会根据以下优先级使用优先级最高的那个样式。

浏览器层叠样式优先级由高到低分别是：内联样式、内部样式、外部样式表缺省设置，内联样式优先级最高。

内联样式：html 元素内部样式。

内部样式：html 文档的<head>标签内样式。

外部样式：.css文件。

缺省设置：浏览器默认对该元素的样式设置。

2.2.3 javascript 技术

JavaScript 简称 JS，它被广泛用于 Web 应用开发。JS 被常用来为网页添加各式各样的动态交互功能。JS 为用户提供美观流畅的交互效果。JS 是一种脚本语言，通常情况下，JS 脚本是通过嵌入在 html 文档中来完成自身功能。JS 是属于解释性语言，也就是说 JS 代码不进行预编译。JavaScript 主要用来向 HTML 页面添加交互行为，它不仅能够嵌到 html 页面内部，也能够写成一个单独的 JS 文件，然后通过外部引用的方式调用 JS，对行为和结构的分离十分有利。JS 的跨平台兼容性非常的不错，可以在不同的系统运行。

9

图 3-63　页眉页脚及页码设置完成效果图

3.3.7　批注和修订

在论文的批阅过程中，指导老师需要对论文进行修改，为了方便与学生进行交互，我们需要用修订和批注的形式加以批阅，方便学生的修改。修订和批注的操作过程如下。

1. 添加批注

(1) 打开 Word 2016 文档,在需要加批注的地方用鼠标选中,作为焦点事件,如图 3-64 所示。

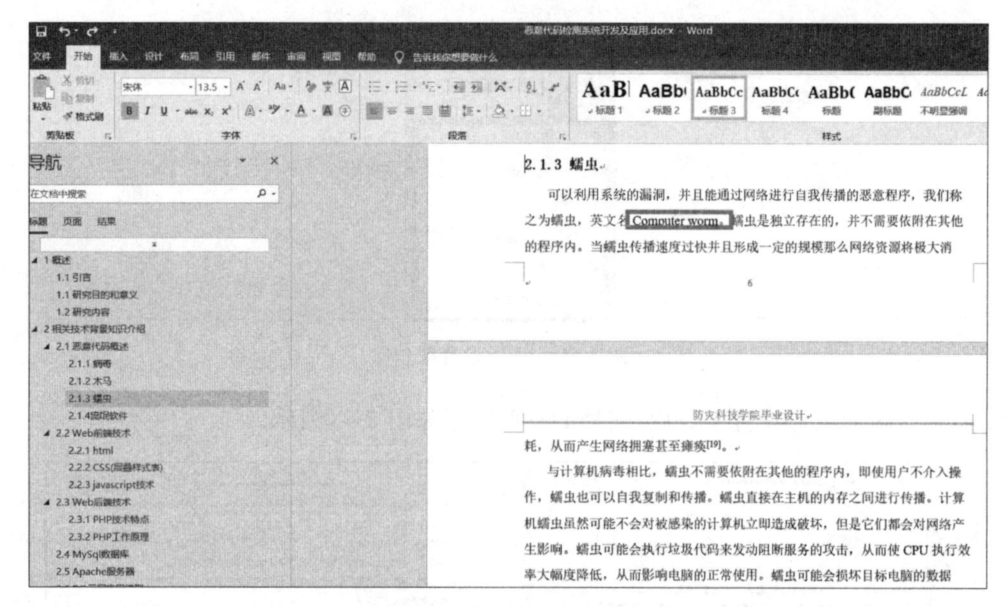

图 3-64 标注需要批注的地方

(2) 在【审阅】的功能区,找到【新建批注】,如图 3-65 所示。

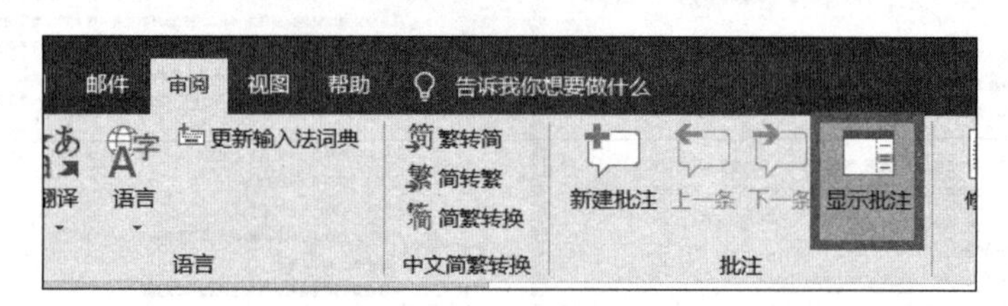

图 3-65 创建批注窗口

(3) 单击创建批注后,出现批注栏,如图 3-66 所示。

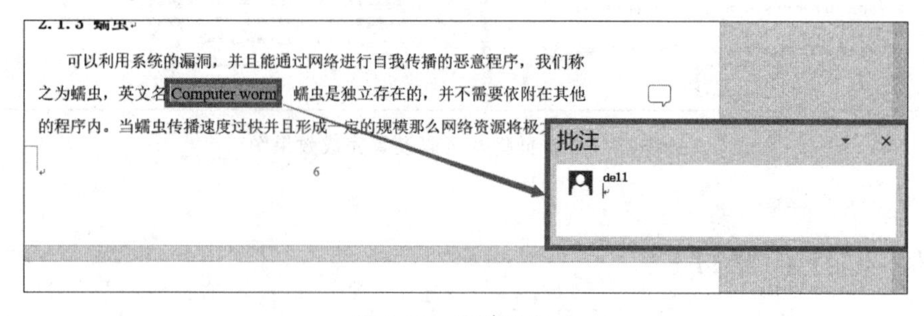

图 3-66 批注栏窗口

（4）在编辑框内，输入编辑内容，如图 3-67 所示。

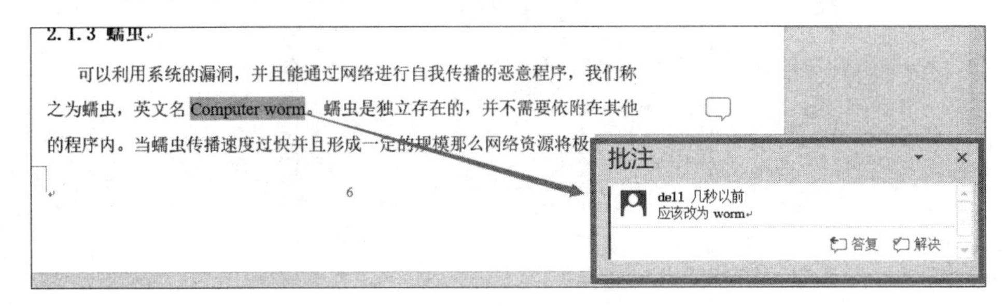

图 3-67　输入批注内容

2. 添加修订

我们在批阅论文的过程中，需要从格式上进行修订，修订后文档中的标示会显示出来，具体操作过程如下。

（1）打开 Word 2016 文档，单击【审阅】→【修订】的功能区，如图 3-68 所示。

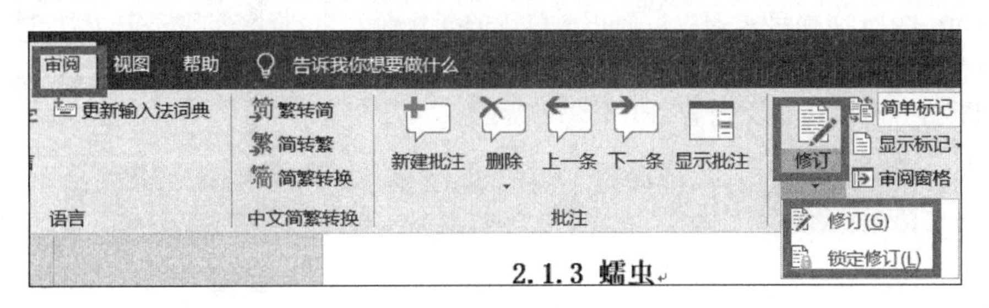

图 3-68　修订窗口

（2）单击【修订】按钮后，在文档中进行格式的修改后会出现标识，如图 3-69 所示。

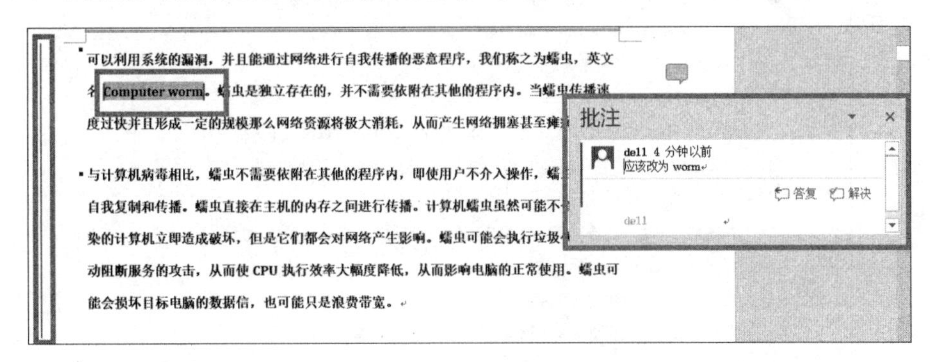

图 3-69　修订后文档的效果图

从图 3-69 可以看出，格式的修改、删除的文字以及批注的文字在文档中均有标注，学生接收到修改后的文档后，单击修订处，会出现如图 3-70 所示的窗口，选择【接受修订】等按钮即可，同时文档左侧竖线标识会消失。

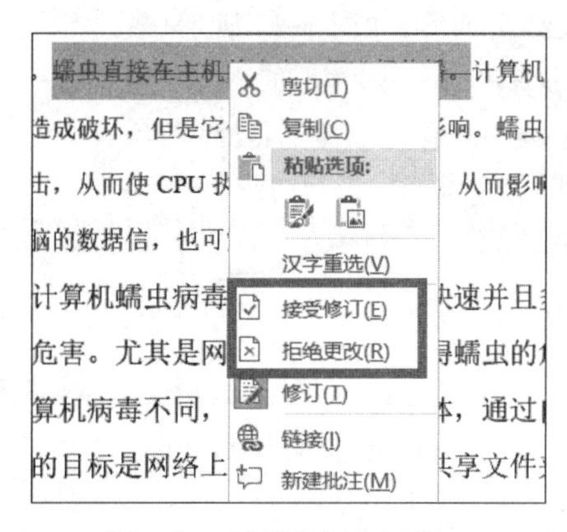

图 3-70　接受修订与否窗口

3.3.8　添加目录

Word 2016 文档目录随着后面正文修改的变化而变化,每次修改完正文后,目录的内容和页码可能都会发生变化,因此需要重新调整,这一节中我们描述其操作过程。

(1) 打开待编辑正文内容,如图 3-71 所示。

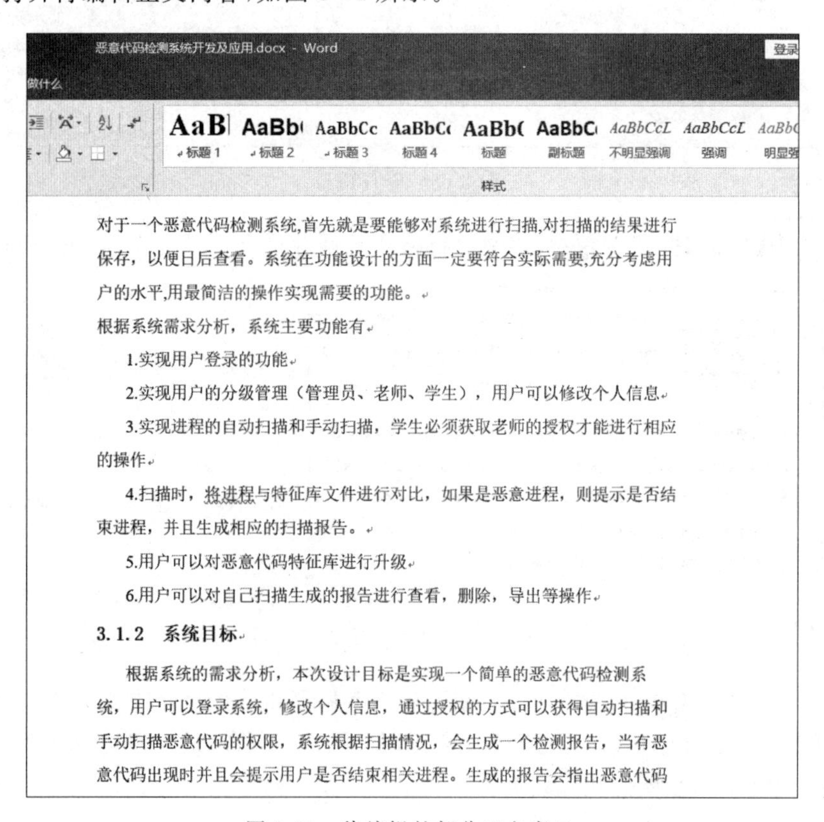

对于一个恶意代码检测系统,首先就是要能够对系统进行扫描,对扫描的结果进行保存,以便日后查看。系统在功能设计的方面一定要符合实际需要,充分考虑用户的水平,用最简洁的操作实现需要的功能。

根据系统需求分析,系统主要功能有

1.实现用户登录的功能

2.实现用户的分级管理(管理员、老师、学生),用户可以修改个人信息

3.实现进程的自动扫描和手动扫描,学生必须获取老师的授权才能进行相应的操作

4.扫描时,将进程与特征库文件进行对比,如果是恶意进程,则提示是否结束进程,并且生成相应的扫描报告。

5.用户可以对恶意代码特征库进行升级

6.用户可以对自己扫描生成的报告进行查看,删除,导出等操作

3.1.2　系统目标

根据系统的需求分析,本次设计目标是实现一个简单的恶意代码检测系统,用户可以登录系统,修改个人信息,通过授权的方式可以获得自动扫描和手动扫描恶意代码的权限,系统根据扫描情况,会生成一个检测报告,当有恶意代码出现时并且会提示用户是否结束相关进程。生成的报告会指出恶意代码

图 3-71　待编辑的部分正文窗口

(2) 对作为目录的文字进行字体格式等设置,如图 3-72 所示。

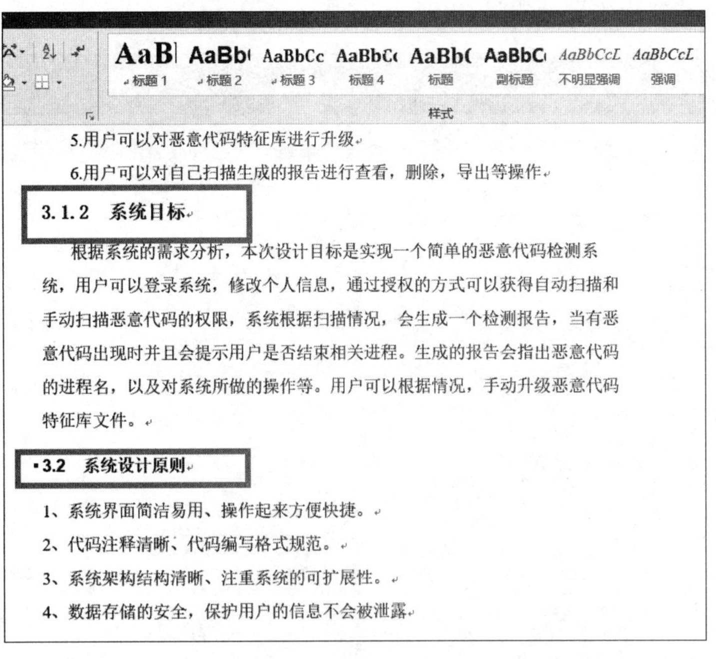

图 3-72　目录文字格式设置

(3) 选中文字,右击弹出菜单,单击【段落】,如图 3-73 所示。

(4) 打开【段落】设置窗口,设置大纲级别。【2 相关知识介绍】的大纲级别为 1 级,也可以进行大纲级别的修改,如图 3-74 所示。

(5) 同上,【1.2 研究内容】为二级目录,因此将其大纲级别设置为【2 级】,依次类推,将整个文档中所有作为目录的文字全部设置完。

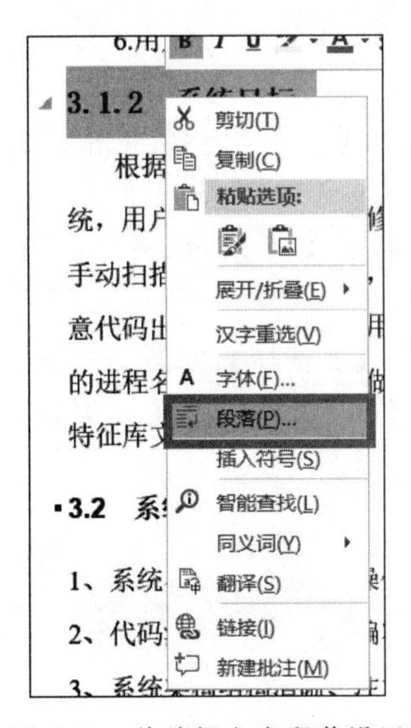

图 3-73　待编辑文字段落设置

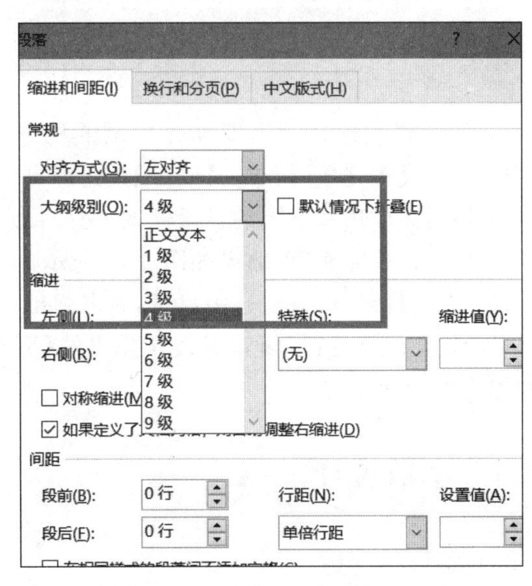

图 3-74　大纲级别设置窗口

(6) 设置完成后，进入【视图】菜单，勾选【导航窗格】，如图 3-75 所示，此时，在 Word 2016 左侧即可看到刚才设置的目录。

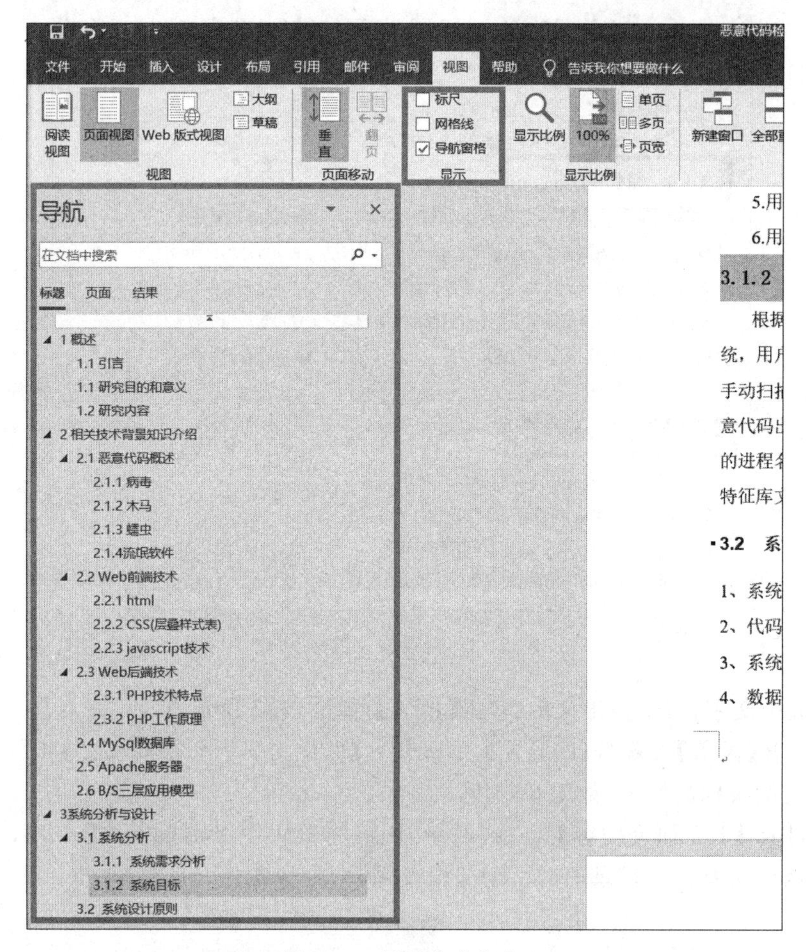

图 3-75 目录生成完成

(7) 然后将光标移到需要插入目录的地方，单击进入【引用】菜单，单击【目录】，如图 3-76 所示，设置完成后，单击【确定】按钮即可生成目录。

(8) 根据需求选择不同的目录样式，完成目录设置，如图 3-77 所示。

(9) 目录设置完成后，效果如图 3-78 所示。

(10) 更新目录时，只需选中目录，右击弹出菜单，单击【更新域】，如图 3-79 所示。

(11) 如果只想更新页码，那么在弹出的【更新目录】对话框中选择【只更新页码】即可，如图 3-80 所示。

3.3.9 字数统计

字数统计方法如下。

(1) 切换到【审阅】选项卡，在【校对】组中单击【字数统计】按钮，如图 3-81 所示。

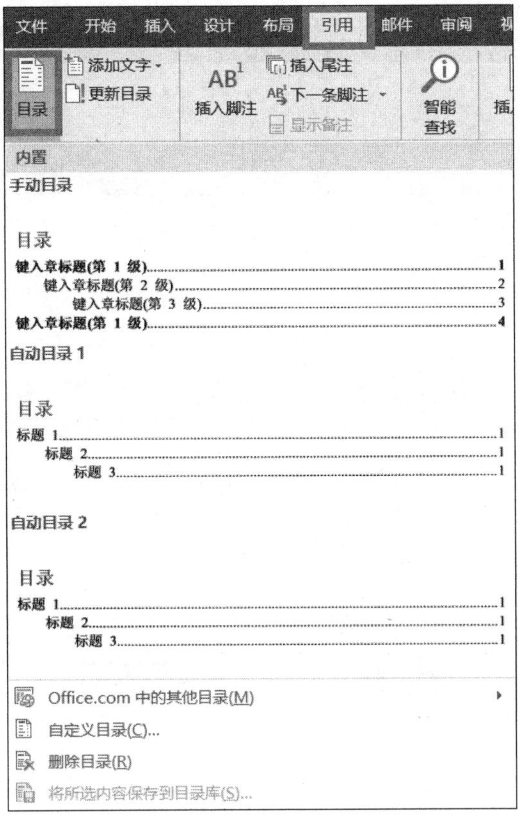

文件 开始 插入 设计 布局 引用 邮件 审阅 视

目录 添加文字 更新目录 插入脚注 插入尾注 下一条脚注 显示备注 智能查找

内置

手动目录

目录

键入章标题(第 1 级)......1
键入章标题(第 2 级)......2
键入章标题(第 3 级)......3
键入章标题(第 1 级)......4

自动目录 1

目录

标题 1......1
标题 2......1
标题 3......1

自动目录 2

目录

标题 1......1
标题 2......1
标题 3......1

Office.com 中的其他目录(M)

自定义目录(C)...

删除目录(R)

将所选内容保存到目录库(S)...

图 3-76 插入目录窗口

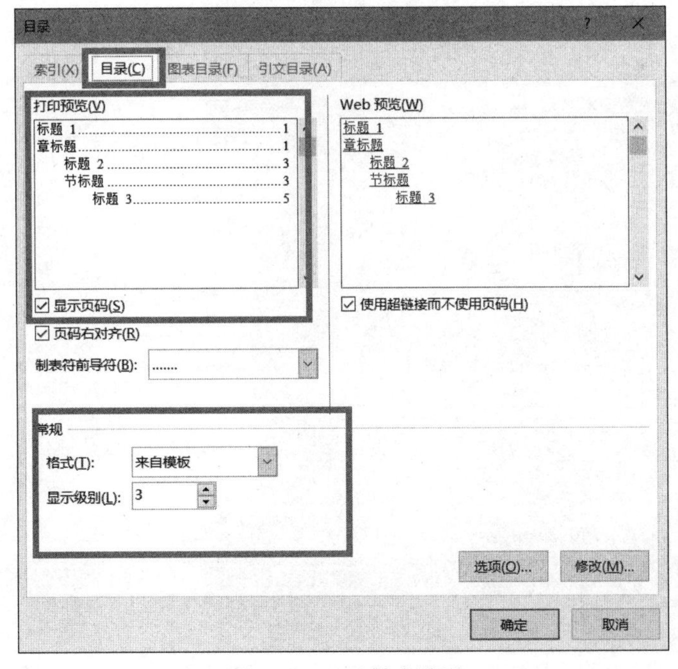

图 3-77 目录样式设置

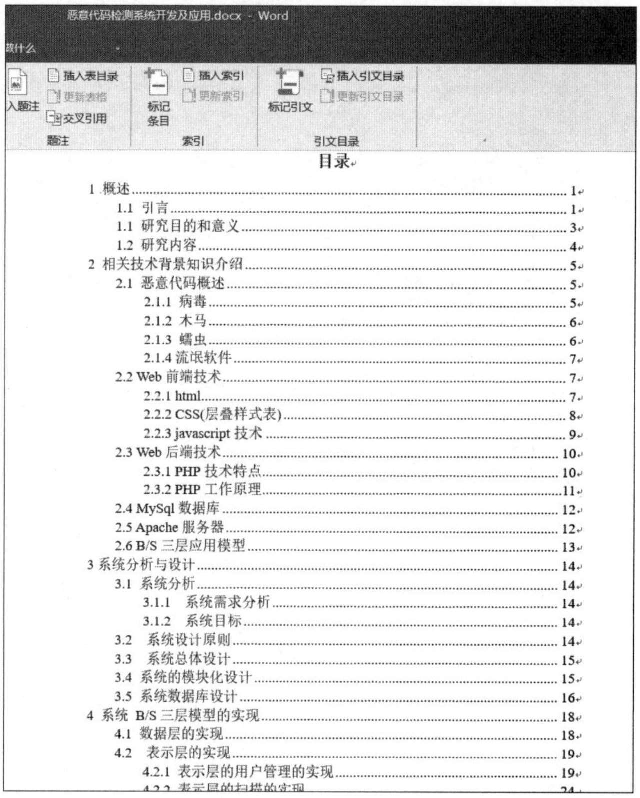

恶意代码检测系统开发及应用.docx - Word

插入表目录 更新表格 交叉引用 插入题注 题注 标记条目 插入索引 更新索引 索引 标记引文 插入引文目录 更新引文目录 引文目录

目录

图 3-78 目录设置完成效果图

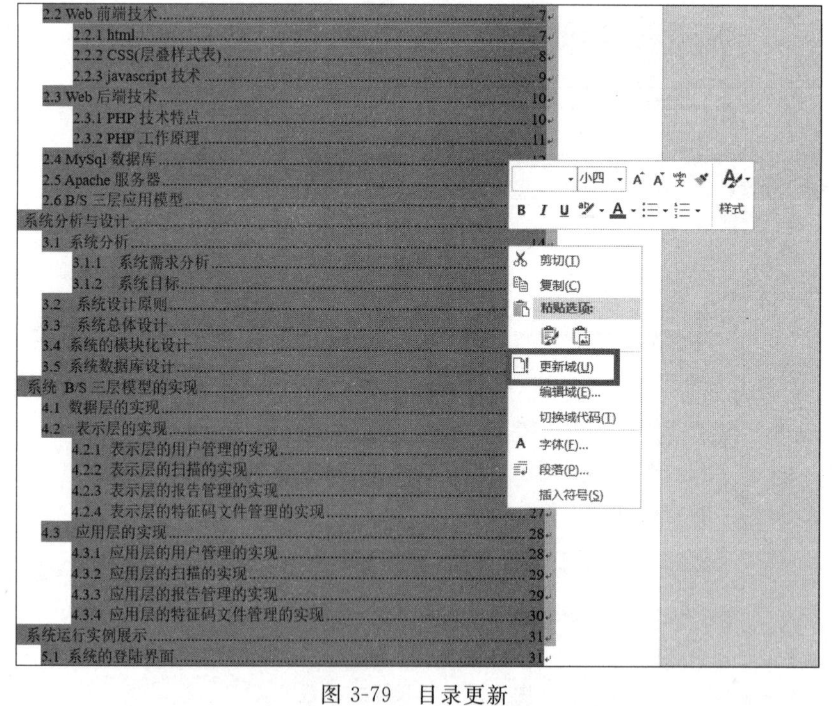

图 3-79 目录更新

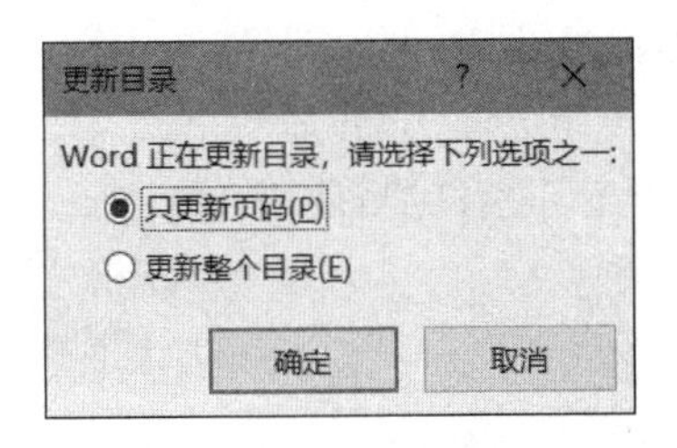

图 3-80　只更新页码窗口

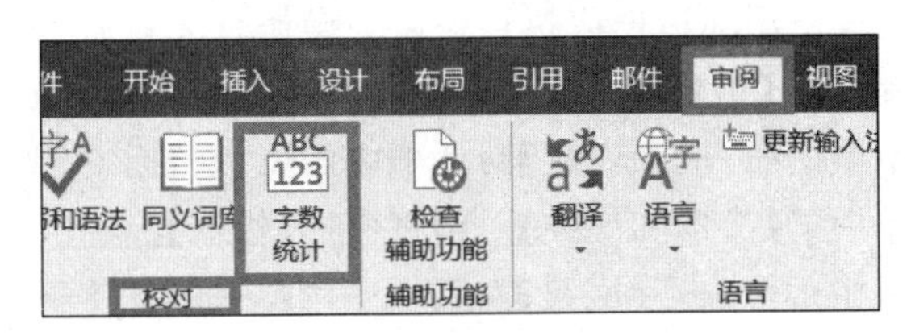

图 3-81　通过审阅选项卡查看字数

(2) 通过状态栏快捷按钮进行查看，如图 3-82 所示。

第 2 页，共 35 页　0/13336 个字　中文(中国)

图 3-82　通过状态栏查看字数

在本章中，我们从 Word 2016 的版面设置、字体的大小类型等操作，到页面美化，最后到毕业设计论文的排版，详细描述了各类设计的操作流程，通过具体的抓图，让学生能够清晰知道每步的设计方法，方便学生掌握 Word 2016 的各个功能。

习　题　3

一、判断题

1. Word 中不插入剪贴画。(　　)
2. 插入艺术字即能设置字体，又能设置字号。(　　)
3. 页边距可以通过标尺设置。(　　)
4. 页眉与页脚一经插入，就不能修改了。(　　)
5. 对当前文档的分栏最多可分为三栏。(　　)

二、选择题

1. Word 2016 是(　　)。
   A. 字处理软件　　B. 系统软件　　C. 硬件　　D. 操作系统
2. 在 Word 的文档窗口进行最小化操作(　　)。
   A. 会将指定的文档关闭
   B. 会关闭文档及其窗口

C. 文档的窗口和文档都没关闭

D. 会将指定的文档从外存中读入，并显示出来

3. 若想在屏幕上显示常用工具栏，应当使用(　　)。

A. 【视图】菜单中的命令　　B. 【格式】菜单中的命令

C. 【插入】菜单中的命令　　D. 【工具】菜单中的命令

4. 能显示页眉和页脚的方式是(　　)。

A. 普通视图　　B. 页面视图　　C. 大纲视图　　D. 全屏幕视图

5. 在 Word 中，对表格添加边框应执行(　　)操作。

A. 【格式】菜单中的【边框和底纹】对话框中的【边框】标签项

B. 【表格】菜单中的【边框和底纹】对话框中的【边框】标签项

C. 【工具】菜单中的【边框和底纹】对话框中的【边框】标签项

D. 【插入】菜单中的【边框和底纹】对话框中的【边框】标签项

三、填空

1. Word 2016 默认显示的工具栏是(　　)和(　　)工具栏。

2. 如果想在文档中加入页眉、页脚，应当使用(　　)菜单中的【页眉和页脚】命令。

3. 将文档分左右两个版面的功能称为(　　)。

四、操作题

根据要求，将以下素材按要求排版。

网络漏洞在生活中的很多方面都有体现。目前，我国的信息保护面临着非常严峻的挑战。在 2018 年，我国多家招聘网站、知名电商、快递公司和考试类网站等发生了多次数据泄露的事件。就在 2017 年 5 月份，某手机厂商的论坛用户数据泄露，因为该论坛的用户管理模块存在安全漏洞，从而导致了 800 多万用户的个人信息泄露。这次事件对用户的财产以及人身安全产生了巨大威胁。

1. 给上面这段话加上标题，将标题字体设置为“华文行楷”，字形设置为“常规”，字号设置为“小初”，选定“效果”为“空心字”且居中显示。

2. 将正文字号设置为“小三”，文字右对齐加阴影边框，宽度应用 1.0 磅显示。

3. 将正文行距设置为 25 磅。段落中特殊格式设置为“首行缩进”。

4. 将“漏洞”两个字号设为 3 号楷体，红色。

习题 3 答案

一、判断题

1. ×　　2. ×　　3. √　　4. ×　　5. ×

二、选择题

1. A　　2. C　　3. A　　4. B　　5. A

三、填空题

1. 常用、格式
2. 视图
3. 分栏

四、操作题

略

第4章 Excel 2016

学习目标：

（1）掌握 Excel 2016 的启动、退出。

（2）熟悉 Excel 2016 工作环境。

（3）掌握利用 Excel 创建工作表的方法。

（4）掌握工作表中的公式与常用函数的使用方法。

（5）掌握工作表的编辑、格式设置方法。

（6）掌握图表的制作和编辑方法。

（7）掌握数据的查询、排序、筛选、分类汇总等操作。

Excel 是 Microsoft 推出的 Office 中的一个重要的组件，是电子表格界首屈一指的软件。它可以完成表格输入、统计、分析等多项工作，可生成精美直观的表格、图表等。使用 Excel 对大量数据的计算分析，为公司相关政策、决策、计划的制定，提供有效的参考。

现在常用的版本有 Excel 2003、Excel 2007、Excel 2010、Excel 2013、Excel 2016。本章以 Excel 2016 为例，通过实际应用的例子来介绍一下 Excel 的基本使用方法。

4.1 Excel 基本应用——制作家庭财务管理表

本节以家庭财务管理表为例，介绍 Excel 的启动、Excel 的界面、规划工作表、输入表格内容、筛选等。

4.1.1 Excel 的启动与界面介绍

在完成这个实例之前，我们先来看下 Excel 的启动。Excel 的启动方法有如下三种：执行【开始】→【所有程序】→【Excel 2016】，或者双击 Excel 的快捷方式图标，或者打开一个 Excel 文档都可以启动 Excel。启动之后的界面如图 4-1 所示。界面的最上方是标题栏，接下来是功能选项卡，例如【开始】、【插入】等，类似于 Excel 2003 中的菜单命令。下面的【粘贴】、【合并后居中】等所在区域为功能区，有许多工具栏，不同的工具栏中放置了与此相关的命令按钮或列表框。下面对界面窗口各个部分的作用做一个简要介绍。

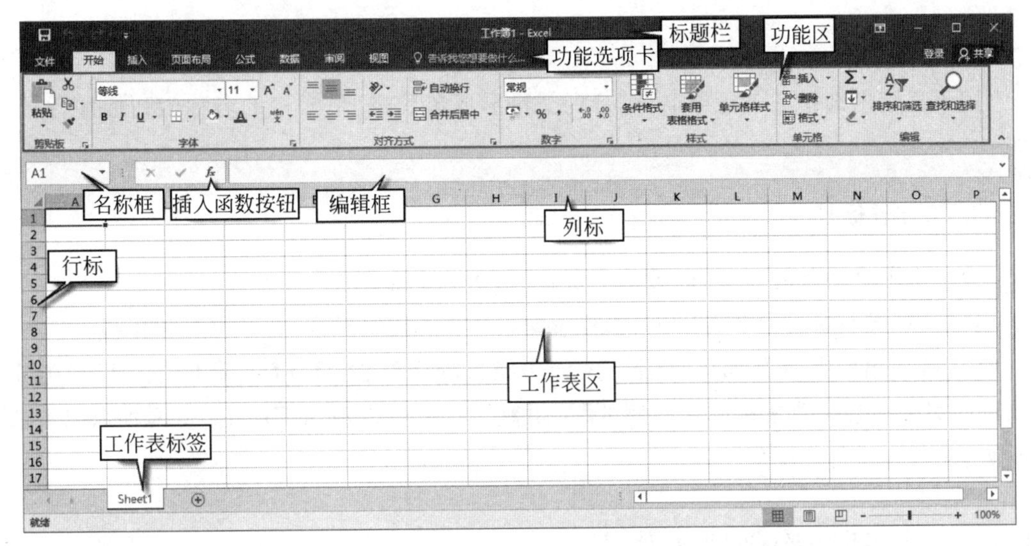

图 4-1　Excel 2016 工作界面

1. 标题栏

位于窗口最上方,由快速访问工具栏、工作簿名称和窗口控制按钮组成,工作簿名称默认为工作簿 1。

2. 功能区

共 9 个功能选项卡,依次为文件、开始、插入、页面布局、公式、数据、审阅、视图和“告诉我您想要做什么……”输入框。Excel 工作状态不同,功能区会随之发生变化。功能区包含了所有针对该软件的操作命令。“告诉我您想要做什么……”输入框,是 Excel 2016 新增的功能选项卡,可以及时帮助用户获取所需要完成的功能。

3. 编辑栏

功能区下是编辑栏,由三个部分构成。最左侧是名称框,显示单元格名称,中间是插入函数按钮以及插入函数状态下显示的 3 个按钮,右侧编辑框,是单元格计算需要的公式与函数或显示编辑单元格里的内容。

4. 工作区

输入用户数据的地方。

5. 列标

对表格的列命名,以英文字母排列,一张系统默认的 Excel 工作表有 256 列。

6. 行标

对表格的行命名,以阿拉伯数字排列,一张系统默认的 Excel 工作表有 65 536 行。

7. 名称框

用于显示出选择的单元格名称，行列交错形成单元格，单元格的名称为列标加行号，如：B50。

8. 工作表标签

位于水平滚动条的左边，以 Sheet1、Sheet2 等来命名。

另外，在界面窗口中还有水平、垂直滚动条和状态栏等元素，就不再展开介绍了。

Excel 退出的方法有如下两种：执行功能选项卡【文件】→【关闭】命令，可以退出 Excel。另外一种是单击标题栏右侧的【关闭】按钮，也可以退出 Excel。这两种退出方法都会提示保存文件的操作。

4.1.2 规划结构创建工作表

在制作工作表之前应先对表格有个整体规划，才有利于文本内容输入和单元格格式的设置。因此在制作前，必须明确目标，对将要设计的表格先有个整体的轮廓，或者先在纸上画个草图，这样制作起来才会比较方便。本节实例是要制作家庭财务管理表，我们可根据自己需要的实际情况，来规划这个工作表，对表的结构和信息作一个规划，如表的标题是什么，有多少列，每列标题是什么，数据信息是什么格式等。读者可根据自己想法规划这个表格，我们这里简单地规划如下：

工作表标题为"2018 年 8 月家庭明细表"，表中有日期、餐费、生活用品费、零食、通信费、交通费、医疗费、其他、总花费等列，其中日期是日期型数据，餐费等是货币型数据。那么 Excel 中是否支持这些数据类型呢？

4.1.2.1 Excel 支持的数据类型

在 Excel 中支持以下几种数据类型：

(1) 数值：用于一般数值表示，可任意设置数字显示方式。

(2) 货币：将数值转换成带货币符号的显示方式。

(3) 日期和时间：预定义了几种日期和时间的显示。

(4) 百分比：将数字乘以 100 并添加%。

(5) 文本：将数字格式作为文本处理。

(6) 分数：用分数显示，有几种类型，如以 2 为分母、以 4 为分母等。

(7) 特殊：如邮政编码或电话号码。

(8) 科学记数：采用数学中的科学记数法。

(9) 自定义：根据自己定义的数据类型。

这些类型在后面介绍的"设置单元格格式"中进行设置。

4.1.2.2 工作表簿的基本概念

创建工作表之前让我们先了解一下这些概念。

(1) 工作簿：默认以“.xlsx”为扩展名，用于保存和处理数据的文件称为工作簿。在工作簿内包含有工作表和图表。可有多个工作表，默认有3张工作表，最多可有255张工作表。

(2)工作表：工作表由若干行和若干列组成，一张Excel工作表最多可有256列，65536行。

(3) 单元格：工作表的行与列交叉部分，是表格的最小单位。用列号行号标识单元格，如E6表示第5列第6行的单元格。

有时，我们将列称为字段，将行称为记录。列标题称为字段名。

打开Excel后，默认已经创建了空的工作簿和工作表，我们需要对此工作簿进行保存，在【文件】选项卡下选择【新建】、【打开】、【保存】、【另存】、【关闭】命令都可对工作簿进行相应的操作，这与Word中对Word文档相应操作的方法类似。

4.1.2.3 工作表的操作

工作表的基本操作如下：

1. 插入工作表

可以使用以下四种方法之一插入工作表。

(1) 单击工作表标签后面的【新工作表】标签，插入新工作表，如图4-2所示。

(2) 在工作表标签上单击鼠标右键，弹出快捷菜单，执行快捷菜单中的【插入】命令，弹出【插入】对话框，单击【工作表】图标，再单击【确定】按钮，如图4-3所示。

图4-2 【插入工作表】标签

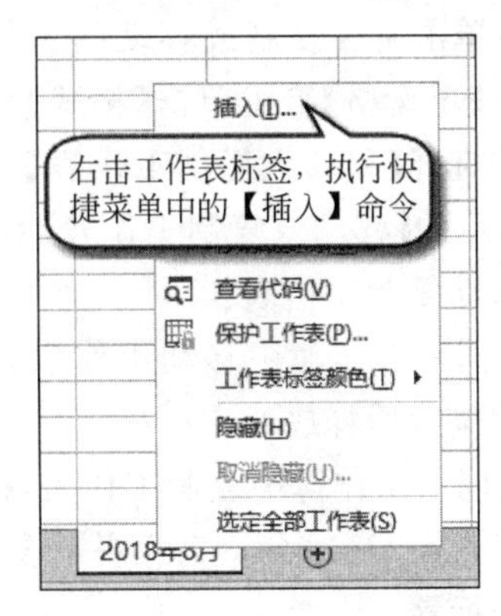

图4-3 插入工作表的快捷菜单

(3) 也可以执行功能区命令插入工作表。执行【开始】→【单元格】组中的【插入】→【插入工作表】命令，插入工作表。

(4) 还有一个快捷命令：Shift+F11是最快捷的插入工作表的方法。

2. 删除工作表

(1) 在工作表标签上右击，弹出快捷菜单，执行快捷菜单【删除】命令，可删除工作表。

(2) 执行【开始】→【单元格】组中的【删除】→【删除工作表】命令，也可删除工作表。

注意：被删除工作表中的数据将被永久删除，不可撤销还原。

3. 重命名工作表

重命名工作表有以下几种方法：

(1) 先双击要命名的工作表标签，工作表名将突出显示，再输入新的工作表名，按回车键确定。

(2) 先单击要重命名的工作表标签，并右击，在弹出的快捷菜单中选择【重命名】命令，再输入新的工作表名，按回车键确定。

(3) 先单击要重命名的工作表标签，执行【开始】→【单元格】组中的【格式】→【重命名工作表】命令，工作表名将突出显示，再输入新的工作表名，按回车键确定。

我们将工作簿保存为"家庭财务管理表"，并将工作表重命名为"2018 年 8 月"。

4. 移动或复制工作表

(1) 在要移动或复制的工作表标签上右击，在弹出的快捷菜单中选【移动或复制工作表】命令。在弹出【移动或复制工作表】对话框中，可以将选定的工作表移动到本工作簿或其他工作簿(需要工作簿下拉列表中选择其他打开的工作簿)中，选定工作表的前面或移到所有工作表的最后面。选择【建立副本】复选框，可以复制工作表，如图 4-4 所示。

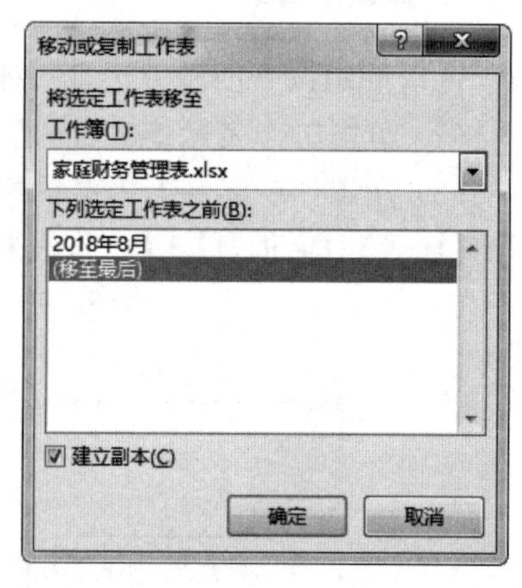

图 4-4　移动或复制工作表对话框

(2) 用单击所要复制或移动的工作表标签，然后在【开始】→【单元格】组中单击【格式】按钮，在弹出的下拉菜单中选择【移动或复制工作表】命令，也会弹出如图 4-4 所示的【移动或复制工作表】对话框。进行设置后也可移动复制工作表。

(3) 在同一工作簿中移动工作表，可拖动工作表标签到指定位置后释放。

(4) 在同一工作簿中复制工作表，按住 Ctrl 键拖动工作表标签。

复制工作表"2018 年 8 月"，并将复制后的工作表标签重命名"2018 年 9 月"，并更改相应工作表标签。

5. 选定工作表

(1) 单击相应的工作表标签，选定单张工作表。

(2) 要选定连续的多张工作表，先单击要选定的第一张工作表标签，再按住【Shift】键单击要选定的最后一张工作表标签可选定多张连续的工作表。

(3) 选定不连续的多张工作表，先单击第一张要选定的工作表标签，再按住【Ctrl】键依次单击要选定的其余各张工作表标签，可选定多张不连续的工作表。

(4) 选定全部工作表，右击，执行【选定全部工作表】命令，可选定当前工作簿中的所有工作表。

4.1.3 输入内容设置格式

创建并保存好工作簿之后，可以按照规划好的内容进行输入，并设置单元格的格式。

4.1.3.1 输入表格内容

鼠标单击要输入文字的单元格，使其成为活动单元格，然后输入标题文字，或者单击编辑框输入文字。完毕后，按回车键或单击编辑栏上的“√”按钮，确认刚才的输入。

例如，在A1单元格中输入表标题，在A2到I2单元格中输入各列标题，如图4-5所示。

	A	B	C	D	E	F	G	H	I
1	2018年8月家庭财务明细								
2	日期	餐费	生活用品费	零食	通信费	交通费	医疗费	其他	总花费

图 4-5 输入表标题及各列标题

Excel的工作表里可以输入数字、汉字、英文、日期、标点及一些特殊符号等，不同类型的数据在输入上也有点技巧。

1. 输入文本

输入的文本包括汉字、英文、标点、特殊符号及由数字组成的文本型字符，除了数字型的文本外，都可直接输入。

输入纯数字形式的文本时(如学号、身份证号)，有三种方法，第一种加前导符单引号(英文标点)，如：'038011。第二种是加前导符等号，并用双引号(英文标点)括起来，如=“038011”。第三种是将单元格格式设置为“文本”型，再直接输入。输入完毕后，单元格的左上方会有绿色的小三角形标记，标示我们输入了以文本形式存储的数字。我们单击旁边的警告按钮，弹出菜单，如图4-6所示，此时还可以将文本转为数字。

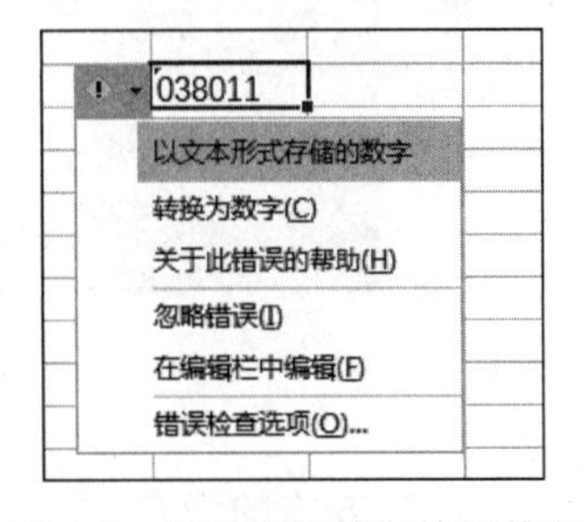

图 4-6 以文本形式存储的数字

2. 输入日期

用“/”或“-”分隔年、月、日。例如，2010/11/8 或 2010-11-8。

3. 输入时间

顺序为时、分、秒，中间用冒号隔开。例如，06:02:20。

4. 输入数值

(1) 普通数值直接输入,如有小数点用英文标点下的小数点。

(2) 输入分数:先输入一个 0 及一个空格,再输入分数。如输入 0 3/4 单元格中会变成分数 3/4。

(3) 若输入数据太长,Excel 自动以科学计数法表示,如用户输入 123451234512,Excel 表示为 1.23E+11。

(4) 数据的显示:列宽不够时显示为"######",此时可调整列宽。

单元格的数据格式的设置,都可以通过单元格格式对话框完成,如图 4-7 所示。

4.1.3.2 设置单元格格式

在单元格上右击,弹出的快捷菜单中选择【设置单元格格式】命令,在弹出的对话框中有数字、对齐、字体、边框、填充、保护选项卡,分别设置单元格的数字格式、对齐方式、字体格式、边框设置、底纹和锁定等,如图 4-7 所示。另外这些设置也可通过【开始】功能选项卡中的【字体】、【数字】、【对齐】等各组功能区中的命令按钮进行更便捷的设置。

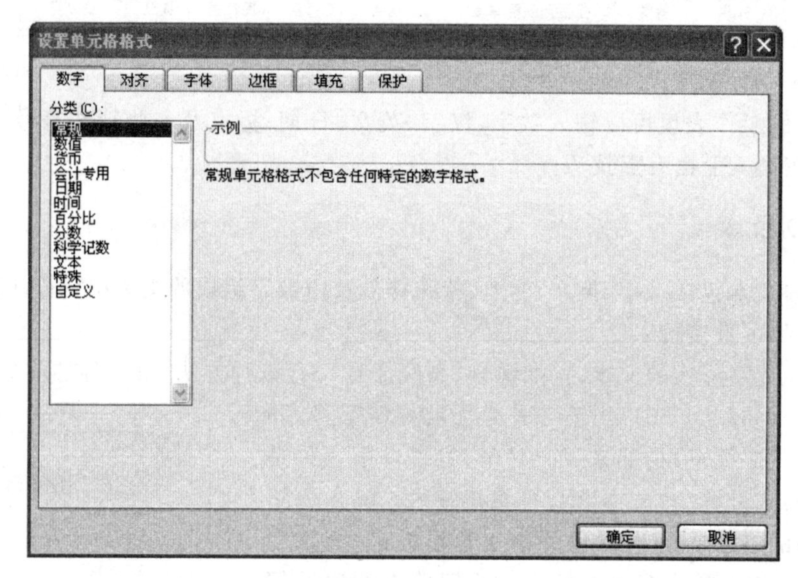

图 4-7 【设置单元格格式】对话框

1. 对齐方式的设置

先来设置对齐方式,让标题居中。按下鼠标左键的同时拖动鼠标,选中 A1 到 I1 单元格,单击【开始】→【对齐方式】组中的【合并后居中】按钮,使表标题居中对齐。选中 A2 到 I2 单元格,单击【开始】→【对齐方式】组中的【居中】按钮,将列标题都设置为居中。

2. 数据类型的设置

接下来来设置各个列的数据类型,为输入数据做准备。在 A3 单元格输入日期型数据，用“/”或“-”分隔年、月、日，在这里输入 2018/8/1。然后鼠标选中该单元格，并将鼠标移到单元格右下方黑点处，待光标变成十字，如图 4-8 所示，按下左键向下拖动鼠标，即自动生成日期列，如图 4-9 所示。单元格出现“#######”的样式，是因为单元格列宽度不够，内容显示不全。拖动两个单元格列标中间的竖线可以改变单元格的大小，如图 4-11 所示。后面我们会更为详细地讲解如何调整单元格列宽。

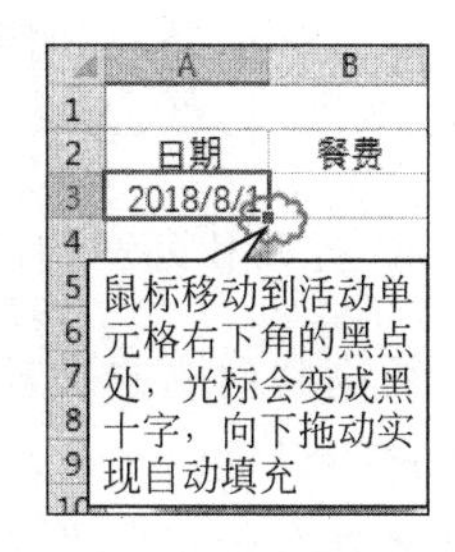

图 4-8　自动填充的光标

如果看这样的日期不习惯，可以改变一下日期显示的格式。选中填充了日期的单元格，并右击，弹出的快捷菜单中选择【设置单元格格式】命令，在弹出的对话框中的单击数字选项卡中的“分类”中的“日期”，选择类型中的日期样式，如“2018 年 8 月 1 日”，如图 4-10 所示。调整之后，如果单元格还是出现“#######”的样式，可以再次调整单元格列宽。

	A	B	C	D	E	F	G	H	I
1	2018年8月家庭财务明细								
2	日期	餐费	生活用品费	零食	通信费	交通费	医疗费	其他	总花费
3	2018/8/1								
4	2018/8/2								
5	2018/8/3								
6	2018/8/4								
7	2018/8/5								
8	2018/8/6								
9	2018/8/7								
10	2018/8/8								
11	2018/8/9								
12	#######								
13	#######								
14	#######								
15	#######								
16	#######								
17	#######								
18	#######								

图 4-9　自动填充日期

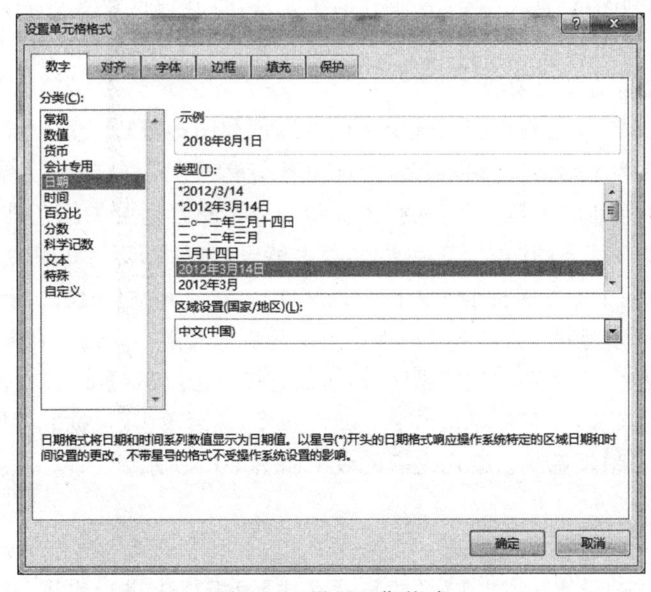

图 4-10　设置日期格式

除了日期外，其他数据都是费用，选择 B3 到 I33 单元格，在【设置单元格格式】对话框中选“货币”分类，在示例中可设置小数的位数、货币符号的类型、负数的表示类型等。

3. 行高和列宽的设置

行高和列宽的设置，可以用【开始】→【单元格】组中的【格式】菜单的【列宽】或【行高】命令进行设置。也可以使用此菜单中的【自动调整行高】和【自动调整列宽】来进行设定。不同之处在于前者可设定具体大小，后者由 Excel 自动根据单元格的内容给这一行或列设置适当的宽度。还可以使用鼠标直接调整大小。拖动两个单元格列标中间的竖线可以改变单元格的列宽，当拖动鼠标时，出现列宽的大小提示，可根据提示设置为需要的列宽。当鼠标放在两个单元格列标中间变成如图 4-11 所示的形状时，直接双击这个竖线，效果同【自动调整列宽】。如果所有行及列需要调整，只需全部选定单元格，然后双击某列的右边框及某行的下边框，即可自动调整好所有单元格的行高及列宽。行高的调整与列宽相似。在这个例子中，第一列设为“自动调整列宽”，后面的所有列设为宽度为 10，行高设为 17。

图 4-11　鼠标调整列宽

4. 边框和填充的设置

下面来设置边框。如果不给工作表设置边框，工作表打印出来的表是没有边框的。选中要设置的单元格，单击【开始】→【字体】组中的【下框线】菜单按钮的下拉箭头，从弹出面板中选择【所有框线】，如图 4-12 所示边框就设置好了。另外在这个弹出面板中还有其他的框线样式、线条颜色、线型等。选择【其他边框】，打开【边框】设置的对话框，如图 4-13 所示。本例先选择 A2 到 I33 所有的单元格，打开边框设置对话框，在对话框中单击一个粗线样式，再单击外边框按钮，将外边框设置为粗线。在样式中选择一个细线，单击内部按钮，将内部设置为细线。

接下来设置填充，填充就是指对选定区域的颜色和阴影进行设置。设置合适的图案可以使工作表显得更为生动活泼、错落有致。选中要设置的单元格，单击【开始】→【字体】组中的【填充颜色】菜单按钮的下拉箭头，从弹出面板中单击选择适合的颜色即可。如果我们希望能快速设置边框和填充，并且又美观漂亮，那么就可以使用 Excel 的套用表格样式。选中单元格 A2 到 I33(除了工作表标题之外的数据区域)，单击【开始】→【样式】组中的【套用表格格式】菜单按钮的下拉箭头，从弹出的面板中单击喜欢的表格样式，如“表样式浅色 16”，弹出表数据的来源对话框，因为选中过数据区域，所以直接单击【确定】按钮。套用后的效果中在行标题栏会有筛选按钮，将行标题区域 A2 到 I2 选中，然后单击【数据】→【排序和筛选】组中的【筛选】按钮，即可取消筛选。套用之后的效果如图 4-15 所示。

5. 字体的设置

关于字体格式的设置，可以在【开始】→【字体】面板组中进行设置，也可以在【设置单

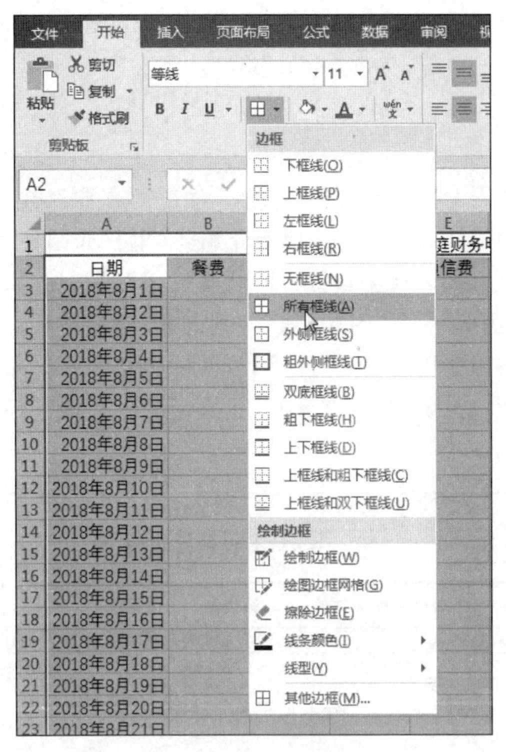

图 4-12　所有框线命令

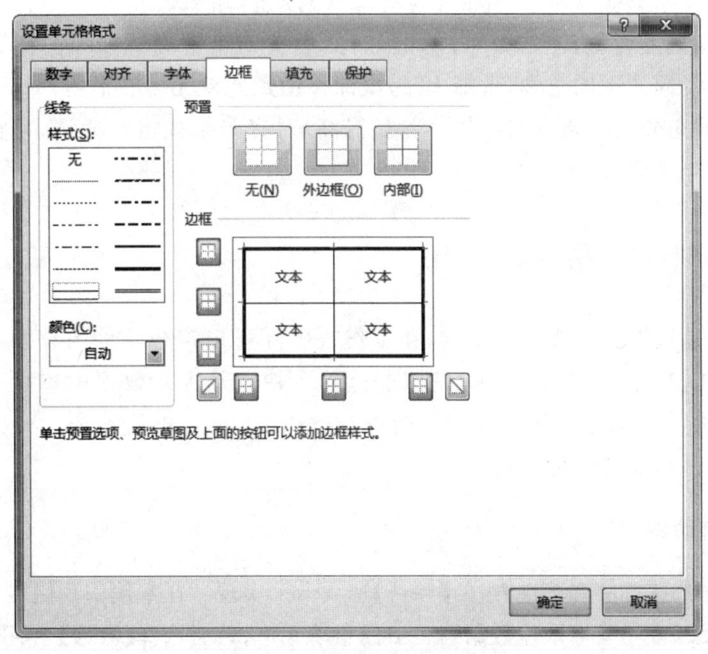

图 4-13　边框设置对话框

元格格式】对话框的字体选项卡中设置。在本例中将表的标题“2018 年 8 月家庭财务明细”设置成“黑体”“加粗”“14”号字，行高自行调整。表的首行标题设置成“黑体”“加粗”“11”号字，行高自行调整。

6. 自动求和

我们输入每日花费后，希望计算出总花费。总花费是前面各项之和，我们要用到自动求和函数。关于公式和函数的具体内容后面介绍，这里只介绍使用自动求和的工具按钮的使用。选中 I3，单击【开始】→【编辑】组中的【自动求和】按钮，在 I3 单元格中自动出现求和函数，求和的内容是从“餐费”到“其他”各列的和，然后按回车键确认求和。在 I3 单元格中自动生成每项使用费用的总和，选择 I3，鼠标移动到此单元格右下角，光标变成十字，向后拖动，后面自动填充公式，如图 4-14 所示。当在下面各行单元格输入数据后，总花费会自动计算出来。

图 4-14 自动求和

我们在工作表最后一行添加“各项总计”行，统计出本月各项的总计费用。选择 B34 单元格，单击【开始】→【编辑】组中的【自动求和】按钮，在 B34 单元格中自动出现求和函数，求和的内容是上面每日“餐费”各行的和，然后按回车键确认求和。在 B34 单元格中自动生成每项使用费用的总和，选择 B34，鼠标移动到此单元格右下角，光标变成十字，向后拖动，自动填充公式。再次对字体、列宽、行高、对齐等格式进行微调，完整的家庭财务管理表如图 4-15 所示。

4.1.4 数据筛选功能的应用

数据筛选是根据用户提出的要求，在工作表中筛选出符合条件的数据。只显示给定条件的记录，将其他记录隐藏起来(并未删除)，可快速从大量数据中查找到所需要的信息。Excel 提供了自动筛选和高级筛选两种筛选方式，其中自动筛选又可分为简单自动筛选和自定义自动筛选两种形式。

1. 简单自动筛选

可用【数据】→【排序和筛选】组的【筛选】选项卡来实现。在本例中我们想选出生活用品费为 0 元的记录，首先鼠标单击数据列表中任意单元格，然后选择【数据】→【排序和筛选】组中的【筛选】按钮。在工作表的列字段上出现筛选标记，单击“生活用品费”列旁的筛选标记，出现筛选的选项卡，在选项卡筛选标记下去掉所有不是 0.00 元的前面的对勾，只选中

"¥0.00"元,单击【确定】按钮,那么符合条件的记录就显示出来,如图 4-16 所示。

2018年8月家庭财务明细								
日期	餐费	生活用品费	零食	通信费	交通费	医疗费	其他	总花费
2018年8月1日	¥60.00	¥60.00	¥30.00	¥0.00	¥40.00	¥0.00	¥50.00	¥240.00
2018年8月2日	¥150.00	¥30.00	¥0.00	¥100.00	¥0.00	¥0.00	¥0.00	¥280.00
2018年8月3日	¥60.00	¥30.00	¥0.00	¥0.00	¥0.00	¥0.00	¥200.00	¥290.00
2018年8月4日	¥40.00	¥40.00	¥30.00	¥0.00	¥0.00	¥0.00	¥0.00	¥110.00
2018年8月5日	¥20.00	¥30.00	¥0.00	¥0.00	¥0.00	¥0.00	¥0.00	¥50.00
2018年8月6日	¥50.00	¥50.00	¥0.00	¥0.00	¥0.00	¥0.00	¥0.00	¥100.00
2018年8月7日	¥40.00	¥0.00	¥40.00	¥0.00	¥0.00	¥100.00	¥0.00	¥180.00
2018年8月8日	¥50.00	¥0.00	¥40.00	¥0.00	¥0.00	¥0.00	¥0.00	¥90.00
2018年8月9日	¥40.00	¥0.00	¥0.00	¥0.00	¥0.00	¥0.00	¥0.00	¥40.00
2018年8月10日	¥40.00	¥30.00	¥0.00	¥0.00	¥0.00	¥0.00	¥0.00	¥70.00
2018年8月11日	¥30.00	¥30.00	¥0.00	¥0.00	¥0.00	¥0.00	¥0.00	¥60.00
2018年8月12日	¥50.00	¥0.00	¥90.00	¥0.00	¥0.00	¥0.00	¥50.00	¥190.00
2018年8月13日	¥70.00	¥0.00	¥0.00	¥0.00	¥0.00	¥300.00	¥100.00	¥470.00
2018年8月14日	¥80.00	¥30.00	¥0.00	¥0.00	¥100.00	¥0.00	¥100.00	¥310.00
2018年8月15日	¥30.00	¥30.00	¥0.00	¥0.00	¥0.00	¥0.00	¥0.00	¥60.00
2018年8月16日	¥50.00	¥50.00	¥30.00	¥0.00	¥0.00	¥0.00	¥0.00	¥130.00
2018年8月17日	¥60.00	¥60.00	¥0.00	¥0.00	¥0.00	¥0.00	¥0.00	¥120.00
2018年8月18日	¥40.00	¥0.00	¥90.00	¥0.00	¥0.00	¥0.00	¥0.00	¥130.00
2018年8月19日	¥50.00	¥0.00	¥0.00	¥0.00	¥0.00	¥0.00	¥0.00	¥50.00
2018年8月20日	¥70.00	¥0.00	¥0.00	¥0.00	¥0.00	¥0.00	¥0.00	¥70.00
2018年8月21日	¥60.00	¥70.00	¥0.00	¥0.00	¥0.00	¥0.00	¥100.00	¥230.00
2018年8月22日	¥50.00	¥0.00	¥0.00	¥0.00	¥0.00	¥0.00	¥200.00	¥250.00
2018年8月23日	¥40.00	¥0.00	¥0.00	¥100.00	¥0.00	¥0.00	¥200.00	¥340.00
2018年8月24日	¥70.00	¥50.00	¥0.00	¥0.00	¥0.00	¥0.00	¥0.00	¥120.00
2018年8月25日	¥90.00	¥60.00	¥30.00	¥0.00	¥0.00	¥0.00	¥0.00	¥180.00
2018年8月26日	¥100.00	¥0.00	¥30.00	¥0.00	¥0.00	¥0.00	¥0.00	¥130.00
2018年8月27日	¥50.00	¥0.00	¥40.00	¥0.00	¥0.00	¥0.00	¥0.00	¥90.00
2018年8月28日	¥60.00	¥0.00	¥40.00	¥0.00	¥0.00	¥0.00	¥0.00	¥100.00
2018年8月29日	¥70.00	¥0.00	¥40.00	¥0.00	¥0.00	¥0.00	¥0.00	¥110.00
2018年8月30日	¥70.00	¥30.00	¥0.00	¥0.00	¥0.00	¥0.00	¥0.00	¥100.00
2018年8月31日	¥70.00	¥30.00	¥0.00	¥0.00	¥0.00	¥0.00	¥0.00	¥100.00
各项总计	¥1,810.00	¥710.00	¥530.00	¥200.00	¥140.00	¥400.00	¥1,000.00	¥4,790.00

图 4-15　完整的家庭财务管理表

图 4-16　简单自动筛选

如果需要筛选具有“与”关系的其他数据列，则单击其他数据列的筛选箭头，选中所需要的内容即可，以此类推。本例中我们要选生活用品费为0元同时通信费用为100元的记录。我们先单击生活用品费用旁的筛选箭头，只将0勾选，先选出生活用品费为0元的行，再单击通信费用旁的筛选箭头，只将100勾选，选出生活用品费为0元同时通信费用为100元的记录，如图4-17所示。

	A	B	C	D	E	F	G	H	I
1	2018年8月家庭财务明细								
2	日期	餐费	生活用品费	零食	通信费	交通费	医疗费	其他	总花费
25	2018年8月23日	¥40.00	¥0.00	¥0.00	¥100.00	¥0.00	¥0.00	¥200.00	¥340.00

图4-17　生活用品费为￥0元通信费用为￥100元的筛选结果

要取消自动筛选，可以再次执行【数据】→【排序和筛选】组中的【筛选】命令。

2. 自定义自动筛选

如果需要筛选同一数据列的内容具有“与”或“或”关系的数据，则使用自定义自动筛选。

具体的操作同简单筛选类似，所不同的是在单击数据列的筛选箭头时，选择【数字筛选】→【自定义筛选】，出现【自定义自动筛选方式】对话框，进行设置。如果要选择生活用品费用在50～80元的记录。先清除上一次的筛选结果，单击功能区中【数据】→【排序与筛选】组中的【清除】按钮，清除上一次筛选的结果。再单击生活用品费用旁的筛选箭头，【数字筛选】→【自定义筛选】，出现【自定义自动筛选方式】对话框，设置大于或等于50，“与”，小于或等于80，如图4-18所示，筛选结果如图4-19所示。

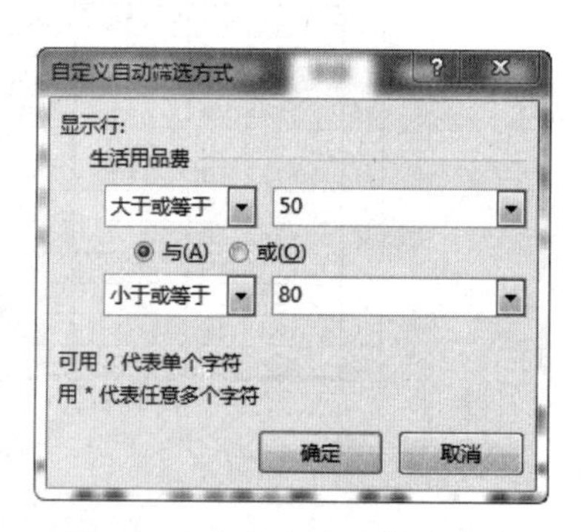

图4-18　自定义自动筛选方式

	A	B	C	D	E	F	G	H	I
1	2018年8月家庭财务明细								
2	日期	餐费	生活用品费	零食	通信费	交通费	医疗费	其他	总花费
3	2018年8月1日	¥60.00	¥60.00	¥30.00	¥0.00	¥40.00	¥0.00	¥50.00	¥240.00
8	2018年8月6日	¥50.00	¥50.00	¥0.00	¥0.00	¥0.00	¥0.00	¥0.00	¥100.00
18	2018年8月16日	¥50.00	¥50.00	¥30.00	¥0.00	¥0.00	¥0.00	¥0.00	¥130.00
19	2018年8月17日	¥60.00	¥60.00	¥0.00	¥0.00	¥0.00	¥0.00	¥0.00	¥120.00
23	2018年8月21日	¥60.00	¥70.00	¥0.00	¥0.00	¥0.00	¥0.00	¥100.00	¥230.00
26	2018年8月24日	¥70.00	¥50.00	¥0.00	¥0.00	¥0.00	¥0.00	¥0.00	¥120.00
27	2018年8月25日	¥90.00	¥60.00	¥30.00	¥0.00	¥0.00	¥0.00	¥0.00	¥180.00

图4-19　生活用品费用在50-80元的记录

3. 高级筛选

与自动筛选不同的是，高级筛选是用于处理复杂数据的筛选方式，它既能将筛选结果显示在原表区域，也能显示在其他区域，但是需要有单独的条件区域来做筛选条件，可同时筛选出符合多组条件的数据。

筛选条件占用的单元格区域称为条件区域，条件区域与数据原表之间至少要间隔一个空白行或一个空白列。

条件区域中第一行是要用到的字段名称，不同的字段名各占一个单元格；在字段名下方的单元格区域中输入该字段要满足的条件。

条件区域中同一列的多个条件之间逻辑关系为“或”，满足其中任意一个条件的记录即可被筛选出来；同一行的多个条件之间逻辑关系为“与”，同时满足该行所有条件的记录才会被筛选出来。

例如要在家庭财务明细表中找出通信费用是 100 元的或者医疗费用是 100 元的记录，先在间隔原表一个空列的任何区域建立如图 4-20 所示的条件区域，因为只涉及两个字段，所以其他字段不用出现，两个条件是“或者”的关系，所以条件写在不同行上。

通信费	医疗费
100	
	100

图 4-20　条件区域

先选中工作表区域“A2：I34”，选择【数据】→【排序和筛选】组中的【高级】，弹出【高级筛选】对话框，如图 4-21 所示其中列表区域已经自动获取。单击条件区域旁的拾取按钮，【高级筛选】对话框变成如图 4-22 所示的【高级筛选-条件区域】对话框。在工作表上选择条件区域，选择完后，单击按钮返回到【高级筛选】对话框，在方式上如果选择“将筛选结果复制到其他位置”，将激活【复制到】文本框，在工作表中选择一块与列表区域列数一样的，行数要大于筛选结果的区域，筛选结果将显示在此区域。如果选择“在原有区域显示筛选结果”，则筛选结果将显示在原表区域。单击【确定】按钮，将出现筛选结果，如图 4-23 所示。

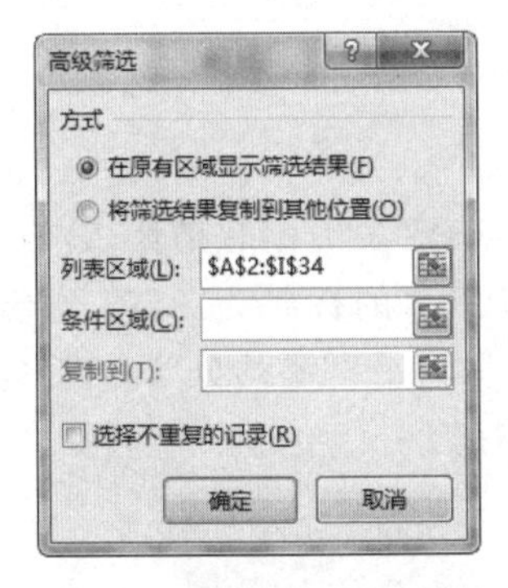

图 4-21　【高级筛选】对话框

图 4-22　【高级筛选-条件区域】对话框

	A	B	C	D	E	F	G	H	I
1	2018年8月家庭财务明细								
2	日期	餐费	生活用品费	零食	通信费	交通费	医疗费	其他	总花费
4	2018年8月2日	¥150.00	¥30.00	¥0.00	¥100.00	¥0.00	¥0.00	¥0.00	¥280.00
9	2018年8月7日	¥40.00	¥0.00	¥40.00	¥0.00	¥0.00	¥100.00	¥0.00	¥180.00
25	2018年8月23日	¥40.00	¥0.00	¥0.00	¥100.00	¥0.00	¥0.00	¥200.00	¥340.00

图 4-23　高级筛选结果

4.1.5 为工作簿创建密码

当不希望有人未经过允许打开或修改我们创建的 Excel 工作簿时，可以为工作簿创建打开或修改密码。

在【文件】面板上选择【另存为】→【浏览】命令，在弹出的对话框中单击【工具】→【常规选项】，弹出保存选项对话框，如图 4-24 所示。

可以设置两种密码，一种是打开 Excel 文件的时候所需要的密码，一个是修改 Excel 表中的数据所需要的密码。添加密码后，弹出一个再次确认密码框，再次输入相同密码，单击【确定】按钮完成设置。关闭文件再次打开，需要输入刚才设置的密码，否则不能打开。如果设置了修改数据密码，接着便会弹出输入修改密码对话框，可以输入密码进入，也可以以只读模式进入，只读模式不能修改工作表数据。

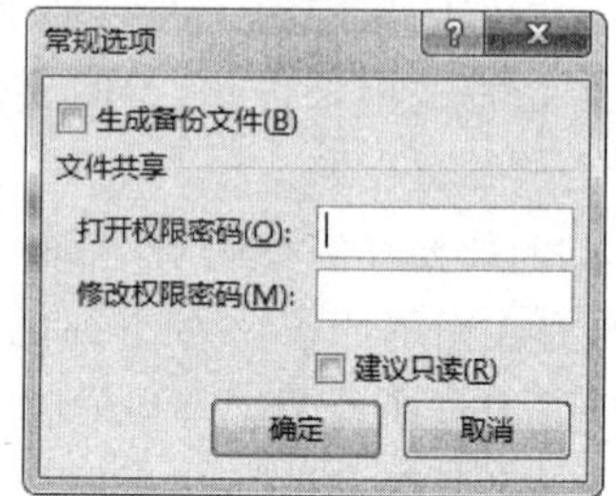

图 4-24 【常规选项】对话框

4.2 Excel 综合应用——学生成绩统计与分析

本节以处理班级学生成绩表为例，介绍 Excel 的统计与分析功能。用到 Excel 中数据格式设置、自定义序列、函数与公式、条件格式、复制粘贴和图表等内容。

4.2.1 制作班级成绩表

在新建成绩表之前还是先对成绩表进行简单规划，确定表的标题是什么，有多少列，每列标题及各列数据信息是什么类型的。这里我们确定表的标题为“1501 班学生成绩表”，确定有“学号”“姓名”“高数”“英语”“思想道德修养”“总分”“平均分”“名次”等列。我们打开 Excel，在单元格中输入以上内容，然后保存工作簿。

4.2.1.1 自定义学号，填充序列

我们输入第一个学生的学号“'150101”，注意学号是文本型数据，150101 前加单引号(英文标点)，具体说明见 4.1.3 节输入文本部分。这里我们发现第二个学生的学号以及后面学生的学号都是有规律的，“150102”“150103”……，这样规律的数据在 Excel 中称为序列，可以用填充柄或【开始】→【编辑】→【填充】命令来完成，与前面的家庭财务明细表中的日期列相似。

1. 拖动法填充序列

在 Excel 中输入数据时，如果希望在一行或一列相邻的单元格中输入相同的或有规

律的数据，可首先在第 1 个单元格中输入示例数据，然后上、下或左、右拖动填充柄(位于选定单元格或单元格区域右下角的小黑方块，本例中是向下拖动)，Excel 会自动填充数据，如图 4-25 所示。

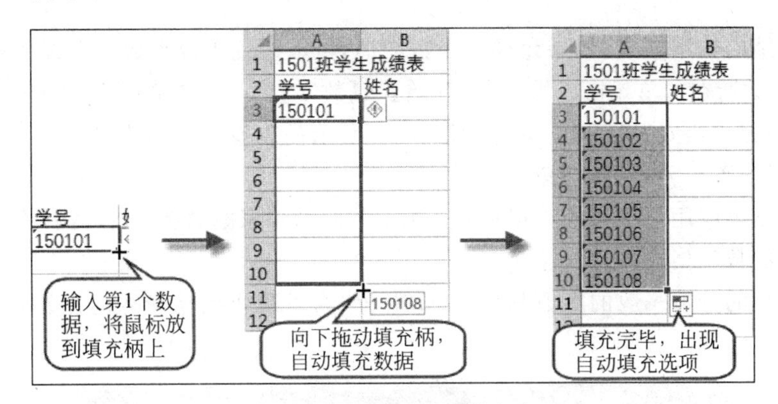

图 4-25　使用填充柄的填充序列

执行完填充操作后，会在填充区域的右下角出现一个【自动填充选项】按钮，单击它将打开一个填充选项列表，从中选择不同选项，即可修改默认的自动填充效果。初始数据不同，自动填充选项列表的内容也不尽相同。

2. 使用【序列】对话框填充序列

对于一些有规律的数据，比如等差、等比序列以及日期数据序列等，可以利用【序列】对话框进行填充。方法是：在单元格中输入初始数据，然后选定要从该单元格开始填充的单元格区域，单击【开始】→【编辑】组中的【填充】按钮，在展开的填充列表中选择【序列】选项，在打开的【序列】对话框中选中所需选项，如【等比序列】单选钮，然后设置【步长值】(相邻数据间延伸的幅度)，最后单击【确定】按钮，如图 4-26 所示。

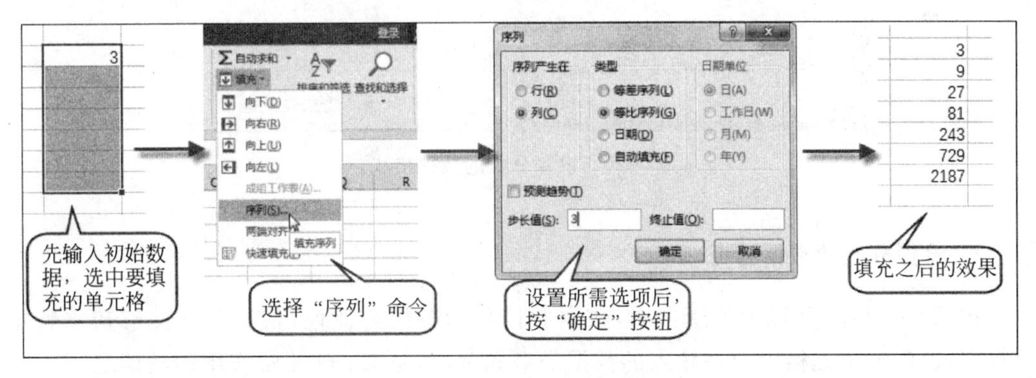

图 4-26　使用【填充】命令填充

在此，我们将用填充柄的方法将学号填充完毕，一直填充到学号为“150132”，然后参照图 4-38 输入学生的姓名。

4.2.1.2 定义成绩的数字格式和数据验证

1. 定义成绩的数字格式

对于成绩的数字格式，如果允许有小数的话，可以设置1位小数。选择C3至H34单元格(所有分数所在的单元格区域)，在【开始】→【数字】组中单击右下角数字格式按钮，弹出【设置单元格格式】对话框，进行如图4-27所示的设置。也可在选中区域右击，在弹出菜单中选【设置单元格格式】命令。

这里的分类应用于不同的数据格式。4.1节的示例家庭财务明细表中的"日期"列使用的是日期的数字格式。

对于各科的分数一般的数值都是0～100分，为了防止数据录入时出错，可以设置数据验证。

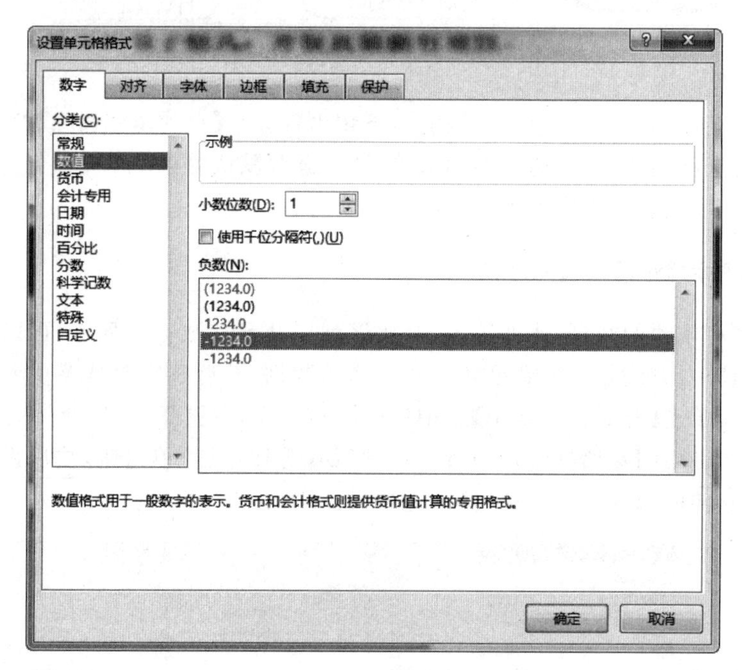

图4-27 设置分数的数据格式

2. 设置分数的数据验证

在Excel 2010及以前的版本中，数据验证称为数据有效性，数据验证能够建立特定的规则，以限定单元格中允许输入的数据类型和范围，是Excel非常实用的功能之一。

先选中要设置数据验证的单元格区域，本例中选中C3至E34单元格区域，选择【数据】→【数据工具】组中的单击【数据验证】按钮，弹出设置【数据验证】对话框。

其中的【设置】选项组，可以设置验证的条件。允许小数，数据介于0～100，如图4-28所示。

单击【输入信息】选项卡，完成如图4-29所示的输入。选中该单元格时，这些信息将

图 4-28　设置分数的数据验证

自动出现以提示你正确输入。这一步省略的话将没有提示信息。

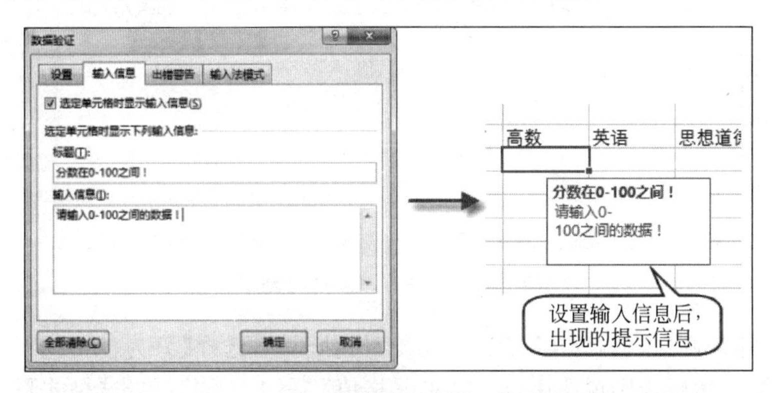

图 4-29　设置分数验证的输入信息选项

设置【出错警告】信息后，当输入的内容出错时，Excel 将在弹出的警告窗口中显示在【错误信息】中输入的内容。若不设置【出错警告】信息，Excel 也将弹出一个默认的出错警告窗口，提示你的输入非法，如图 4-30 所示。

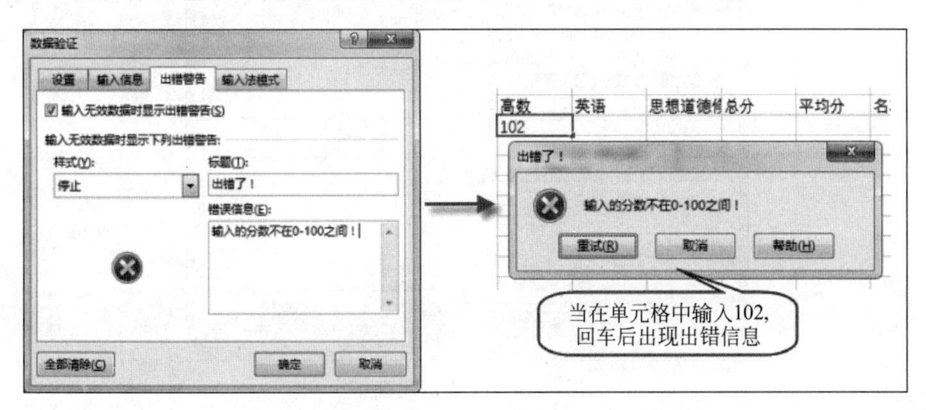

图 4-30　设置分数验证的出错警告信息选项

输入法模式是针对不同单元格输入内容设置自动切换中英文输入法的。本例中不再设置。

要删除已设定的数据验证，选定该单元格或者区域后，再次执行【数据验证】命令，在图 4-28 所示的【设置】选项卡中单击【全部清除】按钮即可。

4.2.1.3 设置各科成绩的条件格式

条件格式可以为某些满足条件的单元格或单元格区域设定某项格式。在本例中设置如下条件格式：各科成绩小于 60 分以下时，以红色字体显示，大于等于 90 分时以黄色底纹显示。

首先，选中 C3 至 E34 单元格区域，在【开始】→【样式】面板上单击【条件格式】，在弹出的菜单中选择【管理规则】，弹出【条件格式规则管理器】，如图 4-31 所示。

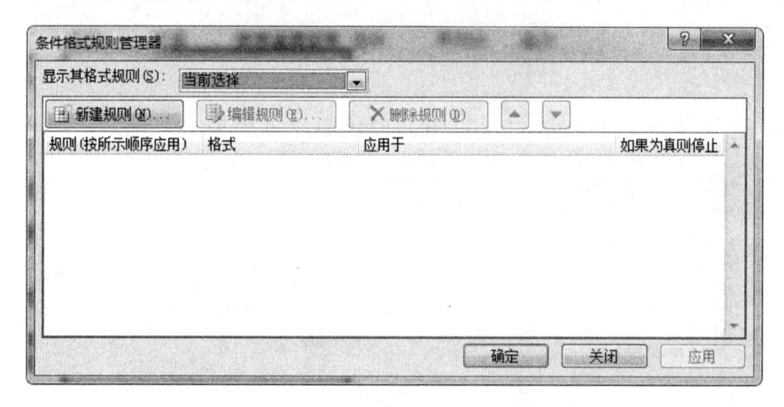

图 4-31 条件格式规则管理器

单击【新建规则】按钮，弹出【新建规则类型】对话框，选择【只为包含以下内容的单元格设置格式】，在编辑规则说明中，设置"单元格值""小于""60"，单击【格式】按钮，设置字体颜色为红色，单击【确定】按钮设置完成，如图 4-32 所示。

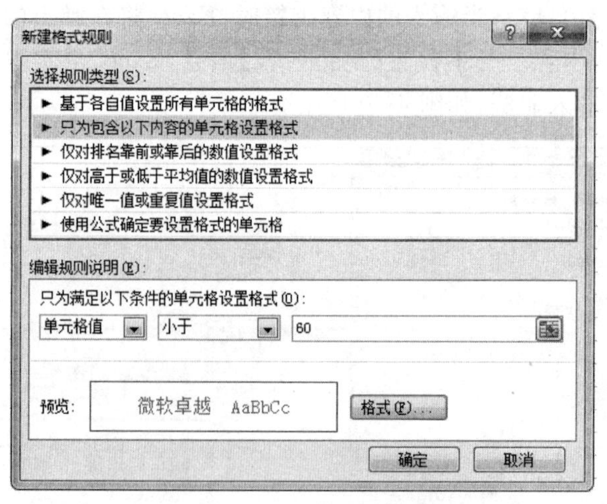

图 4-32 新建格式规则

同理，再次单击【新建规则】，将分数大于等于 90 分的设置条件格式。

当我们录入分数时，如果分数达到条件设置，会自动变成设置的格式。分数小于 60，自动变成红色字体；分数大于等于 90 分，自动变成黄色底纹显示。输入的分数参照图 4-38。

条件格式的其他菜单命令有如下作用：

(1) 突出显示单元格规则：通过使用大于、小于、等于等比较运算符限定数据范围，对属于该数据范围内的单元格设定格式。

(2) 项目选取规则：可以将选定区域的前若干个最高值或后若干个最低值、高于或低于该区域的平均值的单元格设定特殊格式。

(3) 数据条：帮助查看某个单元格相对于其他单元格的值，数据条的长度代表单元格中的值。在比较各个项目的多少时，数据条尤为有用。

(4) 色阶：通过颜色渐变来直观的比较单元格中的数据分布和数据变化。

(5) 图标集：使用图标集对数据进行注释，每个图标代表一个值的范围。

4.2.1.4 求总分和平均分

求总分和平均分要用到 Excel 函数与公式。

Excel 之所以具备如此强大的数据分析与处理功能，公式和函数起了非常重要作用。

1. Excel 公式的介绍

公式由操作数和运算符构成。操作数可以是数字、文本、单元格地址、范围、函数或另一个公式。公式中用到的运算符有以下几种：

(1) 算术运算符：＋、－、*(乘)、/(除)、∧(乘方)、%(取余)等。

(2) 关系运算符：＝、＞、＜、＞＝、＜＝、＜＞(不等于)。

(3) 文本运算符：& 可以将一个或多个文本连接为一个组合文本值。例如，"＝Micro&soft"将产生"Microsoft"。

(4) 引用运算符："，"(逗号)用于引用不相邻的多个单元格区，例如"A1，B1"；"："(冒号)用于引用相邻的多个单元格区域，例如"C4：C35"；" "(空格)用于引用选定的多个单元格的交叉区域，例如"A1：B4 B2：B3"。

2. Excel 公式的使用

在 Excel 中输入公式应按以下步骤进行：

(1) 选择要输入公式的单元格，使其成为活动单元格；

(2) 输入"＝"；

(3) 输入公式如 A1＋B2(注意完整的公式应为＝A1＋B2)，也可在 Excel 工作表中单击单元格进行输入；

(4) 输入完毕后，按回车键或单击编辑栏中的【√】按钮，确认刚才的输入。此时单元格中将显示出计算结果，而在编辑栏的编辑区中显示的是公式本身。

此例中的总分我们使用公式进行计算，方法如下：

在 F3 单元格输入"＝"，然后单击 C3 单元格，此时"C3"出现在编辑栏中。接着输入

“＋”，再单击 D3，输入“＋”，单击 E3 后按回车键或单击编辑栏中的【√】按钮确认，三门课程的总分出现在 F3 单元格中。也可以直接输入公式：＝C3＋D3＋E3，如图 4-33 所示。然后向下填充即可。此处的总分也可用自动求和命令和函数求出。

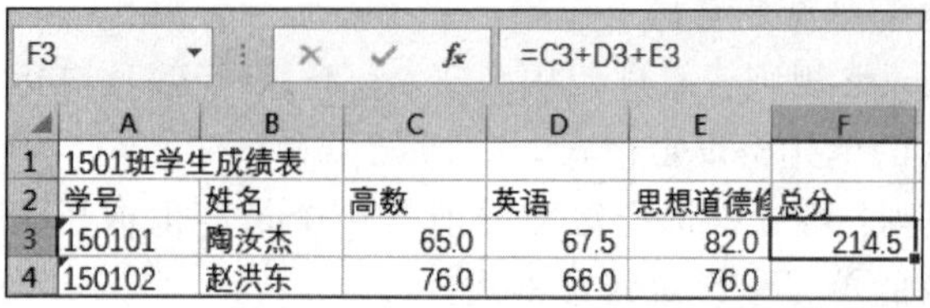

F3　=C3+D3+E3

	A	B	C	D	E	F
1	1501班学生成绩表					
2	学号	姓名	高数	英语	思想道德修	总分
3	150101	陶汝杰	65.0	67.5	82.0	214.5
4	150102	赵洪东	76.0	66.0	76.0	

图 4-33　输入公式计算总分

3. Excel 函数的介绍

Excel 中所提的函数其实是一些预定义的公式，它们使用一些称为参数的特定数值按特定的顺序或结构进行计算。用户可以直接用它们对某个区域内的数值进行一系列运算，如分析和处理日期值和时间值、确定贷款的支付额、确定单元格中的数据类型、计算平均值、排序显示和运算文本数据等。

Excel 提供的函数包括财务、日期与时间、数学与三角、统计、查找与引用、数据库、文本、逻辑、信息等。

常用的函数如下。

- SUM：计算单元格区域中所有数值的总和。使用形式为：SUM(Number1, Number2,…)，参数 Number1，Number2，…代表需要计算的值，可以是具体的数值、引用的单元格(区域)、逻辑值等。
- AVARAGE：返回其参数的平均值。使用形式为：AVERAGE(Number1, Number2,…)，参数 Number1，Number2，…是需要求平均值的数值或引用单元格(区域)，参数不超过 255 个。
- MAX：返回一组数值中的最大值。使用形式为：MAX(Number1，Number2,…)，参数 Number1，Number2，…代表需要求最大值的数值或引用单元格(区域)，参数不超过 255 个。
- MIN：返回一组数值中的最小值。使用形式为：MIN(Number1，Number2，…)，参数 Number1，Number2，…代表需要求最小值的数值或引用单元格(区域)，参数不超过 255 个。
- COUNT：计算包含数字的单元格及参数列表中的数字个数。使用形式为：COUNT(Value1，Value2，…)，其中 Value1，Value2，…为包含或引用各种类型数据的参数(1～255 个)，但只有数字类型的数据才被计数。
- COUNTA：计算区域中非空单元格的个数。使用形式为：COUNTA(Value1, Value2，…)，其中 Value1，Value2，…为包含或引用各种类型数据的参数(1～255 个)。不会对空单元格进行计数。
- COUNTIF：计算某个区域中满足给定条件的单元格数目。使用形式为：

COUNTIF(Range, Criteria)其中参数：Range 代表要统计的单元格区域；Criteria 表示指定的条件表达式。

- TODAY：返回当前日期。使用形式为：TODAY(),无参数。
- DATE(Year,Month,Day)：返回日期。使用形式为：DATE(Year,Month,Day),其中参数 Year 为指定的年份数值(小于 9999)；Month 为指定的月份数值；Day 为指定的天数。
- YEAR(Serial_number)：返回某日期的年份。返回值为 1900 到 9999 之间的整数。Serial_number 是必需的,为一个日期值,其中包含要查找年份的日期。
- YEARFRAC(Start_date,End_date,Basis)：返回 Start_date 和 End_date 之间的天数占全年天数的百分比。
- MONTH(Serial_number)：返回以序列号表示的日期中的月份。月份是介于 1(一月)到 12(十二月)之间的整数。Serial_number 是必需的,为一个日期值,其中包含要查找年份的日期。
- IF：判断一个条件是否满足,满足返回一个值,不满足返回另一个值,使用形式为：IF(Logical_test,Value_if_true,Value_if_false) Logical_test 代表逻辑判断表达式；Value_if_true 表示当判断条件为逻辑“真(TRUE)”时的显示内容,如果忽略返回“TRUE”；Value_if_false 表示当判断条件为逻辑“假(FALSE)”时的显示内容,如果忽略返回“FALSE”。
- RANK：返回某数字在一列数字中相对于其他数值的大小排位,使用形式为：RANK(Number,Ref,Order),其中 Number 为要求排位的数字；Ref 为其所在的数列；Order 若为 0 或忽略,按降序排序,若为非零值,按升序排序。

4. Excel 函数的使用

在 Excel 中使用函数应按以下步骤进行：

(1) 选择要输入公式的单元格,使其成为活动单元格。

(2) 选择函数。选择【公式】→【函数库】组中的函数类型,例如【其他函数】中的【统计】函数,在其子菜单中选择相应的函数；或者单击编辑栏旁边的 fx,插入函数,再在【插入函数】对话框中选择相应类别对应的函数即可。

(3) 弹出【函数参数】对话框,在弹出的【函数参数】对话框中进行各个函数参数的设置,最后单击【确定】按钮。

函数的使用可以使用插入函数按钮,也可以在编辑框中手动输入函数。要在成绩表的“平均分”中使用函数进行计算,方法如下：

(1) 单击 G3 单元格,单击 fx,插入函数。在【插入函数】对话框中选择【统计】下的“AVERAGE”求平均值函数,如图 4-34 所示。确定之后弹出【函数参数】对话框。

(2) 查看 Number1 后面所显示的单元格区域是否是要计算的区域,如果不是可以手动输入更改,也可以通过单击【拾取】按钮进行更改,具体操作如图 4-35 所示。

(3) 此时单元格中将显示出计算结果,而在编辑栏的编辑区中显示的是函数公式,如图 4-36 所示。也可在编辑栏中直接输入“=AVERAGE(C3：E3)”。

图 4-34 【插入函数】对话框

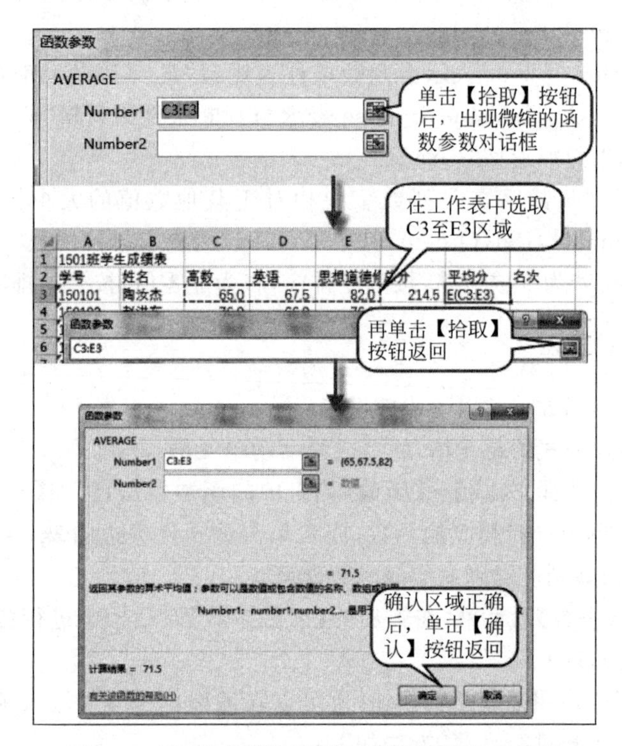

图 4-35 【函数参数】对话框中【拾取】按钮的使用

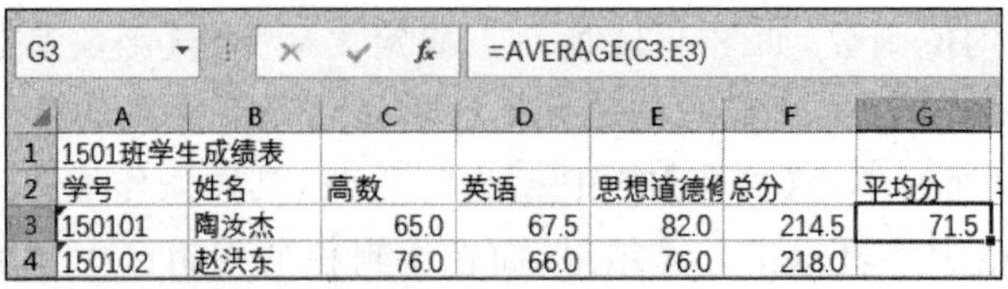

G3 =AVERAGE(C3:E3)

	A	B	C	D	E	F	G
1	1501班学生成绩表						
2	学号	姓名	高数	英语	思想道德修	总分	平均分
3	150101	陶汝杰	65.0	67.5	82.0	214.5	71.5
4	150102	赵洪东	76.0	66.0	76.0	218.0	

图 4-36 求平均分结果

（4）再次选中 G3，向下填充，下面的单元格自动填充函数。

4.2.1.5 生成名次

可以使用 RANK 函数来进行计算名次。在使用 RANK 函数之前，先来介绍一下单元格的引用。

1. 单元格引用的介绍

单元格引用是包括单个单元格或多个单元格组成的范围，以及命名的单元格区域。在公式和函数中我们需要使用单元格引用。在前面的内容里生成平均分时，当向下填充单元格时，实现的是公式的向下复制。我们发现，尽管是公式的复制，在 G4 单元格的编辑框中函数中的参数变成了“C4：E4”，这是**相对引用**，复制公式时被粘贴的单元格引用将自动更新，指向与粘贴位置相对应的单元格。除此之外，还有**绝对引用**，复制公式时单元格引用不会随着位置的变化而变化，而保持不变。如果需要绝对引用，需要在编辑框中将公式的引用指定为绝对引用，则必须使用符号＄。还有一种引用是**混合引用**。表 4-1 给出三种引用的用法。

表 4-1　三种引用的用法

引　　用	形　　式	描　　述
相对引用	A1	A 列 1 行均为相对的
绝对引用	＄A＄1	确切地指 A1 单元格
混合引用	＄A1	A 列为绝对的，1 行为相对的

2. 名次的计算

（1）单击 H3 单元格，单击 *fx*，插入函数。在【插入函数】对话框中选择【全部】下的“RANK”函数求名次。确定之后弹出【函数参数】对话框。

（2）单击 Number 后的【拾取】按钮，Number 为要求排位的数字，选择 F3 单元格，再次单击【拾取】按钮，返回。此时 F3 单元格为相对引用。

（3）单击“Ref”后的【拾取】按钮，选择“F3：F34”区域，再次单击【拾取】按钮，返回。这个排序的区域在后面的填充函数时希望固定不变，所以需要使用绝对引用或混合引用。我们手动将“F3：F34”改成“＄F＄3：＄F＄34”（绝对引用）或“F＄3：F＄34”（混合引用，因为向下填充时列号不变）。Order 参数省略，表示降序。单击【确定】按钮后，排名自动计算出来，如图 4-37 所示。

（4）选中 H3，向下填充。我们发现，在下面 H4 单元格编辑框中的公式，前一个参数 F3 自动发生的变化变成 F4，而第二个参数没有变化。排名后的工作表如图 4-38 所示。

4.2.1.6 美化工作表

我们将表标题合并居中，设置字体字号，调整行高和列宽，设置单元格对齐方式，设置

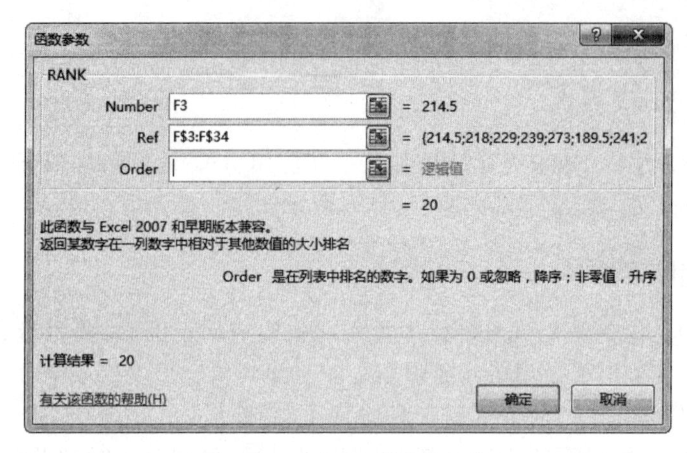

图 4-37　RANK 函数的参数

边框和底纹，对工作表进行美化。美化后的工作表如图 4-38 所示。

	A	B	C	D	E	F	G	H
1	1501班学生成绩表							
2	学号	姓名	高数	英语	思想道德修养	总分	平均分	名次
3	150101	陶汝杰	65.0	67.5	82.0	214.5	71.5	20
4	150102	赵洪东	76.0	66.0	76.0	218.0	72.7	15
5	150103	万太一	78.0	78.0	73.0	229.0	76.3	7
6	150104	张丽坤	85.0	77.0	77.0	239.0	79.7	5
7	150105	郑晓兰	92.0	89.0	92.0	273.0	91.0	2
8	150106	吴杰	56.0	76.5	57.0	189.5	63.2	30
9	150107	赵宝成	76.0	88.0	77.0	241.0	80.3	4
10	150108	张彬	80.0	54.0	76.0	210.0	70.0	24
11	150109	杨小蓉	86.0	66.0	77.0	229.0	76.3	7
12	150110	郝伟	82.0	67.0	75.0	224.0	74.7	11
13	150111	王铎	76.0	78.0	65.0	219.0	73.0	14
14	150112	王俊凯	72.0	77.0	66.0	215.0	71.7	19
15	150113	祖康	90.0	91.0	93.0	274.0	91.3	1
16	150114	陈菲菲	55.0	65.0	65.0	185.0	61.7	31
17	150115	吴宇超	76.0	66.0	76.0	218.0	72.7	15
18	150116	徐军	78.0	67.0	77.0	222.0	74.0	12
19	150117	耿翠	88.0	82.0	78.0	248.0	82.7	3
20	150118	高文德	70.0	72.0	72.0	214.0	71.3	21
21	150119	王远征	60.0	62.0	71.0	193.0	64.3	29
22	150120	钱弘捷	66.0	76.0	66.0	208.0	69.3	26
23	150121	祝晓娟	62.0	65.0	71.0	198.0	66.0	27
24	150122	胡传伟	71.0	72.0	66.0	209.0	69.7	25
25	150123	范加浪	86.0	78.0	65.0	229.0	76.3	7
26	150124	张博	80.0	72.0	62.0	214.0	71.3	21
27	150125	冯国京	82.0	73.0	77.0	232.0	77.3	6
28	150126	吴永明	67.0	77.0	82.0	226.0	75.3	10
29	150127	李辉	76.0	65.0	81.0	222.0	74.0	12
30	150128	赵妍	66.0	55.0	73.0	194.0	64.7	28
31	150129	赵琮	61.0	52.0	63.0	176.0	58.7	32
32	150130	董晶	76.0	61.0	77.0	214.0	71.3	21
33	150131	底晶晶	73.0	70.0	73.0	216.0	72.0	18
34	150132	齐然	72.0	71.0	75.0	218.0	72.7	15

图 4-38　美化后的工作表

4.2.1.7 按名次排序

在用 Excel 处理数据的时候，经常要对数据进行排序处理。数据排序就是按照一个或几个字段的值对全部或部分记录排序。依据的字段称为“关键字”；字段值递增，为升序排序；字段值递减，为降序排序。字段名所在的一行称为标题行，标题行不参与排序。

1. 一般排序

先选中工作表数据区域或单击数据区域中的某个单元格，然后单击【开始】→【编辑】→【排序和筛选】下的升序或降序按钮，可完成排序。

注意：若只把排序区域的第一列选中后再使用上面的操作，会出现【排序提醒】对话框，如图 4-39 所示。如果选择【以当前选定区域排序】，则排序将只发生在这一列中，其他列的数据排列将保持不变，其结果可能会破坏原始记录结构，造成数据错误。

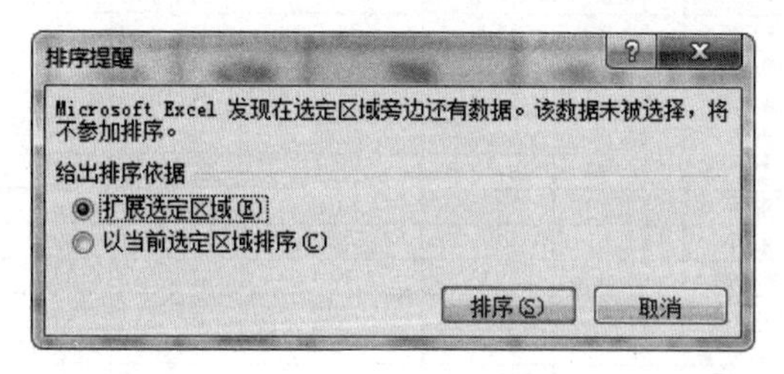

图 4-39 排序提醒

2. 自定义排序

先选中工作表数据区域或单击数据区域中的某个单元格，再单击【开始】→【编辑】→【排序和筛选】→【自定义排序】，弹出【排序】对话框，如图 4-40 所示。

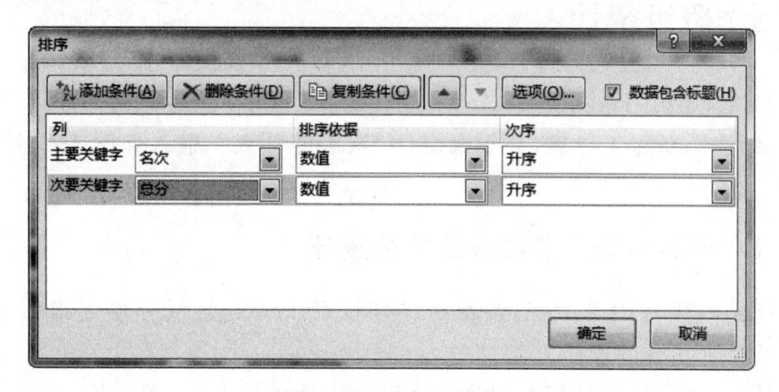

图 4-40 自定义排序

在这个对话框中可以设置多个条件进行排序，第一个设置的条件是主要关键字，是第一个要排序的关键字，当主要关键字的值相同时，会按次要关键字排序，以此类推。我们将名次设置为主要关键字，总分设置为次要关键字，按升序排序，结果如图 4-41 所示。

1501班学生成绩表							
学号	姓名	高数	英语	思想道德修养	总分	平均分	名次
150113	祖康	90.0	91.0	93.0	274.0	91.3	1
150105	郑晓兰	92.0	89.0	92.0	273.0	91.0	2
150117	耿翠	88.0	82.0	78.0	248.0	82.7	3
150107	赵宝成	76.0	88.0	77.0	241.0	80.3	4
150104	张丽坤	85.0	77.0	77.0	239.0	79.7	5
150125	冯国京	82.0	73.0	77.0	232.0	77.3	6
150103	万太一	78.0	78.0	73.0	229.0	76.3	7
150109	杨小蓉	86.0	66.0	77.0	229.0	76.3	7
150123	范加浪	86.0	78.0	65.0	229.0	76.3	7
150126	吴永明	67.0	77.0	82.0	226.0	75.3	10
150110	郝伟	82.0	67.0	75.0	224.0	74.7	11
150116	徐军	78.0	67.0	77.0	222.0	74.0	12
150127	李辉	76.0	65.0	81.0	222.0	74.0	12
150111	王铎	76.0	78.0	65.0	219.0	73.0	14
150102	赵洪东	76.0	66.0	76.0	218.0	72.7	15
150115	吴宇超	76.0	66.0	76.0	218.0	72.7	15
150132	齐然	72.0	71.0	75.0	218.0	72.7	15
150131	底晶晶	73.0	70.0	73.0	216.0	72.0	18
150112	王俊凯	72.0	77.0	66.0	215.0	71.7	19
150101	陶汝杰	65.0	67.5	82.0	214.5	71.5	20
150118	高文德	70.0	72.0	72.0	214.0	71.3	21
150124	张博	80.0	72.0	62.0	214.0	71.3	21
150130	董晶	76.0	61.0	77.0	214.0	71.3	21
150108	张彬	80.0	54.0	76.0	210.0	70.0	24
150122	胡传伟	71.0	72.0	66.0	209.0	69.7	25
150120	钱弘捷	66.0	76.0	66.0	208.0	69.3	26
150121	祝晓娟	62.0	65.0	71.0	198.0	66.0	27
150128	赵妍	66.0	55.0	73.0	194.0	64.7	28
150119	王远征	60.0	62.0	71.0	193.0	64.3	29
150106	吴杰	56.0	76.5	57.0	189.5	63.2	30
150114	陈菲菲	55.0	65.0	65.0	185.0	61.7	31
150129	赵琮	61.0	52.0	63.0	176.0	58.7	32

图 4-41　按名次排序的结果

4.2.2　制作班级统计表

班级统计表主要用于对于各科成绩的分数段做个基本统计。将 Sheet1 工作表重命名为“班级成绩表”，新建工作表，并重命名为“班级统计表”，输入如图 4-42 所示内容，进行格式设置。

4.2.2.1　各科平均分最高分最低分统计

平均分使用函数 AVERAGE，最高分使用函数 MAX，最低分使用函数 MIN。我们来介绍一下计算平均分的操作方法。

使用 AVERAGE 函数计算平均分。在班级统计表单击 B3 单元格，单击编辑框旁边的【插入函数】按钮，打开【插入函数】对话框，选择【常用函数】类别下的 AVERAGE 函数，单击【确定】按钮，打开【函数参数】对话框。

单击 Number1 参数后面的拾取按钮，在“班级成绩表”中选择“C3：C34”区域，如图 4-43 所示。再单击拾取按钮返回后，单击【确定】按钮，得出平均分。我们注意在编辑框中的函数参数“C3：C34”前面多了“班级成绩表!”，这表示单元格所在区域不在本工作

	A	B	C	D
1	1501班学生成绩统计表			
2	课程	高数	英语	思想道德修养
3	班级平均分			
4	班级最高分			
5	班级最低分			
6	应考人数			
7	实考人数			
8	缺考人数			
9	90-100（人）			
10	80-89（人）			
11	70-79（人）			
12	60-69（人）			
13	59以下（人）			
14	及格率			
15	优秀率			

图 4-42　班级统计表

表内，而是在“班级成绩表”工作表中。

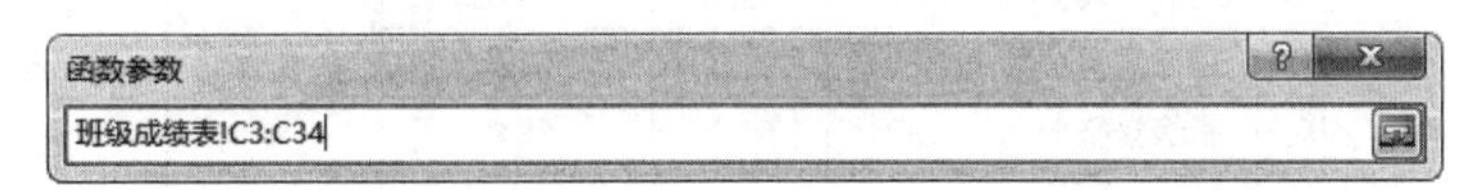

图 4-43　AVERAGE 函数参数选取

在班级统计表单击 B3 单元格，向右填充公式，得到英语和思想道德修养课程的平均分，如图 4-44 所示。设置单元格的数字格式，保留 1 位小数显示。

同理，各科的最高分和最低分也用同样方法获得，结果如图 4-44 所示。

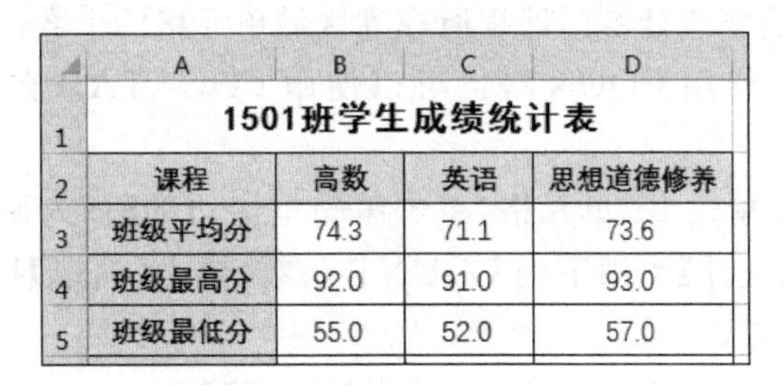

	A	B	C	D
1	1501班学生成绩统计表			
2	课程	高数	英语	思想道德修养
3	班级平均分	74.3	71.1	73.6
4	班级最高分	92.0	91.0	93.0
5	班级最低分	55.0	52.0	57.0

图 4-44　各科平均分最高分和最低分

4.2.2.2　考试人数的统计

考试人数的计算要用到前面介绍的 COUNT 和 COUNTA 计数函数。COUNT 函数的功能是统计区域中数值单元格的数目，使用的前提是单元格为数值型数据的情况。COUNTA 是统计区域中非空单元格的数目，不管单元格是否是数值型数据都能使用。

1. 应考人数统计

应考人数要统计姓名列或学号列的所在区域单元格的数目，前提是所有学生都在名单中，不管有没有参加考试。姓名列不是数字型数据，所以要使用 COUNTA 函数。在班级统计表单击 B6 单元格，单击编辑框旁边的【插入函数】按钮，打开【插入函数】对话框，选择【统计】类别下的 COUNTA 函数，单击【确定】按钮，打开【函数参数】对话框。

单击 Value1 参数后面的【拾取】按钮，在“班级成绩表”中选择“B3：B34”区域，并将区域改成绝对引用“＄B＄3：＄B＄34”，或混合引用“＄B3：＄B34”，再次单击【拾取】按钮返回后，单击【确定】按钮。计算出高数课程的应考人数。这里大家思考一下为什么要使用绝对引用或混合引用。继续向右填充，计算出其他两门课的应考人数。其他两门课的应考人数是一样的。函数参数及计算出的结果如图 4-45 所示。

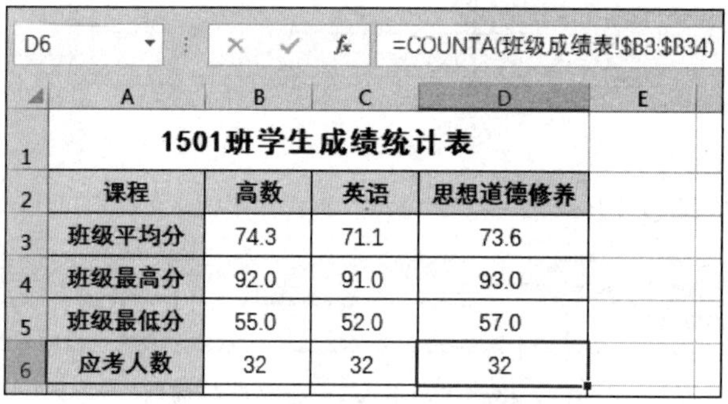

D6 =COUNTA(班级成绩表!$B3:$B34)

	A	B	C	D	E
1	1501班学生成绩统计表				
2	课程	高数	英语	思想道德修养	
3	班级平均分	74.3	71.1	73.6	
4	班级最高分	92.0	91.0	93.0	
5	班级最低分	55.0	52.0	57.0	
6	应考人数	32	32	32	

图 4-45　函数参数及计算出的结果

2. 实考人数统计

实考人数的统计是要统计各门课程所在列区域单元格的个数。各门课所在列数据是数值型数据，所以可以使用 COUNT，也可以使用 COUNTA。在此我们使用 COUNT 函数。

(1) 在班级统计表单击 B7 单元格，单击编辑框旁边的【插入函数】按钮，打开【插入函数】对话框，选择【统计】类别下的 COUNT 函数，单击【确定】按钮，打开【函数参数】对话框。

(2) 用【拾取】按钮选择在“班级成绩表”中选择“C3：C34”区域，再次单击【拾取】按钮返回后单击【确定】按钮，计算出高数实考人数。

(3) 其他两门课的实考人数，直接由 B7 单元格向右填充得到。计算出的结果如图 4-46 所示。

3. 缺考人数统计

缺考人数由应考人数减去实考人数得出。在班级统计表单击 B8 单元格，输入“＝”，然后单击 B6 单元格，输入“-”，再单击 B7 单元格，按回车键确认输入。或直接输入“＝B6-

B7”，并按回车键确认，结果如图 4-46 所示。

应考人数	32	32	32
实考人数	32	32	32
缺考人数	0	0	0

图 4-46　计算考试人数结果

4.2.2.3　各分数段的人数统计

统计每门课程的各分数段的人数用带条件的计数函数 COUNTIF 来完成。在函数 COUNTIF(Range,Criteria)中，Range 为需要计算其中满足条件的单元格数目的单元格区域，Criteria 为条件，其形式可以为数字、表达式、单元格引用或文本。例如，条件可以表示为"32""＞32" "apples"或 B4 等。

1. 计算 90～100 分数段人数

因为分数不会超过 100 分(前面进行了数据验证设置)，所以计算的条件只考虑大于等于 90 分以上的人数，条件的表达式可写为“＞＝90”。方法如下：

(1) 在班级统计表单击 B9 单元格，单击编辑框旁边的【插入函数】按钮，打开【插入函数】对话框，选择【统计】类别下的 COUNTIF 函数，单击【确定】按钮，打开【函数参数】对话框。

(2) 单击 Range 后面的拾取按钮选择在“班级成绩表”中选择“C3：C34”区域；再次单击【拾取】按钮返回。

(3) 在 Criteria 后的文本框中输入条件“＞＝90”，可加双引号，所有符号一定是英文的标点，也可不加双引号，如图 4-47 所示。单击【确定】按钮，人数自动计算出来，结果如图 4-49 所示。

(4) 选中 B9，拖动填充柄，向右填充公式，计算出其他两门课程此分数段的人数，结果如图 4-49 所示。

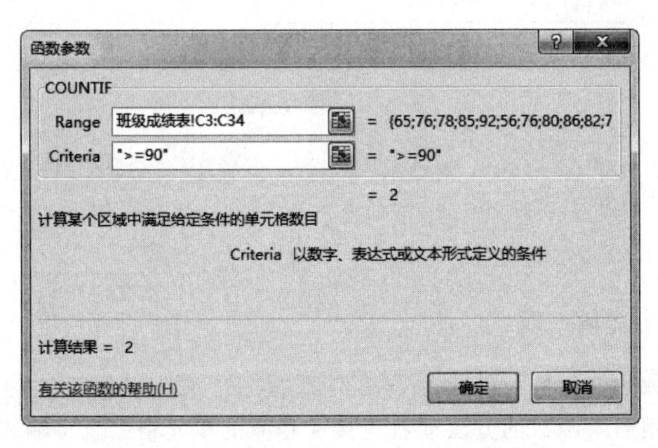

图 4-47　90 分以上的 COUNTIF 函数参数

2. 计算 80～89 分数段人数

计算的条件是大于等于 80 分并且小于等于 89 分，但这个条件没法用一个条件表达式表达出来。换一个角度思考下，可以用大于等于 80 分的人数减去大于等于 90 分的人数，结果就是 80～89 分的人数。操作方法如下：

(1) 在班级统计表单击 B10 单元格，单击编辑框旁边的【插入函数】按钮，打开【插入函数】对话框，选择【统计】类别下的 COUNTIF 函数，单击【确定】按钮，打开【函数参数】对话框。

(2) 单击 Range 后面的【拾取】按钮选择在“班级成绩表”中选择“C4：C34”区域；再次单击【拾取】按钮返回。

(3) 在 Criteria 后的文本框中输入条件“＞＝80”，单击【确定】按钮。此时得出的是该门课大于等于 80 分的人数。

(4) 接下来我们要修改下这个公式，单击 B10 单元格，在编辑框中公式的后面加上“-B9”，如图 4-48 所示。

(5) 拖动 B10 单元格的填充柄，向右填充公式，求出其他两门课程此分数段的人数，如图 4-49 所示。

B10 =COUNTIF(班级成绩表!C3:C34,">=80")-B9

插入函数后，修改添加

1501班学生成绩统计表			
课程	高数	英语	思想道德修养
班级平均分	74.3	71.1	73.6
班级最高分	92.0	91.0	93.0
班级最低分	55.0	52.0	57.0
应考人数	32	32	32
实考人数	32	32	32
缺考人数	0	0	0
90-100（人）	2	1	2
80-89（人）	8		

图 4-48 修改公式

也可以直接在编辑框中输入完整公式，输入公式“＝COUNTIF(班级成绩表！C3：C34,"＞＝80")－B9”，B9 为大于等于 90 分的人数，注意这里的“＝”，也是必须要输入的。

3. 计算其他分数段人数

计算其他分数段的人数与前面的方法类似，表 4-2 列出了高数这门课程各分数段对应的公式。可以用插入函数的方法或者直接在相应的单元格中直接输入公式。计算出各分数段的人数结果如图 4-49 所示。

表 4-2　高数课程各分数段对应公式

条件	对应公式
90-100(人)	=COUNTIF(班级成绩表!C3:C34,"＞＝90")
80-89(人)	=COUNTIF(班级成绩表!C3:C34,"＞＝80")-B9
70-79(人)	=COUNTIF(班级成绩表!C3:C34,"＞＝70")-B9-B10
60-69(人)	=COUNTIF(班级成绩表!C3:C34,"＞＝60")-B9-B10-B11
59 以下(人)	=COUNTIF(班级成绩表!C3:C34,"＜60")

9	90-100（人）	2	1	2
10	80-89（人）	8	3	3
11	70-79（人）	13	14	18
12	60-69（人）	7	11	8
13	59以下（人）	2	3	1

图 4-49　各门课程各分数段的人数结果

4.2.2.4　计算及格率和优秀率

高数这门课的及格率的计算可以用这门课及格人数除以实考人数，使用的公式为“=COUNTIF(班级成绩表!C3:C34,"＞＝60")/B7”，优秀率的计算是这门课程优秀的人数除以实考人数，公式为“=COUNTIF(班级成绩表! C3:C34,"＞＝90")/B7”。其他两门课的及格率和优秀率可以使用填充公式实现。还可以有其他的计算方法，读者可以思考一下。

另外，可以修改及格率优秀率单元格数字格式，设置成百分比显示，如图 4-50 所示。

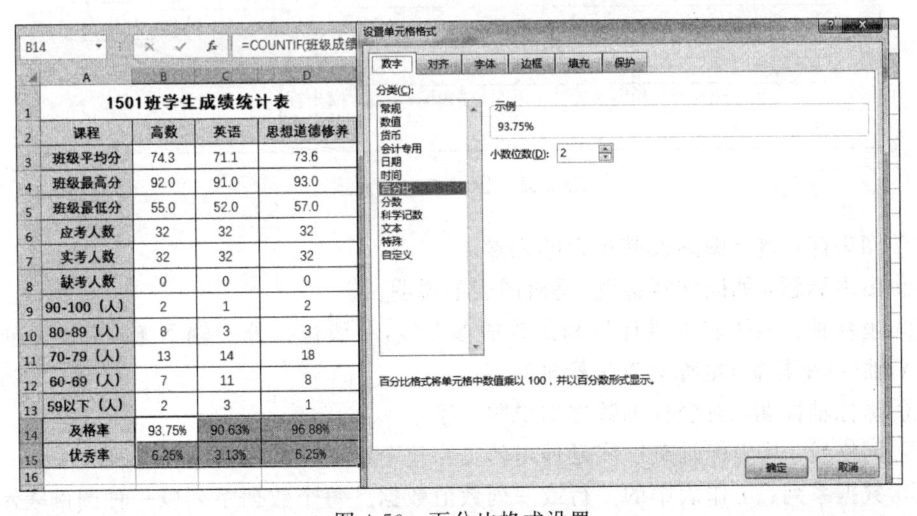

图 4-50　百分比格式设置

4.2.3 制作班级成绩统计与分析图表

所谓图表,就是将数据以图形的形式表现出来。利用图表,能直观地了解数据的变化趋势,做出发展预测。我们常见的图表有柱状图、饼图、折线图等,Excel 2016 又新增 6 种新的图表,分别为树状图、旭日图、直方图、排列图、箱形图与瀑布图。此外还提供了其他类型图表模板并且允许自己定义图表。图表的数据来源于工作表的全部或部分数据。当工作表中数据源发生变化时,图表中对应项的数据会自动更新。

根据图表存放的位置不同,图表分为:

① 嵌入式图表:图表和数据在同一工作表中。

② 图形图表:图表与生成图表的数据分别放在不同的工作表中(图表工作表)。

组成图表的主要元素有以下几项,如图 4-51 所示。

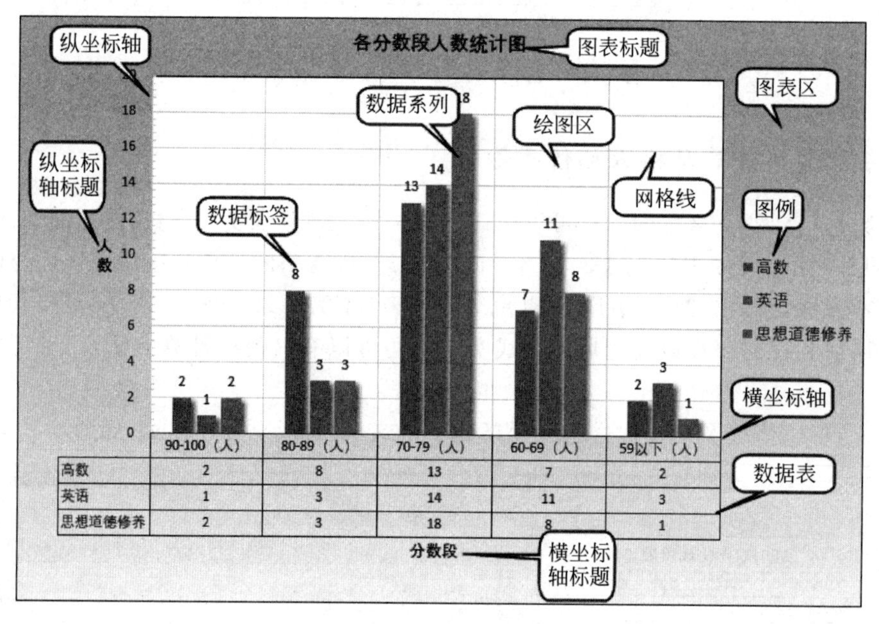

图 4-51　图表的主要元素

① 图表区:整个图表及其包含的元素。

② 图表标题:如同文章标题,是对图表的说明。

③ 坐标轴:为图表提供计量和比较的参考线,一般包括分类轴 X 轴(横坐标轴)、数值轴 Y 轴(纵坐标轴,也称垂直坐标轴)。

④ 坐标轴标题:对坐标轴数据的说明文字。

⑤ 网格线:从坐标轴刻度线延伸出的贯穿整个绘图区的可选线条系列。

⑥ 数据系列:工作表中的一行或一列数值数据。每个数据系列以一种图例表示。

⑦ 数据标签:可以是数据系列的值、名称、百分比等。

⑧ 绘图区:坐标轴包围的图形区域。

⑨ 图例:标示图表中数据系列的色块及其说明。

⑩ 数据表：用于显示成图表的表格数据，并显示与系列图形的对应关系。

1. 创建图表

选中“班级统计表”数据区域“A2：D5”，在【插入】→【图表】功能区，单击【插入柱形图或条形图】中的【簇状柱形图】，在工作区创建了图表。

2. 图表的编辑

图表编辑是指对图表及图表中各个对象的编辑，包括数据的增加、删除、图表类型的更改、数据格式化等。

单击图表即可将图表选中，然后可对图表进行编辑。这时菜单栏中增加了【图表工具】组，其中包括【设计】、【格式】。

(1) 修改图表类型。选中图表，在【图表工具】→【设计】中选择【更改图表类型】，在弹出的图表类型中选择一种图表即可，此例中没有修改图表类型。

(2) 修改源数据。选中图表，在【图表工具】→【设计】中选择【选择数据】，在弹出的选择数据源对话框中，单击【图表数据区域】后的【拾取】按钮，在工作表中选择区域即可。如果区域不连续，可以再选第二个区域时按 Ctrl 键。本例中将区域修改为：“＝班级统计表！＄A＄2：＄D＄2，班级统计表！＄A＄9：＄D＄13”，单击“切换行/列”，将水平轴和系列互换，如图 4-52 所示。

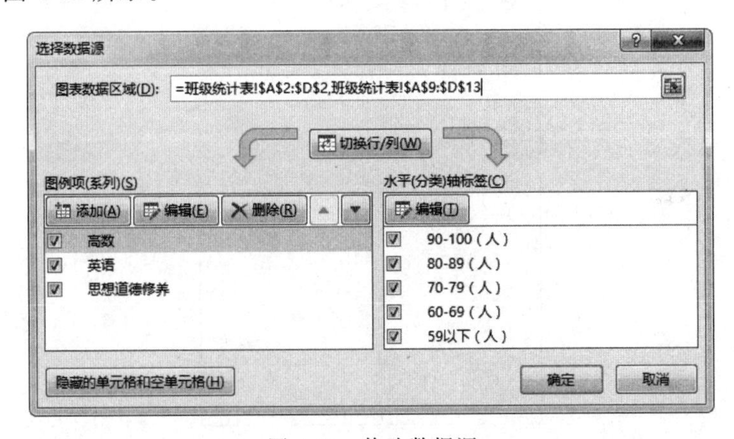

图 4-52 修改数据源

(3) 修改图表选项。选中图表，单击【图表工具】→【设计】→【图表布局】→【添加图表元素】菜单下各图表元素命令按钮，进行添加或修改。如单击【图标标题】下的命令【图表上方】，在图表区域添加图表标题文本框，修改文本框中的内容为“各分数段人数统计图”。使用【图表标题】下的【其他标题选项】命令，可以对图表标题的格式进行修改。

选中图表，在【图表工具】→【设计】→【图表布局】→【添加图表元素】下，单击【轴标题】下的【主要横坐标标题】和【主要纵坐标标题】下的相应命令，显示横坐标和纵坐标标题文本框，将横坐标标题改为“分数段”，纵坐标标题改为“人数”。字体字号的设置可以在【开始】→【字体】功能区中完成。纵坐标标题“人数”的文字方向，可在【开始】→【对齐方式】→

【方向】下单击【竖排文字】。

选中图表，在【图表工具】→【设计】→【图表布局】→【添加图表元素】单击【图例】，在弹出的菜单中可以对图例的位置，进行更改。若选择【其他图例选项】命令，可以对图例的格式进行修改。

选中图表，在【图表工具】→【设计】→【图表布局】→【添加图表元素】单击【数据标签】，在弹出的菜单中选择【数据标签外】，将人数的数值标在柱形图形上面。

选中图表，在【图表工具】→【设计】→【图表布局】→【添加图表元素】单击【数据表】，在弹出的菜单中选【无图例项标示】，在图表下方显示出数据表。

选中图表，可在在【图表工具】→【设计】→【图表布局】→【添加图表元素】中选择其他命令，进行设置。

除了通过功能区的命令按钮设置外，在图表中双击任一元素，都可打开各元素格式选项卡，进行相应设置。如在图表空白处双击，打开【设置图表区格式】选项卡，可以设置图表区填充背景等，如图 4-53 所示。

(4) 修改图表位置。选中图表，在【图表工具】→【设计】，单击【移动图表】，弹出【移动图表】对话框，如图 4-54 所示。可以选择生成新工作表(图表工作表)，或与生成图表的工作表数据放在同一工作表中(嵌入式图表)。Excel 默认将图表放在当前工作表中。

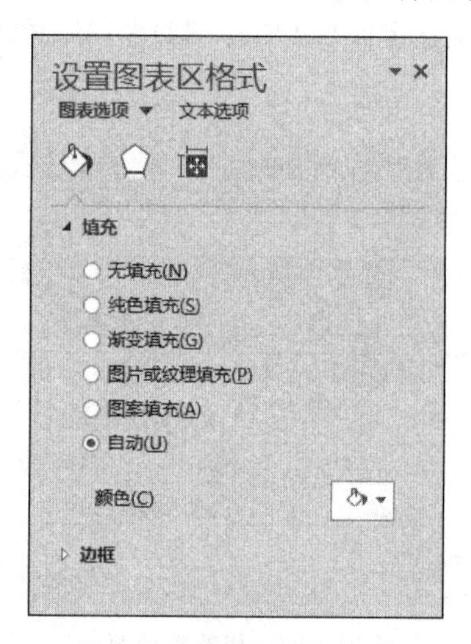

图 4-53　设置图表区格式

图 4-54　图表的位置修改

修改后的图表如图 4-55 所示。

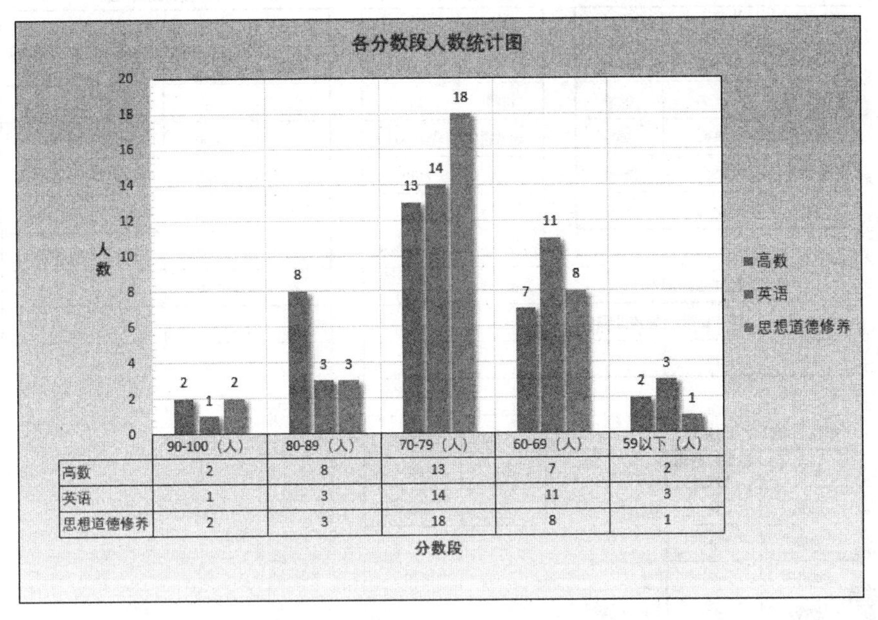

	90-100（人）	80-89（人）	70-79（人）	60-69（人）	59以下（人）
高数	2	8	13	7	2
英语	1	3	14	11	3
思想道德修养	2	3	18	8	1

图 4-55　图表效果

4.3　Excel 高级应用——教工工资管理

教工工资管理是学校财务管理中的不可或缺的一个环节，本节中以某高校教工工资管理为例，以教工信息表、基础数据表、工资明细、工资汇总表等这 4 个表的实现为基础，介绍 Excel 中公式与函数、自定义数字格式、数据验证、排序、分类汇总等内容。

在设计工作表时，可根据实际需要进行规划设计。我们在这里不再赘述设计规划的过程及工作表中的生成过程了。建立的 5 个工作表如图 4-56、图 4-57、图 4-58 和图 4-59 所示。

	A	B	C	D	E	F	G	H	I
1	教工基本信息表								
2	教工编号	姓名	性别	部门	职务	职称	工作日期	工龄	专项扣除额
3									
4									
5									
6									
7									
8									

图 4-56　教工基本信息表

教工基本信息表主要有教工编号、姓名、性别、部门、职务、职称等信息，为以后计算各

职务与岗位工资、津贴对照表

职务	岗位工资（元）	津贴（元）
教师	1900	2000
办公室主任	2200	2300
系主任	2500	2600
副院长	2800	2900
院长	3100	3200

职称与职称工资对照表

职称	职称工资（元）
助教	1200
讲师	1400
副教授	1600
教授	1800

个人所得税税率表

起征点	5000		
级数	月应纳税所得额	税率（%）	速算扣除数（元）
1	0	3%	0
2	3000	10%	210
3	12000	20%	1410
4	25000	25%	2660
5	35000	30%	4410
6	55000	35%	7160
7	80000	45%	15160

社会保险扣缴比例表

养老保险	医疗保险	住房公积金
8%	2%	10%

工龄与工龄工资对照表

工龄（年）	工龄工资（元）
0	0
5	500
10	600
15	700
20	800
25	900

职称与课时费用对照表

职称	每课时费用（元）
助教	50
讲师	55
副教授	60
教授	65

图 4-57　基础数据表

教工工资明细表

教工编号	姓名	工龄工资	岗位工资	职称工资	基本工资	课时	课时费	津贴	养老保险	医疗保险	住房公积金	保险	日期

图 4-58　教工工资明细表

教工工资汇总表

教工编号	姓名	基本工资	课时费	津贴	保险	应发工资	专项扣除额	应纳税所得额	个人所得税	实发工资

图 4-59　教工工资汇总表

部分工资提供依据。

基础数据表的内容提前建好，它是其他表运算的基础。其中，单元格“A2：C7”区域为职务与岗位工资、津贴对照表；单元格区域“E2：F6”为职称与职称工资对照表；单元格区域“H2：K10”为个人所得税税率表；单元格区域“A10：C11”为社会保险扣缴比例表；单元格区域“E9：F15”为工龄与工龄工资对照表；单元格区域“A14：B18”为职称与课时费用对照表。通过这些初始信息表的建立为工资表各项目的计算提供依据，同时也为工资各项目的计算提供动态性。

为了后面的计算方便，我们将各个区域进行命名。选定单元格“A3：C7”区域在【名称框】中输入“岗位工资与津贴”，按回车键确认输入，就将所选区域定义了名称。选定单元格区域“E3：F6”定义名称为“职称工资”；选定单元格区域“I4：K10”定义“个人所得税”；选定单元格区域“A10：C11”定义名称为“社会保险”；选定单元格区域“E10：F15”定义名称为“工龄工资”；选定单元格区域“A15：B18”定义名称为“课时费用”。名称定义是否成功及结果可以通过【公式】→【定义的名称】的【名称管理器】对话框中查看。我们发现对话框中的【引用位置】都是对单元格区域的绝对引用，这保证了填充复制公式时引用定义名称的区域不会改变。

教工工资明细表是工资的各项内容，包括工龄工资、岗位工资、职称工资等。计算的数据来源于教工基本信息表和基础数据表。

教工工资汇总表是对教工工资明细表的各项内容的汇总，包括最后的个人所得税及实发工资。

4.3.1 计算教工基本信息表中的工龄

4.3.1.1 用自定义数字格式定义员工编号

对于员工编号，我们用自定义数字格式，定义编号为6位数字，不足6位的前面补0。选中教工基本信息表中“A3：A20”单元格区域，并在选中的区域中右击，在弹出的快捷菜单选择【设置单元格格式】命令，打开【设置单元格格式】对话框，在【分类】下选择【自定义】，在右侧的类型文本型中输入“000000”，单击【确定】按钮完成操作，如图4-60所示。

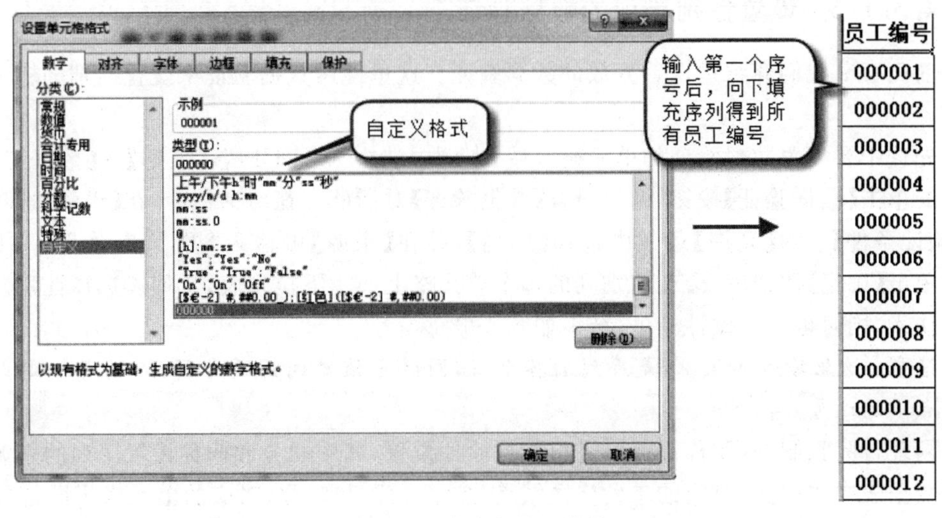

图4-60 自定义员工编号

如果Excel内置的数字格式无法满足用户在实际工作中的需求，就可以创建自定义数字格式。一般完整的格式代码由4个部分组成，这4部分顺序定义了格式中的正数、负数、零和文本，格式代码各部分以分号分隔。定义时可以使用"0""@""*"等占位符代表数字、文本等。常用占位符所代表的含义及用法见表4-3。

表4-3　占位符所代表的含义及用法

占位符	含　义	举　例
0	数字占位符，代表数字，如果单元格的内容大于占位符，则显示实际数字	定义"00000"，当输入"1234"显示为"01234"，输入"123456"显示为"123456"；定义"00.000"，当输入100.14时显示为"100.140"
#	数字占位符。只显有意义的零而不显示无意义的零。小数点后数字如大于"#"的数量，则按"#"的位数四舍五入	定义"#####"，当输入"1234"显示为"1234"输入"123456"显示为"123456"；定义"##.#"，当输入100.15时显示为"100.2"
?	数字占位符。在小数点两边为无意义的零添加空格，以便当按固定宽度时，小数点可对齐，另外还用于不等长数字的分数	定义"??.??"，当输入"12.1252"显示为"12.13"；定义"???.???"当输入"12.12"时显示为"12.12"
@	文本占位符，使用自定义格式为："文本内容@"或"@文本内容"表示引用文本内容。使用多个@表示重复	定义"集团@部"，当输入"财务"显示为"集团财务部"；定义"@@@"，当输入"财务"时显示为"财务财务财务"
*	当输入数字时显示为*号后的字符，直到充满列宽	定义"*-"，当输入"123"显示为"————————"；定义"**"，当输入任意数字内容时都显示为"*********"
,	逗号(英文下的标点)，千位分隔符	定义"#,###"，当输入12000时显示为"12,000"
G/通用格式	不设置任何格式，按原始输入的数值显示	无

在自定义数字格式对话框中，Excel已经定义了很多格式，可供参考。

4.3.1.2　设置性别等列的数据验证

前面一节我们介绍过设置分数的数据验证。这里使用数据验证来设置性别的输入限定值。

先选中要设置数据验证的单元格区域，本例中选中"C3：C14"，【数据】→【数据工具】组中的单击【数据验证】按钮，弹出设置【数据验证】对话框。在对话框中，在【设置】选项卡中【验证条件】下的【允许】条件中选择【序列】，并在【来源】中输入"男，女"，如图4-61所示。单击【确定】按钮后，会在性别列的每个单元格上产生下拉列表，从列表选择性别。既不用输入，同时也是有效性验证，结果如图4-62所示。

注意：这里输入的来源，是序列的各个值，同时各值之间用逗号间隔，逗号一定是英文标点下的逗号。

同理，部门、职务、职称都可以进行数据验证设置，其中职务和职称设置序列的来源是基础数据表中的职务(对应的单元格区域是"A3：A7")和职称(对应的单元格区域是"E3：E6")列的数据。

姓名和日期列直接输入数据，其中日期使用的格式如图 4-64 所示。

图 4-61　性别的数据有效性参数设置对话框

	A	B	C	D	E	F	G	H	I
1	教工基本信息表								
2	教工编号	姓名	性别	部门	职务	职称	工作日期	工龄	专项扣除额
3	000001	胡伟	男						
4	000002	钟鸣	男 女						

图 4-62　性别列的数据有效性

4.3.1.3　计算工龄

工龄的计算与当前日期和参加工作日期有关系，这里用当前日期与工作日期相差的天数除以一年的天数 365，得到小数的工龄，取整后得到需要的工龄。所以使用 YEARFRAC 函数和 TODAY()函数。

YEARFRAC 函数的格式为：YEARFRAC(Start_date, End_date, [Basis])，表示返回 Start_date 和 End_date 之间的天数占全年天数的百分比。其中 Start_date 是必需的，代表开始日期；End_date 也是必需的，代表终止日期。Basis 为可选参数，表示要使用的日计数基准类型，如表 4-4 所示。

TODAY 函数的返回当前日期，使用形式为：TODAY()，无参数。

表 4-4　YEARFRAC 函数的参数 Basis 取值表

Basis	日计数基准	Basis	日计数基准
0 或省略	US (NASD) 30/360	3	实际天数/365
1	实际天数/实际天数	4	欧洲 30/360
2	实际天数/360		

在教工基本信息表中单击 H3 单元格，单击编辑框旁边的【插入函数】按钮，打开【插入函数】对话框，选择【日期与时间】类别下的 YEARFRAC 函数，单击【确定】按钮，打开函数参数对话框。

单击 Start_date 参数文本框后的拾取按钮，选择 G3 单元格(也可直接输入，是工作日期)，在 End_date 参数后的文本框中输入 TODAY()(求出当前日期)，在 Basis 参数后面输入 3(实际天数/365)，单击【确定】按钮，即可计算出工龄，函数参数如图 4-63 所示。

单击 H3 单元格，拖动填充柄向下填充，即可计算出所有教工的工龄。但是算出的结果是小数，设置数字格式，保留小数 0 位，即可求出工龄。教工基本信息表的最终效果如图 4-64 所示。这里说明一下，工龄会随着当前日期而变化，图 4-64 所显示的工龄仅供参考。

注意：Excel 将日期存储为序列号，以便可以在计算中使用它们。默认情况下，1900 年 1 月 1 日是序列号 1，2018 年 8 月 29 是序列号 39630，因为它是距离 1900 年 1 月 1 日的天数。

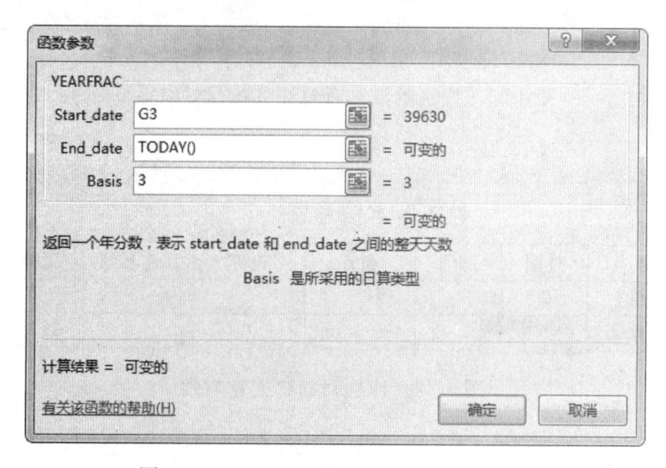

图 4-63　YEARFRAC 函数的参数设置

	A	B	C	D	E	F	G	H	I
1	教工基本信息表								
2	教工编号	姓名	性别	部门	职务	职称	工作日期	工龄	专项扣除额
3	000001	胡伟	男	办公室	办公室主任	讲师	2008年7月	11	2400
4	000002	钟鸣	女	信息系	教师	教授	1999年7月	20	2000
5	000003	陈琳	女	信息系	教师	助教	2013年3月	6	2000
6	000004	江洋	女	英语系	系主任	教授	1998年6月	21	1000
7	000005	杨柳	女	工程系	教师	讲师	2007年5月	12	2000
8	000006	刘丽	女	电子系	教师	副教授	2003年6月	16	1400
9	000007	秦岭	男	工程系	教师	助教	2014年5月	5	2500
10	000008	艾科美	女	信息系	教师	讲师	2008年6月	11	1000
11	000009	李友利	女	工程系	系主任	教授	1997年5月	22	2000
12	000010	胡林涛	男	电子系	教师	讲师	2008年6月	11	1500
13	000011	徐玉梅	女	信息系	教师	副教授	2002年7月	17	2000
14	000012	郑珊珊	女	信息系	教师	副教授	2001年7月	18	2400

图 4-64　教工基本信息表

4.3.1.4 按职称统计平均工龄

在这里使用分类汇总来进行统计。

分类汇总是将工作表中的某项数据进行分类并进行统计计算，如求和、求平均值、计数等。先排序后汇总，即必须先按分类字段进行排序，在针对排序后数据记录进行分类汇总。

先对职称进行排序。选中“A2：I14”，单击【开始】→【编辑】→【排序和筛选】下的【自定义排序】，设置主关键字为“职称”，单击【确定】按钮。工作区域数据以职称为关键字以升序进行排序。

再次选择“A2：I14”单元格区域，单击【数据】→【分级显示】→【分类汇总】，弹出【分类汇总】对话框，如图4-65所示。【分类字段】选择“职称”，【汇总方式】选择“平均值”，【选定汇总项】选择“工龄”，单击【确定】按钮。汇总的结果如图4-66所示。这里的汇总项可以复选。

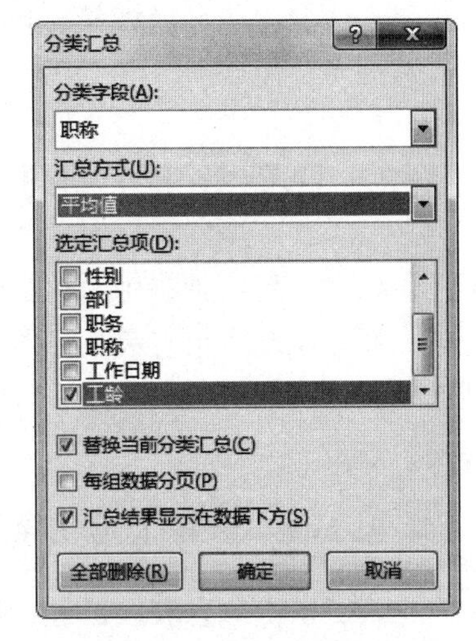

图4-65 分类汇总对话框

汇总结果以分级的方式显示在原工作表中，其中编辑栏下的数字按钮“1”“2”“3”用于控制数据显示的详细程度。数字越大，数据显示得越详细；数字越小，数据显示得越概括。

	A	B	C	D	E	F	G	H	I
1	教工基本信息表								
2	教工编号	姓名	性别	部门	职务	职称	工作日期	工龄	专项扣除额
3	000003	陈琳	女	信息系	教师	助教	2013年3月	6	2000
4	000007	秦岭	男	工程系	教师	助教	2014年5月	5	2500
5						助教 平均值		6	
6	000002	钟鸣	女	信息系	教师	教授	1999年7月	20	2000
7	000004	江洋	女	英语系	系主任	教授	1998年6月	21	1000
8	000009	李友利	女	工程系	系主任	教授	1997年5月	22	2000
9						教授 平均值		21	
10	000001	胡伟	男	办公室	办公室主任	讲师	2008年7月	11	2400
11	000005	杨柳	女	工程系	教师	讲师	2007年5月	12	2000
12	000008	艾科美	女	信息系	教师	讲师	2008年6月	11	1000
13	000010	胡林涛	男	电子系	教师	讲师	2008年6月	11	1500
14						讲师 平均值		11	
15	000006	刘丽	女	电子系	教师	副教授	2003年6月	16	1400
16	000011	徐玉梅	女	信息系	教师	副教授	2002年7月	17	2000
17	000012	郑珊珊	女	信息系	教师	副教授	2001年7月	18	2400
18						副教授 平均值		17	
19						总计平均值		14	

图4-66 分类汇总结果

行号左侧的“+”“-”按钮用于数据的展开与折叠。单击“-”按钮相应记录被折叠，同时“－”按钮变为“＋”按钮；单击“＋”按钮记录被展开。

可以对同一分类做多种汇总方式，如既求平均值，又求和。再一次选择分类汇总的命令，【分类汇总】对话框窗中将【汇总方式】进行更改，将【替换当前分类汇总】前的对勾去掉，在原工作表上就可以显示多次汇总的结果。

想恢复数据原始的效果，可以在【分类汇总】对话框窗中单击【全部删除】按钮，即可删除当前分类汇总。

4.3.2 计算教工工资明细表中的各项内容

在教工工资明细表中，首先将教工基本信息表中的“教工编号”和“姓名”列复制粘贴过来。在教工基本信息表选中“A3：B14”，在【开始】→【剪贴板】中选择【复制】按钮，然后到教工工资明细表单击 A3 单元格，选择【开始】→【剪贴板】中选择【粘贴】命令，即可将内容复制过来。

4.3.2.1 计算工龄工资

在教工基本信息表中已经计算出工龄，在基础数据表中给出工龄对应的工龄工资，这里需要查表，寻找每个人的工龄对应的工龄工资。这里的查找操作可以由 VLOOKUP 函数来完成。

VLOOKUP 函数的功能：使用 VLOOKUP 函数搜索某个单元格区域的第一列，然后返回该区域相同行上单元格中的值。例如，假设区域“A3：E8”中包含教工信息列表，教工编号存储在该区域的第一列，如图 4-67 所示。

	A	B	C	D	E
2	教工编号	姓名	性别	部门	职务
3	000001	胡伟	男	办公室	办公室主任
4	000002	钟鸣	女	信息系	教师
5	000003	陈琳	女	信息系	教师
6	000004	江洋	女	英语系	系主任
7	000005	杨柳	女	工程系	教师
8	000006	刘丽	女	电子系	教师

图 4-67 部分教工基本信息表

如果已知教工编号，可以搜索该教工的姓名、性别、部门等信息。若要获取编号为 000001 教工的部门，可以使用公式 ＝VLOOKUP(000001，A3：E8,4，FALSE)。此公式将搜索区域 A3：E8 的第一列中的值 000001，然后返回该区域同一行中第四列包含的值作为结果(“办公室”)。

语法如下：

```
VLOOKUP(Lookup_value,Table_array,Col_index_num,Range_lookup)
```

其中，Lookup_value 为需要在单元格区域第一列中查找的数值；Table_array 为需要在其中查找数据的单元格区域；Col_index_num 为 Table_array 中待返回的匹配值的列序号；Range_lookup 为一逻辑值，指明函数 VLOOKUP 返回时是精确匹配还是近似匹配，当是 True 或省略时，表示近似匹配，False 是精确匹配。

说明：如果函数 VLOOKUP 找不到 Lookup_value，且 Range_lookup 为 TRUE(近似匹配)，则使用小于等于 Lookup_value 的最大值。如果 Lookup_value 小于 Table_array 第一列中的最小数值，函数 VLOOKUP 返回错误值 #N/A。如果函数 VLOOKUP 找不到 Lookup_value 且 Range_lookup 为 FALSE，函数 VLOOKUP 返回错误值 #N/A。如果 Range_lookup 为 TRUE 或被省略，则必须按升序排列 Table_array 第一列中的值；否则，VLOOKUP 可能无法返回正确的值。

本例中，需要查找 Lookup_value 的值是每个人的工龄，需要查找的表格为基础数据表中的工龄工资区域，即 Table_array 参数是"工龄工资"，要返回的是工龄工资区域中的对应的工资，即工龄工资区域第 2 列的数据，所以第三个参数 Col_index=2；第四个参数省略，表示近似匹配。如编号是"000001"教工"胡伟"，他的工龄为 7，使用 VLOOKUP 在工龄工资区域中查找第一列的值，因为使用的近似匹配，所以找到区域中第一列中"5"是小于"7"的最大值，所以返回对应行中的"300"。

单击教工工资明细表中的 C3 单击格，单击编辑栏旁的 *fx*【插入函数】按钮，在"查找与引用"类别找到 VLOOKUP 函数，设置如图 4-68 所示的参数，单击【确定】按钮，计算完成。在 C3 单元格输入公式："=VLOOKUP(教工信息！H3，工龄工资，2)"，也可以完成计算。

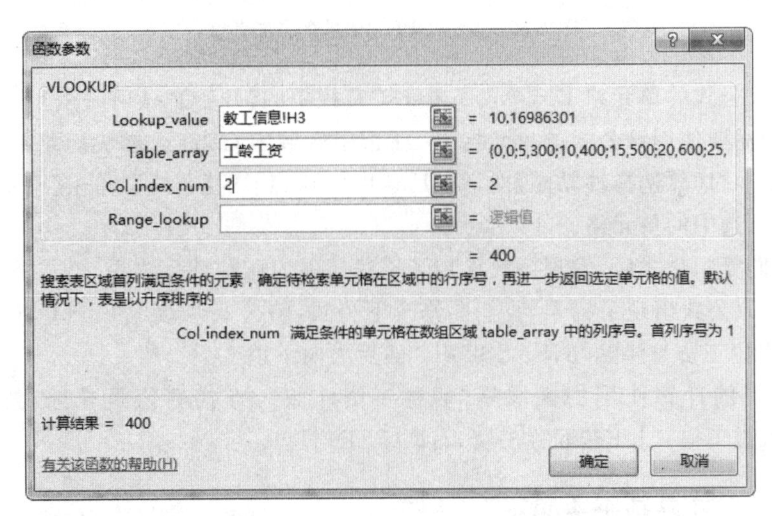

图 4-68　工龄工资的 VLOOKUP 函数的参数

拖动 C3 单元格的填充柄，向下填充公式。公式中使用了的单元格区域名称"工龄工资"，就不用担心单元格相对引用出现的问题。

4.3.2.2　计算岗位工资和职称工资等内容

计算岗位工资、职称工资和津贴与计算工龄工资相似，也是要查询相应的表格，返回相应列对应的数据，所以也是使用 VLOOKUP 函数。

岗位工资的 VLOOPUP 函数的参数设置如图 4-69 所示，其中 Range_lookup 的值和以前不同，没有忽略，而是设置成了 FALSE，表示精确匹配。原因是"岗位工资与津贴"的区域中第一列没有以升序排列，如果忽略，则会出现错误。

津贴的计算与岗位工资类似，不同的是返回的列号是 3。这里我们使用复制公式的方法进行计算，复制 D3(已经计算出来的岗位工资)单元格中的公式(为"＝VLOOKUP(教工信息！E3，岗位工资与津贴，2，FALSE)")，然后进行一些修改。

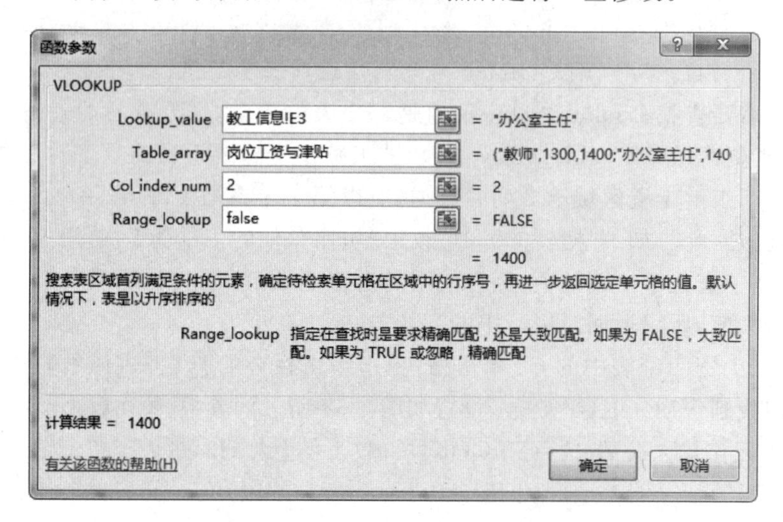

图 4-69 VLOOPUP 函数的参数设置

选中存放公式的单元格 D3，单击 Excel 工具栏中的【开始】→【剪贴板】下的【复制】按钮，然后选中需要使用该公式的单元格 I3，在选中区域内右击，选择快捷菜单中的【选择性粘贴】命令。打开【选择性粘贴】对话框后选中【粘贴】下的【公式】，单击【确定】按钮公式就被复制到已选中的单元格。

这里我们复制公式后，发现公式出现了错误。因为在粘贴公式后，公式中单元格做了相对变化，所以公式出现了错误，我们要修改下公式，将公式修改成"＝VLOOKUP(教工信息！E3，岗位工资与津贴，3，FALSE)"。然后再向下填充。

职称工资的计算使用的区域是"职称工资区域"，查找的值是职称，公式为："＝VLOOKUP(教工信息！F3，职称工资，2，FALSE)"。

4.3.2.3 计算基本工资

基本工资是工龄工资、岗位工资和职称工资的和，我们选中"C3：F3"区域，单击【开始】→【编辑】下的【自动求和】按钮，计算出基本工资，然后选中 F3，向下填充，即可计算出基本工资列的数据。

1. 计算课时费

录入课时列的数据，才能计算出课时费。每课时的课时费用与职称有关，在基础数据表中的区域"课时费用"查找职称对应的费用，与课时相乘，所得结果就是课时费。

VLOOKUP 函数的参数设置如图 4-70 所示。将 VLOOKUP 函数结果，乘以课时，得出结果。公式修改为：“=VLOOKUP(教工信息！F3，课时费用，2，FALSE) * G3”。然后向下填充公式。

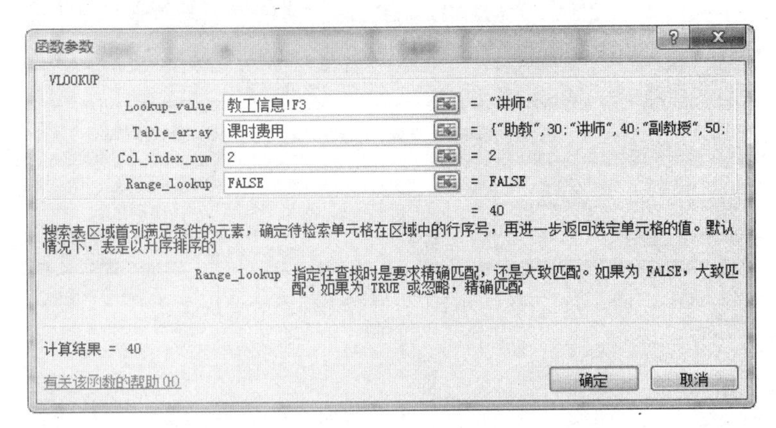

图 4-70　课时费 VLOOKUP 函数的参数设置

2. 计算保险费用

养老保险的计算，是用基本工资乘以养老保险的扣缴比例即可。其他的保险也是这样计算。不过保险费用是要扣除的，所以以负数显示比较方便。我们这里可以直接相乘，如公式“=-F3 * 基础数据表！ A11”，其中 A11 是绝对引用，主要是防止向下填充时，单元格发生变化。也可以使用 HLOOKUP 函数。

HLOOKUP 函数的功能：与 VLOOKUP 函数类似，它是搜索某个单元格区域的第一行，然后返回该区域相同列上单元格中的值。HLOOKUP 中的 H 代表“行”。

语法：

```
HLOOKUP(Lookup_value,Table_array,Row_index_num,Range_lookup)
```

其中，Lookup_value 为需要在单元格区域第一行中进行查找的数值；Table_array 为需要在其中查找数据的单元格区域；Row_index_num 为 Table_array 中待返回的匹配值的行序号；Range_lookup 为一逻辑值，指明函数 HLOOKUP 查找时是精确匹配，还是近似匹配。

说明：如果函数 HLOOKUP 找不到 Lookup_value，且 Range_lookup 为 TRUE，则使用小于 Lookup_value 的最大值。如果函数 HLOOKUP 要查找的值小于 Table_array 第一行中的最小数值，函数 HLOOKUP 返回错误值 #N/A!。

使用 HLOOKUP 计算养老保险时参数设置如图 4-71 所示。

这个函数计算的结果，只返回了扣除率，还要做修改，修改的公式为“=-HLOOKUP(J$2，社会保险，2，FALSE) * F3”，这里注意混合引用 J$2，然后向下填充计算出其余的值。

其他的两种的保险计算方法如上面类似，这里不再赘述。保险列的值由前面三种保险值相加得到，计算结果如图 4-72 所示。

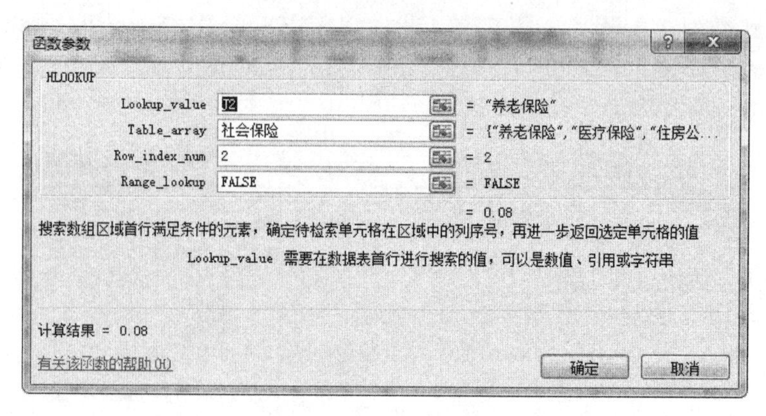

图 4-71　HLOOKUP 计算养老保险时参数设置

3. 计算日期

计算日期需要用到与日期相关的函数。这里只考虑月份，使用 MONTH 函数和 TODAY 函数。这两个函数的说明见前面 4.2.1 节常用函数介绍部分。这里使用的公式为"=MONTH(TODAY())&"月""，其中 TODAY()表示当前日期，"&"是文本运算符，将"&"前后文本连接起来，计算结果如图 4-72 所示。

N3　=MONTH(TODAY())&"月"

教工工资明细表

教工编号	姓名	工龄工资	岗位工资	职称工资	基本工资	课时	课时费	津贴	养老保险	医疗保险	住房公积金	保险	日期
000001	胡伟	600	2200	1400	4200	20	1100	2300	-336	-84	-420	-840	4月
000002	钟鸣	700	1900	1800	4400	48	3120	2000	-352	-88	-440	-880	4月
000003	陈琳	500	1900	1200	3600	32	1600	2000	-288	-72	-360	-720	4月
000004	江洋	800	2500	1800	5100	48	3120	2600	-408	-102	-510	-1020	4月
000005	杨柳	600	1900	1400	3900	20	1100	2000	-312	-78	-390	-780	4月
000006	刘丽	700	1900	1600	4200	36	2160	2000	-336	-84	-420	-840	4月
000007	秦岭	0	1900	1200	3100	32	1600	2000	-248	-62	-310	-620	4月
000008	艾科美	600	1900	1400	3900	36	1980	2000	-312	-78	-390	-780	4月
000009	李友利	800	2500	1800	5100	40	2600	2600	-408	-102	-510	-1020	4月
000010	胡林涛	600	1900	1400	3900	40	2200	2000	-312	-78	-390	-780	4月
000011	徐玉梅	700	1900	1600	4200	36	2160	2000	-336	-84	-420	-840	4月
000012	郑珊珊	700	1900	1600	4200	36	2160	2000	-336	-84	-420	-840	4月

图 4-72　教工工资明细表

4.3.3　计算教工工资汇总表中的应发工资

在教工工资汇总表中将教工基本信息表中的"编号"和"姓名"列使用前面的方法复制粘贴过来，也可使用公式。单击教工工资汇总表中的 A3，输入公式"=教工信息！A3"，然后向下填充，也能将编号列计算出来，与复制的结果相同。区别是当原信息表的编号改变时，用公式方法得到的数据会自动更新，用复制方法得到的数据不会自动更新。

同样的方法从教工工资明细表中用公式的方法计算出基本工资、课时费、津贴、保险，从教工基本信息表中用公式的方法计算出专项扣除额。此时最好不使用复制方法，以防止各个表中的数据出现不一致现象。

应发工资由基本工资、课时费、津贴、保险求和得出，结果如图 4-73 所示。

4.3.4 使用 IF 函数计算个人所得税

个人所得税的征收起点是 5000 元，超过的部分征收个人所得税，超过的部分又分成 7 个等级，如表 4-5 所示。个人所得税是采用速算扣除数法，计算超额累进税率的所得税时的计税公式是：

应纳税额＝应纳税所得额×适用税率－速算扣除数

应纳税所得额＝应发工资－专项扣除额－5000

如编号是 000002 的钟鸣，应发工资为 8640 元，他的应纳税所得额为 8640－2000－5000＝1640(元)，查表 4-5 所得税率为 3%，速算扣除数为 0，所以应纳税额为 1640 * 0.03－0＝49.2(元)。

这里计算个人所得税可以使用两种方法，用 IF 函数和 VLOOKUP 函数实现。

1. 用 IF 函数计算个人所得税

IF 函数说明参见 4.2.1 节。使用 IF 函数判断"应纳税所得额"的值是在哪个等级内，使用相应的税率和速算扣除数。这里的等级判断层次很多，所以要使用嵌套的 IF 函数。

先算出个人的应纳税所得额。应纳税所得额的值是应发工资－专项扣除额－5000 元，但应发工资减去专项扣除额后不足 5000，应纳税所得额的值为 0。

在 I3 内输入的公式为"＝IF(G3-H3＞＝5000,G3-H3-5000,0)"，IF 函数的第一个参数 G3-H3＞＝5000，是条件，当条件成立，结果为第二个参数(G3-H3-5000)的值，否则结果为第三个参数(0)的值。向下填充公式，得到应纳税所得额的值，结果如图 4-73 所示。

在 J3 单元格输入如下公式计算个人所得税：

"＝－IF(I3＞80000,I3 * 0.45－15160,IF(I3＞55000,I3 * 0.35－7160,IF(I3＞35000,I3 * 0.3－4410,IF(I3＞25000,I3 * 0.25－2660,IF(I3＞12000,I3 * 0.2－1410,IF(I3＞3000,I3 * 0.1－210,I3 * 0.03))))))

这种一个函数的参数又包含函数的，称为函数嵌套。这里每个 IF 函数的第三个参数又是一个 IF 函数，即当条件不成立时，又执行嵌套的 IF 函数。当 I3＞80000 成立时，执行I3 * 0.45-15160，如果不成立，继续执行下一个 IF 函数，当 I3＞55000 成立时，执行 I3 * 0.35-7160，如果不成立，继续执行下一个 IF 函数，直到有一个 IF 函数条件成立，执行相应的语句，或者一个条件都不成立，就执行最内层的 IF 函数的第三个参数的值 I3 * 0.03。

向下填充公式，完成个人所得税的计算，结果如图 4-73 所示。

表 4-5　个人所得税税率表

级数	应纳税所得额	税率(%)	速算扣除数(元)
1	不超过 3000 元的	3%	0
2	超过 3000 元至 12000 元的部分	10%	210
3	超过 12000 元至 25000 元的部分	20%	1410
4	超过 25000 元至 35000 元的部分	25%	2660
5	超过 35000 元至 55000 元的部分	30%	4410
6	超过 55000 元至 80000 元的部分	35%	7160
7	超过 80000 元的部分	45%	15160

2. 用 VLOOKUP 计算个人所得税

用 VLOOKUP 计算个人所得税比用 IF 函数简单一些，但需要使用基础数据表中的个人所得税单元格区域。

在 J3 单元格输入如下公式计算个人所得税：

=-(I3*VLOOKUP(I3,个人所得税,2)-VLOOKUP(I3,个人所得税,3))

用到两次 VLOOKUP 函数，第一个返回税率，第二个返回速算扣除数，分别位于个人所得税单元格区域的第 2 列和第 3 列。向下填充得到的结果与 IF 函数计算结果相同，如图 4-73 所示。

最后我们计算出实发工资，由应发工资与个人所得税的和计算出实发工资，结果如图 4-73 所示。

J3　=-(I3*VLOOKUP(I3,个人所得税,2)-VLOOKUP(I3,个人所得税,3))

	A	B	C	D	E	F	G	H	I	J	K
1	教工工资汇总表										
2	教工编号	姓名	基本工资	课时费	津贴	保险	应发工资	专项扣除额	应纳税所得额	个人所得税	实发工资
3	000001	胡伟	4200	1100	2300	-840	6760	2400	0	0.0	6760.0
4	000002	钟鸣	4400	3120	2000	-880	8640	2000	1640	-49.2	8590.8
5	000003	陈琳	3600	1600	2000	-720	6480	2000	0	0.0	6480.0
6	000004	江洋	5100	3120	2600	-1020	9800	1000	3800	-170.0	9630.0
7	000005	杨柳	3900	1100	2000	-780	6220	2000	0	0.0	6220.0
8	000006	刘丽	4200	2160	2000	-840	7520	1400	1120	-33.6	7486.4
9	000007	秦岭	3100	1600	2000	-620	6080	2500	0	0.0	6080.0
10	000008	艾科美	3900	1980	2000	-780	7100	1000	1100	-33.0	7067.0
11	000009	李友利	5100	2600	2600	-1020	9280	2000	2280	-68.4	9211.6
12	000010	胡林涛	3900	2200	2000	-780	7320	1500	820	-24.6	7295.4
13	000011	徐玉梅	4200	2160	2000	-840	7520	2000	520	-15.6	7504.4
14	000012	郑珊珊	4200	2160	2000	-840	7520	2400	120	-3.6	7516.4

图 4-73　计算出实发工资后的教工工资汇总表

习 题 4

一、判断题

1. Excel 2016 工作簿文件的默认扩展名为 xlsx。(　　)
2. 一张 Excel 工作表,最多可以包含 65536 行和 258 列。(　　)
3. 对数据进行分类汇总前,需要对数据进行排序操作。(　　)
4. 在单元格中输入日期时用“/”或“-”分隔年、月、日。(　　)
5. 条件格式的设置可以限定允许输入的数据类型和范围。(　　)

二、选择题

1. 已知单元格 A1 的值为 60,A2 的值为 70,A3 的值为 80,在单元格 A4 中输入公式为“= SUM(A1: A3)/AVERAGE(A1+A2+A3)”,则单元格 A4 的值为(　　)。

A. 1　　B. 2　　C. 3　　D. 4

2. 在 Excel 工作表的单元格中计算一组数据后出现“#########”,这是由于(　　)所致。

A. 计算机公式出错　　B. 计算数据出错
C. 单元格显示宽度不够　　D. 数据格式出错

3. 在 Excel 中,如果单元格 B2 中为“星期一”,那么向下拖动填充柄到 B4,则 B4 中应为(　　)。

A. 星期一　　B. 星期二　　C. 星期三　　D. #REF

4. 在 Excel 中,如果光标在单元格地址 C4 中,那么光标位于工作表的(　　)地方。

A. 第 C 行、第 4 列　　B. 第 C 列、第 4 行
C. 接近顶部　　D. 第 3 列和第 4 行

5. Excel 中的乘方运算符用(　　)表示。

A. ^　　B. *　　C. **　　D. /

三、操作题

新建如下图所示的学生成绩表,进行如下操作。

(1) 设置数学、语文和英语分数的数据有效性。

(2) 按如图所示设置对齐方式、边框等。

(3) 计算总分、平均分和名次。

(4) 按名次排序。

(5) 按性别进行分类汇总,汇总方式为求和。

	A	B	C	D	E	F	G	H	I
1	学生成绩表								
2	学号	姓名	性别	数学	语文	英语	总分	平均分	名次
3	1401	王新民	男	67	67	88			
4	1402	王小芳	女	76	68	76			
5	1403	张淑宁	女	75	54	89			
6	1404	吴鑫	女	79	68	88			
7	1405	范刚	男	45	86	88			
8	1406	龚明丽	女	78	78	75			
9	1407	李珍	女	56	96	43			
10	1408	刘闯	男	56	78	90			
11	1409	赵玲	女	89	35	83			
12	1410	李思	女	56	95	36			
13									

习题 4 答案

一、判断题

1. √　　2. ×　　3. √　　4. √　　5. ×

二、选择题

1. A　　2. C　　3. C　　4. D　　5. A

三、简答题

略

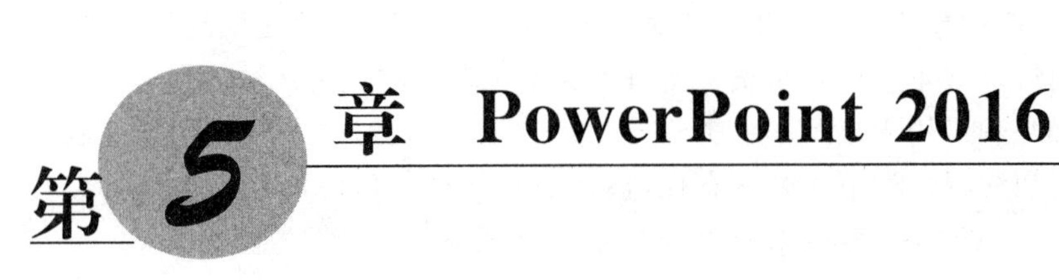

第5章 PowerPoint 2016

学习目标：

(1) 掌握 PowerPoint 2016 的启动、退出。

(2) 熟悉 PowerPoint 2016 的工作环境。

(3) 掌握幻灯片中不同形式内容的编辑。

(4) 掌握幻灯片中页眉页脚的设置。

(5) 掌握幻灯片的外观设置。

(6) 了解幻灯片中动作按钮及超链接的设置。

(7) 了解幻灯片中音视频文件的编辑。

(8) 掌握幻灯片的放映设置。

PowerPoint 是微软公司推出的 Office 中的一个重要的组件，是一款优秀的演示文稿制作软件。它可以通过对文字、图形、图像、音频、视频、动画等元素的应用，制作出内容丰富、形式绚烂的演示文稿文件。由于其具有演示效果好、演示效率高、使用成本低、修改容易、互动性强等优点，所以被广泛应用于产品宣传展示、会议报告、工作总结汇报、项目介绍、教育培训、竞聘演讲等方面。现在常用的版本有 PowerPoint 2003、PowerPoint 2007、PowerPoint 2010、PowerPoint 2013、PowerPoint 2016、PowerPoint 365。本章以 PowerPoint 2016 为例，通过两个实际应用中的例子来介绍 PowerPoint 的基本使用方法。

5.1 PowerPoint 基本应用——制作毕业答辩报告

对于每一名大学毕业生而言，毕业前的最后一次“考试”就是毕业答辩，通过毕业答辩可以将大学期间所学的知识综合展示给每一位评委老师，也是老师对即将毕业的学生所完成的毕业设计或毕业论文成果的一次检验。目前最常用的展示手段，就是通过毕业答辩报告，而这个报告的载体就可以选择用 PowerPoint 做一个演示文稿，通过它来展现你将要给老师们介绍的内容。

在完成这个例子之前，先来看一下 PowerPoint 的启动与退出。单击【开始】→【所有程序】→【Microsoft Office】→【Microsoft PowerPoint 2016】，将启动 PowerPoint 2016，工作环境如图 5-1 所示。最上方是标题栏，接下来是功能选项卡，例如【开始】、【插入】等，类似于 PowerPoint 2003 中的菜单命令。下面的【粘贴】、【版式】等所在区域为功能区，有许多工具栏，不同的工具栏中放置了与此相关的命令按钮或列表框。左侧是幻灯片窗格，用于显示演示文稿的幻灯片数量及位置。整个窗口中那个比较大的白色区域为幻灯片编辑区，是整个工作界面的核心，用于显示和编辑幻灯片。右下方是备注栏，可供幻灯片制作者或演讲者添加说明和注释。最下方是状态栏，显示演示文稿中所选的当前幻灯片以及幻灯片的总数量、所采用的模板类型以及页面显示比例等内容。当要退出 PowerPoint 时，单击右上角的关闭按钮即可。

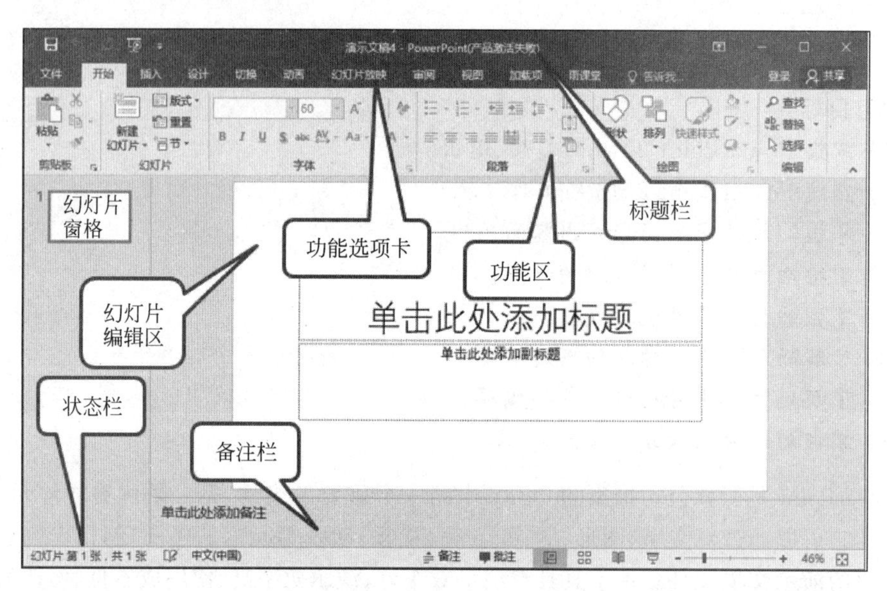

图 5-1　PowerPoint 2016 工作界面

再来了解一下 PowerPoint 中所涉及的两个名词。一是演示文稿，它是指利用 PowerPoint 软件生成的一个文件，常见的扩展名有 ppt 和 pptx，利用 Office 2003 之前的版本生成的演示文稿默认的扩展名通常为 ppt，利用 Office 2007 之后的版本生成的演示文稿默认的扩展名通常为 pptx，图 5-2 就是一个演示文稿文件。二是幻灯片，幻灯片是演示文稿的组成部分，通俗地来说，最终呈现出来的一页一页的内容，就是一页一页的幻灯片，图 5-3 所示就是一页幻灯片。由此可见，一个演示文稿文件中可以包含多张幻灯片。如图 5-4 所示，在这个演示文稿文件中有十多张幻灯片。

145043140_许建松.pptx　2018/6/17 17:37　Microsoft Power...　2,638 KB

图 5-2　演示文稿例图

5.1.1　将 Word 文档插入到 PowerPoint 演示文稿中

如果想要将 Word 文档中的内容直接插入到 PowerPoint 演示文稿中，可以有两种方法。一种是直接将 Word 文档中需要插入到演示文稿中的内容，用复制粘贴的方法粘贴过来；另一种是在要插入 Word 文档内容的幻灯片中单击【插入】→【对象】，在弹出的如

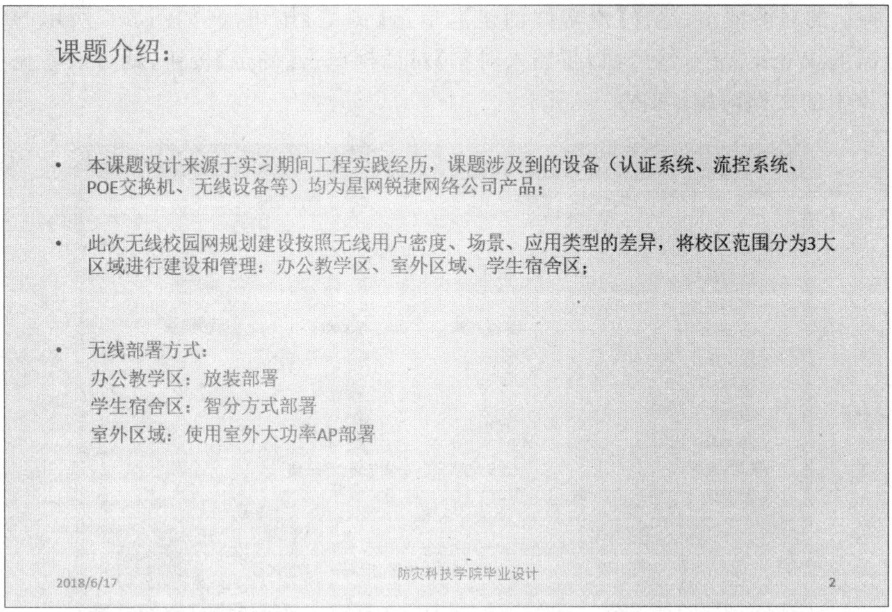

课题介绍：
本课题设计来源于实习期间工程实践经历，课题涉及到的设备（认证系统、流控系统、POE交换机、无线设备等）均为星网锐捷网络公司产品；
此次无线校园网规划建设按照无线用户密度、场景、应用类型的差异，将校区范围分为3大区域进行建设和管理：办公教学区、室外区域、学生宿舍区；
无线部署方式：
办公教学区：放装部署
学生宿舍区：智分方式部署
室外区域：使用室外大功率AP部署
2018/6/17
防灾科技学院毕业设计
2

图 5-3　演示文稿中的一页幻灯片

图 5-4　一个演示文稿中所包含多张幻灯片的浏览视图

插入对象
新建(N)
由文件创建(F)
文件(E):
浏览(B)...
链接(L)
显示为图标(D)
说明
将文件内容作为对象插入到演示文稿中，可以用创建它的应用程序激活它。
确定
取消

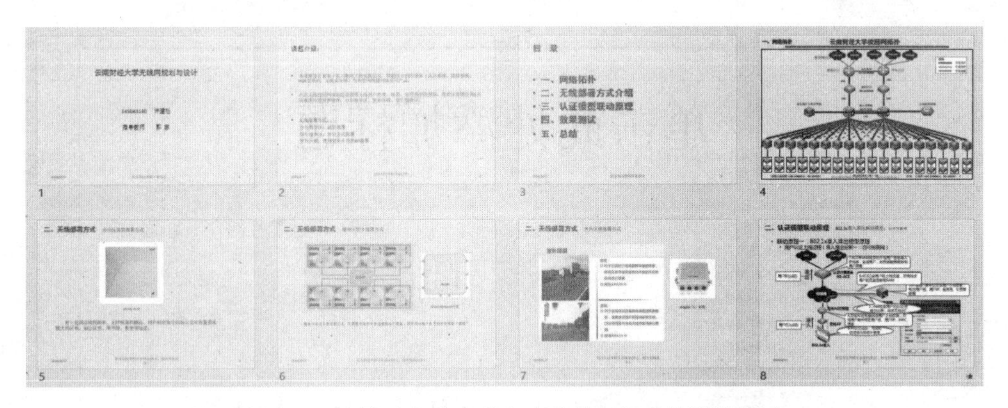

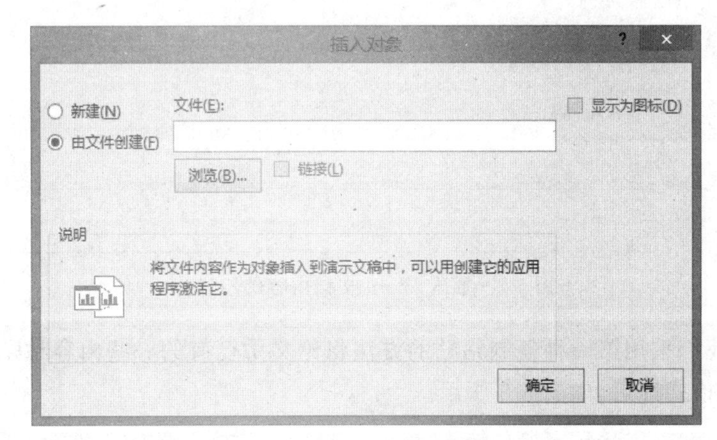

图 5-5　插入对象对话框

图 5-5 所示的对话框中，选择【由文件创建】，单击【浏览】按钮，在如图 5-6 所示的窗口中选择所需的 Word 文档，然后回到【插入对象】对话框单击【确定】按钮，就可以看见被插入到幻灯片中的文档内容，如图 5-7 所示。

图 5-6　浏览窗口

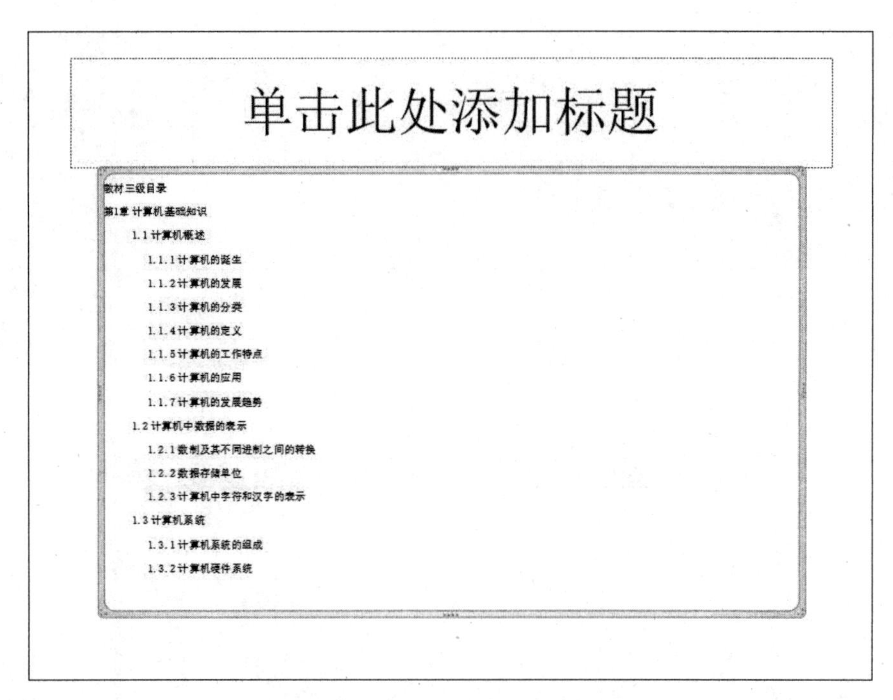

图 5-7　插入 Word 文档内容的幻灯片

在这里，我们采用第一种复制粘贴的方法将论文中已有的一些内容粘贴到幻灯片中，后续再编辑其格式即可，如图 5-8 所示。

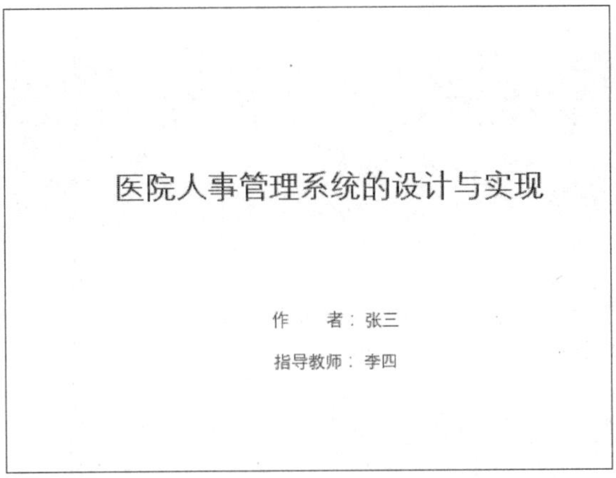

医院人事管理系统的设计与实现

作　者：张三

指导教师：李四

图 5-8　粘贴内容后的一张幻灯片

5.1.2　使用不同视图浏览演示文稿

在编辑的过程中可以切换至不同的视图来浏览演示文稿中幻灯片的内容。选择如图 5-9 所示【视图】选项卡里的不同视图类型即可快速切换到相应的视图。默认的视图类型为普通视图，如图 5-10 所示，在此可以同时显示幻灯片编辑区、幻灯片窗格以及备注窗格，主要用于调整单张幻灯片的内容；在大纲视图中列出了当前演示文稿中各张幻灯片的文本内容，效果如图 5-11 所示；幻灯片浏览视图的效果如图 5-12 所示，在此视图下不可以对单张幻灯片的内容进行编辑，但是可以改变幻灯片的版式和结构；备注页视图的效果如图 5-13 所示，在此视图下可以看到每张幻灯片所添加的备注，此视图与普通视图类似，但是没有幻灯片/大纲窗格；阅读视图如图 5-14 所示，此视图仅显示标题栏、阅读区和状态栏，主要用于浏览幻灯片的内容，在该模式下幻灯片将以窗口大小进行放映。

图 5-9　设置视图类型

5.1.3　幻灯片的编辑操作

现在我们可以对幻灯片进行编辑，例如添加、删除、复制幻灯片等，还可以对幻灯片中的内容进行编辑。

1. 添加幻灯片

增加一张幻灯片时可以直接选中某一张幻灯片后，按回车键，如图 5-15 所示，即可在

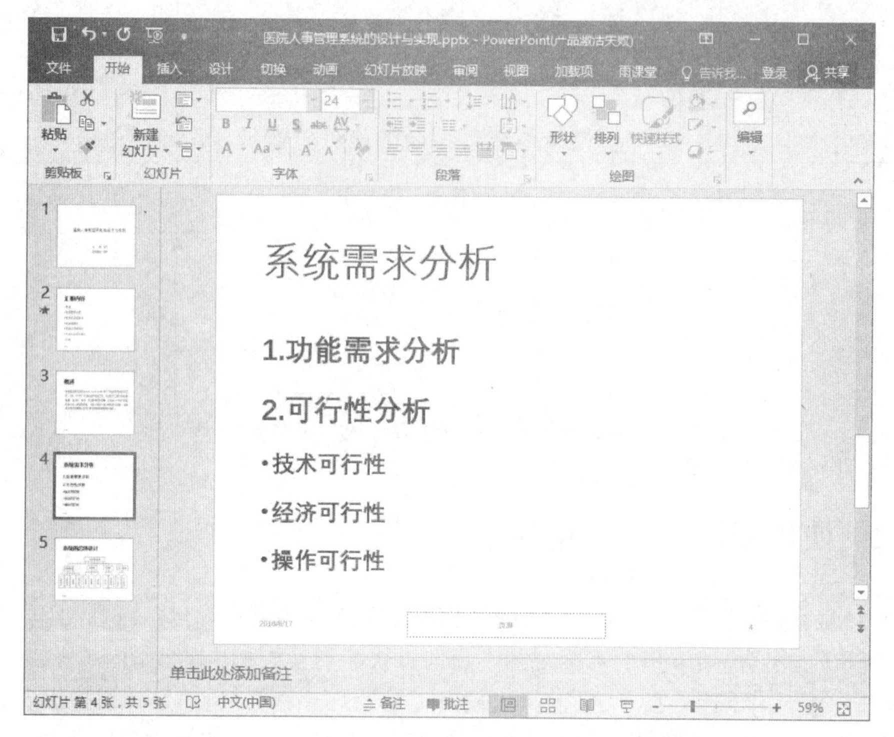

图 5-10　普通视图

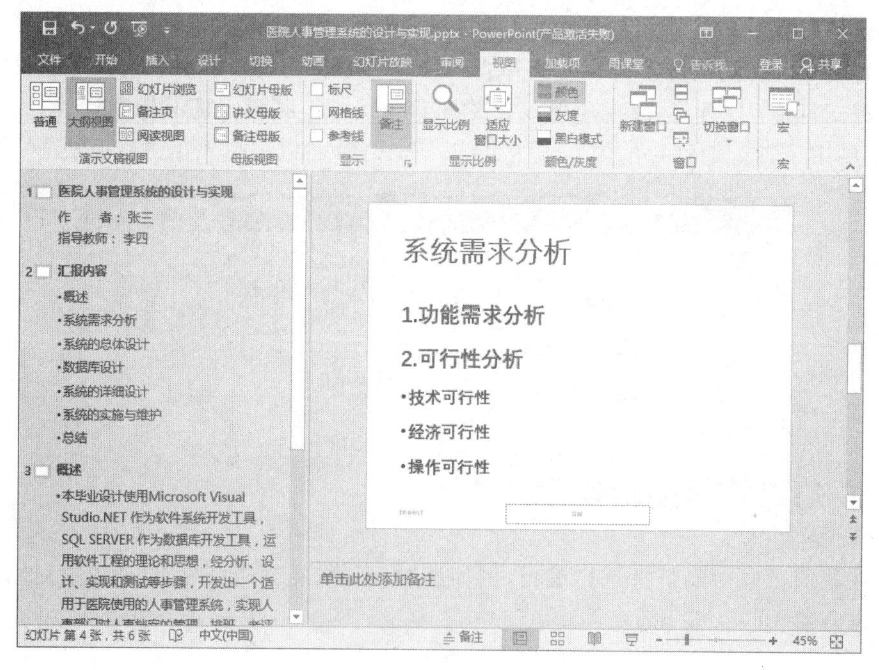

图 5-11　大纲视图

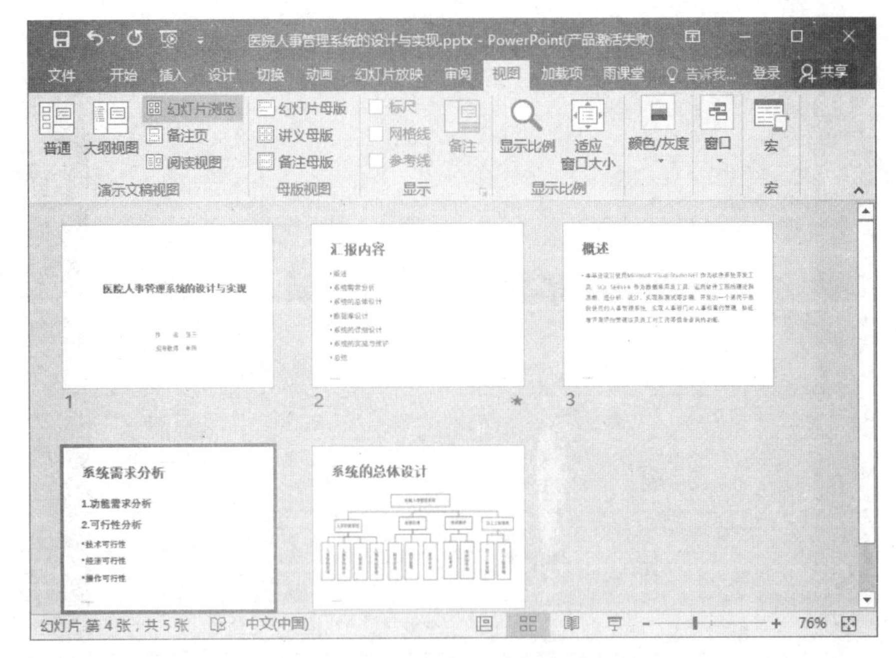

图 5-12　幻灯片浏览视图

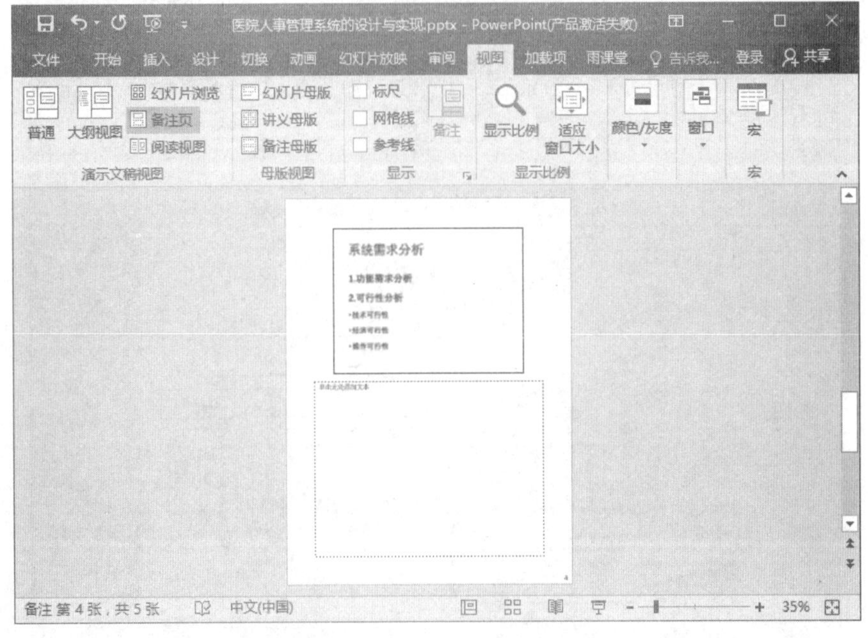

图 5-13　备注页视图

此幻灯片后面添加一页新的空白幻灯片，添加后的效果如图 5-16 所示。

2. 删除幻灯片

删除幻灯片时先将要删除的幻灯片在幻灯片窗格中选中，如图 5-17 所示，按 Delete

键即可；也可以右击该幻灯片，在弹出的快捷菜单中选择【删除幻灯片】，如图 5-18 所示，该张幻灯片即可被删除。

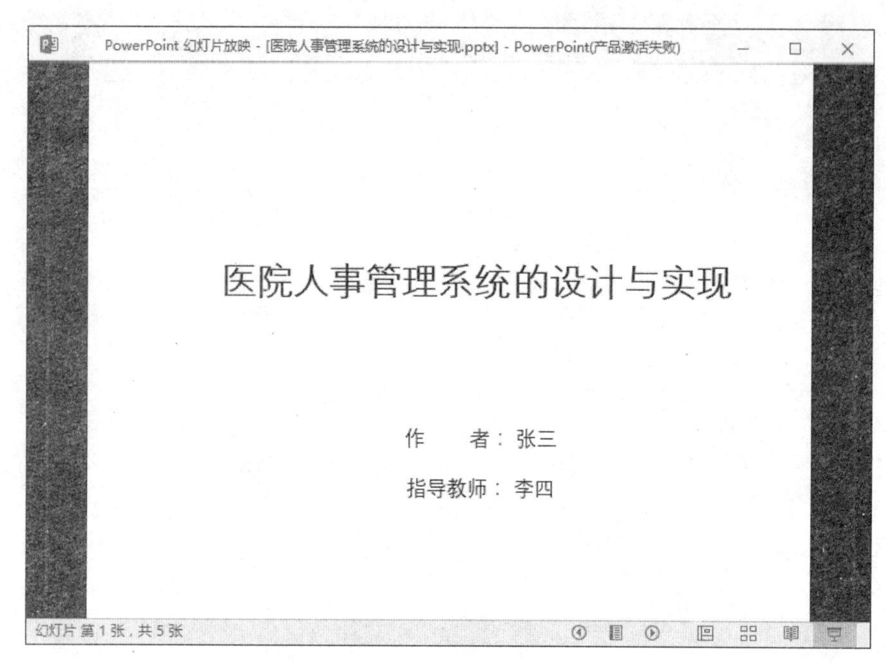

图 5-14　阅读视图

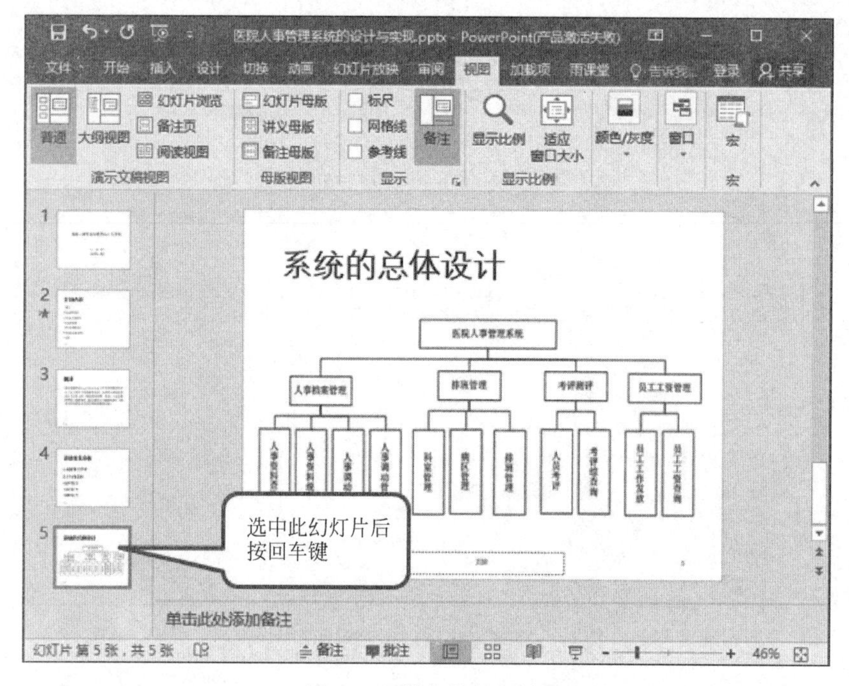

图 5-15　添加新幻灯片

3. 复制幻灯片

有时可能后一张幻灯片的内容与前面某张很类似，只许稍作改动即可，这时就可以进行幻灯片的复制以提高制作效率。将要复制的幻灯片选中，右击，在弹出的快捷菜单中选择【复制幻灯片】，如图 5-19 所示，在此张幻灯片的后面就会直接出现复制过来的幻灯片。还可以在需要粘贴的位置，按 Ctrl+V 将复制的幻灯片粘贴过去。

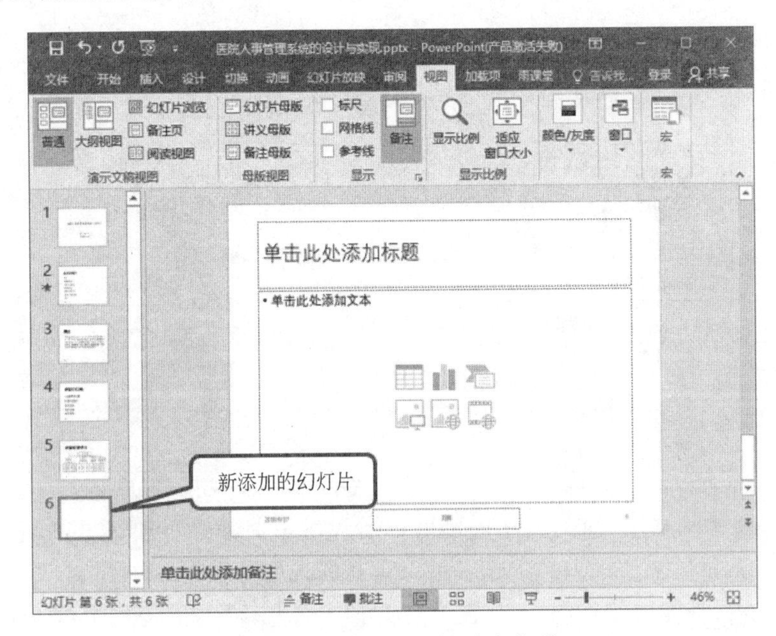

图 5-16　添加进一页空白幻灯片

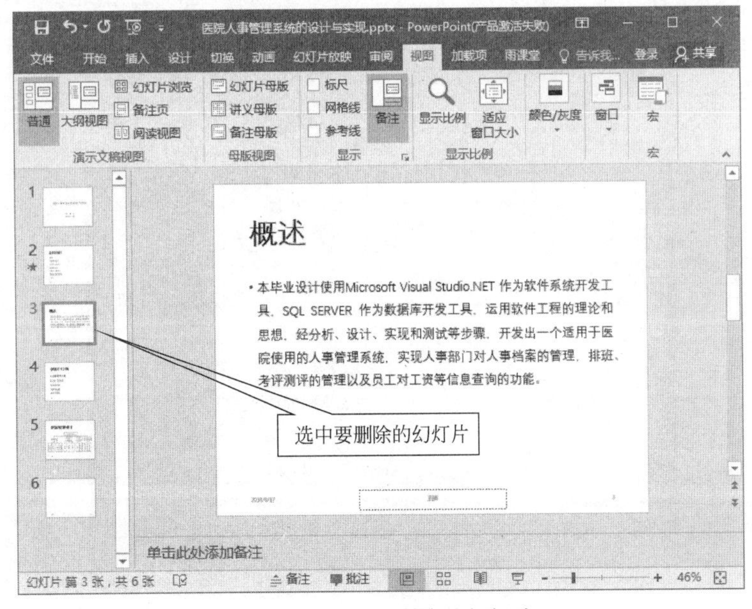

图 5-17　选中要删除的幻灯片

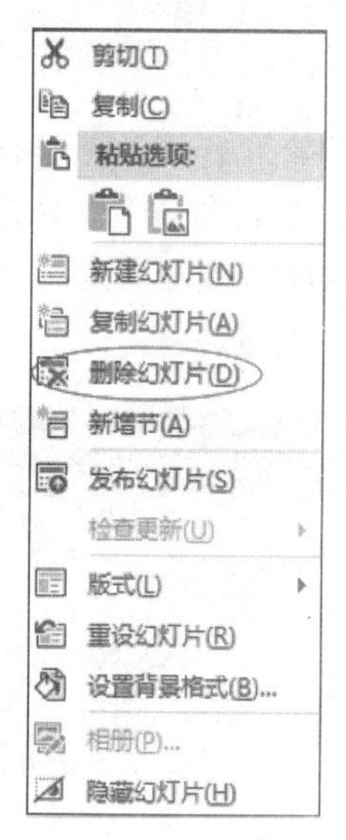

图 5-18　选择【删除幻灯片】

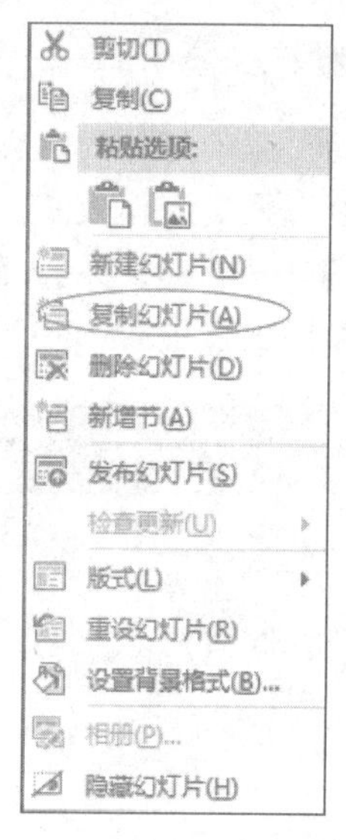

图 5-19　选择【复制幻灯片】

4. 添加内容

在幻灯片中可以添加的内容有文字、图形、图像、音频、视频、动画等。

(1) 如果想添加文字，前面提到过可以以插入对象的方式添加，也可以直接输入，或者从其他地方粘贴过来。添加后的文字可以对其格式进行编辑，选中要编辑的文字，单击【开始】→【字体】，在弹出的如图 5-20 所示的对话框中可以对字形、字号、字体颜色等细节进行设置。同样，可以对某些文字进行段落格式设置，选中文字后，单击【开始】→【段落】，在弹出的如图 5-21 所示的对话框中对行距、缩进等细节进行设置。

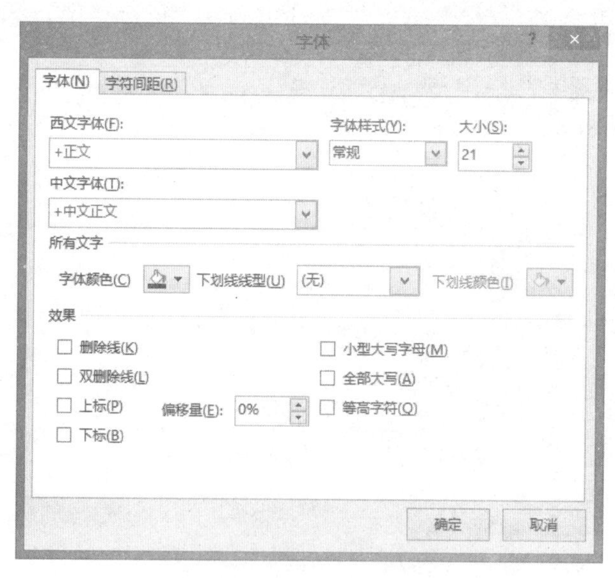

图 5-20　【字体】对话框

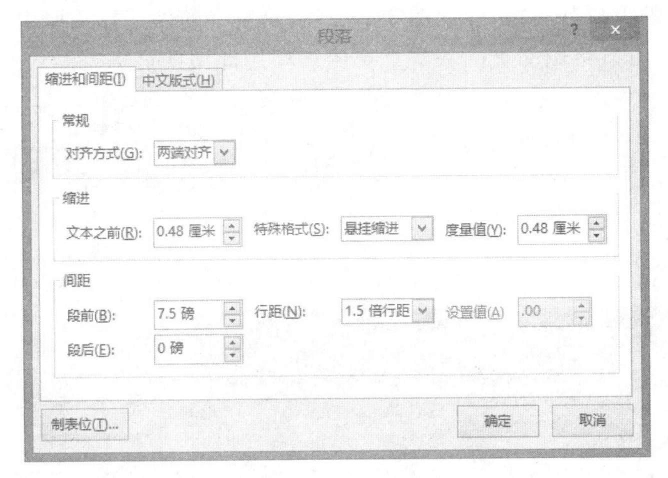

图 5-21 【段落】对话框

(2) 如果想添加艺术字，单击【插入】→【文本】，选择【艺术字】，如图 5-22 所示，然后在图 5-23 所示的字库中选择艺术字的样式后就会出现图 5-24 所示的放置艺术字的界面，在此选择某一种艺术字并输入文字即可。

图 5-22 选择【艺术字】

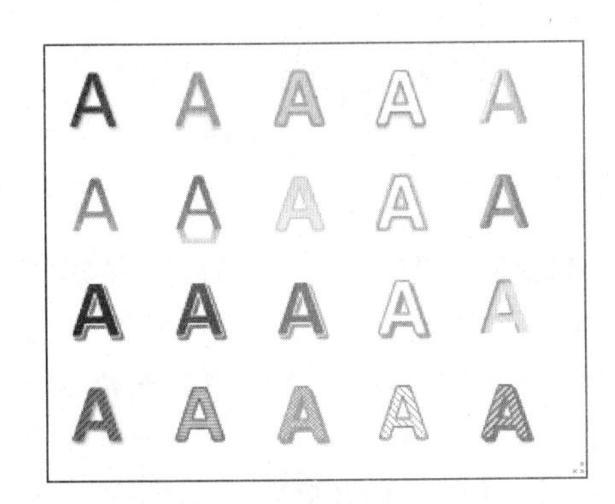

图 5-23 选择艺术字的样式

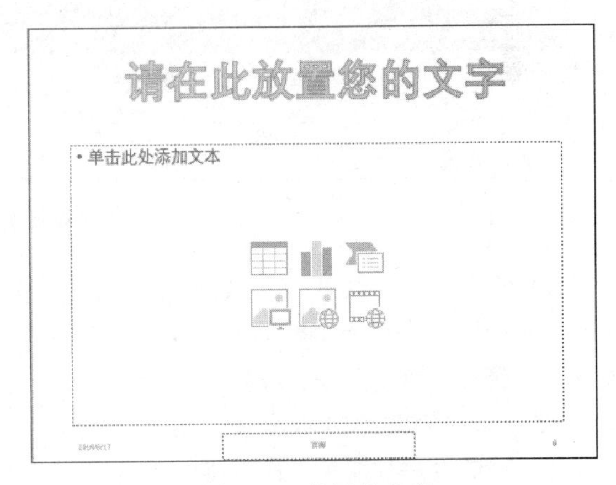

图 5-24 放置艺术字

(3) 如果想添加表格，单击图 5-25 所示的【插入】选项卡，选择【表格】，在图 5-26 所示的菜单项中可以选择多种添加表格的方式，最终添加后的效果如图 5-27 所示，在表格中可以对单元格的内容进行具体的编辑，包括对字体、段落等进行设置。在如图 5-28 所示的【设计】选项卡中可以对表格的样式、填充颜色等进行设置。例如要进行样式的选择，可以单击表格样式的下拉列表框，在如图 5-29 所示的表格的外观样式库中进行选择。在做毕业答辩报告时，可以将论文里的一些重要的表格用此法插入进来。

图 5-25 【插入】选项卡

图 5-26 插入表格

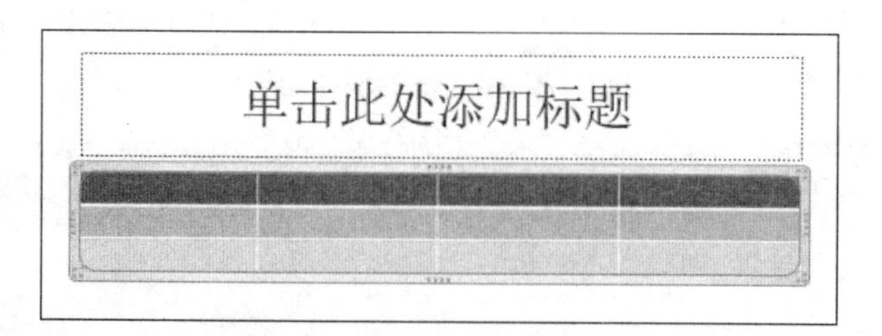

图 5-27 插入表格后的幻灯片

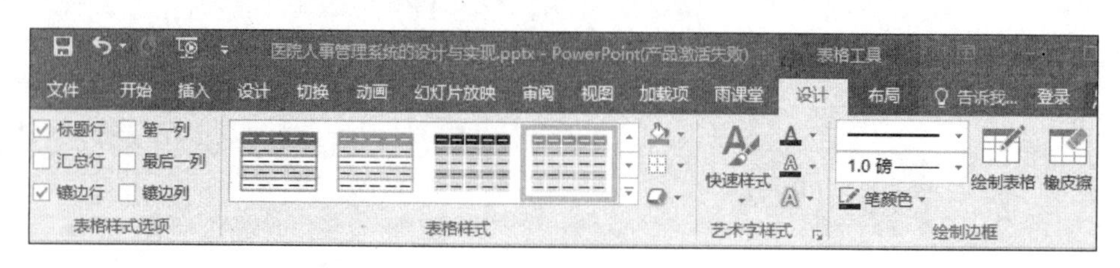

图 5-28 【设计】选项卡

(4) 如果想添加图片，单击【插入】→【图片】，在弹出的如图 5-30 所示的对话框中选择要加载的图片的位置，将其添加即可。添加剪贴画、屏幕截图、相册等操作与其类似，在这里不再赘述。在做毕业答辩报告时可以将毕业设计实现的一些效果图用此法添加进来，以便成果更直观地展示出来。

(5) 如果想添加常用的一些形状，可以单击【插入】→【形状】，在弹出的如图 5-31 所示的形状中选择合适的形状添加进幻灯片中。例如要在毕业答辩报告中画一个抛物线，可以在形状中先选择一个带箭头的形状画出横轴，再画出纵轴，效果如图 5-32 所示。选择形状中的曲线，如图 5-33 所示。在要画曲线的地方单击鼠标，因为此抛物线想要过原点，所以拖动鼠标在原点处单击，然后在需要拖动停止的地方双击鼠标，即可画出图 5-34 所示的抛物线。同样道理，如果要在毕业答辩报告中添加其他形状，例如系统的功能模块

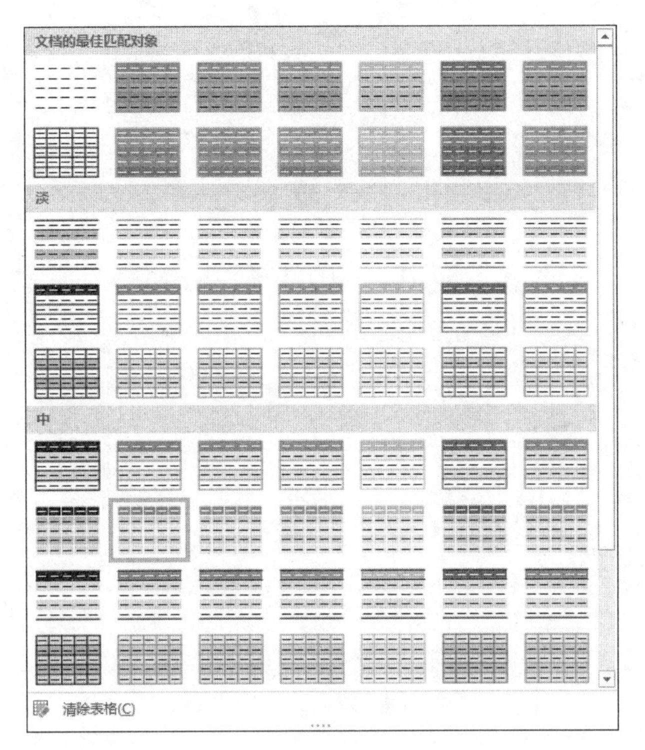

图 5-29　表格样式

图 5-30　插入图片

图，就可以依据此方法做出来如图 5-35 所示的效果。此外，PowerPoint 2016 中提供了 SmartArt 图形，如图 5-36 所示，里面包括了很多常用的如循环、列表、层次等图形，可以方便地添加到幻灯片中，增强演示文稿的展示效果。还可以添加图表，以增强表格中数据的直观性，在如图 5-37 所示的对话框中选择合适的图表类型，在出现如图 5-38 所示的效果后，再对图表背景、坐标轴等细节进行设置即可。此处与 Excel 中的图表编辑有些类似，在此不再赘述。

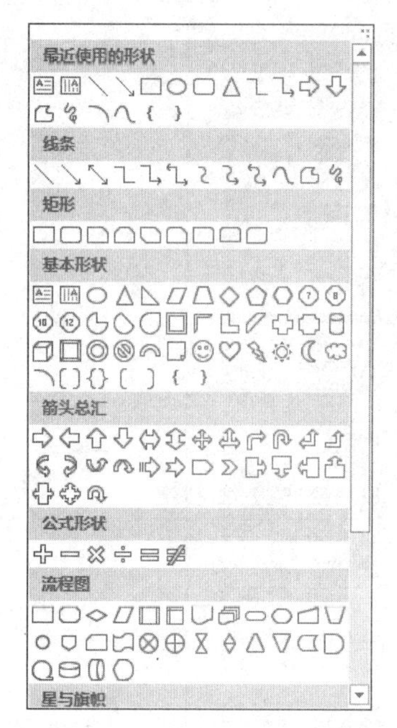

图 5-31　PowerPoint 中自带的形状

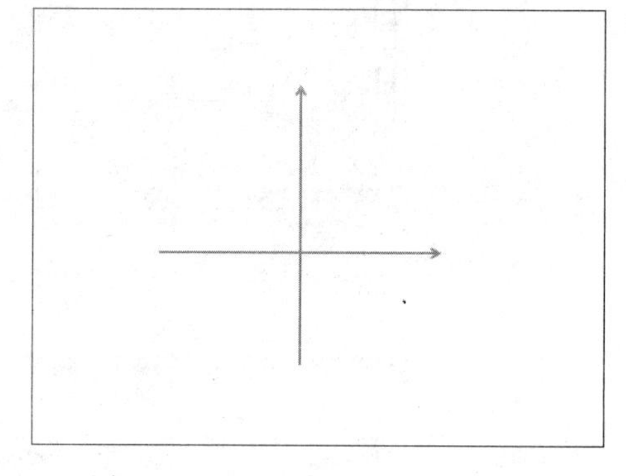
图 5-32　画出抛物线的两个坐标轴

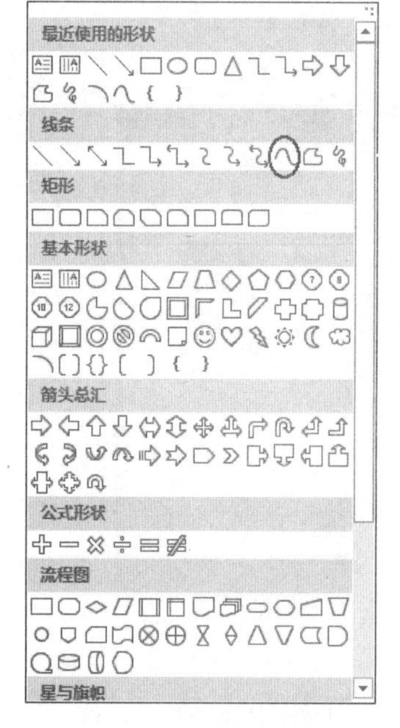

图 5-33　选择曲线

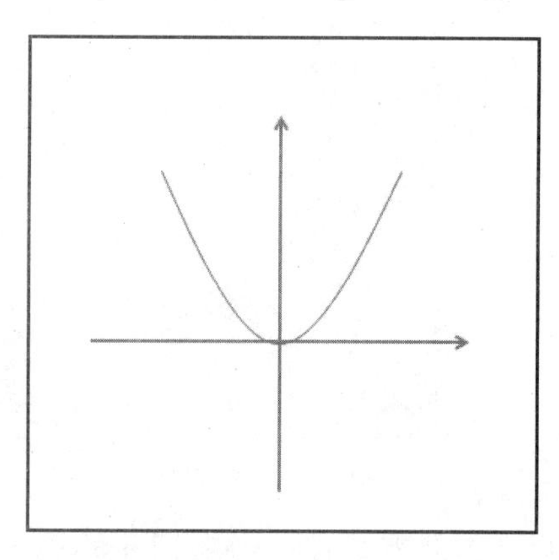
图 5-34　抛物线

(6) 如果想添加超链接,可以单击【插入】→【超链接】,在弹出的如图 5-39 所示的对话框中选择要链接到的文件或者地址即可。

(7) 如果想添加文本框,可以单击【插入】→【文本框】,根据实际情况在如图 5-40 中选择横排或竖排的文本框插入即可,文本框中的内容也可以进行字体、段落等编辑。

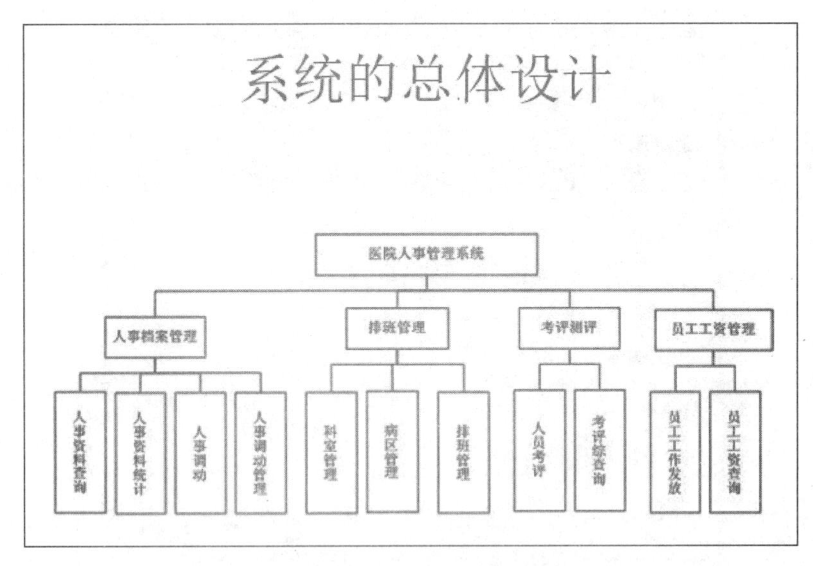

图 5-35　系统功能模块图

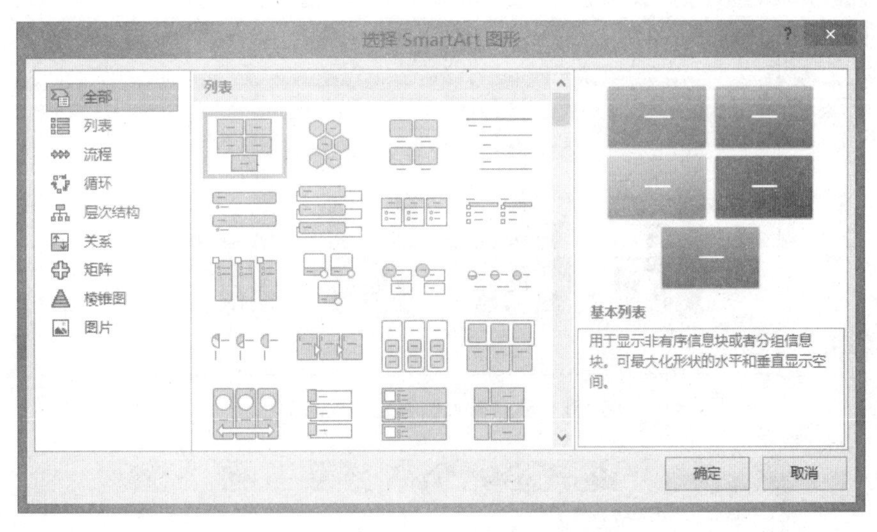

图 5-36　SmartArt 图形

(8) 如果想添加公式、符号等其他元素，添加方式也都与上述方法类似，在【插入】中选择相应的选项，在弹出的对话框中进行相关设置即可。

5.1.4　设置幻灯片的页眉和页脚

幻灯片中经常会设置在页脚处显示当前时间和编号，要想出现这种效果，需要单击【插入】→【页眉和页脚】，在弹出的如图 5-41 所示的对话框中进行设置，将复选框中的日期时间、幻灯片编号、页脚等项都选中，单击【全部应用】，就可以应用到整个演示文稿中，效果如图 5-42 所示，还可以根据实际需要在页脚处添加相应的内容。

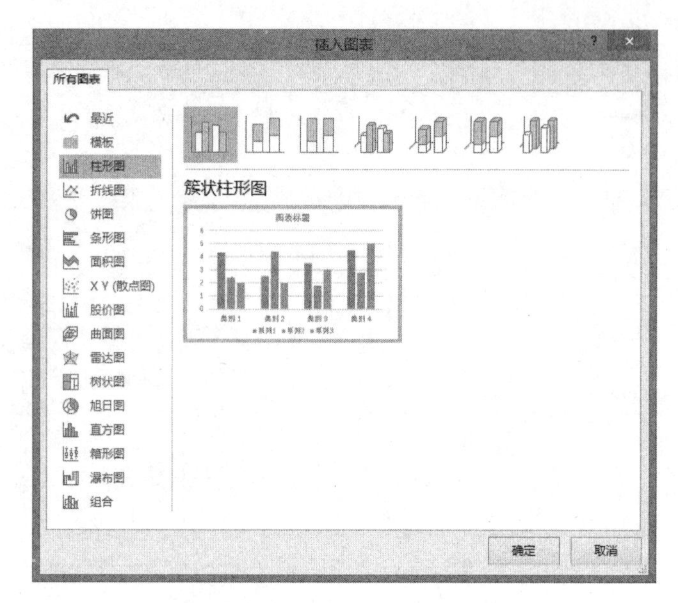

图 5-37 【插入图表】对话框

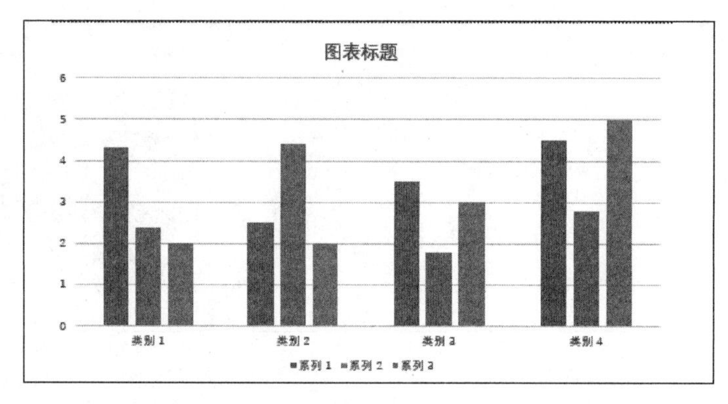

图 5-38 插入图表后的效果

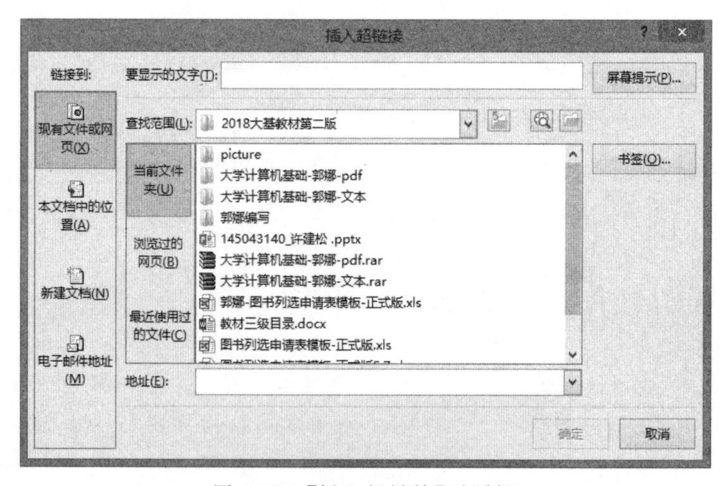

图 5-39 【插入超链接】对话框

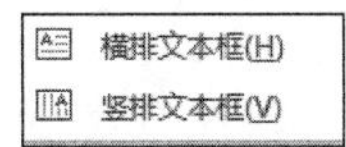

图 5-40　文本框类型选择

图 5-41　【页眉和页脚】对话框

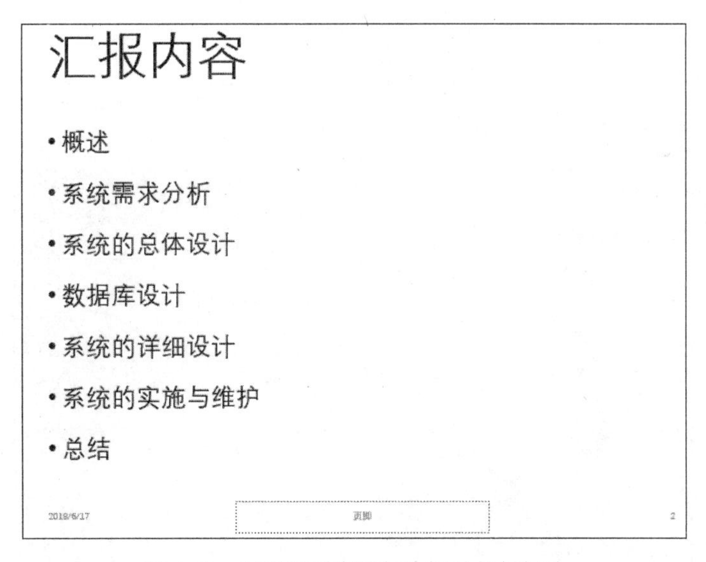

图 5-42　对页眉页脚进行编辑后的幻灯片

5.1.5　设置幻灯片的外观

将每页幻灯片的内容编辑之后，可以对幻灯片的外观进行设置。

1. 设置主题

可以选取 PowerPoint 2016 自带的主题，单击【设计】→【主题】，在主题的下拉列表中呈现出如图 5-43 所示的多种主题样式，可以根据实际需要进行选取。选取后，出现如图 5-44 所示的效果。还可以对主题的颜色、字体、效果等进行进一步的设置，依次选中【变体】→【颜色】、【变体】→【字体】、【变体】→【效果】后，在弹出来的界面图 5-45、图 5-46、图 5-47 中进行设置即可。

图 5-43　主题样式列表

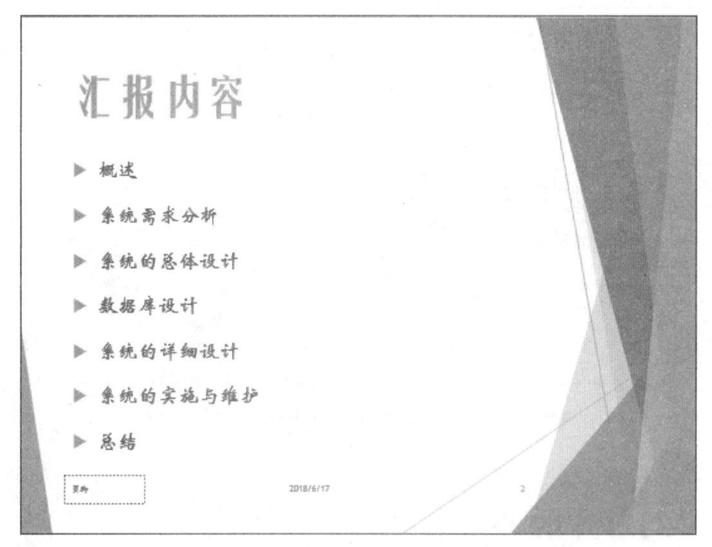

图 5-44　应用主题后的幻灯片

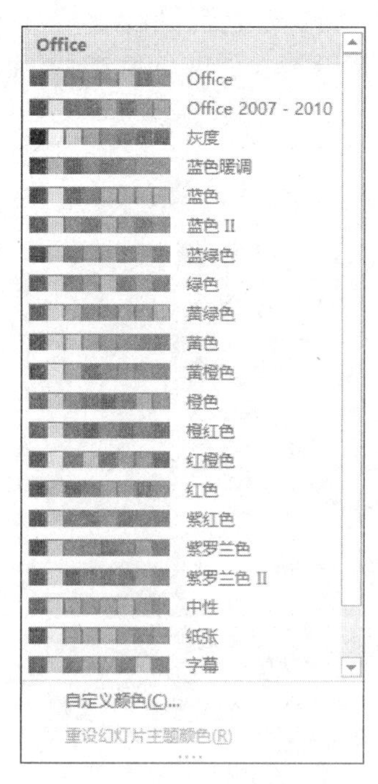

图 5-45　颜色设置

图 5-46　字体设置

2. 幻灯片大小设置

在幻灯片大小设置中可以对幻灯片的方向进行设置，单击【设计】→【自定义】→【幻灯片大小】→【自定义幻灯片大小】，在如图 5-48 所示的界面中选择横向或纵向即可，并且还可以在此设置宽度及高度等。

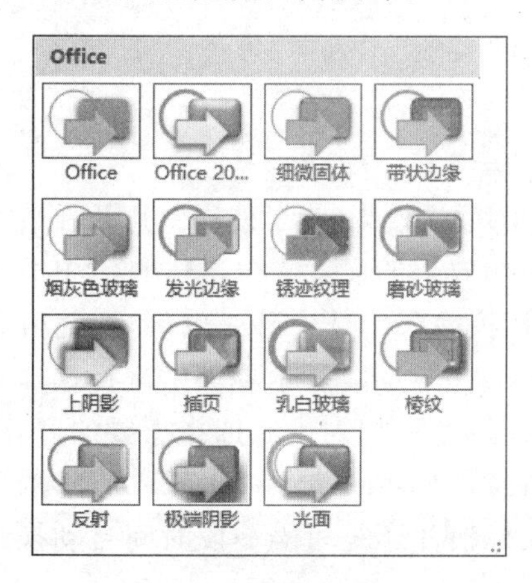

图 5-47　效果设置

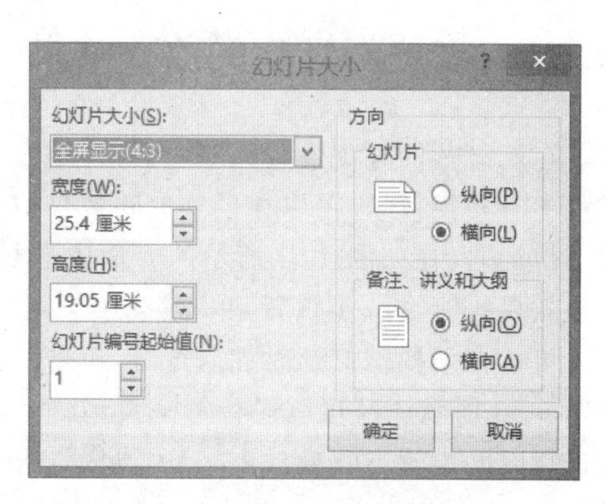

图 5-48　幻灯片大小设置对话框

3. 背景格式设置

进行背景格式设置时，可以单击【设计】→【自定义】→【设置背景格式】，在弹出来的如图 5-49 所示的界面中进行背景格式的设置，在此对背景格式的纯色填充、图片填充、颜色、透明度等进行详细设置，如图 5-50 所示。

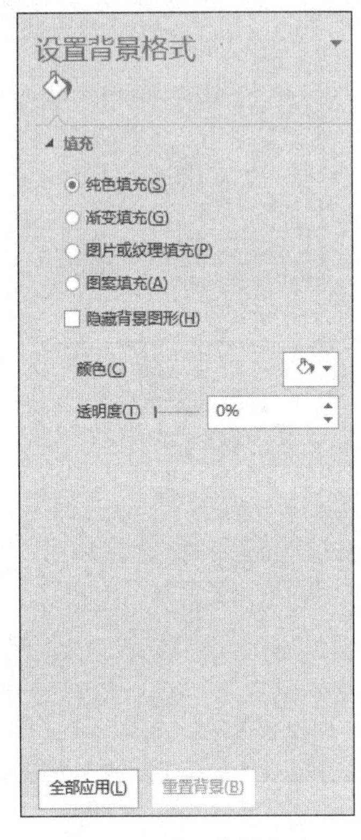

图 5-49　设置背景格式

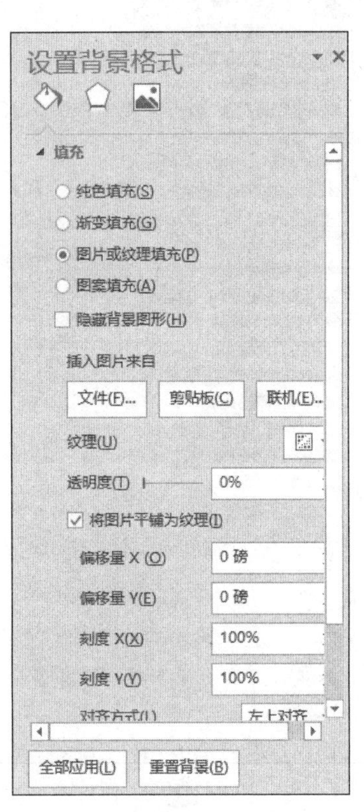

图 5-50　设置图片填充

5.1.6　设置幻灯片的放映效果

在幻灯片的外观设置完毕之后，还需设置幻灯片的放映效果，为了使得幻灯片在放映过程中有切换效果，可以在设置放映效果前先进行切换效果的设置。单击【切换】中的效果下拉列表，在如图 5-51 所示的界面中选择合适的切换效果。选中某一效果后，还可以对该效果进行进一步设置，单击【切换】→【效果选项】，在图 5-52 所示界面中进行选择即可。可以在切换幻灯片时加入声音，单击【切换】，打开声音下拉列表后选择想要的声音，如图 5-53 所示。还可以进行每一页幻灯片播放时持续时间的设置，在图 5-54 所示的位置进行时间设置，在【换片方式】中可以进行是单击鼠标换片还是每隔一段时间自动换片的设置，如图 5-54 所示，最后单击【全部应用】即可应用至整个演示文稿中。

接下来可以进行放映效果的设置。单击【幻灯片放映】，在【开始放映幻灯片】中进行设置，如图 5-56 所示，在此可以设置是从头开始放映，还是从当前这张幻灯片开始放映，

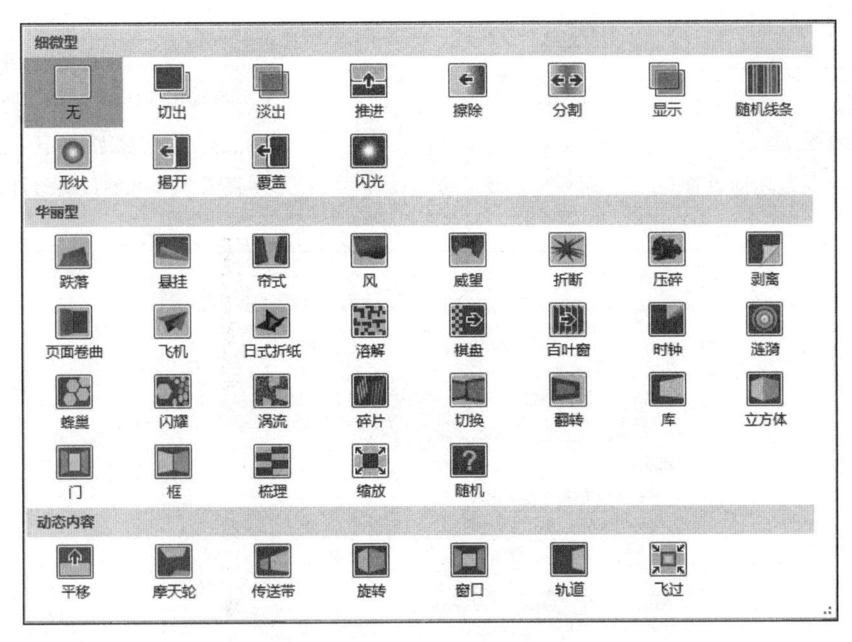

图 5-51　切换效果列表

或是自定义幻灯片的放映或者联机演示。从头开始或者从当前幻灯片开始都比较常见，也比较容易操作，在此不再演示。联机演示是可以向在 Web 浏览器中观看并下载内容的人员演示，但是前提是需要在如图 5-57 所示的界面中做一些设置。单击【幻灯片放映】→【自定义幻灯片放映】，在弹出来的如图 5-58 所示的对话框中添加在放映中放映哪几张幻灯片。

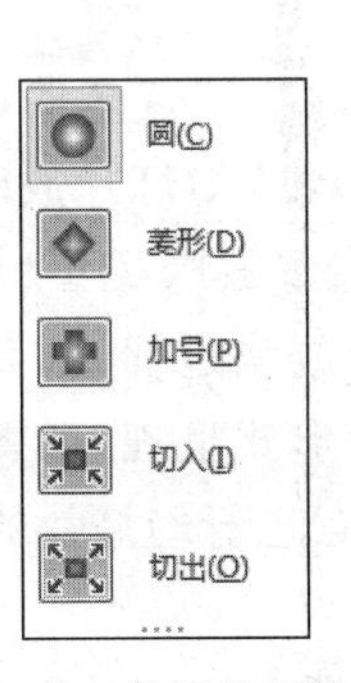

图 5-52　效果选项选择

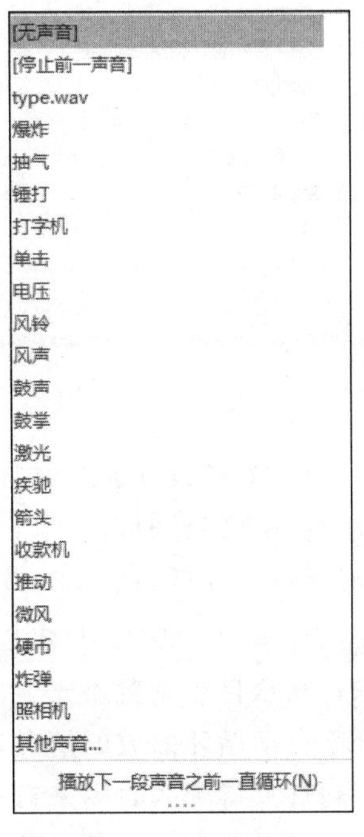

图 5-53　选择声音

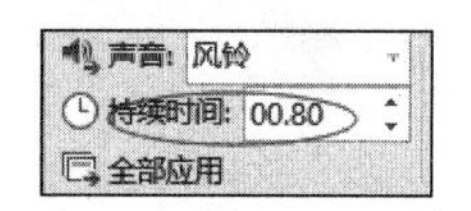

图 5-54　持续时间设置

图 5-55　换片方式设置

图 5-56　开始放映幻灯片

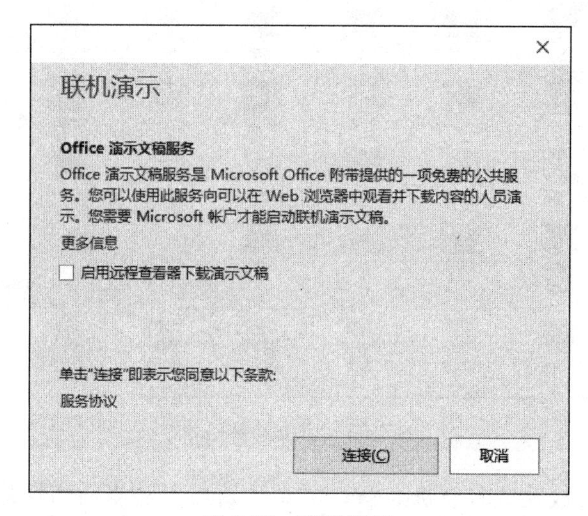

图 5-57　联机演示

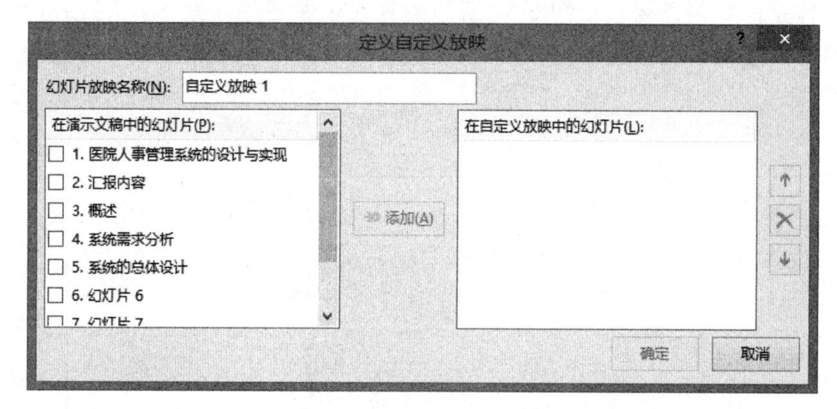

图 5-58　自定义放映对话框

在【幻灯片放映】→【设置】中，如图 5-59 所示，设置放映方式或者隐藏某张幻灯片不放映、在放映时打开排练计时等。以设置放映方式为例，单击【幻灯片放映】→【设置幻灯片放映】将其对话框打开后，如图 5-60 所示，在其中可以设置放映类型、放映选项等。演讲者放映是使用较多的一种类型，可以让演讲者自己控制放映过程，图 5-61 就是此种放映方式的效果。观众自行浏览不是全屏显示，是以窗口的形式呈现，如图 5-62 所示。在展台浏览适合于自动循环播放的情况，此时人为不能干预它进行幻灯片的切换，是按照事先设定的每张幻灯片持续的时间来自动播放的。

其他的一些设置放映方式的参数，读者可以自己在机器上进行选取、设置，以便更直观地看到动态的效果,在这里不再演示。

图 5-59　设置

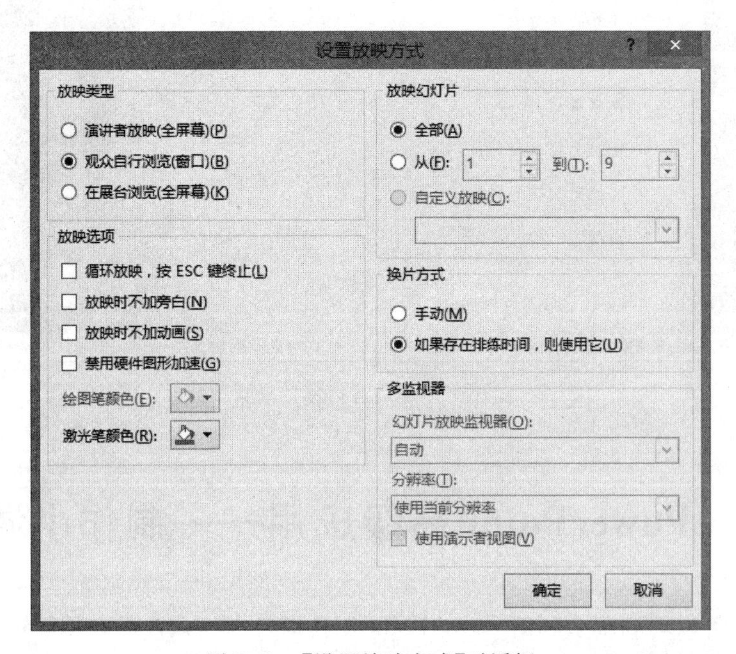

图 5-60　【设置放映方式】对话框

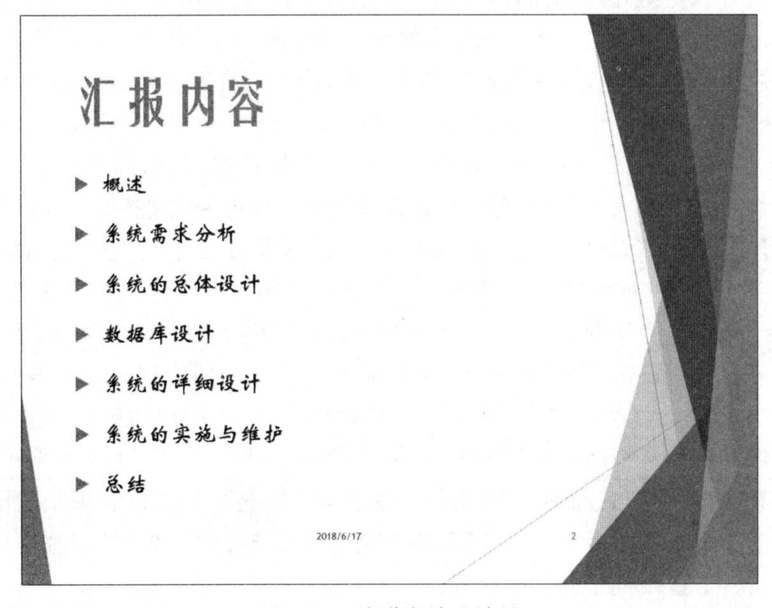

图 5-61　演讲者放映效果

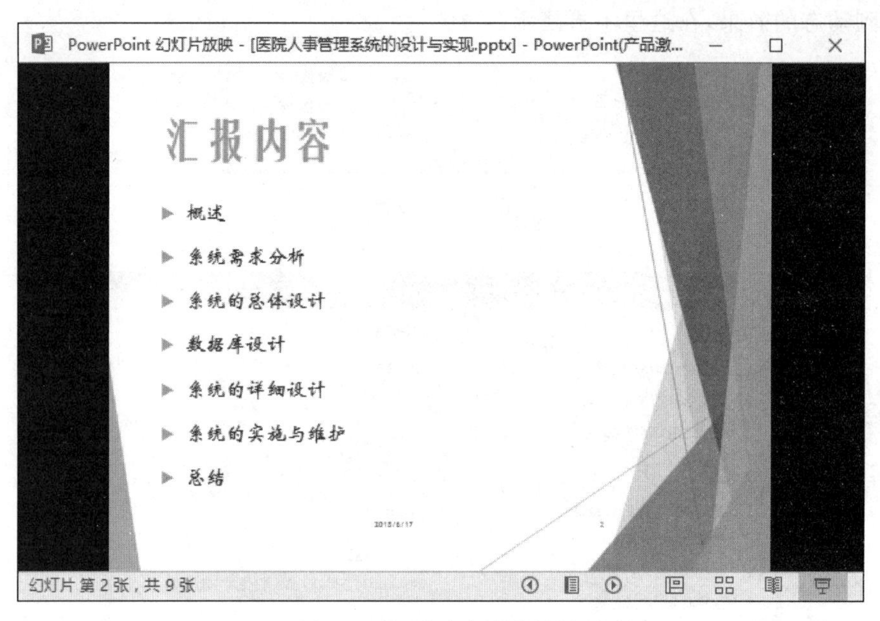

图 5-62　观众自行浏览效果

5.2　PowerPoint 高级应用——制作小游戏

平时我们可以看到很多利用 PowerPoint 制作课件、报告、产品宣传展示等的例子，其实在繁忙、枯燥的工作之余，我们还可以利用 PowerPoint 制作一些小游戏来调剂一下生活，下面通过一个搞笑小游戏的制作来进一步学习 PowerPoint 的高级应用。在本例中想要做成一个可以放映的演示文稿，效果如图 5-63、图 5-64、图 5-65、图 5-66、图 5-67、图 5-68、图 5-69、图 5-70 所示，这里需要解释一下，由于现在读者看到的图片都是静态的，所以一些特殊的效果看不出来。在这个小游戏中，从图 5-63 开始，根据幻灯片中内容的提示，按红色的按钮开始回答问题。当转到下一页幻灯片时，我们需要回答一个问题“您觉得您的薪水太多还是太少”。按照一般的思维方式，肯定是要选“太少”，但是在实际的放映过程中你会发现，“太少”按钮根本选不中，当鼠标指向它时，“太少”按钮就会跑，就会变成图 5-65 或图 5-66 所示的那种情况。因为没有办法，所以你就会很无奈地选择“太多”来看看后面情况，当你顺利地选中“太多”按钮后，跳到下一页幻灯片，如图 5-67 所示。按照它的提示，单击“发送答案”按钮，就会跳到图 5-68 所示的幻灯片。单击“完毕”按钮，跳到图 5-69 所示的幻灯片。单击“继续”按钮，跳到图 5-70 所示的最后一张幻灯片。单击“结束”按钮将结束整个演示文稿的放映，到此整个小游戏结束。需要说明的是，此游戏与选用的背景图案“中国工商银行”没有任何关系，只是选了一张符合场景的图片作为背景图案。看了这个小例子后，读者是不是很好奇怎么实现让“太少”按钮选不中的。下面我们就来介绍一下这个例子的制作过程。

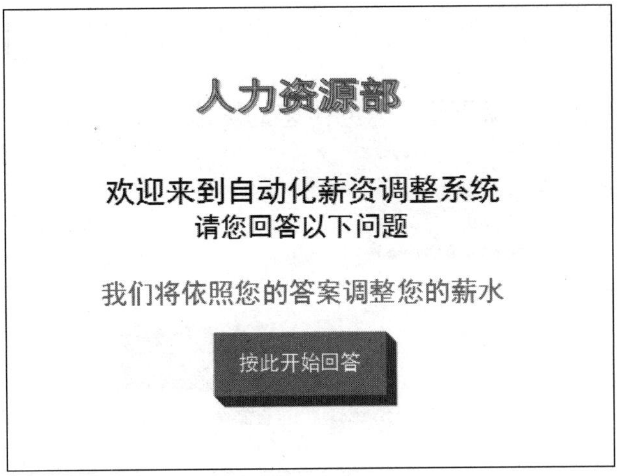

人力资源部
欢迎来到自动化薪资调整系统
请您回答以下问题
我们将依照您的答案调整您的薪水
按此开始回答

图 5-63　进入游戏

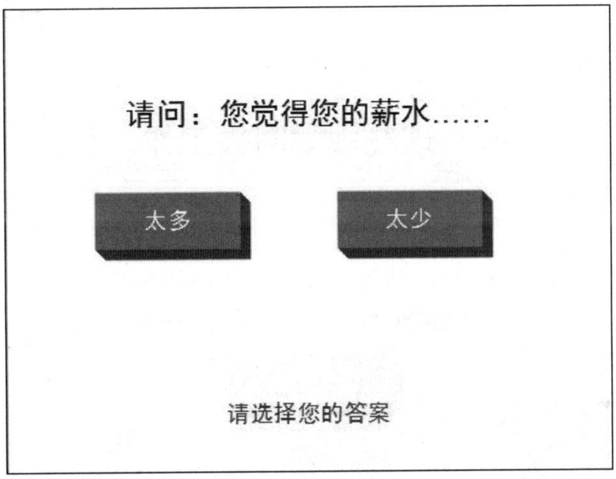

请问：您觉得您的薪水……
太多
太少
请选择您的答案

图 5-64　回答问题页面

请问：您觉得您的薪水……
太多
太少
请选择您的答案

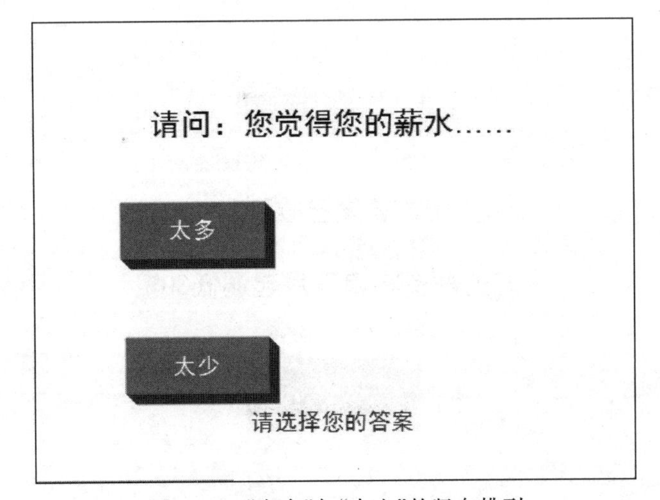

图 5-65　“太多”与“太少”的竖向排列

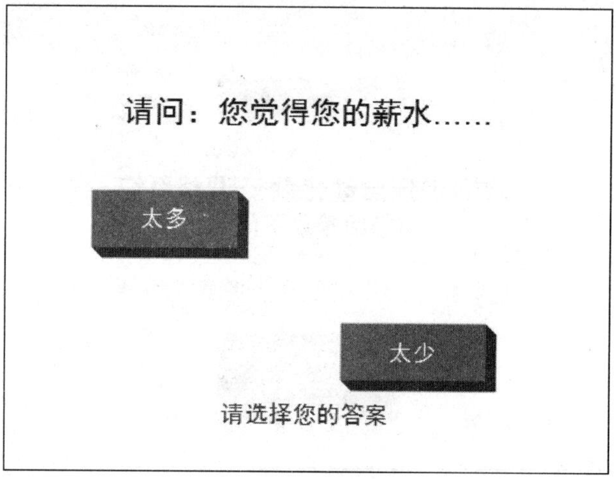

请问：您觉得您的薪水……

太少

请选择您的答案

图 5-66 “太多”与“太少”的斜向排列

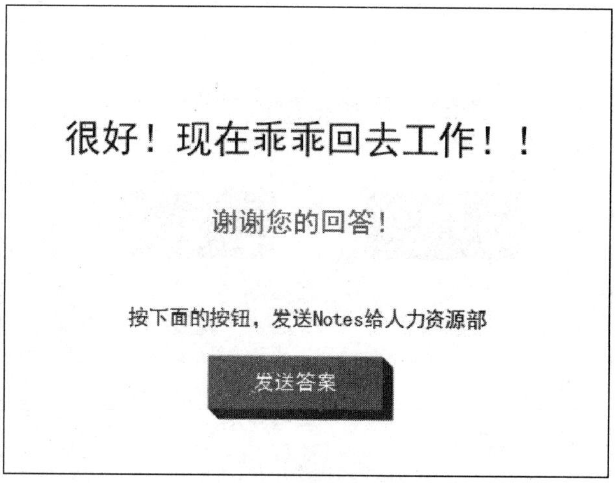

很好！现在乖乖回去工作！！

谢谢您的回答！

按下面的按钮，发送Notes给人力资源部

发送答案

图 5-67 发送答案页面

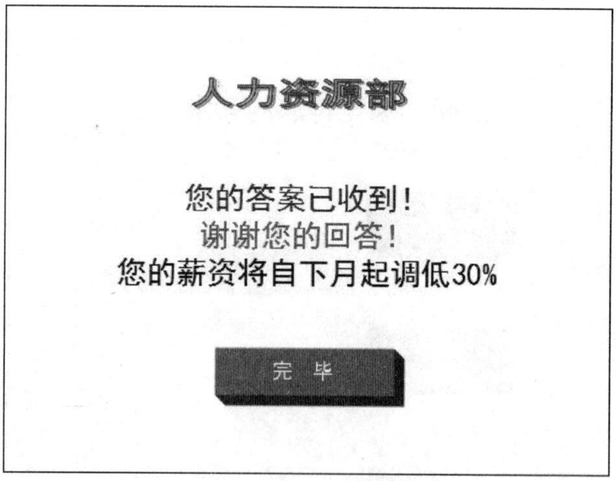

人力资源部

您的答案已收到！
谢谢您的回答！
您的薪资将自下月起调低30%

完 毕

图 5-68 调查完毕页面

我们看到并记录下您此刻的表情
继 续

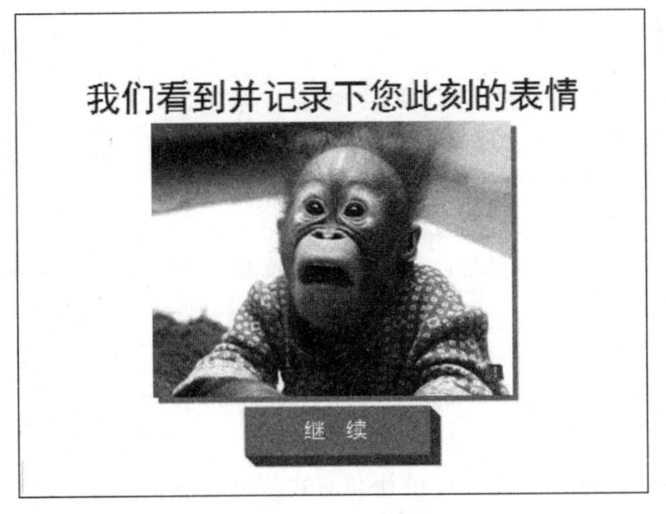

图 5-69 继续页面

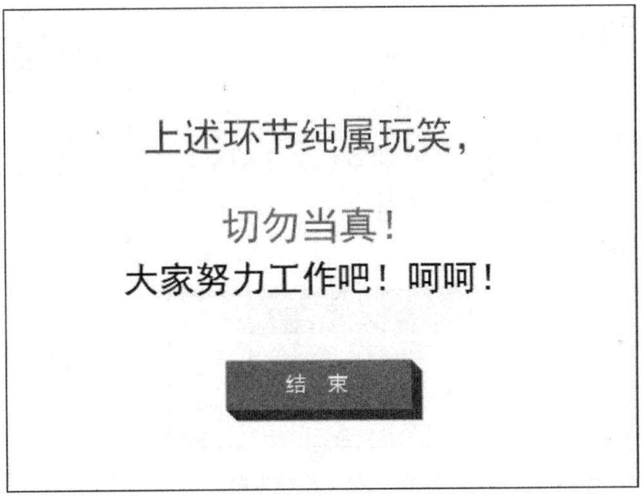
上述环节纯属玩笑，
切勿当真！
大家努力工作吧！呵呵！
结 束

图 5-70 结束页面

5.2.1 编辑母版

在这个例子中背景图案选中的是一个带有银行标志的图片，并且每张幻灯片都用此图案作为背景。这个效果可以运用上节学过的利用【设计】→【自定义】→【设置背景格式】的方法来做，设置方法如图 5-71 所示，选中【插入图片来自文件】，然后将图片文件加载进来即可作为幻灯片背景。但是如果对演示文稿中的每一张幻灯片都重复做此操作，那么工作效率会很低，所以在这里我们用另一种比较合适的方法来做。那就是通过对母版的编辑来设置统一的背景图案。

在 PowerPoint 中有三种母版，分别是幻灯片母版、讲义母版、备注母版。

1. 幻灯片母版

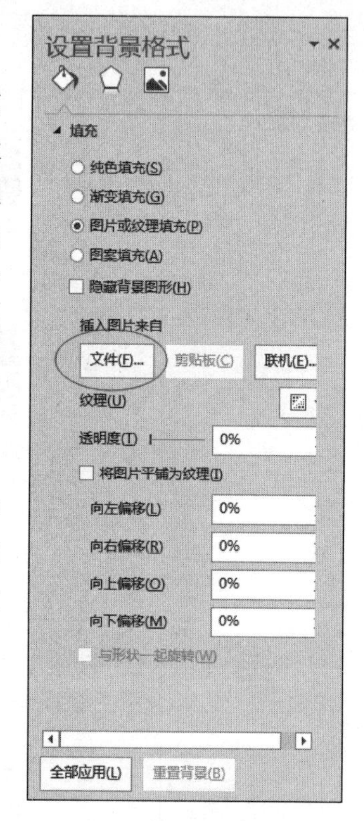

图 5-71　设置背景图片

幻灯片母版是一个应用得比较多的母版，用于设置幻灯片的样式，包括标题和正文等文本的格式、占位符的大小和位置、项目编号和项目符号的样式、背景的设计和配色方案等。通过对幻灯片母版的设计可以使得整个演示文稿中各张幻灯片有统一的风格。在编辑演示文稿时可以先对幻灯片母版进行样式的设置，这样母版中的预设置就可以应用到演示文稿中的每张幻灯片中。

2. 讲义母版

讲义母版用于更改讲义的打印设计和版式。通过讲义母版，在讲义中设置页眉页脚，控制讲义的打印方式，如将多张幻灯片打印在一页讲义中，还可以在讲义母版的空白处添加所需的图片、文字等内容。

3. 备注母版

备注母版用于控制备注页的版式和备注文字的格式。对母版设置前，需要单击【视图】，在如图 5-72 所示的【母版视图】中选择所需设置的母版类型。

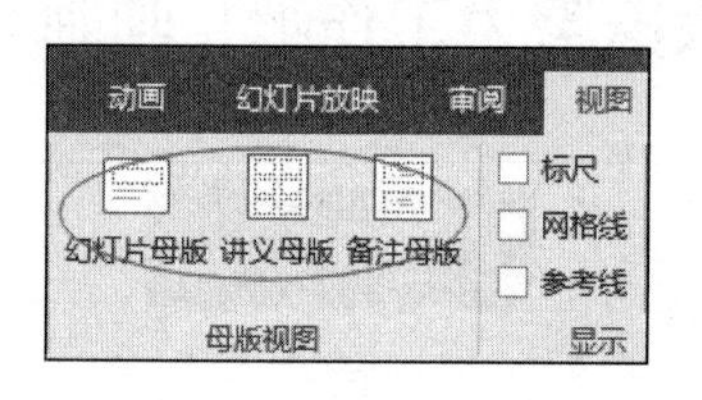

图 5-72　选择母版

在这里以设置幻灯片母版为例，来说明如何在母版中设置背景图案。其他母版的设置读者可以自行在电脑上进行试验。在图 5-72 所示处，单击【幻灯片母版】，在如图 5-73 所示的页面中对母版的标题、文本的样式进行设置，设置方法与在幻灯片编辑视图中设置方法一致，选中标题文字或文本中各级别文本后，单击【字体】等即可进行设置，与上节中介绍的对字体的设置类似，在此不再演示。在这里我们要设置背景，单击【背景】，在如图 5-74 所示处单击，在弹出的如图 5-75 所示的对话框中选中【图片或纹理填充】，单击【插入图片来自文件】，在弹出的如图 5-76 所示的对话框中将想要作为背景图案的图片选中即可，图 5-77 是设置背景后的幻灯片母版。每次设置完母版后，需要关闭母版视图，如图 5-78 所示，关闭后回到幻灯片编辑视图中。

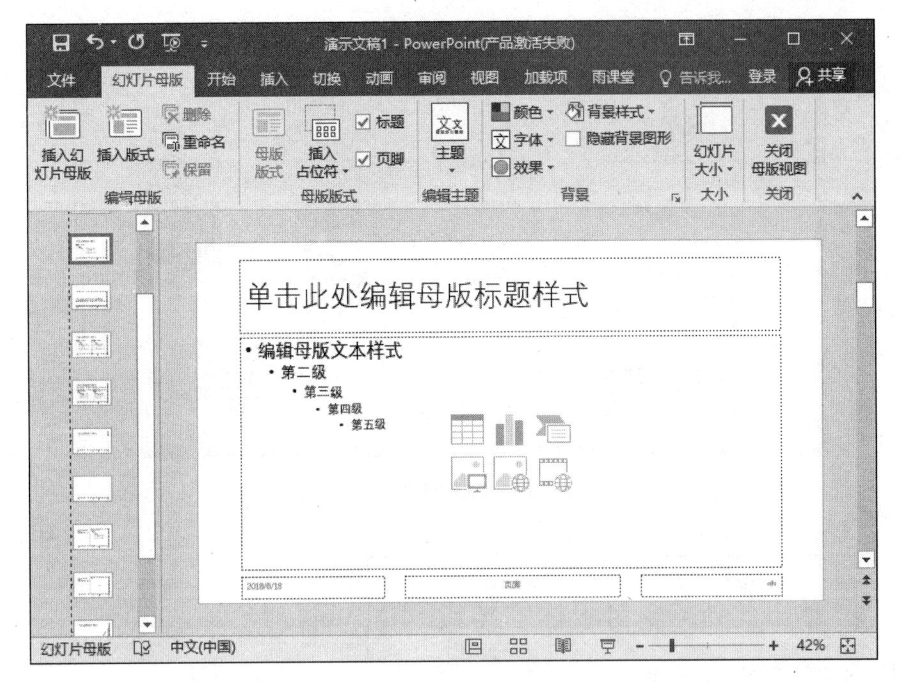

图 5-73　编辑母版

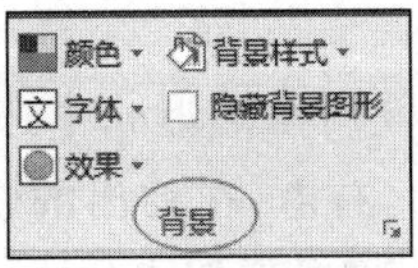

图 5-74　背景菜单项

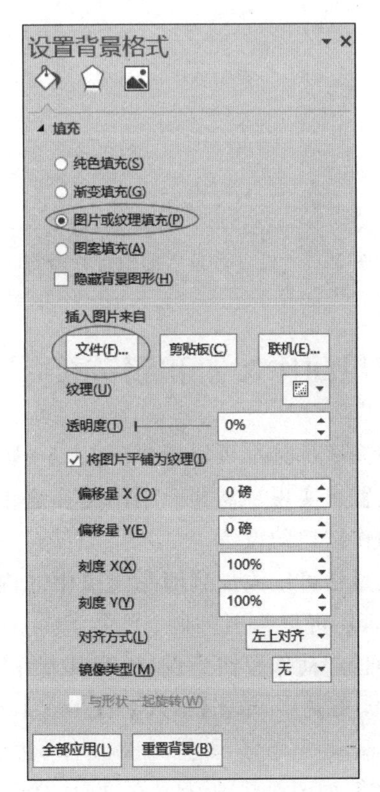

图 5-75　设置背景图案

图 5-76　插入图片对话框

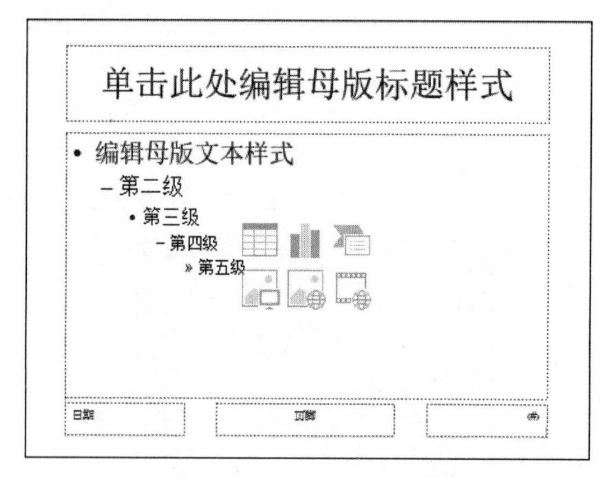

图 5-77　设置背景后的幻灯片母版

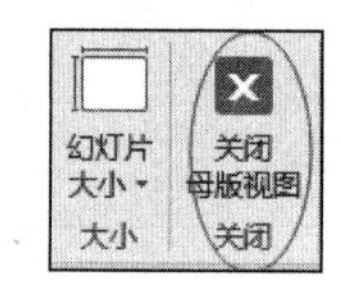

图 5-78　关闭母版视图

5.2.2　使用动作按钮和超链接

在本例中文字部分都可以通过【插入】→【文本框】，在【文本框】中添加文字，再对字体和格式进行设置来实现。需要介绍的是在这个例子中用了很多次的、很关键的一个知识点就是关于动作按钮的设置。

动作按钮是指可以添加到演示文稿中的内置按钮形状，可以设置单击鼠标或鼠标移过时发生动作，还可以为剪贴画、图片、SmartArt 图形中的文本设置动作。以图 5-63 中的“按此开始回答”动作按钮为例，说明其制作方法。

在第一张幻灯片中，单击【插入】→【形状】，在如图 5-79 所示的形状中选择【矩形】，在幻灯片中拖动鼠标，画出矩形，如图 5-80 所示，然后在矩形上右击，在弹出的快捷菜单中单击【设置形状格式】，如图 5-81 所示。在弹出的【设置形状格式】对话框中依次对【填充】、【三维格式】进行设置，如图 5-82、图 5-83 所示，在此形状上添加文字，如图 5-84 所示。

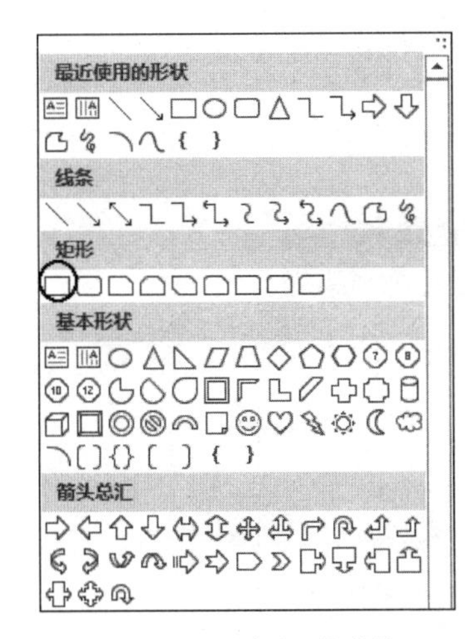

图 5-79　选择矩形形状

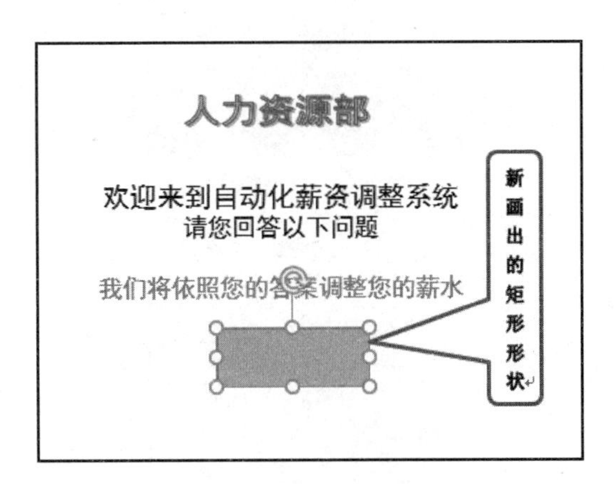

图 5-80　画出矩形形状

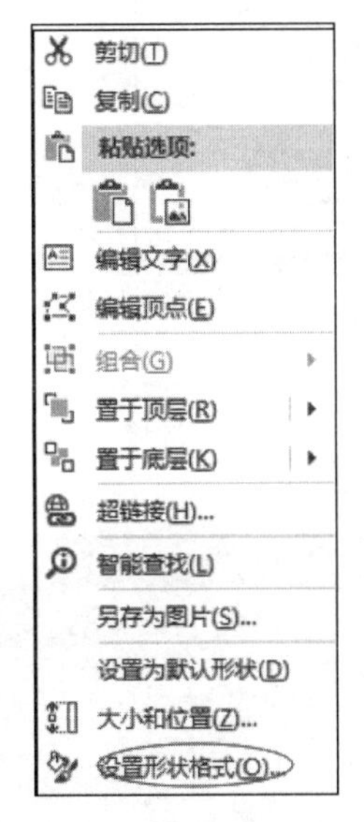

图 5-81　形状的快捷菜单

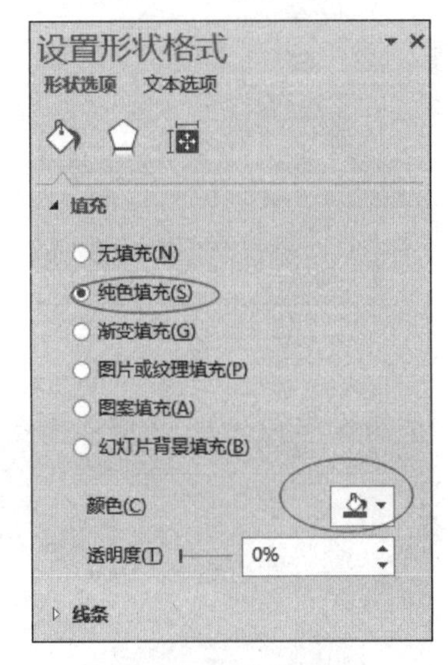

图 5-82　填充设置

形状的格式和文字都设置好之后，右击形状，在弹出的如图 5-85 所示的快捷菜单中，单击【超链接】，在图 5-86 所示的【插入超链接】对话框中插入超链接，此例中选择超链接到本文档中的下一张幻灯片，如图 5-87 所示，最后单击【确定】即可。

要想在选择“太少”时选不中，并且鼠标移过时，出现图 5-64、图 5-65、图 5-66 所示的效果，就需要做出上述三张幻灯片，按照刚刚介绍的方法做出“太多”“太少”按钮，并将“太多”“太少”按钮按照横向排列、纵向排列、斜向排列的形式做出三张幻灯片。然后在图 5-64 所示的幻灯片中，分别对“太多”“太少”按钮进行设置。对于“太多”按钮的设置可以同上述设置“按此开始回答”的方法，只需将其超链接到图 5-67 所示的幻灯片即可，操作过程如图 5-88 所示。

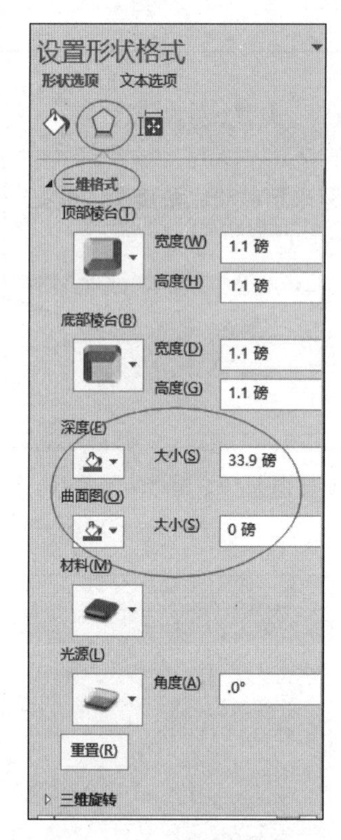

图 5-83 三维格式设置

图 5-84 添加文字

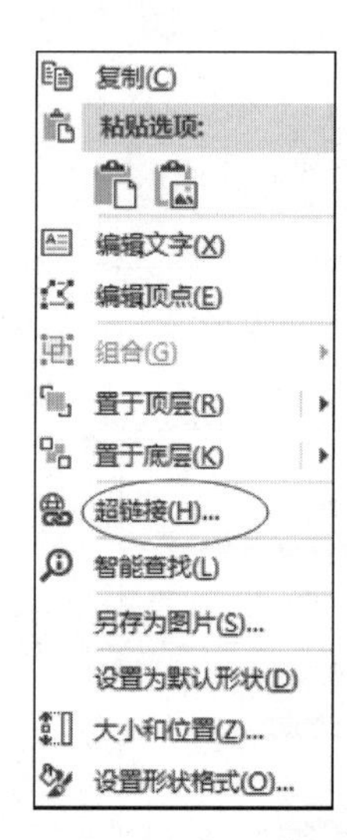

图 5-85 选择超链接

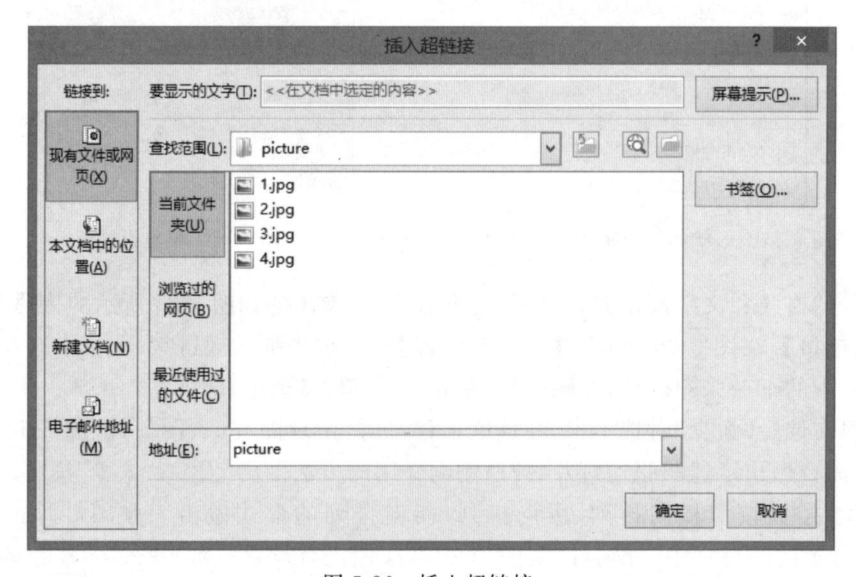

图 5-86 插入超链接

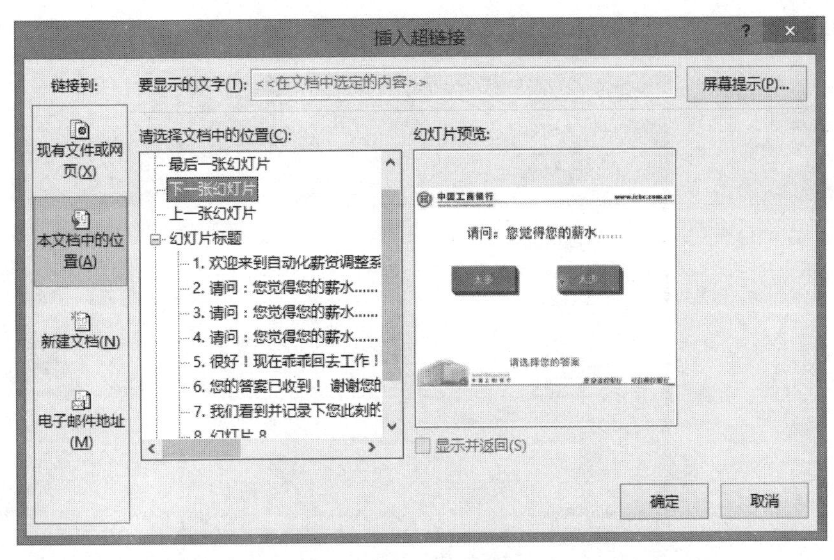

图 5-87　选择超链接到本文档中的下一张幻灯片

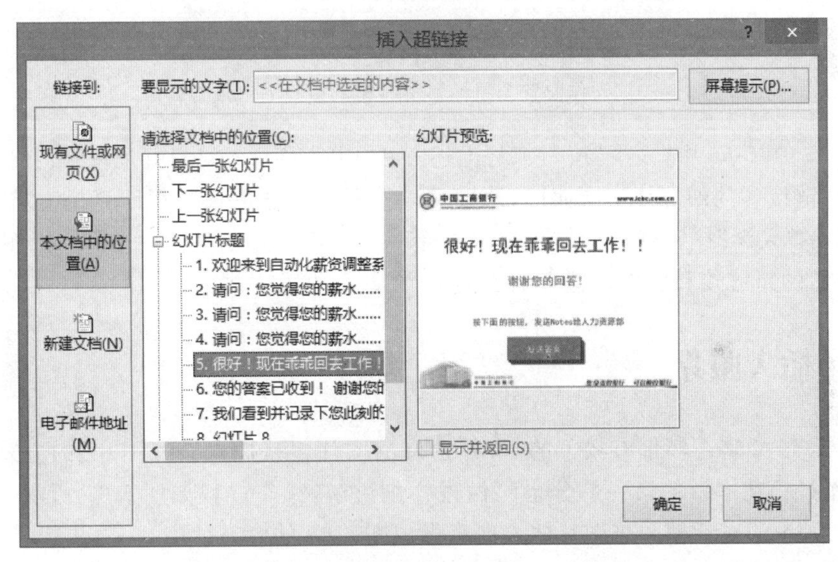

图 5-88　"太多"按钮链接到第 5 张幻灯片

"太少"按钮需要进行动作设置，单击"太少"按钮后，单击【插入】→【动作】，如图 5-89 所示，在弹出来的如图 5-90 所示的【操作设置】对话框中，选择【鼠标悬停】选项卡，然后选择鼠标移过时【超链接到】下一张幻灯片。注意，这里一定要选择【鼠标悬停】，而不是【单击鼠标】，只有这样才能出现例子中所示的那种总也选不中"太少"按钮的效果，这也是本

图 5-89　【插入】→【动作】

例的关键点所在。

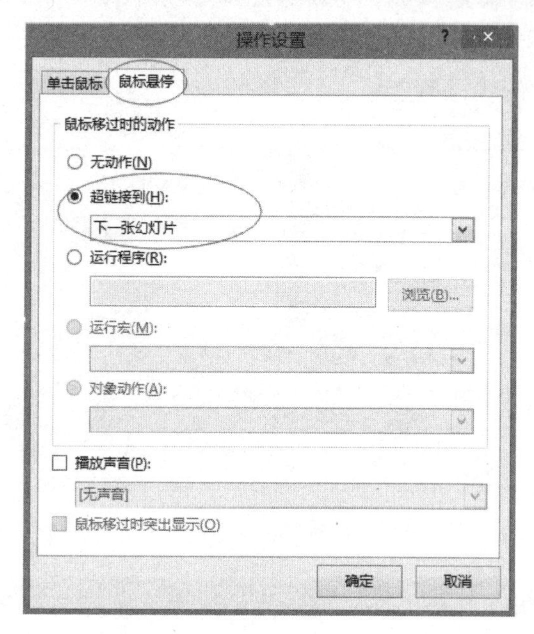

图 5-90　操作设置为鼠标移过时超链接到下一张幻灯片

图 5-65、图 5-66 中"太少"按钮都与上述方法相同，唯一不同的就是每张幻灯片中"太少"按钮超链接到的幻灯片不同而已，读者可以根据上述方法自行在计算机上将图 5-65、图 5-66 中的"太少"按钮进行操作设置来体会一下。图 5-67、图 5-68、图 5-69、图 5-70 中所示的按钮的超链接和操作设置方法也同上，在此不再重复演示。

5.2.3 插入图片

在图 5-69 中将一幅带有猴子的、事先选好的图片，用【插入】→【图片】的方式插入即可，此操作过程在本章的第一部分也已做过详细讲解，操作过程如图 5-91 所示。在弹出如图 5-92 所示的对话框中将图片插入即可做成图 5-69 的效果。

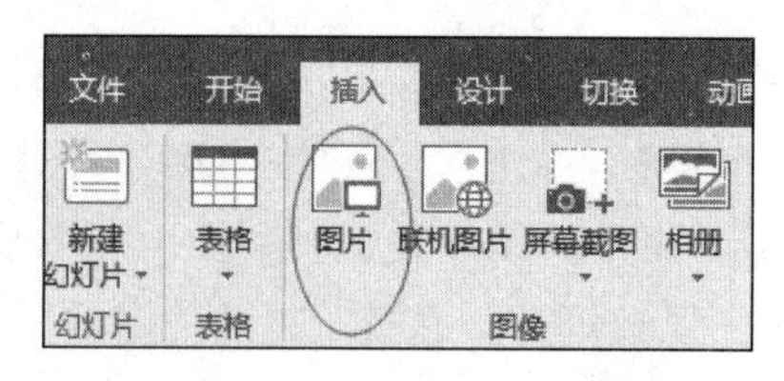

图 5-91　【插入】→【图片】

5.2.4 插入音频文件

如果想在演示文稿放映过程中有音乐出现，还可以插入音频文件。例如，如果想在本例

图 5-92　插入图片对话框

的第一张幻灯片中插入音频文件,可以在图 5-93 所示处,单击【插入】→【音频】。在图 5-94 所示的列表中选择音频类型,较常用的是【PC 上的音频】,单击它,在弹出的如图 5-95 所示的对话框中选择要插入的音频文件即可。

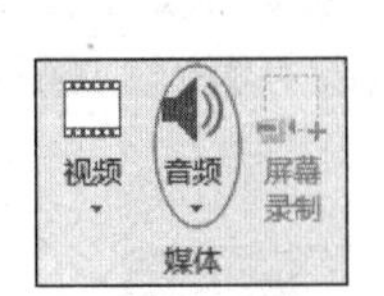

图 5-93　插入音频

图 5-94　选择插入音频的类型

图 5-95　选择要插入的音频文件

在插入音频后,幻灯片上会出现如图 5-96 所示的喇叭标志。选中"喇叭",单击【播放】,在【音频选项】中可以对何时开始播放、放映时是否隐藏喇叭图标、是否循环播放、播放完毕是否返回开头进行设置,操作界面如图 5-97 所示。同样道理,如果想在幻灯片中插入视频文件,操作方法也与此类似,不再赘述。

图 5-96　插入音频后的标志

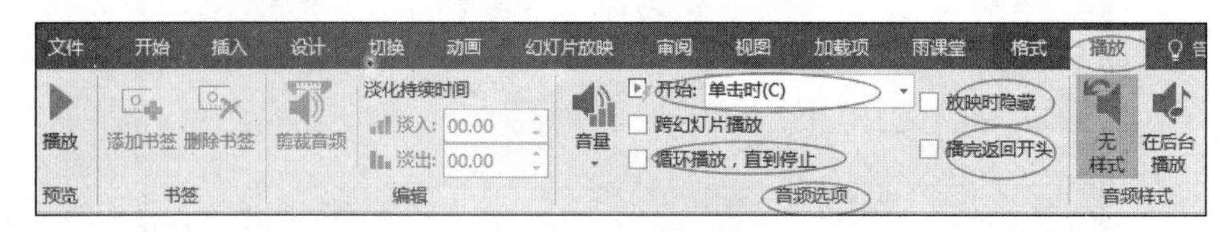

图 5-97　【播放】设置

5.2.5　设置幻灯片的放映效果

最后在本例中也要进行幻灯片放映设置,设置方法与本章的第一个例子相同。在本例中比较适合采用演讲者放映的方式。单击【幻灯片放映】→【设置幻灯片放映】,如图 5-98 所示。在弹出的如图 5-99 所示的对话框中选择【演讲者放映】类型后单击【确定】按钮即可。由于整个演示文稿已经编辑完毕,单击左上角的【保存】按钮,选择想要保存的位置,并为文件命名即可。

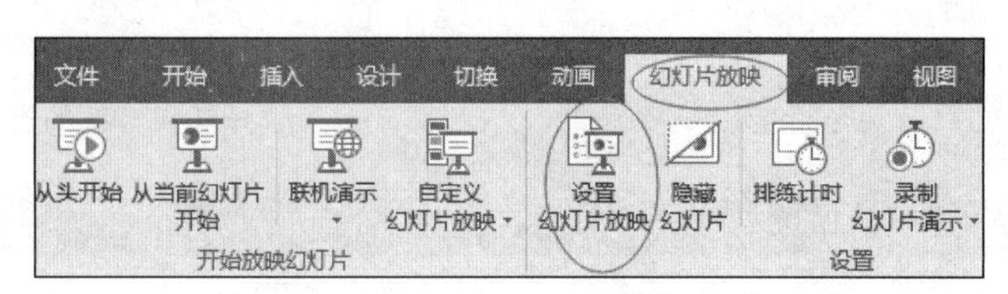

图 5-98　【幻灯片放映】→【设置幻灯片放映】

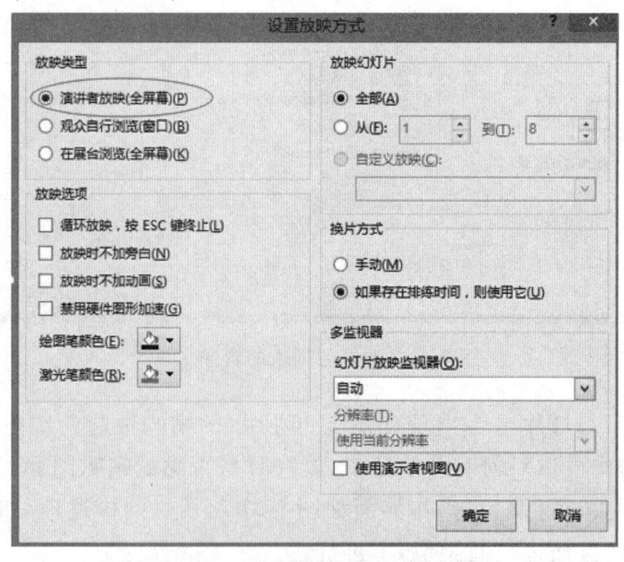

图 5-99　选择【演讲者放映】类型

至此，本章的两个例子都已经介绍完毕，通过这两个例子的制作，可以学习到PowerPoint 2016 的基本操作，包括 PowerPoint 2016 的启动、退出，工作环境，对幻灯片的编辑，添加文本、图形、图像、音频、视频，外观设置，切换方式设置，动作按钮设置，放映方式设置等。前面提到的例子大多采用的是软件自带的一些样式进行套用，如果读者想自己设计一些模板、配色方案等，也可以自行在格式设置时进行发挥。读者要想熟练掌握PowerPoint 的应用，还需多在计算机上进行实践操作，这样才能创作出更多更好的演示文稿作品。

习 题 5

一、判断题

1. PowerPoint 2016 演示文稿文件的默认扩展名为 pptx。（　　）

2. 用户可以根据个人需要，播放若干张不连续的幻灯片。（　　）

3. 在演示文稿播放过程中，不能将幻灯片随意切换到其他任意一张幻灯片。（　　）

4. 幻灯片的视图模式有四种，分别为普通视图、幻灯片浏览视图、幻灯片放映视图、备注页视图。（　　）

5. 使用模板可以为幻灯片设置统一的外观样式。（　　）

二、选择题

1. （　　）不是 PowerPoint 允许插入的对象。

　A. 图形和图表　　B. 表格和声音

　C. 视频剪辑和数学公式　　D. 组织结构图和数据库

2. PowerPoint 的主要功能是（　　）。

　A. 文字处理　　B. 表格处理

　C. 图表处理　　D. 电子演示文稿处理

3. 在 PowerPoint 中，下面表述正确的是（　　）。

　A. 幻灯片的放映必须是从头到尾顺序播放

　B. 幻灯片和演示文稿是一个概念

　C. 每张幻灯片的对象不能超过 10 个

　D. 所有幻灯片的切换方式可以是一样的

4. 在 PowerPoint 中，对母版样式的更改将反映在（　　）中。

　A. 当前演示文稿的第一张幻灯片　　B. 当前演示文稿的当前幻灯片

　C. 当前演示文稿的所有幻灯片　　D. 所有演示文稿的第一张幻灯片

5. 在 PowerPoint 2016 中，设置幻灯片放映时的换页效果为垂直百叶窗，应使用（　　）选项卡。

　A. 文件　　B. 自定义动画　　C. 切换　　D. 视图

三、填空题

1. 利用(　　)功能,可以预先设置幻灯片放映时间间隔,进行自动放映。
2. 在设计演示文稿的过程中(　　)(可以/不可以)随时更换设计模板。
3. 新建一个演示文稿时,第一张幻灯片的默认版式是(　　)。
4. 幻灯片母版命令在(　　)选项卡中。
5. 播放演示文稿时不想让听众看到的幻灯片可以(　　)。

四、操作题

1. 新建一个演示文稿文档,插入5张幻灯片,并在每张幻灯片中自行输入若干文字或艺术字,或图形、图片等元素,进行如下操作。

(1) 设置第1张幻灯片为标题幻灯片。

(2) 第2张幻灯片的切换效果设置为“溶解”,声音效果设置为“打字机”。

(3) 第3张幻灯片的标题文字进入效果设置为“飞入”。

(4) 第4张幻灯片中插入任意一首歌曲。

(5) 第5张幻灯片中添加一个能返回第1张幻灯片的动作按钮。设置放映方式为演讲者放映即可。

2. 参照第二个例子,自己设计一个类似的有趣的小游戏,要求在所设计的演示文稿中至少具有以下三项。

(1) 音频或视频文件。

(2) 动作按钮或超链接。

(3) 图片或符号。

习题5答案

一、判断题

1. √　2. √　3. ×　4. ×　5. √

二、选择题

1. D　2. D　3. D　4. C　5. C

三、填空题

1. 【切换】→【计时】　2. 可以　3. 标题幻灯片　4. 视图　5. 隐藏

四、操作题

略

第 6 章　计算机网络基础

学习目标：

(1) 掌握计算机网络的基本概念及功能；

(2) 了解接入计算机网络采用的设备及技术；

(3) 掌握计算机网络的相关配置；

(4) 掌握 Internet 的主要应用服务。

以计算机、通信和信息技术为支撑的网络已经深入人们工作、学习和生活的方方面面，人们时刻需要通过网络获取和交换大量的信息。设想在某一天计算机网络突然出现故障不能工作了，会出现什么结果呢？这时，我们将无法购买机票或火车票，因为售票员无法知道还有多少票可供出售；我们也无法到银行存钱或取钱，无法检索需要的图书资料，无法收发电子邮件，无法与朋友网上交流信息。可见，网络对社会生活的很多方面以及对社会经济的发展产生了不可估量的影响。这是一个以网络为核心的信息时代。要实现信息化就必须依靠完善、可靠的网络，因为网络可以非常迅速地传递信息。本章将对计算机网络的基本知识、网络设备及接入技术、网络的基本配置及应用进行介绍，以期能加深读者对网络的了解。

6.1　何为计算机网络

6.1.1　计算机网络的概念

计算机网络是指将分布在不同地理位置且功能相对独立的多台计算机，通过通信设备和线路互连起来，在功能完善的网络软件支持下实现资源共享和信息交换的系统。“功能相对独立”是指相互连接计算机之间不存在互为依赖关系，它们具有各自独立的软件和硬件，任何一台计算机都可以脱离网络和网络中的计算机独立工作。仅仅将这些不同地理位置的计算机通过通信设备和线路实现物理连接起来是远远不够的，为了在这些计算机之间实现有效的资源共享，还必须提供功能完善的网络软件，其中包括网络操作系统、网络管理软件及网络通信协议。

一个网络可以由计算机组成，也可以集成计算机、大型计算机和其他设备。最庞大的计算机网络就是因特网，它由非常多的计算机网络互连而成。最简单的计算机网络可以由两台计算机和连接它们的一条链路组成。

6.1.2 计算机网络的功能

计算机网络的主要功能包括以下几个方面。

1. 信息交换和通信

信息交换和通信是计算机网络最基本的功能。这个基本功能使得网络中的计算机之间或计算机与终端之间,可以快速可靠地相互传递数据、程序或文件。例如,用户可以在网上传送电子邮件、交换数据,可以实现在商业部门或公司之间进行订单、发票等商业文件安全准确地传递。

2. 资源共享

组建计算机网络的根本目的是实现资源共享,包括计算机硬件资源、软件资源和数据资源的共享。计算机硬件资源包括打印机、绘图仪等;软件资源如程序、文件等。由于受经济和其他因素的制约,这些资源不可能所有用户都有。所以使用计算机网络不仅可以使用自身的资源,也可共享网络上的资源。可见,资源共享避免了重复投资和劳动,从而可提高资源利用率。

3. 提高系统的可靠性

在单机使用的情况下,任何一个系统都可能发生故障。而当计算机联网后,各计算机可以通过网络互为后备,一旦某台计算机发生故障,则由别的计算机代为处理。这样计算机网络就能起到提高系统可靠性的作用。更重要的是,由于数据和信息资源存放于不同的地点,因此可防止因故障而无法访问或由于灾害造成数据破坏。

4. 均衡负荷,分布处理

单台计算机的处理能力是有限的。利用计算机网络连接起来的多个计算机系统可通过协同操作和并行处理来提高整个系统的处理能力,并使网络内各计算机负载均衡。如大型的任务或课题,如果都集中在一台计算机上,负荷太重,这时可以将任务分散到不同的计算机分别完成,或由网络中比较空闲的计算机分担负荷。

6.1.3 计算机网络的分类

计算机网络的分类标准很多,由于分类的方法不同,可以得到各种不同类型的计算机网络,下面进行简单的介绍。

1. 按网络的分布范围来分类

根据网络的分布范围可将网络分为 3 类:广域网(Wide Area Network,WAN)、城域网(Metropolitan Area Network,MAN)和局域网(Local Area Network,LAN)。广域网

的分布通常跨越很大的物理范围，如一个国家，从几十到几千千米。城域网的分布范围一般是一个城市，或跨越几个街区甚至整个城市，其作用距离为5～50千米。局域网的分布则局限在较小的范围，如一个建筑物内、一个学校内、一个工厂的厂区内等。

2. 按网络的拓扑结构来分类

一个网络能用不同的结构进行安排和配置，这种安排或配置称为网络的拓扑结构。网络的拓扑结构主要有5种类型：星状、树状、总线型、环状、网状。

(1) 星状网络拓扑结构。

星状网络拓扑结构示意图如图6-1所示。网络中的各结点(如计算机)通过一条单独的通信线路与中央结点(又称为中央转接站，如交换机)连接。网中所有的通信都必须通过中央结点，由该中央结点向目的结点传送信息。中央结点执行集中式通信控制策略。由于星状网络结构简单，便于管理，是局域网普遍采用的一种拓扑结构。

(2) 树状网络拓扑结构。

将多级星状网络按层次方式进行排列，即形成树状网络，其示意图如图6-2所示。树状结构是分级的集中控制式网络，结点按层次连接，以改善星状网络的可靠性和可扩充性。树状网络的信息交换主要在上下结点之间进行，相邻结点或同层结点之间一般不进行信息交换。

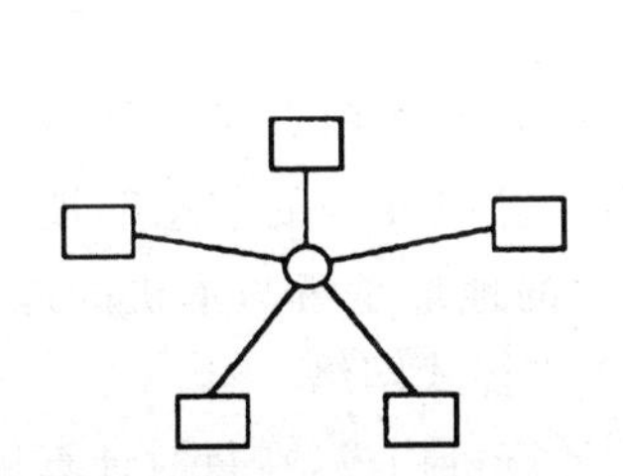

图6-1　星状网络拓扑结构示意图

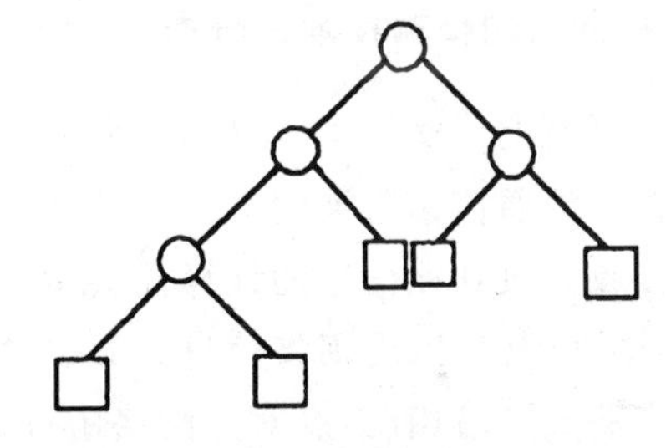

图6-2　树状网络拓扑结构示意图

(3) 总线型网络拓扑结构。

总线型网络拓扑由一条高速公用总线连接若干个结点所形成，其示意图如图6-3所示。由于是多个结点都连接到一条公用总线上，故网上所有的信息都沿着这条总线传输。当信息沿着总线传播时，网上每个结点都收到这一信息，通过地址检查，以确定是否发给自己的。

(4) 环状网络拓扑结构。

在环状网络中，每个结点都连接两个相邻的结点，形成一个闭合环，其示意图如图6-4所示。由于环线公用，一个结点发出的信息必须穿越环中所有的结点，信息流中目的地址与环上某结点地址相符时，信息被该结点接收，而后信息继续流向下一个结点，一直流回到发送该信息的源结点为止。

(5) 网状网络拓扑结构。

网状网络中的结点之间有许多条路径相连，可以为信息流的传输选择适当的路由，从而绕过失效的结点或过忙的结点，因此具有较高的可靠性和较强的扩充性。网状网络是广域网中最常采用的一种网络形式,其示意图如图 6-5 所示。

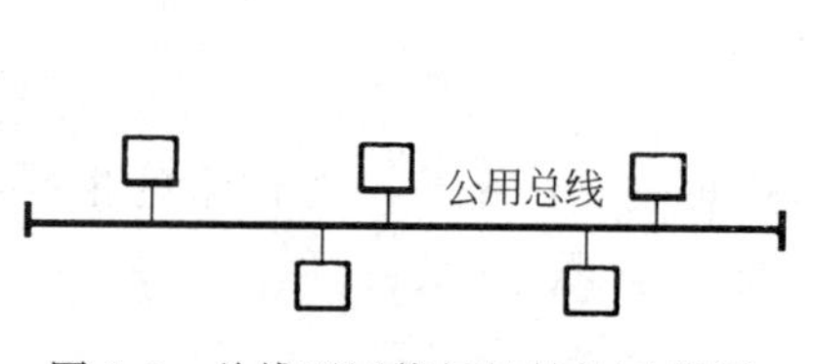

图 6-3　总线型网络拓扑结构示意图

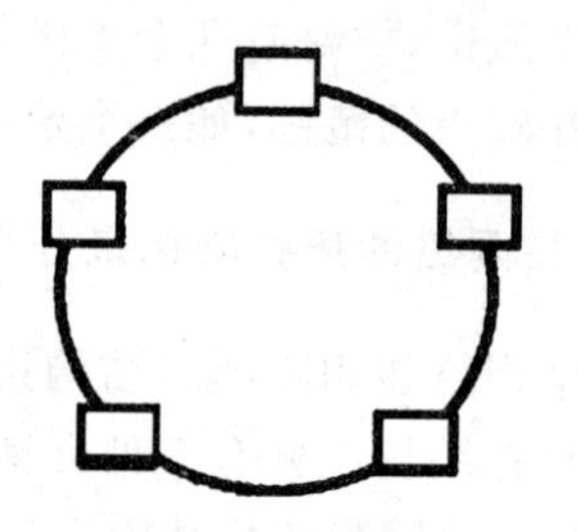

图 6-4　环状网络拓扑结构示意图

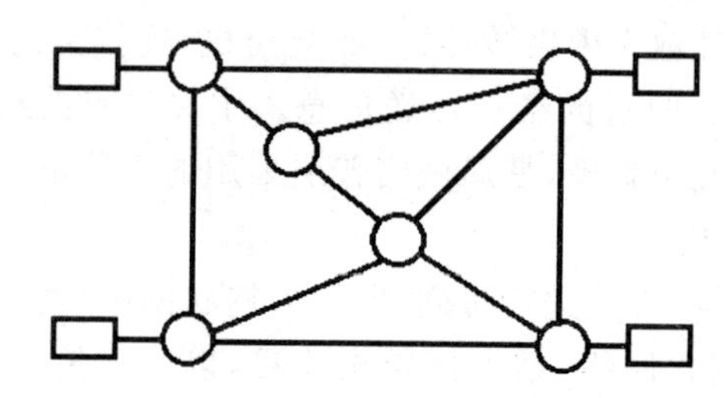

图 6-5　网状网络拓扑结构示意图

3. 按网络的传输技术来分类

根据网络的传输技术,可以将网络分为两大类：广播式网络和点对点网络。广播式网络是指一根通信信道被网上所有的计算机共享,某台计算机发送的信息能被其他所有计算机接收。收到该信息的计算机会检查包含在信息中的地址是否与本机的地址相同,如相同,则处理信息,否则将信息丢弃。总线型网络属于广播式网络。

与广播式网络相反,点对点网络由许多互相连接的计算机构成,在每对计算机之间都有一条专用的通信信道,因此在点对点的网络中,不存在信道共享情况。当一台计算机发送信息,它会根据目的地址,经过一系列的中间设备的转发,直至到达目的计算机。星状网络和环状网络属于点对点网络。

4. 按网络的使用者来分类

从网络使用者来看,可将网络分为公用网和专用网。公用网指由电信公司(国有或私有)出资建造的大型网络。"公用"的意思就是所有愿意按电信公司的规定交纳费用的人都可以使用这种网络,公用网也可称为公众网。而专用网是某个部门、某个行业为各自的特殊业务工作需要而建造的网络。这种网络不对外人提供服务,如军网、公安系统网等。

6.1.4　计算机网络的组成

按工作方式,计算机网络可划分为两部分：通信子网和资源子网,如图 6-6 所示。通信子网就是计算机网络中负责全网数据通信的部分，为网络用户提供数据传输、转发、加工和转换等通信处理工作。通信子网中的核心构件通常是路由器。资源子网是计算机网络中面向用户的部分，负责全网络面向应用的数据处理工作。资源子网主要由连接在网络中的主机组成。

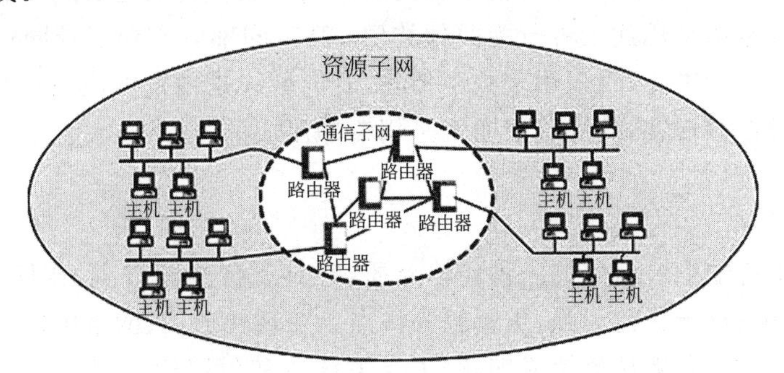

图 6-6　通信子网与资源子网

6.2　如何接入计算机网络

6.2.1　接入网络可以采用哪些传输介质

网络传输介质实际上是指连接网络设备并且能让其之间进行通信和信息交换的介质。网络工程中常用的传输介质有两类：有线介质和无线介质。有线介质有双绞线、同轴电缆、光纤；无线介质有微波、卫星等。

1. 双绞线

双绞线由若干对按一定密度两两绞合在一起的相互绝缘的铜线组成。之所以采用这种两两相绞的绞线技术，是为了抵消相邻线对之间的电磁干扰和减少近端串扰。最古老、最常见的双绞线就是到处可见的电话线。双绞线即可传输模拟信号，也可传输数字信号。双绞线按照是否有屏蔽层分为两类：屏蔽双绞线(Shielded Twisted Pair，STP)和非屏蔽双绞线(Unshielded Twisted Pair，UTP)。在双绞线外面再包上一层用金属丝编织成的屏蔽层就构成屏蔽双绞线。屏蔽双绞线抗电磁干扰能力要比非屏蔽双绞线强得多，价格也相对贵一些。双绞线是局域网中使用最广泛的传输介质。图 6-7 和图 6-8 分别为屏蔽双绞线和非屏蔽双绞线的示意图。

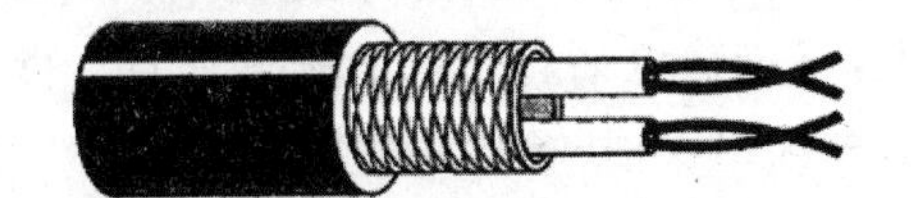

图 6-7　STP 示意图

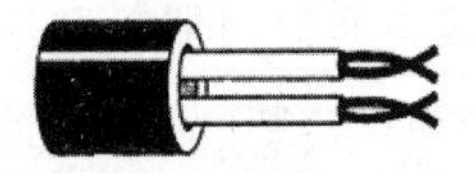

图 6-8　UTP 示意图

2. 同轴电缆

同轴电缆的结构如图 6-9 所示，它由内导体、绝缘层、外导体和保护层组成。同轴电缆是一种高带宽、低误码率、性能价格比较高的传输介质。目前主要用在有线电视网的居民小区中。同轴电缆从用途上可分为两种类型：基带同轴电缆和宽带同轴电缆。基带同轴电缆是目前常用的电缆，仅仅用于数字传输，其屏蔽线是用铜做成网状的。宽带同轴电缆使用模拟信号进行传输，其屏蔽层通常是用铝冲压成的。

3. 光纤

光纤是数据传输中最有效的一种传输介质，它具有传输频带宽、通信容量大、线路损耗低、传输距离远、抗干扰能力强、重量轻等优点。在现代通信、网络中被广泛使用。光纤通常是由非常透明的石英玻璃拉成细丝，主要由纤芯和包层构成双层通信圆柱体。纤芯很细，其直径只有 8～100μm。光波正是通过纤芯进行传导的。包层较纤芯有较低的折射率。当光线从高折射率的媒体射向低折射率的媒体时，如果入射角足够大时，就会出现全反射，如图 6-10 所示，光就沿着光纤传输下去。

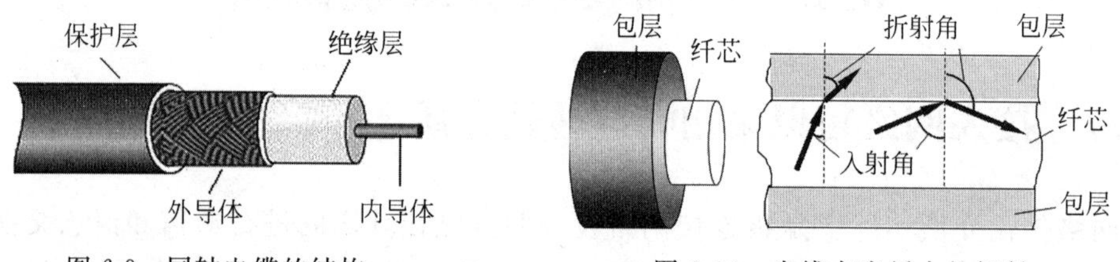

图 6-9　同轴电缆的结构　　　图 6-10　光线在光纤中的折射

根据使用的光源和传输模式，光纤分为多模光纤和单模光纤。如果存在多条不同角度入射的光线在一条光纤中传输，这种光纤称为多模光纤。多模光纤的光源使用发光二极管，其传输距离一般在 2km 以内，适合近距离传输。单模光纤的纤芯较细，使得光线一直向前传输而不会产生多次反射，制造成本较高，其光源使用半导体激光器，具有传输距离远且衰耗较小的特点。

4. 微波

微波通信使用高频率的无线电波以直线形式通过大气传播。由于地球表面是个曲面，因此，微波传播距离受到限制，一般只有 50km 左右。但若采用 100m 高的天线塔，则传播距离可增大到 100km，为实现远距离通信必须在一条微波通信信道的两个终端之间建立若干个中继站。中继站把前一站送来的信号经过处理后再发送到下一站，故称为“接力”。微波接力通信频带宽，信道容量很大，可传输电话、图像、数据等信息。微波的传输有时也会受恶劣气候的影响。与电缆通信系统比较，其隐蔽性和保密性较差。尽管如此，微波通信仍是有线通信方式的补充，能快速、方便地解决有线方式不易实现的网络通信连接问题。

5. 卫星

常用的卫星通信方法是在地球站之间利用约 36000 千米高空的人造同步地球卫星作为中继站的一种微波接力通信。卫星通信最大的特点是通信距离远。只要在地球赤道上空的同步轨道上，等距离地放置 3 颗相隔 120 度的卫星，就能基本上实现全球通信。和微波接力通信相似，卫星通信的频带很宽，通信容量很大。但它容易受气候的影响，有时糟糕的气候能中断数据的传输。

6.2.2 接入网络需要哪些网络设备

1. 网络适配器

计算机与外界局域网的连接是通过网络适配器或简称“网卡”。网卡是计算机网络中必不可少的基本设备，网卡上集成了处理器和存储器(包括 RAM 和 ROM)，它的主要功能就是整理计算机发往网络的数据并将数据分解为适当大小的数据包之后向网络上发送出去，同时从网络上接收数据包。对于网卡而言，每块网卡都有一个唯一的物理地址(48 位称为 MAC 地址)，它是网卡生产厂家在生产时写入 ROM 中的，且保证绝对不会重复。

网卡按其传输速率可分为 10M 网卡、10/100M 自适应网卡以及千兆网卡。目前，使用的大多是 10/100M 自适应网卡，对于千兆的网卡，主要用于高速的服务器。网卡按所支持的总线类型可分为 ISA、PCI、PCI-X、USB 等。目前，PCI 为市场上的主流产品，USB 网卡也因支持热插拔备受厂商和用户的喜爱。网卡按其连线的插口类型可分为 RJ45 接口、BNC 细缆口、AUI 粗缆、FDDI 接口等，或是综合了这几种插口类型于一身的二合一、三合一网卡。不同的接口决定了网卡与什么样的传输介质相连。具有多个接口的网卡一般只能使用其中的一个接口。在局域网中，最为常用的网卡就是带有 RJ45 接口的 PCI 网卡，它的外形如图 6-11 所示。在实际应用中，双绞线的一端连接计算机网卡上的 RJ45 接口，另一端连接交换机或路由器上的 RJ45 接口。

图 6-11 RJ45 插口的网卡

2. 集线器

集线器(Hub)是网络连线的汇集连接，其本质是一种特殊的多端口中继器，其主要功能是对接收到的信号进行再整形和放大，以扩大网络的传输距离，同时把所有结点集中在以它为中心的结点上。集线器主要用于共享网络，其工作原理是使用广播技术。也就是说当它要向某结点发送数据时，不是直接把数据发送给目的结点，而是把数据包发送到与集线器相连的所有结点。此时，连接集线器所有端口上的计算机或设备都不能发送数据。这样，当连接的计算机或设备较多时，传输效率就会大大下降。基于集线器这一特点，集线器已被交换机所取代。

3. 交换机

交换机是专门设计的、使各计算机能够独享带宽进行通信的网络设备。与集线器不同的是，它并不把数据包发往所有的端口，而只在目的端口发送。当交换机接收到一个数据包之后，它会根据自学习方式建立的转发表来检查数据包内所包含的发送方地址和接收方地址并进行相应的处理(丢弃或转发)。因此，采用交换机构成局域网的数据传输效率较高，被广泛应用于传输各种类型的多媒体数据的局域网。

交换机有两种工作模式：直通模式和存储转发模式。直通模式的交换机对收到的数据包只检查目的地址然后转发，而不需要检查数据的正确性，所以交换速度较快。存储转发模式的交换机需要在转发数据包前把整个数据包存储下来并检查其正确性，故数据处理时延较大。当检查数据包错误则丢弃，否则根据目的地址进行转发。由于运行在存储转发模式的交换机不传输错误数据，能有效地改善网络性能，因此更适用于大型局域网。图 6-12 为常见交换机的外观图。交换机一般为即连即用，高档的交换机有内置的 CPU，可以进行配置，以满足复杂的要求。当然，出厂的默认设置能满足大多数的要求。

4. 路由器

路由器是最重要的网络互联设备之一，用于网络之间的连接。它的主要工作就是为经过它的每个数据包寻找一条最佳的传输路径，并将该数据包有效地传送到目的站点。为了完成这项工作，在路由器中保存着各种传输路径的相关数据——路由表，供路由选择时使用，表中包含的信息决定了数据转发的策略。路由表可以是固定设置好的(静态路由表)，也可以是系统根据某种路由算法自动生成的(动态路由表)。除此之外，路由器连通并能隔离不同的网络，从而防止网络广播风暴，提高网络的带宽。同时，路由器还提供流量监测、访问控制、防火墙等功能。路由器的外观如图 6-13 所示，与交换机的极为相似，由于路由器的功能通常要比交换机的复杂得多，因此，路由器通常需要进行专门的配置。

图 6-12　交换机的外观图

图 6-13　路由器的外观图

5. 无线 AP

无线 AP(Access Point,无线接入点)是一个包含很广的名称,它不仅包含单纯性无线接入点,简单来说就是无线交换机,也同样是无线路由器等类设备的统称。它主要是提供无线工作站对有线局域网和从有线局域网对无线工作站的访问,在访问接入点覆盖范围内的无线工作站可以通过它进行相互通信。无线 AP 主要用于宽带家庭、大楼内部以及园区内部,典型距离覆盖几十米至上百米,图 6-14 为常见无线 AP 外观图。

图 6-14　无线 AP 外观图

6.2.3　接入网络必须遵守共同的规则——网络协议

计算机网络要做到有条不紊地交换数据,就必须遵守一些事先约定好的规则。这些为进行网络中的数据交换而建立的规则、标准或约定称为网络协议。网络协议是计算机网络不可缺少的组成部分。可以说协议的实质是网络通信所使用的一种语言。不同厂商的网络设备有许多差异,但只要这些设备遵守相同的协议就可实现互联。网络协议通常分不同层次进行开发,每一层负责不同的通信功能。

国际标准化组织已定义了一套通信协议,称为开放式互连 OSI(Open System Interconnection)的参考模型。OSI 模型把网络的功能按层次分成 7 层,分别为物理层、数据链路层、网络层、传输层、会话层、表示层、应用层。每层都有相应的协议来实现这层的功能,如图 6-15 所示。我们把计算机网络的各层及其协议的集合称为网络的体系结构。由于 OSI 模型的标准进展缓慢,后来人们推出另一种实用的 TCP/IP 参考模型。TCP/IP 模型已成为网络互连的事实标准。它把网络功能划分为 4 层,分别为网络接口层、网际层、传输层和应用层。TCP/IP 事实上是一个协议系列,目前包含 100 多个协议,其中网际层的 IP 协议和传输层的 TCP 协议是协议的核心。图 6-16 为 TCP/IP 各层使用的主要协议及数据单元。

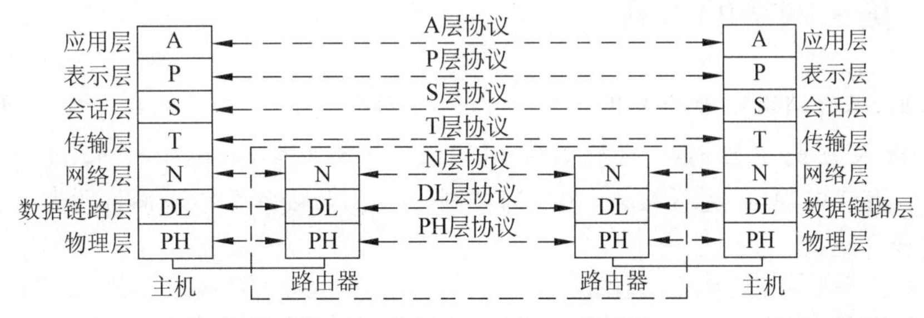

图 6-15　OSI 的 7 层参考模型

由于 TCP/IP 是目前广泛应用的实用标准,下面简述各层的功能及主要协议。

(1) 网络接口层,属于 TCP/IP 模型的最低层,负责接收从网际层交来的 IP 数据报

应用层	HTTP、FTP、DHCP、DNS、SMTP等	报文
传输层	TCP、UDP	报文段
网际层	IP、ARP、RARP、ICMP	IP数据报
网络接口层	Ethernet、Token Ring等	数据帧

图 6-16　TCP/IP 各层使用的协议

并将 IP 数据报封装成数据帧通过底层物理网络发送出去，或从底层物理网络上接收数据帧，抽出 IP 数据报，交付网际层。网络接口层中包括各种物理协议，如 Ethernet、令牌环、帧中继、分组交换网 X.25 等。

(2) 网际层，主要为网络中的主机提供通信服务。在数据发送之前，网际层将传输层交来的报文段拆分一定长度的 IP 数据报进行传送。网际层的另一个任务就是选择合适的路由，使 IP 数据报通过网络中的路由器找到目的主机。网际层包括多个重要协议，IP 协议是其中的核心协议，IP 协议规定网际层数据包的格式及 IP 地址的规定。另外，还包括提供网络控制消息传递功能的 Internet 控制报文协议 ICMP(Internet Control Message Protocol)、提供 IP 地址和 MAC 地址之间转换的地址解析协议 ARP(Address Resolution Protocol)和反向地址解析协议 RARP(Reverse Address Resolution Protocol)。

(3) 传输层，负责提供源结点和目的结点的端到端的数据通信服务。为保证数据传输的可靠性，传输层协议提供了确认、差错控制、流量控制和拥塞控制等机制。传输层有两个重要的协议，分别是面向连接且提供可靠传输服务的传输控制协议 TCP(Transport Control Protocol)和面向无连接的不保证可靠传输服务的用户数据报协议 UDP(User Datagram Protocol)。

(4) 应用层，主要为用户提供网络应用，并为这些应用提供网络支撑服务。TCP/IP 所有与应用相关的内容都归为应用层，所以应用层要处理高层协议、数据表达和对话控制任务。应用层包括众多的应用与应用支撑的协议，如文件传输协议 FTP、超文本传输协议 HTTP、简单邮件传输协议 SMTP、远程终端 TELNET、域名系统 DNS、动态主机配置协议 DHCP 等。

6.2.4　接入网络的方式

近年来，随着网络技术的不断发展和完善，多种宽带技术进入用户家庭。目前，最常见的宽带接入方式主要有非对称数字用户线 ADSL(Asymmetric Digital Subscriber Line)接入、有线电视网、光纤接入、无线局域网(WLAN)接入等。下面针对这 4 种接入方式进行简要介绍。

1. ADSL 接入

ADSL 是目前最主要的宽带接入方式。它的最大特点是不需要改造信号传输线路，利用现有电话线作为传输介质，采用先进的复用和调制技术，使得高速数字信息和电话语音信息在电话线不同频段上同时传输。ADSL 采用“不对称”方式，即上行速率与下行速率不同，通常上行速率要远小于下行速率。在 ADSL 接入方案中，用户端只需要安装一个 ADSL 调制解调器即可。每个用户都有单独的一条线路与 ADSL 局端相连，数据传输带宽是由每一个用户独享的。ADSL 采用自适应调制技术使用户能够传送尽可能高的数据率。

2. 有线电视网接入

有线电视网接入是利用目前覆盖很广的有线电视网的基础上开发的一种居民宽带接入方式。它利用现成的有线电视网进行数据传输，除可传送电视节目外，还能提供电话、数据和其他宽带交互型业务，是一种比较成熟的技术。为提高传输的可靠性和电视信号的质量，需要把原有线电视网中的同轴电缆主干部分改换光纤。同时，由于原有线电视网采用的是模拟传输协议，因此在用户端需要增加一个电缆调制解调器(Cable Modem)来协助完成数字数据的转化。随着有线电视网的发展壮大和人们生活质量的不断提高，利用有线电视网访问 Internet 已成为越来越受业界关注的一种高速接入方式。

3. 光纤接入

光纤接入 FTTx(Fiber To The …)是指局端与用户之间完全以光纤作为传输媒体。光纤用户网的主要技术是光波传输技术。目前光纤传输的复用技术发展相当快，多数已处于实用化。根据光纤深入用户的程度，可分为光纤到路边 FTTC、光纤到大楼 FTTB、光纤到户 FTTH 等。由于 Internet 上有大量的视频信息资源，使得宽带上网的普及率增长得很快。为了更快地下载视频文件，以及更加流畅地欣赏网上的各种高清视频节目，FTTH 应当是最好的选择。FTTH 是直接把光纤接到用户的家中(用户所需的地方)。由于一个家庭用户远远用不了一根光纤的通信容量，为了有效利用光纤资源，一般数十个家庭用户共享一根光线干线。可见，FTTH 的显著技术特点是不但提供更大的带宽，且具有节省光缆资源、建网速度快、综合建网成本低等优点。

4. 无线接入

随着移动用户终端增多和用户移动性的增强，无线接入方式已越来越受人们的青睐。目前，无线接入用户使用较多的是 Wi-Fi 网络。Wi-Fi 网络是利用无线通信技术在一定局部范围内建立的无线网络。其构建方便，只需要无线 AP 即可，用户可以在 Wi-Fi 覆盖范围内移动和随机接入，获得高质量、高效率、低商业成本的数据报务。Wi-Fi 使用 IEEE802.11 系列标准，主要用于解决不方便布线或移动的场所，如办公室、校园、机场、车站及购物中心等处用户终端的无线接入。

6.3 揭开 Internet 的神秘面纱

6.3.1 Internet 简介

Internet 可追溯到其前身 ARPANET，是 1969 年美国国防部组建的高级研究项目署

ARPA(Advanced Research Projects Agency)创建的第一个采用分组交换技术而建立的试验网络。ARPANET最初只是一个单个的分组交换网络,并不是一个互连的网络。所有连接在ARPANET上的计算机都直接与就近的结点交换机相连。到了20世纪70年代中期,人们已认识到仅使用一个单独的网络不可能满足所有的通信问题。于是ARPA开始研究各种网络互连的技术,这就导致后来互连网的出现,这样的互连网就成为现在Internet的雏形。1983年,TCP/IP协议成为ARPANET上的标准协议,使得所有使用TCP/IP协议的计算机都能利用互连网相互通信。

1985年,美国国家科学基金会NSF(National Science Foundation)围绕6个大型计算机中心建设计算机网络,即国家科学基金网NSFNET,它分为主干网、地区网和校园网(或企业网)。NSFNET覆盖了全美国主要的大学和研究所,并且成为Internet中的主要组成部分。1990年,ARPANET正式宣布关闭,因为它的实验任务已经完成。1991年起,世界上的许多公司纷纷接入NSFNET,网络上的通信量急剧增大,网络容量已满足不了需求。于是美国政府决定将NSFNET的主干网交给商家经营,并开始对接入NSFNET的单位有偿提供服务。

1993年开始,NSFNET逐步被若干个商用的Internet主干网替代,政府机构不再负责Internet的运营。这样,就出现了许多的Internet服务提供商ISP(Internet Service Provider)。所谓的ISP实际上是提供网络服务的商业单位,例如,中国电信、中国移动、中国联通就是国内最有名的ISP。ISP可以从Internet管理机构申请到许多IP地址(主机必须有IP才能上网),同时拥有通信线路以及路由器等连网设备。任何个人和机构只要向当地的ISP付费即可从ISP获取所需IP的使用权并通过ISP接入Internet。随着接入用户数增加,开始了Internet迅猛发展的时期,并在很短的时间里演变成覆盖全球的国际性的互联网络。

6.3.2 IP地址

连入Internet的主机必须有一个唯一的地址,类似于电话网中的电话号码一样。IP协议(使用IPv4)规定每台主机分配一个32位(IPv6规定是128位)的二进制数作为该主机的IP地址。每个IP地址标记一台特定的主机。电话号码一般按地理位置采用层次结构划分为区号和电话号两个层次。同样,IP地址也采用层次结构,由网络号(称为网络ID)和主机号(称为主机ID)两部分组成。网络ID是IP地址的第一部分,标识该计算机所在的网络区域,在同一网络区域内的所有计算机必须有相同的网络ID;主机ID是IP地址的第二部分,标识同一网络区域内的计算机,同一网络区域内的计算机都必须有唯一的主机ID。IP地址的组成结构保证了网络上的每台主机都有一个唯一的IP地址。

为了方便表示32位长度的IP地址,国际上通行一种"点分十进制表示法",即32位地址分4段,高字节在前,每个字节用十进制表示,且各字节之间用点号"."隔开。于是IP地址表示成了一个用点号隔开的4组数字,每组数字的取值范围只能是0～255,例如10000001001101000000000000001111,对应于十进制书写就是:129.52.0.15。

6.3.3 域名地址

为了定位网络中的一台主机并与之通信，必须输入完整的 IP 地址。由于 IP 地址是一串比较复杂、不容易记忆的数字。因此 TCP/IP 向用户提供一种容易记忆的、特定的标准名称来表示 IP 地址。特定的标准名称称为域名。域名的命名方法采用层次树状结构，由顶级域名、域、子域(可选)和主机名组成。每个域名由标号序列组成，各标号之间用"."隔开。标号由英文字母、数字和连字符(-)组成，不区分大小写。一个完整域名总共不超过 255 个字符。域名的命名规则是自右向左范围越来越小，如北京大学的网站域名为 www.pku.edu.cn，其中 cn 表示中国大陆，edu 表示教育机构，pku 表示北京大学。www 表示提供 WWW 查询服务。表 6-2 列出常见的顶级域名及含义。

域名系统(DNS)就是 Internet 上使用的命名系统，它将人们使用域名转换为 IP 地址，这个过程称为"域名解析"，用户要想通过域名访问 Internet 上的主机，就必须通过 DNS 服务器提供的域名解析服务，它将用户提交的域名解析成对应的 IP 地址。

表 6-2 顶级域名及含义

域 名	含 义	域 名	含 义
com	商业组织	net	网络服务机构
edu	教育机构	org	非营利性机构
gov	政府部门	tv	电视
mil	军事部门	int	国际性组织

6.3.4 Windows 中的网络配置

计算机要连入网络，必须要正确配置 TCP/IP 网络参数，如 IP 地址、地址掩码、网关和 DNS，这些信息由网络服务提供商(ISP)提供。配置 IP 地址有两种方式，一种是动态获取，一种是静态配置。动态获取是从 DHCP 服务器上自动获取，用户不需要进行相关的配置。而静态配置则需要用户手动配置 TCP/IP 协议参数。下面介绍在 Windows 中手动进行网络配置的操作过程。

进入传统网络设置界面有两个主要路径，一是通过控制面板进入，另一个是右击任务栏中的网络图标，选择【打开网络和共享中心】进入。

(1) 依次单击【开始】→【控制面板】→【网络和 Internet】→【网络和共享中心】→【更改适配器设置】，弹出如图 6-17 所示的网络连接窗口。

(2) 右击【本地连接】，在快捷菜单中选择【属性】命令，打开【本地连接属性】窗口，如图 6-18 所示。

(3) 选择【Internet 协议版本 4(TCP/IPv4)】选项，单击【属性】，弹出【Internet 协议版本(TCP/IPv4)属性】窗口，如图 6-19 所示。

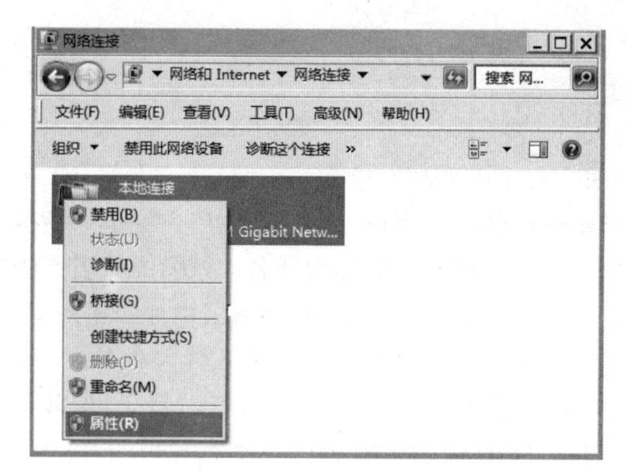

图 6-17 【网络连接】窗口

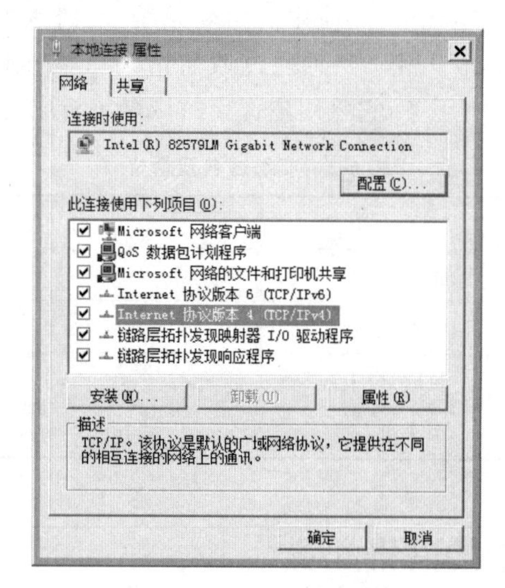

图 6-18 【本地连接属性】窗口

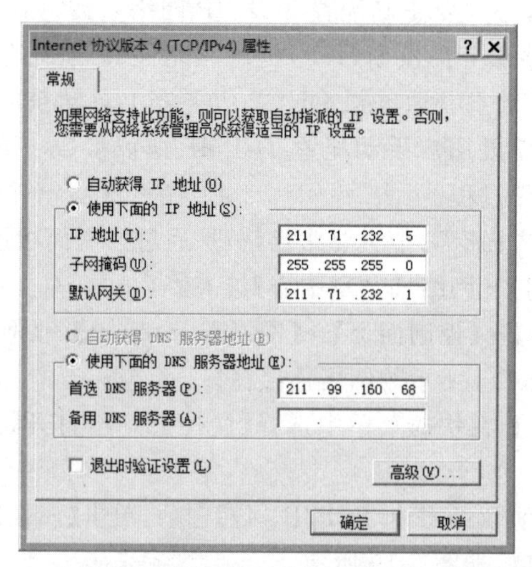

图 6-19 【Internet 协议版本 4(TCP/IPv4)属性】窗口

(4) 选择【使用下面的 IP 地址选项(S)】,在【IP 地址】文本框里输入要使用的 IP 地址,地址输入一定要正确。因为网络上两个相同的 IP 地址会使两台计算机产生 IP 地址冲突,导致不能正常使用网络。

(5) 在【子网掩码】文本框里输入子网掩码。子网掩码的输入也一定要保证正确,否则会导致无法与其他网络用户通信。

(6) 在【默认网关】文本框里输入本地路由器的 IP 地址,一般与本机 IP 同属一个网段。

(7) 在【首选 DNS 服务器】文本框中输入正确的 DNS 服务器地址。在【备用 DNS 服务器】文本框里输入正确的备用 DNS 服务器地址,这样可以在首选 DNS 服务器无法正常工作时,备用 DNS 服务器可以为客户机提供域名服务。

如果想动态获取 TCP/IP 的网络参数,则在图 6-19 中选择【自动获得 IP 地址(O)】、【自动获得 DNS 服务器地址(B)】,效果如图 6-20 所示,然后单击【确定】按钮完成 Windows 中的网络配置。

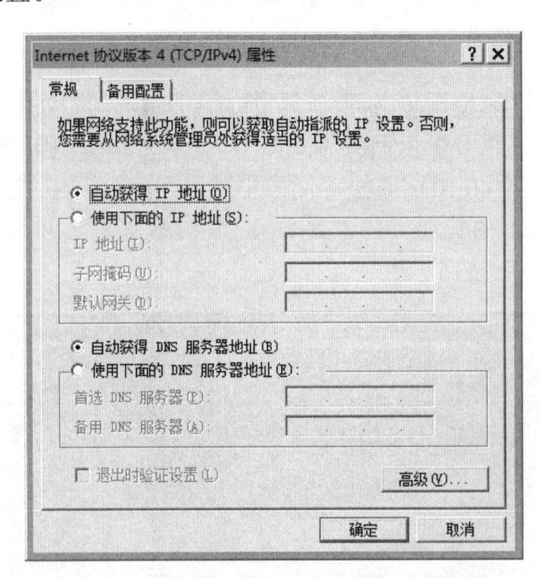

图 6-20　自动获得 TCP/IP 网络参数

6.3.5　家用无线路由器的配置

目前,Internet 宽带接入已普及许多家庭。宽带运营商提供的家庭上网方式也有很多,普通家庭用户和小型企业一般都是使用 ADSL(PPPoE)虚拟拨号这种上网方式。对于很多家庭来说,配置一个无线路由器搭建能覆盖到全家的无线网络也成为生活的一种需要。常见的无线路由器的品牌有 TP-link、D-link、华为、讯捷、中兴、腾达,等等。下面介绍 TP-Link 的 TL-WR842N 无线路由器的安装和 ADSL(PPPoE)虚拟拨号上网的设置步骤。

配置前的准备:用一根网线连接 ADSL Modem 与 TP-Link TL-WR842N 路由器上

的 WAN 接口;另一根网线连接计算机和 TP-Link TL-WR842N 路由器上的 1/2/3 任意接口,连接效果如图 6-21 所示。

图 6-21 路由器的连接

(1) 把计算机的 IP 地址配置为动态 IP 地址(自动获取),因为路由器已经启用了 DHCP 服务,可以给计算机分配上网所需要的 IP、网关、子网掩码、DNS 等地址。

(2) 打开网页浏览器,在浏览器的地址栏中输入 tplogin. cn 或 192. 168. 1. 1,并按下回车,弹出如图 6-22 所示的管理员登录界面,一般初始用户名和密码为: admin,输入管理员的登录密码 admin 后按回车键。

图 6-22 管理员登录界面

(3) 进入路由器设置页面,选择【上网设置】,弹出如图 6-23 所示上网设置界面,选择上网方式为【自动获得 IP 地址】,然后单击【保存】按钮。

(4) 接着选择【无线设置】,弹出如图 6-24 所示的无线设置界面,在此可以设置无线名称(SSID)和无线密码(PSK),然后单击【保存】按钮。

(5) 其他的无线参数的设置可通过选择配置界面的【高级设置】,弹出如图 6-25 所示的高级设置界面。在此可以根据需求进行相关的设置,如 LAN 口 IP 的设置方式、DHCP 服务器地址范围的设置等,设置完后单击【保存】按钮,即完成无线路由器的配置。

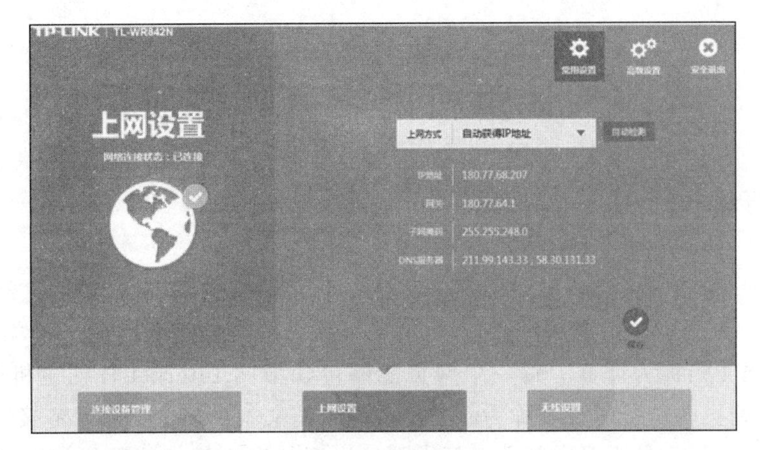

图 6-23　上网设置界面

图 6-24　无线设置界面

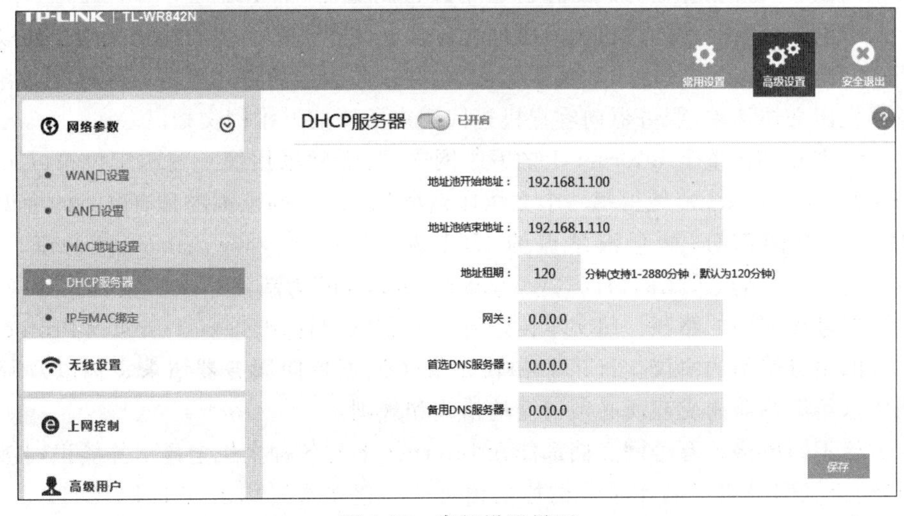

图 6-25　高级设置界面

6.4 计算机网络有哪些应用

6.4.1 万维网

万维网并非某种特殊的计算机网络，而是一个大规模的、联机式的信息储藏所，英文简称为 Web。万维网是由遍布世界各地、信息量巨大的文档组合而成。通常在用户屏幕显示的万维网文档称为网面。每一个网页能够包含指向 Internet 任何主机网页的超链接，指向另一网页的链接的文本称为超文本。一个超文本由多个信息源链接组成，而这些信息源的数目实际上是不受限制的。万维网的出现使网站数按指数规律增长，每个万维网站点都存放许多包含超文本的文档。人们通过链接方式能非常方便地从 Internet 上的一个站点访问到另一个站点，从而主动地按需获取丰富的信息。图 6-26 显示万维网提供的分布式服务。

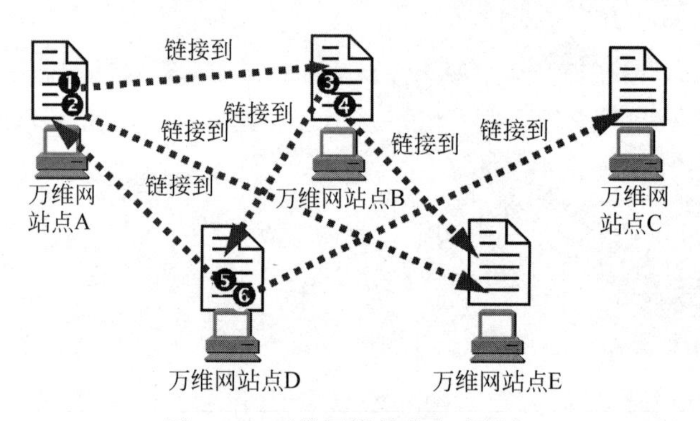

图 6-26　万维网提供分布式服务

万维网以客户—服务器方式工作。通常运行浏览器(如 IE)的用户主机为万维网客户机。万维网文档所驻留的主机为万维网服务器。浏览器的主要功能是从网上获取所需的文档，解释文档中包含的文本和格式化命令，并按照预定的格式显示在屏幕上。客户机向服务器发出文档请求，服务器向客户机送回用户所要的万维网文档。

为了标志分布在整个 Internet 上的万维网文档，通常采用统一资源定位符(Uniform Resource Locator，URL)，使得每一个文档在整个 Internet 的范围内具有唯一的标识。所有 URL 至少有两部分，如新浪站点的 URL 是“http：//www. sina. com. cn”。其中“http：//”为访问站点采用的协议，“www. sina. com. cn”为新浪站点的域名。有些 URL 还附加端口号和文档的路径。超文本传送协议 HTTP(HyperText Transfer Protocol)是访问万维网站点使用的协议。HTTP 协议定义了浏览器向服务器请求文档以及服务器把文档传送给浏览器的交互所必须遵循的格式和规则。

为了使不同风格的万维网文档都能在 Internet 上的各种主机上显示并能识别链接存在的位置，万维网采用了制作页面的标准语言——超文本置标语言 HTML(HyperText Markup Language)。由于 HTML 制作的是静态网页，不能满足用户对信息交互需求。

随着各种脚本语言推出和浏览器技术的发展，动态网页直至活动页面的推出大大增加了万维网站点的趣味性和生动性。

6.4.2 搜索引擎

随着 Internet 的飞速发展，网络资源越来越丰富。人们通过 Internet 传播与分享着各种各样的信息资源。这些资源种类繁多、内容广泛、语言多样、更新频繁，好比一个巨大的图书馆。如何找到自己所需的信息呢？如果知道信息存放的站点，则在浏览器中输入该站点即可找到。但如果不知道信息在何站点，那就必须使用搜索引擎。

搜索引擎是指以一定的策略搜集 Internet 上的信息，在对信息进行组织处理后，为用户提供检索服务的系统。搜索引擎的种类很多，但大体上可划分为 3 大类，即全文检索搜索引擎、分类目录搜索引擎和元搜索引擎。

1. 全文检索搜索引擎

全文检索搜索引擎是一种纯技术型的检索工具，它的工作原理是通过搜索软件（如一种叫"蜘蛛"或"机器人"的程序）到 Internet 上的各网站上收集信息，找到一个网站后再链接到另一个网站，像蜘蛛爬行一样。然后按照一定的规则建立一个很大的在线数据库供用户查询。谷歌网站（www. google. com）和百度网站（www. baidu. com）均为全文检索搜索引擎。

2. 分类目录搜索引擎

分类目录搜索引擎虽然有搜索功能，但在严格意义上算不上是真正的搜索引擎。它不采集网站上的任何信息，而是利用各网站向搜索引擎提交的网站信息时填写的关键词和网站描述等信息，通过人工审核编辑后，如果认为符合网站登录的条件，则输入到分类目录的数据库中，供网上用户查询。用户完全可以不用进行关键词的查询，仅靠分类目录也可找到所需要的信息。属于分类目录搜索引擎的有雅虎、新浪、搜狐、网易等。图 6-27 为新浪门户的分类搜索引擎。

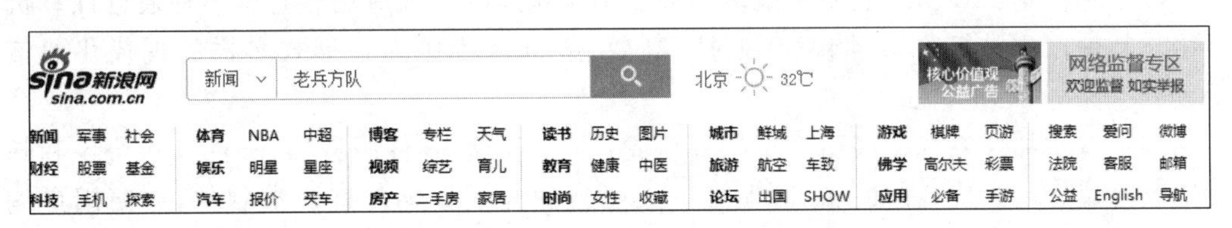

图 6-27　新浪门户的分类搜索引擎

3. 元搜索引擎

元搜索引擎是把用户提交的检索请求发送到多个独立的搜索引擎之上的搜索引擎，并把检索结果集中统一处理，以统一的格式提供给用户，因此是搜索引擎之上的搜索引擎。在这里，"元"为"总的""超越"之意。元搜索引擎的主要精力放在提高搜索速度、智能化处理搜索结果、个性化搜索功能的设置和用户检索界面的友好性上，它的查全率和查准率都比较高，图 6-28 为元搜索引擎工作原理示意图。

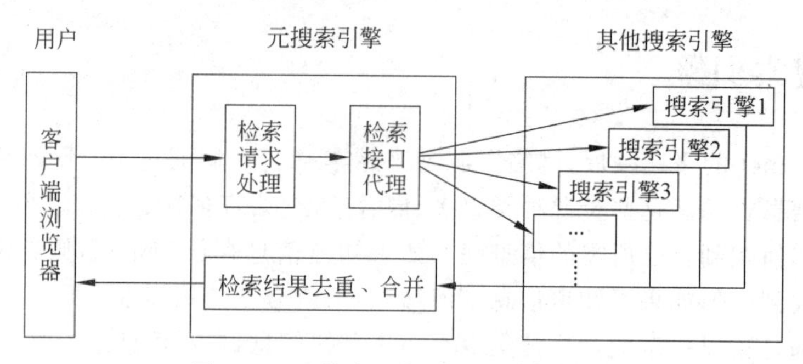

图 6-28　元搜索引擎工作原理示意图

目前，比较流行的元搜索引擎有聚搜、搜魅网、马虎聚搜、佐意综合搜索、360 综合搜索等。它们汇集 Google、雅虎、百度、搜狗、中搜、有道、天网等多个搜索引擎结果，同时，主动帮你获取各大搜索引擎的最佳结果，并按重要性和热门程度有序排列，以保障结果精准而全面。图 6-29 为聚搜示例图。

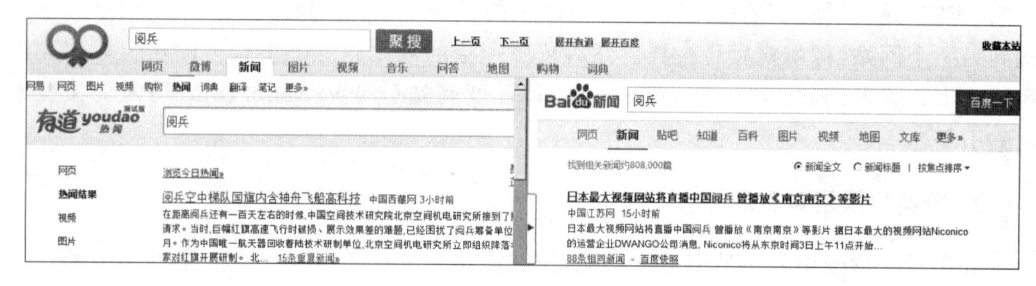

图 6-29　聚搜示例图

6.4.3　电子邮件

电子邮件是 Internet 上使用最多和最受用户欢迎的一种应用。它是一种通过计算机网络与其他用户进行联系的快速、便捷、高效、廉价且传送内容形式多样的现代化通信手段。

一个电子邮件系统一般由 3 个构件组成：用户代理、邮件服务器、邮件发送协议和邮件读取协议。用户代理（如 Outlook Express）又称为电子邮件客户端软件，方便用户编辑、阅读、处理邮件。邮件服务器负责将发送和接收邮件，同时向发件人报告邮件发送的结果（已交付、被拒绝、丢失等）。邮件服务器按照客户服务器方式工作。邮件发送协议用于用户代理向邮件服务器发送邮件或邮件服务器之间发送邮件，如简单邮件传送协议 SMTP(Simple Mail Transfer Protocol)。邮件读取协议用于用户代理从邮件服务器读取邮件，如邮局协议 POP3(Post office Protocol)，整个邮件传输的过程如图 6-30 所示，具体步骤如下。

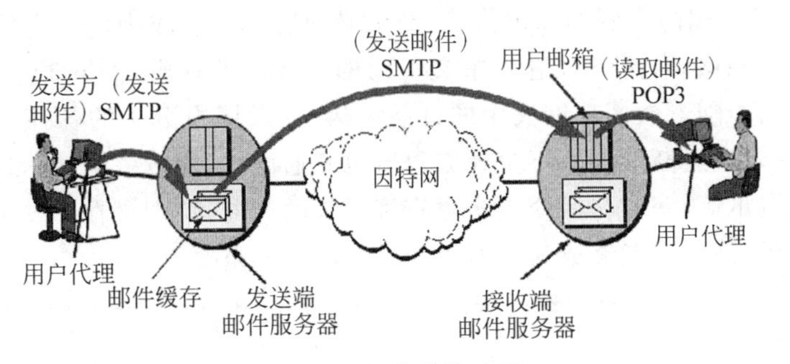

图 6-30　邮件传输过程

(1) 发件人调用主机中的用户代理撰写和编辑要发送的邮件。

(2) 发件人的用户代理将邮件通过 SMTP 协议发给发送方邮件服务器。

(3) 发送方邮件服务器使用 SMTP 将邮件发送给收件人邮件服务器。

(4) 收件人邮件服务器将邮件放入收件人的邮箱。

(5) 收件人通过用户代理使用 POP3 从他的邮件服务器读取邮件。

使用电子邮件服务的用户必须在一个邮件服务器上申请一个电子邮箱。每个邮件服务器管理着众多的客户邮箱。电子邮箱地址的格式为：用户名@邮件服务器域名。其中符号“@”为分隔符，用户名是用户在某个邮件服务器上注册的用户标识，这个用户名在本服务器中必须是唯一的。这样保证了每个电子邮箱地址在世界范围内是唯一的。例如，在 pgltt@sina.com 中，其中 pgltt 是用户名，sina.com 为新浪邮件服务器的域名。

目前，比较流行的电子邮件收发方式是基于万维网的电子邮件。就是说，只要能上网，打开浏览器就可以收发电子邮件。这时，用户代理就是浏览器。基于万维网的电子邮件的工作过程如图 6-31 所示，这种方式下，发件人使用 HTTP 将邮件发送给发送方邮件服务器，同时，收件人用浏览器使用 HTTP 从收件人服务器读取邮件。

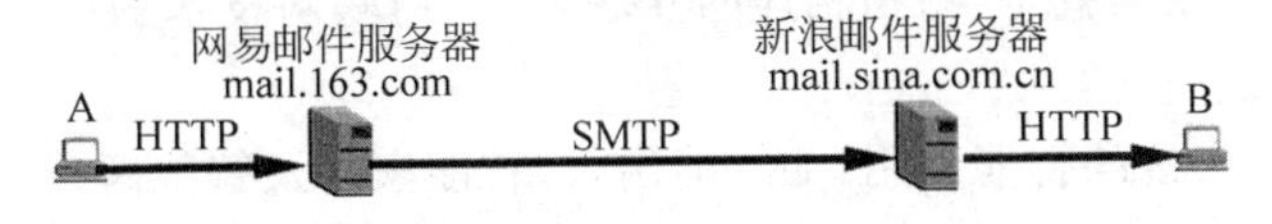

图 6-31　基于万维网的电子邮件的工作过程

6.4.4　微博

微博是一种通过关注机制分享简短实时信息的广播式的社交网络平台。从字面上看，微博就是微型博客，但它不同于一般的博客。博客偏重于梳理自己在一段时间内的所见、所闻、所感，没有形式和大小的限制。而微博只记录片段、碎语、现场记录、发发感慨、晒晒心情，不必有太多的逻辑思维，很自由，不需要标题，不需要段落。同时，微博有 140 个字(包括标点符号)的长度限制，提供插入单张图片、视频地址、音乐等功能。微博最大的特点就是更注重时效性，即发布信息快速，信息传播的速度快。假如你有 200 万听众(粉丝)，你发布的信息会在瞬间传播给 200 万人。

2009年8月中国门户网站新浪推出“新浪微博”内测版，成为门户网站中第一家提供微博服务的门户网站，微博正式进入中文上网的主流人群视野，图6-32为提供微博服务的新浪门户网站。随着微博在网民中的日益火热，在微博中诞生的各种网络热词也迅速走红网络，微博效应逐渐形成。不少地方政府也开通微博（即政务微博），通过微博及时公布政情、公务、资讯等，获取与民众更多更直接更快的沟通，特别是在突发事件或者群体性事件发生的时候，微博就能够成为政府新闻发布的一种重要手段。

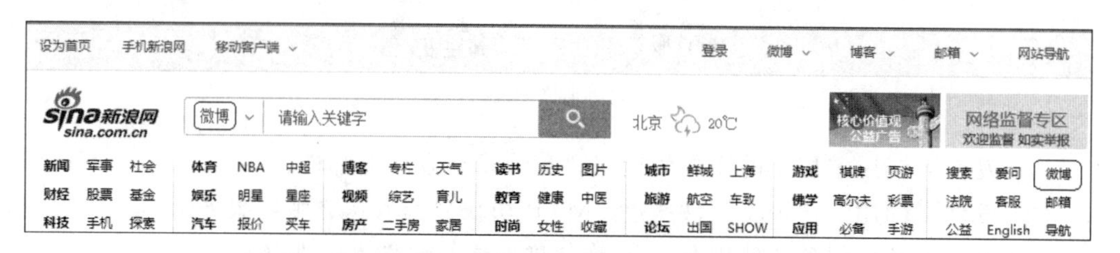

图6-32　提供微博服务的新浪门户网站

微博是一种互动及传播性极快的工具，具有实时性、现场感及快捷性。用户可以通过网页、手机短信彩信、手机客户端等多种方式更新自己的微博。微博的发布、转发信息的功能很强大，这种一个人的“通讯社”将对社会产生越来越大的影响。

6.4.5　网络技术发展与物联网

随着网络技术的发展和普及，通信的参与者不仅存在于人与人之间，还存在于人与物体或物体与物体之间。物联网正是在这种背景下应运而生的全新网络技术。它通过射频识别（RFID）、红外感应器、全球定位系统、激光扫描器等信息传感设备，按约定的协议，将任何物体与互联网相连接，进行信息交换和通讯，以实现智能化识别、定位、追踪、监控和管理。简而言之，物联网就是“物物相连的互联网”。物联网技术的核心和基础仍然是互联网技术。

物联网提供了丰富的智能应用，如智能出行、智能家居及智能医疗。你可以想象以下场景：

（1）你开车出门时，智能手机和车载智能导航仪能显示实时交通路况和停车信息，进行智能的分析、控制与引导，如自动帮你选择最近或最快路径，以提高出行的方便、舒适度。当你出现操作失误时汽车会自动报警。

（2）当你刷卡进入智能大楼时，你的办公室的空调自动开启，咖啡机开始工作；当你离开办公室时，空调自动关闭，吸尘器自动开启；当办公室出现异常时，智能设备直接通过视频与你通话。

（3）你可以随时用电子秤、脂肪分析仪、电子体温计、血压计和心率监测仪等人体状况传感设备，自动测量自己的血压、血糖、血氧、心电等与健康有关的数据，以便了解自己的健康状况，异常时上传给家庭医生，必要时进行远程会诊。

总结起来物联网有4个特性：全面感知、可靠传输、智能应用以及网络融合。

（1）全面感知：物联网利用RFID、传感器、二维码等终端设备随时随地采集物体的各种信息。

（2）可靠传输：物联网通过无处不在的无线网络、有线网络等载体将感知设备的信息进行实时传送。

（3）智能应用：物联网通过计算机技术及时对海量的数据进行信息处理，以达到对物体实现智能化的控制和管理，使物体具有“思维能力”。

（4）网络融合：物联网是在融合现有的计算机网络、电子和控制等技术的基础上，通过研究、开发和应用形成自身的技术架构。

物联网形式多样，涉及面广。根据信息生成、传输、处理和应用的原则，可以把物联网大致分为三层：感知层、网络层、应用层，如图 6-33 所示。

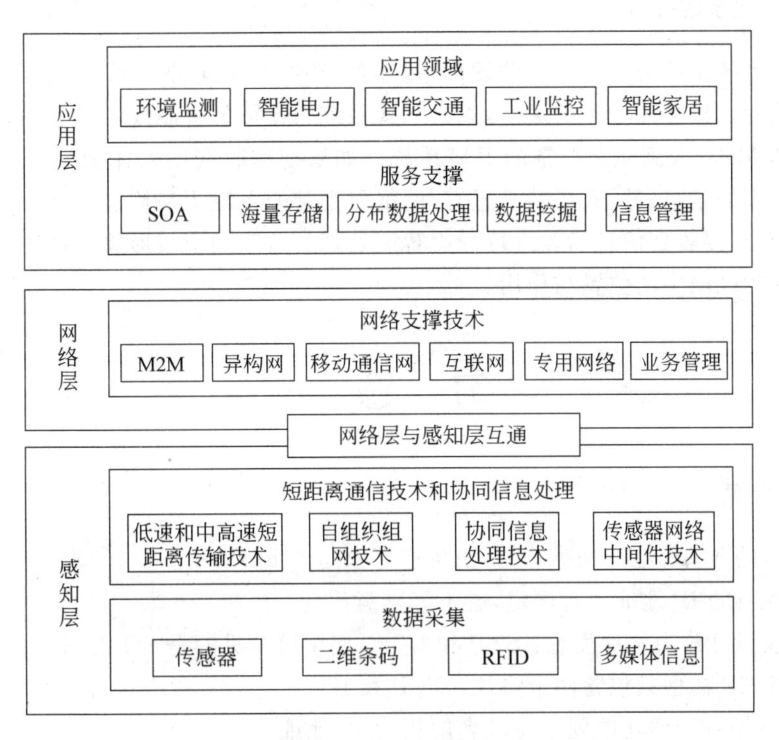

图 6-33　物联网体系架构

（1）感知层：处于物联网的最低层，是物联网发展与应用的基础。主要功能有数据采集、通信和协同信息处理，并通过通信模块将物体连接到网络层和应用层。

（2）网络层：主要承担数据传输的功能。在物联网中，要求网络层能够将感知层感知的数据无障碍、高可靠性、高安全性地进行传送。

（3）应用层：这一层解决的是信息处理与人机界面的问题。主要对感知和传输来的信息进行分析和处理，做出正确的控制和决策，实现智能化的管理、应用和服务。

物联网涉及的技术复杂，牵涉面广。下面介绍物联网中常用的关键技术：

1. 传感器技术

传感器是一种检测装置，能感受到被测量的信息，并将感受到的信息，按一定规律转换成为电信号或其他所需形式的信息输出，以满足信息的传输、处理和控制等要求。如果把计算机看成处理和识别信息的“大脑”，把通信网络看成传递信息的“神经系统”的话，那么传感器就是“感觉器官”。

2. RFID 技术

RFID 又名射频识别，俗称电子标签。通过射频信号自动识别对象并获取相关数据完成信息的自动采集工作。RFID 为物体贴上电子标签，属于物联网重要的信息采集技术之一。

3. 嵌入式系统技术

嵌入式系统是综合了计算机软硬件、传感器技术、集成电路技术、电子应用技术为一体的复杂技术。经过几十年的演变，以嵌入式系统为特征的智能终端产品随处可见；小到人们身边的 MP3，大到航天航空的卫星系统。如果把物联网用人体做一个简单比喻，传感器相当于人的眼睛、鼻子、皮肤等感官，网络就是神经系统用来传递信息，嵌入式系统则是人的大脑，在接收到信息后要进行分类智能处理。这个例子很形象地描述了传感器、嵌入式系统在物联网中的位置与作用。

习　题　6

一、判断题

1. 网卡的 MAC 地址是唯一的，由生产厂家写入 ROM 中。（　　）
2. 计算机的 IP 地址一旦设定，就不能随意改变。（　　）
3. 双绞线可分为两种类型：STP 和 UTP，使用最常见的是 UTP。（　　）
4. TCP/IP 模型只包含两个协议：TCP 和 IP。（　　）
5. DNS 服务器的功能就是将域名解析为 IP 地址。（　　）

二、选择题

1. （　　）不属于 TCP/IP 模型。

　A. 应用层　　B. 网际层　　C. 传输层　　D. 表示层

2. 计算机网络的主要功能是（　　）。

　A. 资源共享　　B. 文字处理　　C. 图表处理　　D. 数据转换

3. 下列协议中，属于网际层协议是（　　）。

　A. IP、UDP、ARP、ICMP　　B. ARP、RARP、ICMP、DNS

　C. IP、ARP、RARP、ICMP　　D. ARP、DHCP、ICMP、TCP

4. IP 地址是由两部分组成，分别是网络号和（　　）。

　A. 子网号　　B. 主机号　　C. MAC　　D. 子网掩码

5. 通过浏览器访问万维网站点需要采用的协议是(　　)。

A. ARP　　B. HTTP　　C. DHCP　　D. HTML

三、填空题

1. 计算机网络由两部分组成,分别是(　　)和(　　)。
2. Internet 的起源是(　　)。
3. 在常见的传输介质中,(　　)的抗干扰能力最好。
4. 交换机的工作模式有(　　)和(　　)。
5. OSI 模型把网络划分成(　　)层,TCP/IP 模型把网络划分为(　　)层。

习题 6 答案

一、判断题

1. √　2. ×　3. √　4. ×　5. √

二、选择题

1. D　2. A　3. C　4. B　5. B

三、填空题

1. 通信子网、资源子网　2. ARPANET　3. 光纤　4. 直通模式、存储转发模式　5. 7,4

第 7 章 信息安全

学习目标:

(1) 掌握信息安全的概念。

(2) 掌握信息系统安全的概念。

(3) 了解计算机病毒的特点。

(4) 掌握木马病毒的攻击原理及过程。

(5) 了解保证信息安全可以采用的技术。

随着信息化进程的深入和互联网的迅速发展,人们的工作、学习和生活方式正在发生巨大变化,效率大为提高,信息资源得到最大程度的共享。但是,与此同时,以各种各样的黑客技术为基础的黑色产业链诞生了,信息安全的需求也随之而来,无论是厂家、开发商,还是终端普通用户,都对这种需求明确了,信息安全开始作为独立的部分迎来越来越多企业的重视。

7.1 信息安全概述

信息安全是什么?怎样才算信息安全?每个接触计算机的人都会这么问。以Internet为代表的全球性信息化浪潮所带来的影响日益深刻,信息网络技术的应用正日益普及,应用层次正在深入,应用领域从传统的、小型业务系统逐渐向大型的、关键业务系统扩展,典型的如党政部门信息系统、金融业务系统、企业商务系统等。伴随网络的普及,安全日益成为影响网络效能的重要因素,而Internet所具有的开放性、国际性和自由性在增加应用自由度的同时,对安全提出了更高的要求,这主要表现在两个方面。

1. 开放性

开放性的网络,导致网络的技术是全开放的,任何组织和个人都可能获得,因而网络所面临的破坏和攻击可能是多方面的。例如:任何具有不良企图的黑客可以对物理传输线路实施攻击,也可以对网络通信协议实施攻击;可以对软件实施攻击,也可以对硬件实施攻击。网络的国际化还意味着网络的攻击不仅仅来自本地网络用户,它可以来自Internet上的任何一台主机。也就是说,网络安全所面临的是一个国际化的挑战。

2. 自由

自由意味着网络最初对用户的使用并没有提供任何的技术约束,用户可以自由地访问网络,自由地使用和发布各种类型的信息。用户只对自己的行为负责,而不受任何的法律限制。

开放的、自由的、国际化的 Internet 的发展给政府机构、企事业单位带来了革命性的改革和开放,使得人们能够利用 Internet 提高办事效率和市场反应能力,以便更具竞争力,同时人们又要面对网络开放带来的数据安全的新挑战和新危险。如何保护内部机密信息不受黑客和工业间谍的入侵,已成为政府机构、企事业单位信息化健康发展所必须考虑的重要事情之一。

7.1.1 信息安全的概念

信息安全是指利用网络管理控制和技术措施,保证在一个网络环境里,数据的保密性、完整性及可用性受到保护。要做到这一点,必须保证网络系统软件、应用软件、数据库系统具有一定的安全保护功能,并保证网络部件,如终端、调制解调器、数据链路的功能仅仅能被那些被授权的人访问。网络的安全问题实际上包括两方面的内容,一是网络的系统安全,二是网络的信息安全,而保护网络的信息安全是最终目的。

从广义来说,凡是涉及网络上信息的保密性、完整性、可用性、不可否认性和可控性的相关技术和理论都是网络安全的研究领域。机密性指确保信息不暴露给未授权的实体或进程。完整性则意味着只有得到授权的实体才能修改数据,并且能够判别出数据是否已被篡改。可用性说明得到授权的实体在需要时可访问数据,即攻击者不能占用所有的资源而阻碍授权者的工作。可控性表示可以控制授权范围内的信息流向及行为方式。可审查性指对出现的网络安全问题提供调查的依据和手段。

信息安全的具体含义随观察者角度的不同而不同。从用户(个人、企业等)的角度来说,希望涉及个人隐私或商业利益的信息在网络上传输时受到机密性、完整性和不可否认性的保护,避免其他人或对手利用窃听、冒充、篡改、抵赖等手段侵犯,即用户的利益和隐私不被非法窃取和破坏。从网络运行和管理者角度说,希望其网络的访问、读写等操作受到保护和控制,避免出现“后门”、病毒、非法存取、拒绝服务,网络资源非法占用和非法控制等威胁,制止和防御黑客的攻击。对安全保密部门来说,希望对非法的、有害的或涉及国家机密的信息进行过滤和防堵,避免机要信息泄露,避免对社会产生危害,避免给国家造成损失。从社会教育和意识形态角度来讲,网络上不健康的内容会对社会的稳定和人类的发展造成威胁,必须对其进行控制。

要保证信息安全,最根本的就是保证信息安全的基本特征发挥作用。因此,下面先介绍信息安全的 5 大特征。

1. 保密性

保密性指确保信息不暴露给未授权的实体或进程。

2. 完整性

完整性指数据未经授权不能进行改变的特性，即信息在存储或传输过程中保持不被修改、不被破坏和丢失的特性。

3. 可用性

可用性指网络信息可被授权实体正确访问，并按要求能正常使用或在非正常情况下能恢复使用的特征，即在系统运行时能正确存取所需信息，当系统遭受攻击或破坏时，能迅速恢复并能投入使用。比如网络环境下的拒绝服务、破坏网络和有关系统的正常运行等都属于对可用性的攻击。

4. 不可否认性

不可否认性指通信双方在信息交互过程中，确信参与者本身，以及参与者所提供的信息的真实同一性，即所有参与者都不可能否认或抵赖本人的真实身份，以及提供信息的原样性和完成的操作与承诺。

5. 可控性

可控性指对流通在网络系统中的信息传播及具体内容能够实现有效控制的特性，即网络系统中的任何信息要在一定传输范围和存放空间内可控。除了采用常规的传播站点和传播内容监控这种形式外，最典型的如密码的托管政策，当加密算法交由第三方管理时，必须严格按规定可控执行。

综上所述，对于网络上传输的信息，能够保证这5大特征即实现了信息安全。

7.1.2 信息系统安全的概念

信息系统安全是指为保护计算机信息系统的安全，不因偶然的或恶意的原因而遭受破坏、更改、泄露，以及系统连续正常运行所采取的一切措施。

按照《计算机信息系统安全保护等级划分准则》的规定，我国实行五级信息安全等级保护。

第一级：信息系统受到破坏后，会对公民、法人和其他组织的合法权益造成损害，但不损害国家安全、社会秩序和公共利益。

第二级：系统审计保护级，本级的安全保护机制支持用户具有更强的自主保护能力。特别是具有访问审计能力，即它能创建、维护受保护对象的访问审计跟踪记录，记录与系统安全相关事件发生的日期、时间、用户和事件类型等信息，所有和安全相关的操作都能够被记录下来，以便当系统发生安全问题时，可以根据审计记录，分析追查事故责任人。

第三级：安全标记保护级，具有第二级系统审计保护级的所有功能，并对访问者及其访问对象实施强制访问控制。通过对访问者和访问对象指定不同安全标记，限制访问者的权限。

第四级：结构化保护级，将前三级的安全保护能力扩展到所有访问者和访问对象，支持形式化的安全保护策略。其本身构造也是结构化的，以使之具有相当的抗渗透能力。本级的安全保护机制能够使信息系统实施一种系统化的安全保护。

第五级：访问验证保护级，具备第四级的所有功能，还具有仲裁访问者能否访问某些对象的能力。为此，本级的安全保护机制不能被攻击、被篡改，具有极强的抗渗透能力。

计算机信息系统安全等级保护标准体系包括：信息系统安全保护等级划分标准、等级设备标准、等级建设标准、等级管理标准等，是实行等级保护制度的重要基础。

7.2 关于计算机病毒

7.2.1 计算机病毒的定义及其特征

计算机病毒(Computer Virus)在《中华人民共和国计算机信息系统安全保护条例》中被明确定义为："编制或者在计算机程序中插入的破坏计算机功能或者破坏数据，影响计算机使用并且能够自我复制的一组计算机指令或者程序代码"。

计算机病毒是一个程序、一段可执行代码。就像生物病毒一样，计算机病毒有独特的复制能力。计算机病毒可以很快地蔓延，又常常难以根除。它们能把自身附着在各种类型的文件上。当染毒文件被复制或从一个用户传送到另一个用户时，它们就随同该文件一起蔓延开来。除复制能力外，某些计算机病毒还有其他一些共同特性：一个被感染的程序是能够传播病毒的载体。当看到病毒似乎仅表现在文字和图像上时，它们可能也已毁坏了文件、格式化了硬盘或引发了其他类型的灾害。若病毒并不寄生于一个感染程序，它仍然能通过占据存储空间给用户带来麻烦，并降低计算机的性能。计算机病毒具有以下几个明显的特征。

1. 传染性

这是病毒的基本特征，是判断一个程序是否为计算机病毒的最重要的特征，一旦病毒被复制或产生变种，其传染速度之快令人难以想象。

2. 破坏性

任何计算机病毒感染了系统后，都会对系统产生不同程度的影响。发作时轻则占用系统资源，影响计算机运行速度，降低计算机工作效率，使用户不能正常使用计算机；重则破坏用户计算机的数据，甚至破坏计算机硬件，给用户带来巨大的损失。

3. 寄生性

一般情况下，计算机病毒都不是独立存在的，而是寄生于其他的程序中，当执行这个程序时，病毒代码就会被执行。在正常程序未启动之前，用户是不易发觉病毒的存在的。

4. 隐蔽性

计算机病毒具有很强的隐蔽性，它通常附在正常的程序之中或藏在磁盘隐秘的地方，有些病毒采用了极其高明的手段来隐藏自己，如使用透明图标、注册表内的相似字符等，而且有的病毒在感染了系统之后，计算机系统仍能正常工作，用户不会感到有任何异常，在这种情况下，普通用户无法在正常的情况下发现病毒。

5. 潜伏性(触发性)

大部分的病毒感染系统之后一般不会马上发作，而是隐藏在系统中，就像定时炸弹一样，只有在满足特定条件时才被触发。例如，黑色星期五病毒，不到预定时间，用户就不会觉察出异常。一旦遇到13日并且是星期五，病毒就会被激活并且对系统进行破坏。当然大家都应该还记得噩梦般的CIH病毒，它是在每月的26日发作。

6. 针对性

一种计算机病毒并不传染所有的计算机系统和计算机程序。例如，有的病毒传染Windows系列操作系统，但不传染Linux操作系统；有的传染扩展名为.COM或.EXE的文件；也有的传染非可执行文件。

7. 不可预见性

不同种类的病毒，它们的代码千差万别，目前的软件种类极其丰富，且某些正常程序也使用了类似病毒的操作，甚至借鉴了某些病毒的技术。

计算机病毒无处不在，有计算机的地方就有病毒。尽管病毒带来的损失或大或小，甚至有些没有任何损失，但是大部分计算机用户都有被病毒侵扰的经历。据中国计算机病毒应急处理中心统计，2017年我国计算机病毒感染率为31.74%，与2016年相比，下降了26.14%。近年来，网络安全被提升到了一个前所未有的高度，2017年我国网络安全建设工作取得了显著的成效，一方面得益于国家政策驱动和国家对计算机犯罪越来越强的打击力度，增大了计算机病毒的犯罪成本；另一方面也得益于安全厂商不断精研安全能力，产品功能日益完善，增大了计算机病毒的开发成本；同时，广大计算机用户安全意识普遍提升以及多级防护体系的建立，有力地抵御了病毒的入侵。

7.2.2 计算机病毒的分类

计算机病毒技术的发展，病毒特征的不断变化，给计算机病毒的分类带来了一定的困难。根据多年来对计算机病毒的研究，按照不同的体系可对计算机病毒进行如下分类。

1. 按病毒寄生方式分类

根据病毒存在的媒介，可将病毒划分为系统引导型病毒、文件型病毒、混合型病毒、目录型病毒、宏病毒、蠕虫病毒。

(1) 系统引导型病毒。该病毒指寄生在磁盘引导区或主引导区的计算机病毒。此种病毒利用系统引导时,不对主引导区的内容正确与否进行判别的缺点,在引导系统的过程中侵入系统,驻留内存,监视系统运行,待机传染和破坏。按照引导型病毒在硬盘上的寄生位置又可细分为主引导记录病毒和分区引导记录病毒。主引导记录病毒感染硬盘的主引导区,如大麻病毒、火炬病毒等;分区引导记录病毒感染硬盘的活动分区引导记录,如小球病毒。

引导型病毒进入系统,一定要通过启动过程。在无病毒环境下使用的软盘或硬盘,即使它已感染引导区病毒,也不会进入系统并进行传染,但是,只要用感染引导区病毒的磁盘引导系统,就会使病毒程序进入内存,形成病毒环境。

(2) 文件型病毒。这种病毒是指能够寄生在文件中的计算机病毒。这类病毒程序感染可执行文件或数据文件,如 1575/1591 病毒、848 病毒感染.COM 和.EXE 等可执行文件;Macro/Concept、Macro/Atoms 等宏病毒感染.DOC 文件。

(3) 混合型病毒。混合型病毒是指具有引导型病毒和文件型病毒寄生方式的计算机病毒,所以它的破坏性更大,传染的机会也更多,杀灭也更困难。这种病毒扩大了病毒程序的传染途径,它既感染磁盘的引导记录,又感染可执行文件。当染有此种病毒的磁盘用于引导系统或调用执行感染病毒文件时,病毒会被激活。因此在检测、清除复合型病毒时,必须全面彻底地根治,如果只发现该病毒的一个特性,把它只当作引导型或文件型病毒进行清除,那么表面上好像已经清除干净,实际还留有隐患。这种病毒有 Flip 病毒、One-half 病毒等。

(4) 目录型病毒。这一类型病毒通过装入与病毒相关的文件进入系统,而不改变相关文件,它所改变的只是相关文件的目录项。

(5) 宏病毒。Microsoft Word 宏病毒是利用 Word 提供的宏功能,将病毒程序插入到带有宏的.doc 文件或.dot 文件中。这类病毒种类多,传播速度快,能对系统或文件造成破坏。目前发现的 Word 宏病毒经常在 Word 的文档和模板范围内运行和传播。在提供宏功能的软件中也有宏病毒,如 Excel 宏病毒。

(6) 网络蠕虫病毒。蠕虫是一种通过网络传播的恶性病毒,它具有病毒的一些共性,如传播性、隐蔽性、破坏性等,同时具有自己的一些特征,如不利用文件寄生(有的只存在于内存中)、对网络造成拒绝服务以及和黑客技术相结合等。在产生的破坏性上,蠕虫病毒也不是普通病毒所能比拟的,网络的发展使得蠕虫病毒可以在短时间内蔓延整个网络,造成网络瘫痪,蠕虫病毒中还包括近期危害严重的勒索病毒,这种病毒利用各种加密算法对文件进行加密,被感染者一般无法解密,必须拿到解密的私钥才有可能破解,如 WannaCry 蠕虫病毒。

2. 按病毒破坏性分类

根据病毒对计算机系统或数据造成的破坏程度可以将病毒分为良性病毒和恶性病毒。

(1) 良性病毒。良性病毒是指那些只是为了表现自身,并不彻底破坏系统和数据,但会大量占用CPU时间，增加系统开销，降低系统工作效率的一类计算机病毒。这种病毒多数的目的不是为了破坏系统或数据，而是为了让使用染有病毒的计算机用户通过显示器或扬声器看到或听到病毒制作者的编程技术。这类病毒有小球病毒、救护车病毒、扬基病毒、Dabi病毒等。

(2) 恶性病毒。恶性病毒是指那些一旦发作，就会破坏系统或数据，造成计算机系统瘫痪的一类计算机病毒。这种病毒危害性极大，有些病毒发作后可以给用户造成不可挽回的损失。这类病毒有黑色星期五病毒、火炬病毒等。

3. 按病毒传染的方法分类

根据病毒的传染方法，可将计算机病毒分为引导扇区传染病毒、执行文件传染病毒和网络传染病毒。

(1) 引导扇区传染病毒主要使用病毒的全部或部分代码取代正常的引导记录，而将正常的引导记录隐藏在其他地方。

(2) 执行文件传染病毒寄生在可执行程序中，一旦程序执行，病毒就被激活，进行预定活动。

(3) 网络传染病毒是当前病毒的主流，特点是通过因特网进行传播。例如，蠕虫病毒就是通过主机的漏洞在网上传播的。

4. 按病毒的攻击目标分类

根据病毒的攻击目标，计算机病毒可以分为DOS病毒、Windows病毒和其他系统病毒。

(1) DOS病毒。该病毒是指针对DOS操作系统开发的病毒。目前几乎没有新制作的DOS病毒，由于Windows 9x病毒的出现，DOS病毒几乎绝迹。但DOS病毒在Windows 9x环境中仍可以进行感染活动，因此若执行染毒文件，Windows 9x用户的系统也会被感染。我们使用的杀毒软件能够查杀的病毒中一半以上都是DOS病毒，可见DOS时代DOS病毒的泛滥程度。但这些众多的病毒中除了少数几个让用户胆战心惊的病毒之外，大部分病毒都只是制作者出于好奇或对公开代码进行一定变形而制作的病毒。

(2) Windows病毒。Windows病毒是指能感染Windows可执行程序并可在Windows下运行的一类病毒。从早期的感染Windows 9x操作系统的病毒，到现在感染Windows最新版本操作系统的病毒，Windows病毒按其感染的对象又可分为感染NE格式(Windows 3.x)可执行程序的病毒；感染PE格式可执行程序的病毒。

(3) 其他系统病毒。其他系统病毒主要指攻击Linux、UNIX和OS2及嵌入式系统的病毒。由于系统本身的复杂性，这类病毒数量不是很多。

5. 按病毒的链接方式分类

由于计算机病毒本身必须有一个攻击对象才能实现对计算机系统的攻击，并且计算机病毒所攻击的对象是计算机系统可执行的部分。因此，根据链接方式计算机病毒可分为：源码型病毒、嵌入型病毒、外壳型病毒、操作系统型病毒。

(1) 源码型病毒。该病毒攻击高级语言编写的程序,在高级语言所编写的程序编译前插入到源程序中,经编译成为合法程序的一部分。

(2) 嵌入型病毒。这种病毒是将自身嵌入到现有程序中,把计算机病毒的主体程序与其攻击的对象以插入的方式链接。这种计算机病毒是难以编写的,一旦侵入程序体后也较难消除。如果同时采用多态性病毒技术、超级病毒技术和隐蔽性病毒技术,将给当前的反病毒技术带来严峻的挑战。

(3) 外壳型病毒。外壳型病毒将其自身包围在主程序的四周,对原来的程序不做修改。这种病毒最为常见,易于编写,也易于发现,一般测试文件的大小即可察觉。

(4) 操作系统型病毒。这种病毒用自身的程序加入或取代部分操作系统进行工作,具有很强的破坏力,可以导致整个系统的瘫痪。圆点病毒和大麻病毒就是典型的操作系统型病毒。

这种病毒在运行时,用自己的逻辑部分取代操作系统的合法程序模块,根据病毒自身的特点和被替代的合法程序模块在操作系统中运行的地位与作用,以及病毒取代操作系统的取代方式等,对操作系统进行破坏。

7.2.3 新型计算机病毒

勒索病毒是一种新型电脑病毒,主要以邮件、程序木马、网页挂马的形式进行传播。该病毒性质恶劣、危害极大,一旦感染将给用户带来无法估量的损失。这种病毒利用各种加密算法对文件进行加密,被感染者一般无法解密,必须拿到解密的私钥才有可能破解。

2017 年 12 月 13 日,"勒索病毒"入选国家语言资源监测与研究中心发布的"2017 年度中国媒体十大新词语"。

据"火绒威胁情报系统"监测和评估,从 2018 年初到 9 月中旬,勒索病毒总计对超过 200 万台终端发起过攻击,攻击次数高达 1700 万余次,且整体呈上升趋势。

1. 传播途径

勒索病毒文件一旦进入本地,就会自动运行,同时删除勒索软件样本,以躲避查杀和分析。接下来,勒索病毒利用本地的互联网访问权限连接至黑客的 C&C 服务器,进而上传本机信息并下载加密私钥与公钥,利用私钥和公钥对文件进行加密。除了病毒开发者本人,其他人是几乎不可能解密。加密完成后,还会修改壁纸,在桌面等明显位置生成勒索提示文件,指导用户去交纳赎金。且变种类型非常快,对常规的杀毒软件都具有免疫性。攻击的样本以 exe、js、wsf、vbe 等类型为主,对常规依靠特征检测的安全产品是一个极大的挑战。据火绒监测,勒索病毒主要通过三种途径传播:漏洞、邮件和广告推广。

通过漏洞发起的攻击占攻击总数的 87.7%。由于 Windows 7、Windows XP 等老旧系统存在大量无法及时修复的漏洞,而政府、企业、学校、医院等局域网机构用户使用较多的恰恰是 Windows 7、Windows XP 等老旧系统,因此也成为病毒攻击的重灾区,病毒可以通过漏洞在局域网中无限传播。相反,Windows 10 系统因为强制更新,几乎不受漏洞攻击的影响。

通过邮件与广告推广的攻击分别为7.4%、3.9%。虽然这两类传播方式占比较少，但对于有收发邮件、网页浏览需求的企业而言，依旧会受到威胁。

此外，对于某些特别依赖U盘、记录仪办公的局域网机构用户来说，外设则成为勒索病毒攻击的特殊途径。

2. 攻击对象

勒索病毒一般分两种攻击对象，一部分针对企业用户（如xtbl，wallet），一部分针对所有用户。

3. 病毒规律

该类型病毒的目标性强，主要以邮件为传播方式。

勒索病毒文件一旦被用户点击打开，会利用连接至黑客的C&C服务器，进而上传本机信息并下载加密公钥和私钥。然后，将加密公钥私钥写入到注册表中，遍历本地所有磁盘中的Office文档、图片等文件，对这些文件进行格式篡改和加密；加密完成后，还会在桌面等明显位置生成勒索提示文件，指导用户去交纳赎金。

该类型病毒可以导致重要文件无法读取，关键数据被损坏，给用户的正常工作带来了极为严重的影响。

4. 病毒分析

一般勒索病毒，运行流程复杂，且针对关键数据以加密函数的方式进行隐藏。以下为APT沙箱分析到样本载体的关键行为：

(1) 调用加密算法库；
(2) 通过脚本文件进行http请求；
(3) 通过脚本文件下载文件；
(4) 读取远程服务器文件；
(5) 通过wscript执行文件；
(6) 收集计算机信息；
(7) 遍历文件。

7.2.4 计算机病毒的预防和清除

在正常的工作中，怎样才能减少和避免计算机病毒的感染与危害呢？在平时的计算机使用中只要注意做到以下几个方面，就会大大减少病毒感染的机会。

(1) 建立良好的安全习惯。例如：对一些来历不明的邮件及附件不要打开，并尽快删除，不要上一些不太了解的网站，尤其是那些诱人名称的网页，更不要轻易打开，不要执行从Internet下载后未经杀毒处理的软件等，这些必要的习惯会使您的计算机更安全。

(2) 关闭或删除系统中不需要的服务。默认情况下，许多操作系统会安装一些辅助服务，如 FTP 客户端、Telnet 和 Web 服务器。这些服务为攻击者提供了方便，而又对用户没有太大用处，如果删除它们，就能大大减少被攻击的可能性。

(3) 经常升级操作系统的安全补丁。据统计，有 80% 的网络病毒是通过系统安全漏洞进行传播的，像红色代码、尼姆达、冲击波等病毒，所以应该定期到微软网站去下载最新的安全补丁，以防患于未然。

(4) 使用复杂的密码。有许多网络病毒就是通过猜测简单密码的方式攻击系统的。因此使用复杂的密码，将会大大提高计算机的安全系数。

(5) 迅速隔离受感染的计算机。当用户的计算机发现病毒或异常时应立即中断网络，然后尽快采取有效的查杀病毒措施，以防止计算机受到更多的感染，或者成为传播源感染其他计算机。

(6) 安装专业的防病毒软件进行全面监控。在病毒日益增多的今天，使用杀毒软件进行防杀病毒，是简单有效并且是越来越经济的选择。用户在安装了反病毒软件后，应该经常升级至最新版本，并定期查杀计算机。将杀毒软件的各种防病毒监控始终打开(如邮件监控和网页监控等)，可以很好地保障计算机的安全。

(7) 及时安装防火墙。安装较新版本的个人防火墙，并随系统启动一同加载，即可防止多数黑客进入计算机偷窥、窃密或放置黑客程序。

尽管病毒和黑客程序的种类繁多，发展和传播迅速，感染形式多样，危害极大，但是还是可以预防和杀灭的。只要在使用计算机的过程中增强计算机和计算机网络的安全意识，采取有效的防杀措施，随时注意工作中计算机的运行情况，发现异常及时处理，就可以大大减少病毒和黑客的危害。

7.2.5 木马病毒

在计算机病毒中，一种传播速度快、危害严重、能为其他攻击行为开启后门的典型病毒就是木马病毒。木马病毒具有其他病毒通有的共性，同时又具有自己独特的个性。

1. 木马的定义

在古罗马的战争中，古罗马人利用一只巨大的木马，麻痹敌人，赢得了战役的胜利，成为一段历史佳话。而在当今的网络世界里，也有这样一种被称作木马的程序，它为自己带上伪装的面具，悄悄地潜入用户的系统，进行着不可告人的行动。

有关木马的定义有很多种，普遍认为木马是一种在远程计算机之间建立起连接，使远程计算机能够通过网络控制本地计算机的程序，它的运行遵照 TCP/IP 协议，由于它像间谍一样潜入用户的计算机，为其他人的攻击打开后门，与战争中的“木马”战术十分相似，因而得名木马程序。

木马程序一般由两部分组成，分别是 Server(服务器)端程序和 Client(客户)端程序。其中 Server 端程序安装在被控制计算机上，Client 端程序安装在控制计算机上，Server 端程序和 Client 端程序建立起连接就可以实现对远程计算机的控制。

首先，服务器端程序获得本地计算机的最高操作权限，当本地计算机连入网络后，客户端程序可以与服务器端程序直接建立起连接,并可以向服务器端程序发送各种基本的操作请求,并由服务器端程序完成这些请求,也就实现了对本地计算机的控制。

因为木马发挥作用必须要求服务器端程序和客户端程序同时存在,所以必须要求本地机器感染服务器端程序,服务器端程序是可执行程序,可以直接传播,也可以隐含在其他的可执行程序中传播,但木马本身不具备繁殖性和自动感染的功能。

2. 木马的特征

据不完全统计,目前世界上有上千种木马程序。虽然这些程序使用不同的程序设计语言进行编制,在不同的环境下运行,发挥着不同的作用,但是它们有着许多共同的特征。

(1) 隐蔽性。隐蔽性是木马的首要特征。木马类软件的 Server 端在运行时会使用各种手段隐藏自己,例如大家所熟悉的修改注册表和.ini 文件,以便计算机在下一次启动后仍能载入木马程序。通常情况下,采用简单地按 Alt+Ctrl+Del 键是不能看见木马进程的。

还有些木马可以自定义通信端口,这样就可以使木马更加隐秘。木马还可以更改 Server 端的图标,让它看起来像个 Zip 或图片文件,如果用户一不小心,就会上当。

(2) 功能特殊性。通常,木马的功能都是十分特殊的,除了普通的文件操作以外,还有些木马具有搜索目标计算机中的口令、设置口令、扫描 IP 发现中招的机器、记录用户事件、远程修改注册表、颠倒屏幕以及锁定鼠标等功能。

(3) 自动运行性。木马程序通过修改系统配置文件或注册表的方式,在目标计算机系统启动时即自动运行或加载。

(4) 欺骗性。木马程序要达到其长期隐蔽的目的,就必须借助系统中已有的文件,以防被用户发现。木马程序经常使用的是常见的文件名或扩展名,如.dll、.sys 和 explorer 等字样,或者仿制一些不易被人区别的文件名,如字母"l"与数字"1"、字母"o"与数字"0"。还有的木马程序为了隐藏自己,把自己设置成一个 Zip 文件或图标,当用户不小心打开它时,木马就马上运行。木马编制者还在不断地研究、发掘欺骗的手段,花样层出不穷,让人防不胜防。

(5) 自动恢复性。现在,很多木马程序中的功能模块已不再是由单一的文件组成,而是具有多重备份,可以相互恢复。计算机一旦感染上木马程序,想单独靠删除某个文件来清除,是不太可能的。

(6) 能自动打开特别的端口。木马程序潜入计算机的目的,不仅仅为了破坏用户的计算机系统,更是为了获取用户系统中有用的信息,这样当你上网时能与远端客户进行通信,木马程序就会用服务器/客户端的通信手段把信息告诉黑客们,以便黑客们控制你的机器,或实施更加进一步入侵企图。你知不知道你的计算机有多少个对外的"门",不知道吧,告诉你别吓着,根据 TCP/IP 协议,每台计算机可以有 256×256 扇门,也即从 0 到 65535 号"门",但我们常用的只有少数几个,你想有这么多门可以进,还能进不来?

3. 冰河木马介绍

冰河是一种国产木马程序,同时也是被使用最多的一种木马,说句心里话,如果这个软件做成规规矩矩的商业用远程控制软件，绝对不会逊于体积庞大、操作复杂的PCanywhere，但可惜的是，它最终变成了黑客常用的工具。冰河是由黄鑫开发的免费软件，目前的最高版本是 8.0，由于它是国产软件，所以大多数网络黑客在初期都以它用来作为入门程序。冰河面世后，以它简单的操作方法和强大的控制能力令人胆寒，可以说是达到了谈“冰”色变的地步。

（1）冰河木马目前比较典型的特点主要有：

① 记录各种口令信息：冰河木马能记录在被控计算机上操作的各种口令信息，如开机口令、屏保口令、共享资源口令等。随着版本的升高，它所能够记录的口令信息也在逐步增加。

② 获取系统信息：该木马能捕获被控计算机的部分系统信息，如计算机名、当前用户、系统路径、操作系统版本、物理及逻辑磁盘信息等多项系统数据。

③ 远程文件操作：利用木马来控制远程计算机，可以在被控计算机上创建、上传、下载、复制、删除文件；文件压缩、远程打开文件等多种文件操作功能。

④ 限制系统功能：能对被控计算机远程关机、远程重启机器、锁定鼠标、热键等功能。

⑤ 发送信息：向被控计算机发送短信息。

⑥ 注册表操作：注册表对一台计算机来说非常重要，利用木马程序可以对被控计算机的注册表进行主键的浏览、增删、复制等操作。

⑦ 点到点通信：以聊天室的形式同被控计算机进行在线交谈。

（2）冰河木马由四部分组成，主要包括：

① G-Server. exe 是被监控端后台监控程序，在安装前可以先通过 G_Client. exe 进行一些特殊配置，例如是否将动态 IP 发送到指定信箱、改变监听端口、设置访问口令等。黑客们想方设法对它进行伪装，用各种方法将服务器端程序安装在你的计算机上，程序运行的时候一点痕迹也没有，你是很难发现有木马冰河在你的计算机上运行的。

② G-Client 是监控端执行程序，用于监控远程计算机和配置服务器程序。

③ Operate. ini 是 G_Server. exe 的配置文件。

④ Readme. txt 是关于冰河木马的帮助文件。

（3）冰河木马服务器端程序的配置。利用冰河木马实现对远程计算机的控制，需要对服务器端程序进行基本配置，只有这样才能进行正常的冰河木马的应用，具体的配置步骤如下：

① 运行 G_Client. exe 程序，打开冰河 8.0 的工作界面如图 7-1 所示。

② 在图 7-1 中，打开【文件】菜单中的【配置服务器程序】命令，打开【服务器配置】对话框，如图 7-2 所示。在这里有【基本设置】、【自我保护】和【邮件通知】三个选项可以配置。

③ 在图 7-2 的【服务器配置之基本配置】对话框中，可以服务器的基本属性进行配置，主要配置的项目有：

在【安装路径】中有 WINDOWS、SYSTEM 和 TEMP 三个选项，这些都是 Windows 里的一些目录，用来指定服务器程序安装的位置。

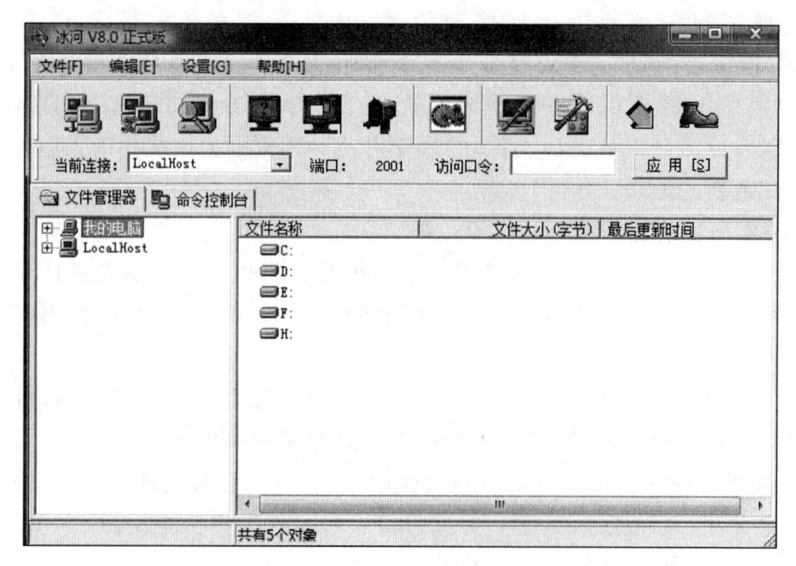

图 7-1　冰河 8.0 工作界面

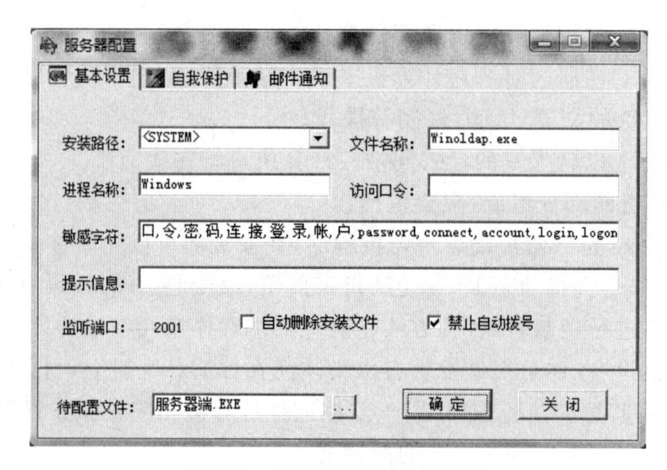

图 7-2　【服务器配置】对话框

在【文件名称】的文本框中可以输入服务器程序安装到目标计算机之后的名称，默认是 Winoldap.exe，对于不熟悉 Windows 系统的用户来说，这可像是一个系统程序。当然，这个名称是可以改的。

在【进程名称】文本框可以输入服务器程序运行时显示在进程栏中的名称。默认的进程名是 Windows，也可以更改。

在【访问口令】文本框中可以设置客户机连接服务器程序时需要输入的口令。如果用于远程控制的时候，可以在一定程度上限制客户端程序的使用。

在【敏感字符】文本框用于记录冰河程序对某些敏感字符的信息。冰河把这些包含文字的信息保存下来，然后通过各种途径发给黑客。

在【提示信息】文本框中可以设置被控制计算机运行时，弹出的对话框信息。如果为空的话，程序运行时就没有任何提示。

如果选取【自动删除安装程序】选项，则会自动删除安装程序。

如果不选取【禁止自动拨号】选项，每次开机时，冰河就会自动拨号上网，然后把系统信息发送到指定的邮箱。通常，攻击者都不会轻易暴露自己，所以他们会选中该项。

在【待配置文件】中可以设置服务器程序的名称，原始的文件名是 G_Server. exe。

④ 在图 7-3 所示的【服务器配置之自我保护】对话框中，可以设置服务器程序在目标计算机上的一些配置，具体包括：

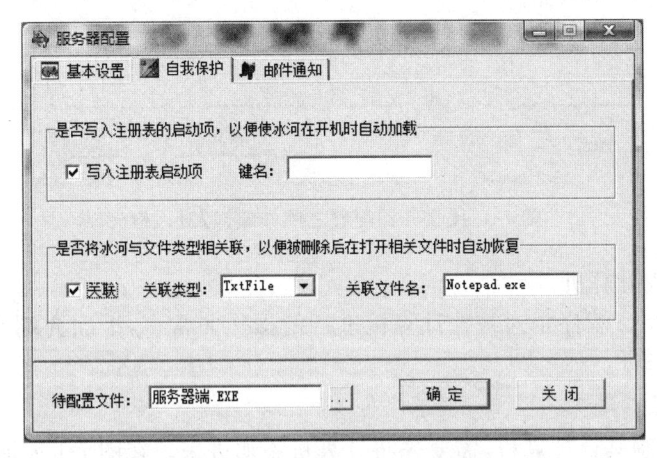

图 7-3 【服务器配置之自我保护】对话框

如果选取【写入注册表启动项】选项，每次系统启动时都会自动运行冰河。它在注册表中的位置是：

HKEY_LOCAL_MACHINE \ Software \ Microsoft \ Windows \ Currentversion \ runservice。

在【键名】文本框中可以设置其在注册表中的名称。

【关联】选项是一个可以令冰河死灰复燃的功能。如果选取该项，当关联文件是文本文件的时候，用户执行文本文件之后，就会自动装载冰河；同样的道理，选择可执行程序关联后，可执行程序也会自动装载冰河。

⑤ 在【服务器配置之邮件通知】对话框中，如图 7-4 所示。这是程序与攻击者进行通信的一个渠道，当中木马的计算机连到互联网之后，冰河就会寻找设置的邮件服务器，把目标计算机的敏感信息，如系统信息、开机口令等发到设置的邮件地址。主要邮件设置信息有：

在【SMTP 服务器】的文本框中可以输入冰河用来发送邮件的服务器，例如 smtp. 163. com。

在【接收信箱】文本框中可以输入用来接收被控计算机信息的信箱。

在【邮件内容】中包括系统信息、开机口令、缓存口令、共享资源信息等，根据攻击者想获得的信息需求，可以只选择其中一项或几项。

⑥ 将三个选项都配置完成后，单击【关闭】按钮即可。

⑦ 将 G_server. exe 服务器端程序植入到被控计算机并执行。

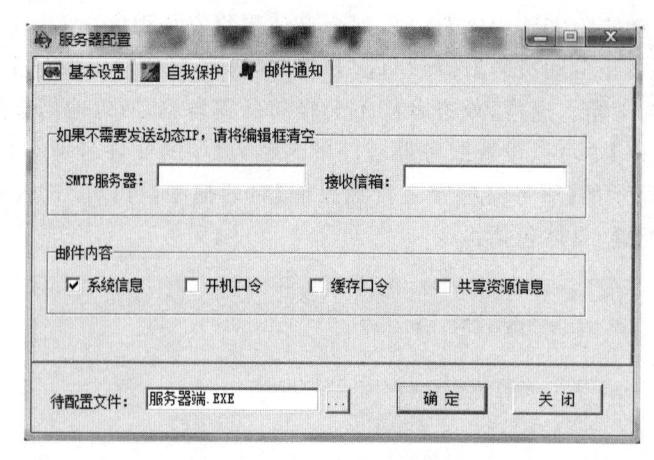

图 7-4 【服务器配置之邮件通知】对话框

(4) 入侵被控计算机。

在 G_client.exe 程序中对被控计算机进行的操作非常多，下面介绍几种比较重要的操作。

• 添加主机

① 如果想控制某台计算机，需要先将计算机添加进来。在图 7-1 冰河 8.0 界面中，打开【文件】菜单中的【添加主机】命令，打开【添加计算机】对话框，如图 7-5 所示。

② 在【显示名称】中添加被控计算机的名称，这个名称是显示在攻击者端的名称，如"test"作为显示名称。在【主机地址】文本框中输入被控计算机的 IP 地址为"172.16.39.1"。在【访问口令】文本框可以设置访问被控计算机的口令，也可以不设置。然后单击【确定】按钮，完成添加计算机操作。

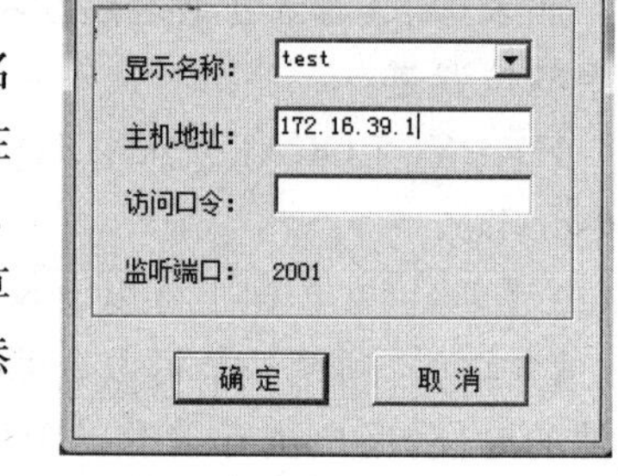

图 7-5 【添加计算机】对话框

③ 双击添加上的 test 被控计算机，能看到里面的盘符以及每个盘中的存储文件，如图 7-6 所示。

• 自动搜索

利用自动搜索功能，能将同一网络段中被植入冰河的计算机一起列出来，并显示是否能正常被控制，操作如下。

① 开【文件】菜单中的【自动搜索】命令，打开【搜索计算机】对话框，如图 7-7 所示。

② 在【延迟时间：】文本框中输入允许的最大延迟时间数，如 2000；在【起始域】文本框中输入欲搜索的子网地址，如 172.16.39，表示欲在这个子网中搜索植入冰河的计算机。在【起始地址】文本框中输入具体 IP 地址除"172.16.39"以外从哪个数字开始，如果想从"172.16.39.1"开始，则这里要输入数字"1"；在【终止地址】文本框中输入具体 IP 地址除"172.16.39."到哪个数字结束，如到"172.16.39.255"结束，则这里输入数字"255"。各项输入完成后，单击【开始搜索】按钮，将对"172.16.39."这个子网进行植入冰河的计算机进行搜索，并将结果显示在【搜索结果】列表框中，如图 7-8 所示。

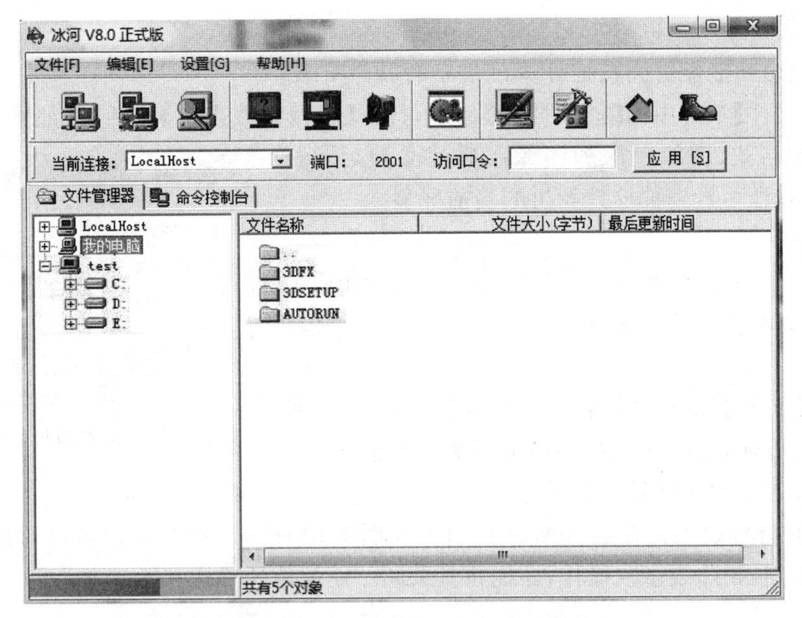

图 7-6　显示被控计算机文件信息

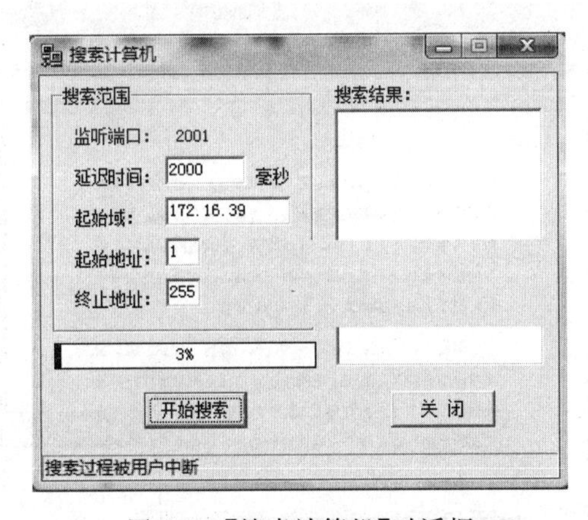

图 7-7　【搜索计算机】对话框

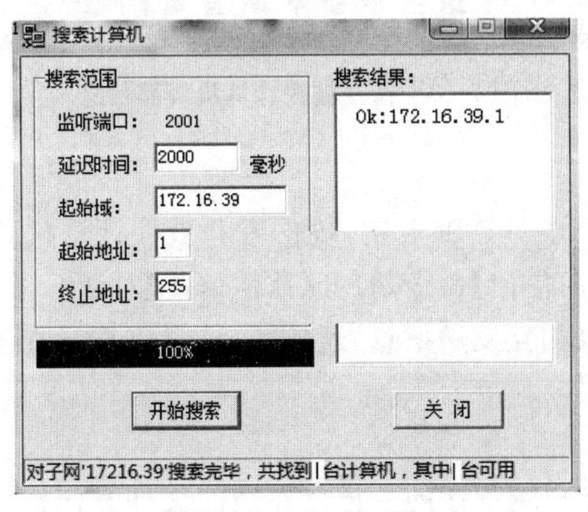

图 7-8　搜索计算机之显示结果对话框

• 捕获屏幕

利用这个功能能得到被控计算机当年的屏幕图像。

打开【文件】菜单中的【捕获屏幕】命令，打开【图像参数设定】对话框，如图 7-9 所示。设置好图像格式、图像色深和图像品质的参数后单击【确定】按钮，即可看到被控计算机的当前屏幕。

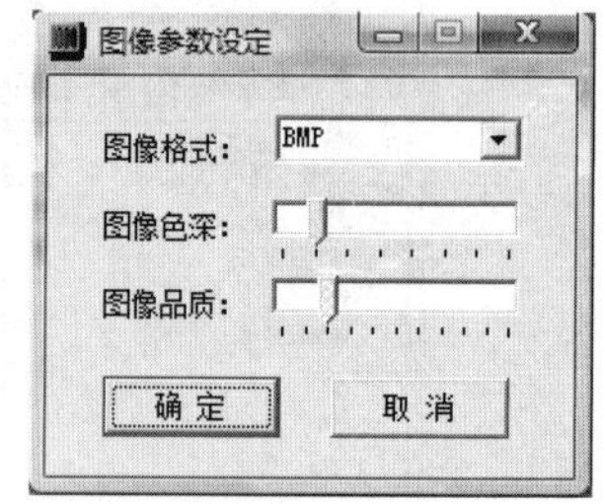

图 7-9 【图像参数设定】对话框

• 控制屏幕

利用这个功能，能对被控计算机的屏幕进行相应的操作，下面以被控计算机正在运行 Word 文件为例加以说明。

① 开【文件】菜单中的【控制屏幕】命令，打开如图 7-9 所示的对话框，设置好各项的参数，单击【确定】按钮就可以控制被控计算机的屏幕了。

② 被控计算机上正在运行 Word 文件，如图 7-10 所示。这时我们可以对这个 Word 文件进行添加、删除或修改操作，还能将其关闭。而被控计算机都不知道为何会发生这种事情。

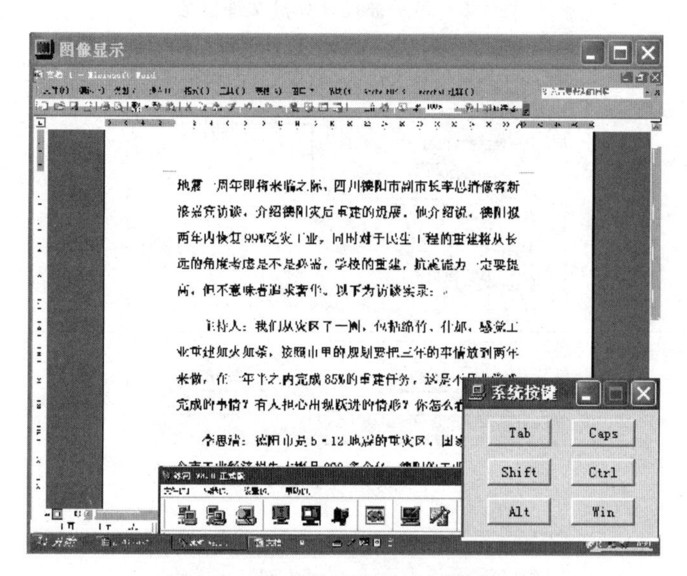

图 7-10 捕获被控计算机屏幕信息

• 冰河信使

这时冰河提供的一个点对点聊天室，攻击者和被控计算机可以通过信使进行对话。打开【文件】菜单中的【冰河信使】命令，打开【冰河信使】对话框，如图 7-11 所示。

在这个对话框中可以相互发送信息，通信后，信息将显示在输入信息文本框的上面，如图 7-12 所示。

• 文件管理器

文件管理器在冰河客户端程序的主窗口左边的文件操作栏中，主要用来处理文件的操作。它对文件操作提供了各种鼠标操作功能。

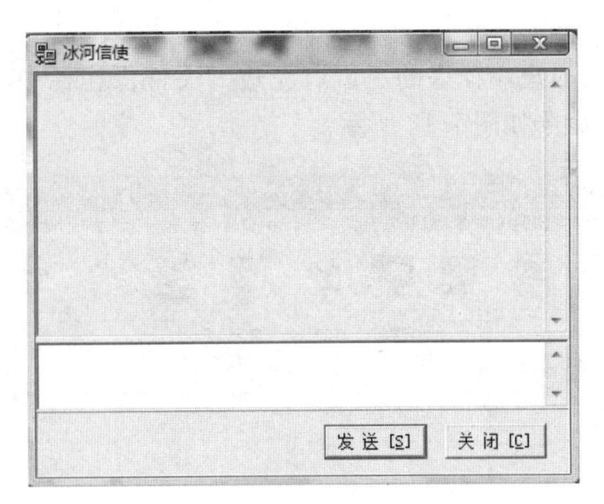

图 7-11 【冰河信使】对话框

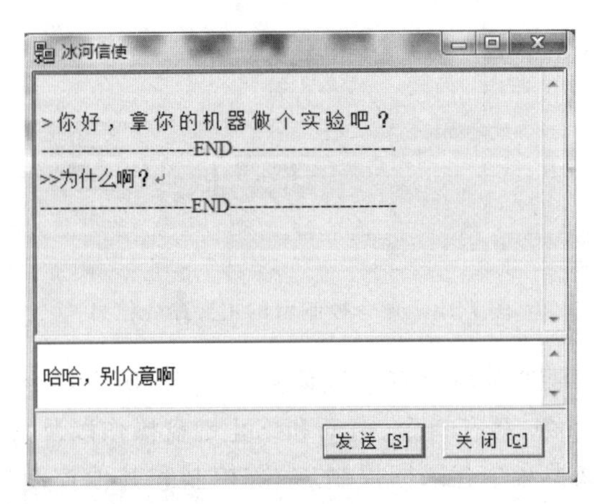

图 7-12 通信后【冰河信使】对话框

① 文件上传：右击欲上传的文件，在快捷菜单中选择【复制】命令，在目的目录中粘贴即可。也可以在目的目录中选择【文件上传自】命令，并选定欲上传的文件。

② 文件下载：右击欲下载的文件，在快捷菜单中选择【复制】命令，在目的目录中粘贴即可。也可以在选定欲下载的文件后选择【文件下载至】命令，并选定目的目录及文件名。

③ 新建目录：在快捷菜单中选择【新建文件夹】命令并输入文件夹名即可。

④ 文件查找：选定查找路径，在快捷菜单中选择【文件查找】命令，并输入文件名即可(支持“*”通配符)。

⑤ 复制整个目录(只限于被控计算机)：选定源目录并复制，选定目的目录粘贴即可。

⑥ 打开远程或本地文件：选定欲打开的文件，在快捷菜单中选择【远程打开】或【本地打开】命令，对于可执行文件若选择了【远程打开】命令，可以进一步设置文件的运行方式和运行参数(运行参数可为空)。

⑦ 删除文件或目录：选定欲删除的文件或目录，在快捷菜单中选择【删除】即可。

• 命令控制台

命令控制台在冰河客户端程序的主窗口左边的文件操作栏中，是用来向目标计算机发送命令的，它的主要命令如图 7-13 所示。

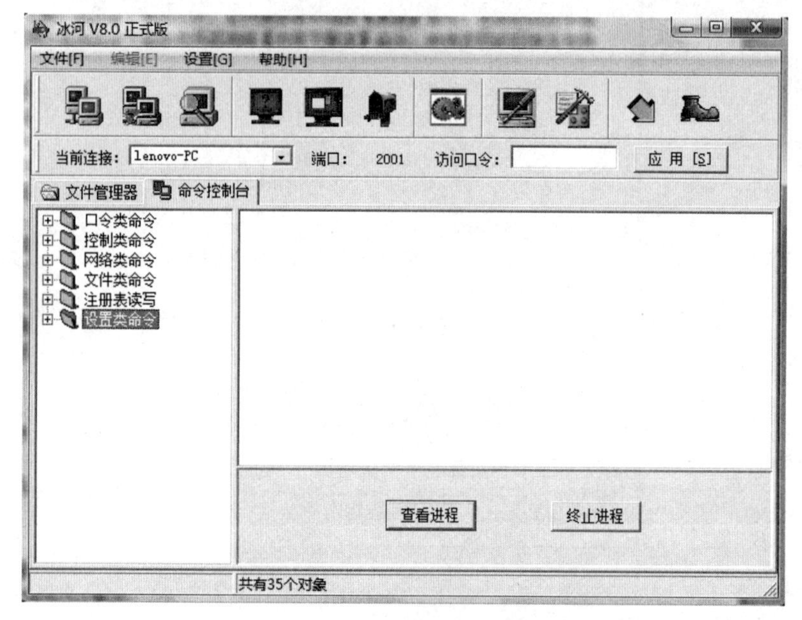

图 7-13　命令控制台的主要命令信息

① 口令类命令：主要涉及命令有系统信息及口令、历史口令和击键记录，用于记录系统的相关信息、开机口令，缓存口令、启动和终止键盘操作以及其他口令等。

② 控制类命令：该类命令有鼠标控制、系统控制和其他控制(如“锁定注册表”等)，可以用于解锁鼠标、关闭或重启系统、加载或卸载冰河程序、启动或禁止自动拨号、锁定或解锁注册表等。

③ 网络类命令：主要用于创建、删除以及查看网络共享信息，命令包括创建共享、删除共享和查看网络信息。

④ 文件类命令：这类命令主要有目录增删、文本浏览、文件查找、文件压缩、文件复制、文件移动、文件上传、文件下载、文件删除和文件打开(对于可执行文件相当于创建进程)。

⑤ 注册表读写：其主要涉及注册表键值的读写、重命名以及主键的浏览、读写、重命名等操作。

⑥ 设置类命令：在这里可以更换墙纸、更改计算机名、读取服务器端配置和更新服务器程序。

(5) 冰河木马的清除。

检测到计算机中了木马后，就要根据木马的特征来进行清除。查看是否有可疑的启动程序、可疑的进程存在，是否修改了 win.ini、system.ini 系统配置文件和注册表。如果存在可疑的程序和进程，就按照特定的方法进行清除。主要的步骤都不外乎以下几个：

• 删除可疑的启动程序

查看系统启动程序和注册表是否存在可疑的程序后，判断是否中了木马，如果存在木马，则除了要查出木马文件并删除外，还要将木马自动启动程序删除。例如 Hack. Rbot 病毒、后门就会复制自身到一些固定的 WINDOWS 自启动项中：

Windows\All Users\Start Menu\Programs\StartUp；

WINNT\Profiles\All Users\Start Menu\Programs\Startup；

Windows\Start Menu\Programs\Startup；

Documents and Settings\All Users\Start Menu\Programs\Startup。

查看一下这些目录，如果有可疑的启动程序，则将之删除。

• 恢复 win. ini 和 system. ini 系统配置文件的原始配置

许多病毒会将 win. ini 和 system. ini 系统配置文件修改，使之能在系统启动时加载和运行木马程序。例如计算机中了"妖之吻"病毒后，病毒会将 system. ini 中的 boot 节的"Shell＝Explorer. exe"字段修改成"Shell＝yzw. exe"，清除木马的方法是将 system. ini 恢复原始配置，即"Shell＝yzw. exe"修改回"Shell＝Explorer. exe"，再删除掉病毒文件即可。

TROJ_BADTRANS. A 病毒也会更改 win. ini 以便在下一次重新开机时执行木马程序。主要是将 win. ini 中的 windows 节的"Run＝"字段修改成"Run＝ C：％WINDIR％INETD. EXE"字段。执行清除的步骤如下：

① 打开 win. ini 文本文件，将字段"RUN＝C：％WINDIR％INETD. EXE"中等号后面的字符删除，仅保留"RUN＝"。

② 将被 TROJ_BADTRANS. A 病毒感染的文件删除。

• 停止可疑的系统进程

木马程序在运行时都会在系统进程中留下痕迹。通过查看系统进程可以发现运行的木马程序，在对木马进行清除时，当然首先要停掉木马程序的系统进程。例如 Hack. Rbot 病毒、后门除了将自身复制到一些固定的 Windows 自启动项中外，还在进程中运行 wuamgrd. exe 程序，修改了注册表，以便病毒可随机自启动。在看到有木马程序在进程中运行，则需要马上杀掉进程，并进行下一步操作，修改注册表和清除木马文件。

• 修改注册表

查看注册表，将注册表中木马修改的部分还原。例如上面所提到的 Hack. Rbot 病毒、后门，向注册表的以下几个地方：

HKEY_LOCAL_MACHINE\Software\Microsoft\Windows\CurrentVersion\Run；

HKEY_LOCAL_MACHINE\Software\Microsoft\Windows\CurrentVersion\RunOnce；

HKEY_LOCAL_MACHINE\Software\Microsoft\Windows\CurrentVersion\RunServices；

HKEY_CURRENT_USER\Software\Microsoft\Windows\CurrentVersion\Run。

添加了键值"Microsoft Update"＝"wuamgrd. exe"，以便病毒可随机自启动。要想删除木马程序就需要进入注册表，将这个键值给删除。

备注：可能有些木马会不允许执行.exe文件，这样就需要先将regedit.exe改成系统能够运行的其他文件形式，比如可以改成regedit.com。

下面简单介绍一下如何清除Hack.Rbot病毒、后门。

① 将进程中运行的wuamgrd.exe进程停止，这是一个木马程序；

② 将Hack.Rbot复制到Windows启动项中的启动文件删除；

③ 将Hack.Rbot添加到注册表中的键值“Microsoft Update”=“wuamgrd.exe”删除；

④ 手工或用专杀工具删除被Hack.Rbot病毒感染的文件，并全面检查系统。

(6) 使用杀毒软件和木马查杀工具进行木马查杀。

目前常用的杀毒软件包括KV3000、瑞星、诺顿、360、火绒等，这些软件对木马的查杀是比较有效的，但是要注意时刻更新病毒库，另外对有一些木马查杀不彻底，在系统重新启动后还会自动加载。此外，还可以使用The Cleaner、木马克星、木马终结者等各种木马专杀工具对木马进行查杀，如工具Anti-Trojan Shield。

7.3 要保证信息安全可以采用哪些技术

7.3.1 数据加密技术

网络通信的双方称为发送者和接收者。发送者在发送消息给接收者的时候，希望所发送的消息能安全发送到接收者的手里，而且要确定传输信道上的消息不被窃听者窃听、篡改。这里的消息(Message)称为明文(Plain Text)，用某种方法伪装消息以隐藏它的内容的过程称为加密；加密后的消息称为密文(Cipher Text)，而把密文转变为明文的过程称为解密。使消息保密的技术叫作密码编码学，破译密文的技术和科学称为密码分析学。因此，密码学包括密码学和密码分析学两部分。

数据加密技术主要分为数据传输加密和数据存储加密。数据传输加密技术主要是对传输中的数据流进行加密，常用的有链路加密、节点加密和端到端加密三种方式。

① 链路加密是传输数据仅在物理层上的数据链路层进行加密，不考虑信源和信宿，它用于保护通信节点间的数据。接收方是传送路径上的各台节点机，数据在每台节点机内都要被解密和再加密，依次进行，直至到达目的地。

② 与链路加密类似的节点加密方法是在节点处采用一个与节点机相连的密码装置，密文在该装置中被解密并被重新加密，明文不通过节点机，避免了链路加密节点处易受攻击的缺点。

③ 端到端加密是为数据从一端到另一端提供的加密方式。数据在发送端被加密，在接收端解密，中间节点处不以明文的形式出现。端到端加密是在应用层完成的。在端到端加密中，数据传输单位中除报头外的报文均以密文的形式贯穿于全部传输过程，只是在发送端和接收端才有加、解密设备，而在中间任何节点报文均不解密。因此，不需要有密码设备，同链路加密相比，可减少密码设备的数量。另一方面，数据传输单位由报头和报

文组成的，报文为要传送的数据集合，报头为路由选择信息等（因为端到端传输中要涉及路由选择）。在链路加密时，报文和报头两者均须加密。而在端到端加密时，由于通路上的每一个中间节点虽不对报文解密，但为将报文传送到目的地，必须检查路由选择信息。因此，只能加密报文，而不能对报头加密。这样就容易被某些通信分析发觉，而从中获取某些敏感信息。链路加密对用户来说比较容易，使用的密钥较少，而端到端加密比较灵活，对用户可见。在对链路加密中各节点安全状况不放心的情况下也可使用端到端加密方式。

在具体的加密算法中，明文用 M 或 P 表示，密文用 C 表示。密码算法也叫密码，是用于加密和解密的函数。如果算法的保密性是基于保持算法的秘密，这种算法成为受限制的算法，受限制的算法不可能进行质量控制和标准化。现代密码学用密钥解决了这个问题，密钥用 K 表示，密钥 K 的取值范围称为密钥空间。基于密钥的算法分为对称算法（也叫传统密码算法）和非对称算法（也叫公开密钥算法）。

对称算法就是加密密钥能够从解密密钥中推算出来，反过来也成立。在大多数对称算法中，加/解密密钥是相同的。这些算法也叫秘密密钥算法或单密钥算法，它要求发送者和接收者在安全通信之前共同协商一个密钥。对称算法的安全性依赖于密钥的安全性，泄漏密钥就意味着任何人都能对消息进行加/解密。只要通信需要保密，密钥就必须保密。

公开密钥算法（Public-Key Algorithm，也叫非对称算法）：作为加密的密钥不同于作为解密的密钥，而且解密密钥不能根据加密密钥计算出来（至少在合理假定的长时间内）。之所以称为公开密钥算法，是因为加密密钥能够公开，即陌生人可以用加密密钥加密信息，但只有用相应的解密密钥才能解密信息。

加密密钥也称为公开密钥（Public Key，简称公钥），解密密钥称为私人密钥（Private Key，简称私钥）。

注意，上面说到的用公钥加密，私钥解密是应用于通信领域中的信息加密。在共享软件加密算法中，我们常用的是用私钥加密，公钥解密，即公开密钥算法的另一用途——数字签名。关于公开密钥算法的安全性我们引用一段话："公开密钥算法的安全性都是基于复杂的数学难题。根据所给予的数学难题来分类，有以下三类系统目前被认为是安全和有效的：大整数因子分解系统（代表性的有 RSA），离散对数系统（代表性的有 DSA，ElGamal）和椭圆曲线离散对数系统（代表性的有 ECDSA）"。

常见的公开密钥算法主要有：

① RSA：能用于信息加密和数字签名。

② ElGamal：能用于信息加密和数字签名。

③ DSA：能用于数字签名。

④ ECDSA：能用于信息加密和数字签名。

公开密钥算法将成为共享软件加密算法的主流，因为它的安全性好（当然还是作者的使用）。以 RSA 为例，当 N 的位数大于 1024 后（强素数），现在认为分解困难。公开密钥最主要的特点就是加密和解密使用不同的密钥，每个用户保存着一对密钥：公开密钥 PK 和秘密密钥 SK。因此，这种体制又称为双钥或非对称密钥密码体制。

在这种体制中，PK 是公开信息，用作加密密钥，而 SK 需要由用户自己保密，用作解密密钥。加密算法 E 和解密算法 D 也都是公开的。虽然 SK 与 PK 是成对出现，但却不能根据 PK 计算出 SK。公开密钥算法的特点包括：

① 用加密密钥 PK 对明文 X 加密后，再用解密密钥 SK 解密，即可恢复出明文，或写为：DSK(EPK(X))＝X。

② 加密密钥不能用来解密，即 DPK(EPK(X))≠X。

③ 在计算机上可以容易地产生成对的 PK 和 SK。

④ 从已知的 PK 实际上不可能推导出 SK。

⑤ 加密和解密的运算可以对调，即 EPK(DSK(X))＝X。

在公开密钥密码体制中，最有名的一种是 RSA 体制。它已被 ISO/TC 97 的数据加密技术分委员会 SC 20 推荐为公开密钥数据加密标准。

7.3.2 数字签名技术

要想了解数字签名，应从电子签名开始。要理解什么是电子签名，需要从传统手工签名或盖印章谈起。在传统商务活动中，为了保证交易的安全与真实，一份书面合同或公文要由当事人或其负责人签字、盖章，以便让交易双方识别是谁签的合同，保证签字或盖章的人认可合同的内容，在法律上才能承认这份合同是有效的。而在电子商务的虚拟世界中，合同或文件是以电子文件的形式表现和传递的。在电子文件上，传统的手写签名和盖章是无法进行的，这就必须依靠技术手段来替代。能够在电子文件中识别双方交易人的真实身份，保证交易的安全性和真实性以及不可抵赖性，起到与手写签名或者盖章同等作用的签名的电子技术手段，称为电子签名。从法律上讲，签名有两个功能，即标识签名人和表示签名人对文件内容的认可。联合国贸发会的《电子签名示范法》中对电子签名做如下定义："指在数据电文中以电子形式所含、所附或在逻辑上与数据电文有联系的数据，它可用于鉴别与数据电文相关的签名人和表明签名人认可数据电文所含信息"；在欧盟的《电子签名共同框架指令》中就规定："以电子形式所附或在逻辑上与其他电子数据相关的数据，作为一种判别的方法"称电子签名。实现电子签名的技术手段有很多种，但目前比较成熟的，世界先进国家普遍使用的电子签名技术还是"数字签名"技术。由于保持技术中立性是制定法律的一个基本原则，目前还没有任何理由说明公钥密码理论是制作签名的唯一技术，因此有必要规定一个更一般化的概念以适应今后技术的发展。同样，《中华人民共和国电子签名法》(以下简称《电子签名法》)中提到的签名，一般指的就是数字签名。所谓数字签名就是通过某种密码运算生成一系列符号及代码组成电子密码进行签名，来代替书写签名或印章，对于这种电子式的签名还可进行技术验证，其验证的准确度是一般手工签名和图章的验证无法比拟的。数字签名是目前电子商务、电子政务中应用最普遍、技术最成熟、可操作性最强的一种电子签名方法。它采用了规范化的程序和科学化的方法，用于鉴定签名人的身份以及对一项电子数据内容的认可。它还能验证出文件的原文在传输过程中有无变动，确保传输电子文件的完整性、真实性和不可抵赖性。

数字签名在 ISO 7498-2 标准中定义为："附加在数据单元上的一些数据，或是对数据单元所做的密码变换，这种数据和变换允许数据单元的接收者用以确认数据单元来源和数据单元的完整性，并保护数据，防止被人(例如接收者)进行伪造”。美国电子签名标准(DSS，FIPS186-2)对数字签名做了如下解释：“利用一套规则和一个参数对数据计算所得的结果，用此结果能够确认签名者的身份和数据的完整性”。按上述定义 PKI(Public Key Infrastru-cture)可以提供数据单元的密码变换，并能使接收者判断数据来源及对数据进行验证。

目前，实现电子签名的技术手段有好多种，前提是在确认了签署者的确切身份即经过认证之后，电子签名承认人们可以用多种不同的方法签署一份电子记录。这些方法有：基于 PKI 的公钥密码技术的数字签名；用一个独一无二的以生物特征统计学为基础的识别标识，例如手书签名和图章的电子图像的模式识别；手印、声音印记或视网膜扫描的识别；一个让收件人能识别发件人身份的密码代号、密码或个人识别码 PIN；基于量子力学的计算机等。但比较成熟的、使用方便具有可操作性的、在世界先进国家和我国普遍使用的电子签名技术还是基于 PKI 的数字签名技术。所以，就现在来讲，电子签名就是数字签名。

7.3.3 数字证书技术

1. 数字证书的概念

数字证书又称为数字凭证、数字标识(Digital Certificate，Digital ID)，也被称为 CA 证书(简称证书)，实际是一串很长的数学编码，包含有客户的基本信息及 CA 的签字，通常保存在计算机硬盘或 IC 卡中。数字证书一般是由 CA 认证中心签发的，证明证书主体(证书申请者获得 CA 认证中心签发的证书后即成为证书主体)与证书中所包含的公钥的唯一对应关系。它提供了一种在因特网上验证身份的方式，是用来标识和证明网络通信双方身份的数字信息文件，与司机的驾照或日常生活中的身份证相似。在网上进行电子商务活动时，交易双方需要使用数字证书来表明自己的身份，并使用数字证书来进行有关的交易操作。

通俗地讲，数字证书就是个人或单位在因特网的身份证。数字证书主要包括三方面的内容：证书所有者的信息、证书所有者的公开密钥和证书颁发机构的签名及证书有效期等内容。

一个标准的 X.509 数字证书包含以下一些内容：

① 证书的版本信息。

② 证书的序列号，每个证书都有一个唯一的证书序列号。

③ 证书所使用的签名算法。

④ 证书的发行机构名称(命名规则一般采用 X.500 格式)及其用私钥的签名。

⑤ 证书的有效期。

⑥ 证书使用者的名称及其公钥的信息。

数字凭证有以下三种类型：

① 个人凭证(Personal Digital ID)：它仅为某一个用户提供凭证，以帮助其在网上进行安全交易操作。个人身份的数字凭证通常是安装在客户端的浏览器内的，并通过安全的电子邮件(S/MIME)来进行交易操作。

② 企业(服务器)凭证(Server ID)：它通常为网上的某个 Web 服务器提供凭证，拥有 Web 服务器的企业就可以用具有凭证的万维网站点(Web Site)来进行安全电子交易。有凭证的 Web 服务器会自动地将其与客户端 Web 浏览器通信的信息加密。

③ 软件(开发者)凭证(Developer ID)：它通常为因特网中被下载的软件提供凭证，该凭证用于和微软公司 Authenticode 技术(合法化软件)结合的软件，以使用户在下载软件时能获得所需的信息。

上述三类凭证中前两类是常用的凭证，第三类则用于较特殊的场合，大部分认证中心提供前两类凭证，能提供各类凭证的认证中心并不普遍。

2. 数字证书能解决的问题

在使用数字证书的过程中应用公开密钥加密技术，建立起一套严密的身份认证系统，它能够保证：信息除发方和收方外不被其他人窃取；信息在传输过程中不被篡改；收方能够通过数字证书来确认发方的身份；发方对于自己发送的信息不能抵赖。

以电子邮件为例，数字证书主要可以解决以下问题：

① 保密性，使用收件人的数字证书对电子邮件加密，只有收件人才能阅读加密的邮件，这样保证在因特网上传递的电子邮件信息不会被他人窃取，即使发错邮件，收件人也由于无法解密而不能够看到邮件内容。

② 完整性，利用发件人数字证书在传送前对电子邮件进行数字签名不仅可确定发件人身份，而且可以判断发送的信息在传递的过程中是否被篡改过。

③ 身份认证：在因特网上传递电子邮件的双方互相不能见面，所以必须有方法确定对方的身份。利用发件人数字证书在传送前对电子邮件进行数字签名即可确定发件人身份，而不是他人冒充的。

④ 不可否认性，发件人的数字证书只有发件人拥有，所以发件人利用其数字证书在传送前对电子邮件进行数字签名后，发件人就无法否认发送过此电子邮件。

3. 数字证书的工作原理

数字证书采用 PKI——公钥基础设施，利用一对互相匹配的密钥进行加密和解密。每个用户自己设定一把特定的仅为本人所知的私有密钥(私钥)，用它进行解密和签名；同时设定一把公共密钥(公钥)，由本人公开，为一组用户所共享，用于加密和验证签名。当发送一份保密文件时，发方使用收方的公钥对数据加密，而收方则使用自己的私钥解密，通过数字的手段保证加解密过程是一个不可逆过程，即只有用私有密钥才能解密，这样保证信息安全无误地到达目的地。用户也可以采用自己的私钥对发送信息加以处理，形成数字签名。由于私钥为本人所独有，这样可以确定发送者的身份，防止发送者对发送信息抵赖。收方通过验证签名还可以判断信息是否被篡改过。在公开密钥基础架构技术中，最常用一种算法是 RSA 算法，其数学原理是将一个大数分解成两个质数的乘积，加密和解密用的是两个不同的密钥。即使已知明文、密文和加密密钥(公开密钥)，想要推导出解密密钥(私密密钥)在计算上是不可能的。按现在的计算机技术水平，要破解目前采用的1024位RSA密钥，需要上千年的计算时间。

简单地讲，结合证书主体的私钥，证书在通信时用来出示给对方，证明自己的身份。证书本身是公开的，谁都可以拿到，但私钥(不是密码)只有持证人自己拥有，永远也不会在网络上传播。在网上银行系统中有三个证书：银行CA认证中心的根证书、银行网银中心的服务器证书和每个网上银行用户在浏览器端的客户证书。有了这三个证书，就可以在浏览器与银行网银服务器之间建立起SSL连接。这样，浏览器与银行网银服务器之间就有了一个安全的加密信道。证书可以使与你通信的对方验证你的身份(你确实是你所声称的那个你)，同样，也可以用与通信方的证书验证他的身份(他确实是他所声称的那个他)，而这一验证过程是由系统自动完成的。

4. 个人数字凭证的申请、颁发和使用

数字证书的获取一般有付费和不付费两种，不付费的测试用证书通常可以使用60天或更长时间。我们可以在www.verisign.com、www.globalsign.com、www.cnca.net等多个网站进行数字证书的申请。以在http://www.cnca.net/中申请证书为例，过程简介如下：

(1) 以个人数字证书获取为例进行说明。个人数字证书是颁发给个人用户的数字证书，用来向对方表明个人的身份，同时可以用来实现安全电子邮件、安全个人登录、电子文档签名等多种安全应用。

个人数字证书支持目前主流的浏览器产品和电子邮件客户端软件(包括Microsoft Outlook、Outlook Express等)。可存放于智能卡、USB电子令牌等存储介质中。

(2) 网上申请流程。本节内容提供用户在网上申请个人数字证书的方法，与常用方法不同在于只需要到受理点一次，相对自由度更大，适合对证书较为熟悉的用户。

用户首先在网上填写资料提出申请，再到受理点审核提交资料，一个工作日后即可安装证书，申请流程如图7-14所示。

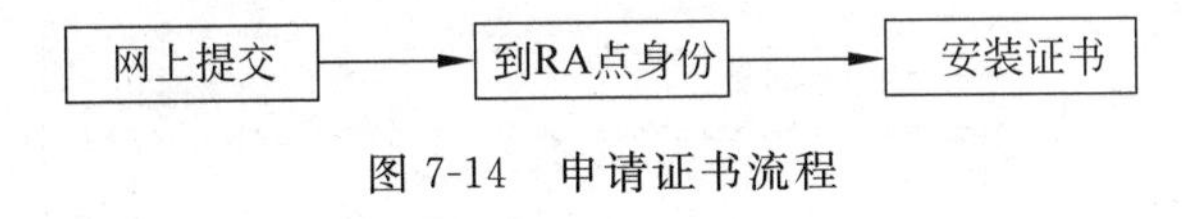

图7-14　申请证书流程

(3) 网上具体申请过程如下。

① 登录网站：用户访问广东省电子商务认证中心(http://www.cnca.net/)网站，在证书申请单击个人证书。如果你还没有安装广东省电子商务认证中心的证书链，系统会弹出安全警报的提示框，如图7-15所示，表明你的计算机将和本中心的证书系统建立安全连接，单击【是】按钮。如果已经安装证书链，单击【继续】按钮，跳到③填写申请者信息。

② 安装证书链：证书链是建立证书信任关系的基础，如果还没有安装广东省电子商务认证中心的证书链，请按照系统提示安装证书链。如图7-16所示，单击【安装证书链】按钮，并在后面出现的提示框选【是】按钮，最后出现下载成功的提示框，如图7-17所示。

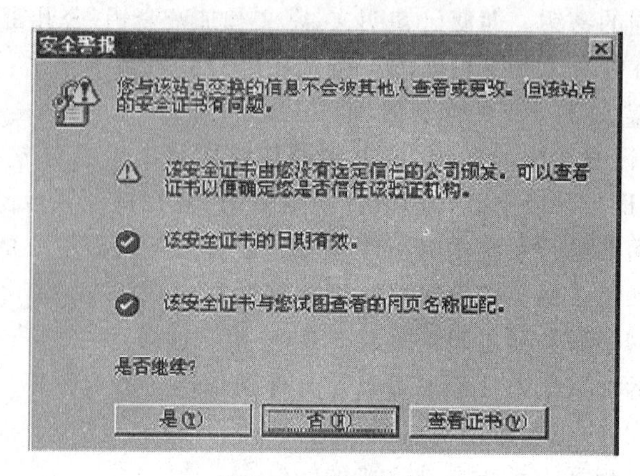

图 7-15　安全警报

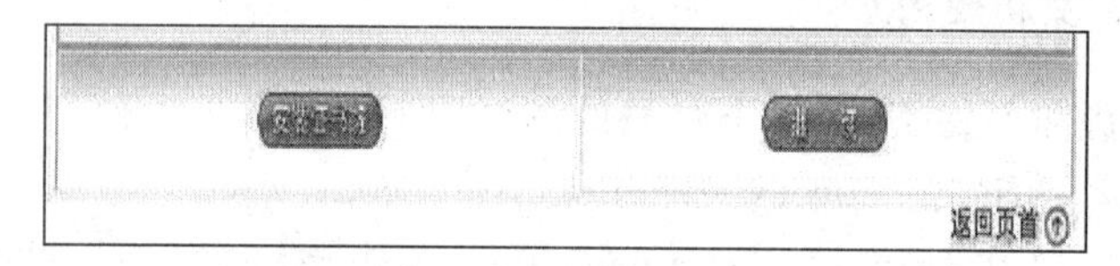

图 7-16　安装证书链窗口

图 7-17　下载成功对话框

③ 填写申请者信息：出现信息填写页面，请根据用户自己的具体情况，如实填写网上申请表，如图 7-18 所示，认证中心的系统此时与用户的计算机通过 SSL 通道连接，保证用户提交的信息有良好的安全保障，信息在网上加密传输到认证中心。

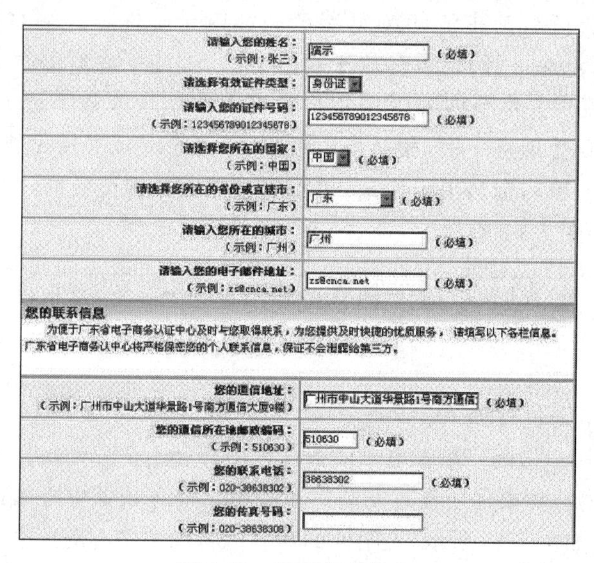

图 7-18　填写基本信息

④ 选择用户订阅：建议选择【我要订阅】按钮，如图 7-19 所示，因为用户需要得到证书受理号密码、证书申请须知、如何下载安装证书等信息以完成以下的申请，单击【提交】按钮。

⑤ 记录业务受理号：系统将返回一个证书业务受理号，请记录该号码并填写在书面

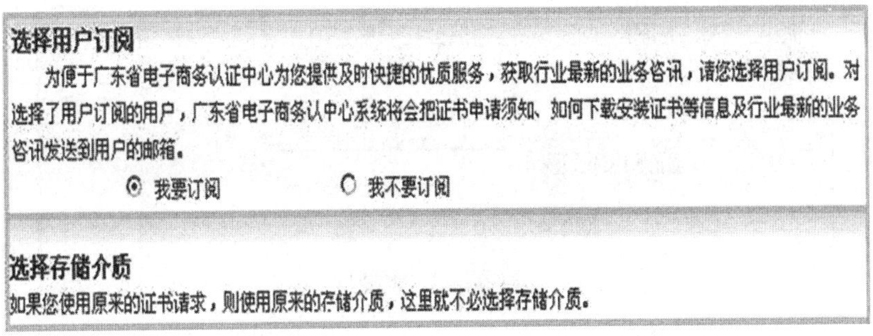

选择用户订阅

为便于广东省电子商务认证中心为您提供及时快捷的优质服务，获取行业最新的业务咨讯，请您选择用户订阅。对选择了用户订阅的用户，广东省电子商务认中心系统将会把证书申请须知、如何下载安装证书等信息及行业最新的业务咨讯发送到用户的邮箱。

◉ 我要订阅　　　　○ 我不要订阅

选择存储介质

如果您使用原来的证书请求，则使用原来的存储介质，这里就不必选择存储介质。

图 7-19　业务办理选择

申请表上，如图 7-20 所示。

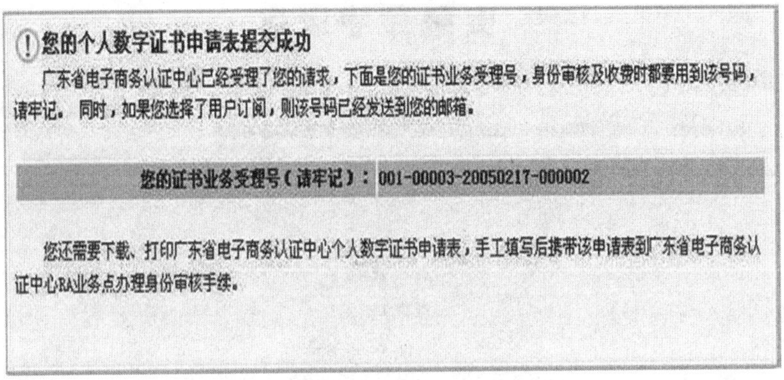

您的个人数字证书申请表提交成功

广东省电子商务认证中心已经受理了您的请求，下面是您的证书业务受理号，身份审核及收费时都要用到该号码，请牢记。同时，如果您选择了用户订阅，则该号码已经发送到您的邮箱。

您的证书业务受理号（请牢记）：	001-00003-20050217-000002

您还需要下载、打印广东省电子商务认证中心个人数字证书申请表，手工填写后携带该申请表到广东省电子商务认证中心RA业务点办理身份审核手续。

图 7-20　申请成功

(4) 身份审核。

① 下载申请表格。用户访问认证中心网站，在证书管理处，下载个人证书申请表格(用户也可以直接到受理点索取数字证书申请表)，签署填写申请表格(一式三份)。

② 缴纳数字证书费用和电子密钥费用。缴纳数字证书服务费，以汇款方式(具体账号请询问业务受理点)缴纳或者到公司受理点交费。

③ 提交审核资料。带上身份证、身份证复印件(或其他身份证明材料)连同书面的申请表(一式三份)到认证中心(或认证中心的其他业务代理点)进行身份审核，业务代理点将使用存储介质为用户提交请求，并通过电子邮件把新证书的受理号以及密码交给用户，请妥善保管。

(5) 安装证书。在身份审核、交费及完成网上申请手续后的一个工作日之后，用户查阅新的电子邮件上的业务受理号及密码，登录用户访问认证中心网站，选择【证书安装】→【安装数字证书】项，打开安装证书界面，如图 7-21 所示：

输入受理号及其密码，单击【确定】按钮，出现用户申请证书的信息资料，把存储介质插在相应的接口或设备上(例如：把电子密钥插在 USB 接口上)，如图 7-22 所示。

然后单击【安装证书】按钮，稍候片刻直到提示安装成功。

(6) 查看证书。下载及安装数字证书后，用户可以在浏览器或存储介质的管理工具

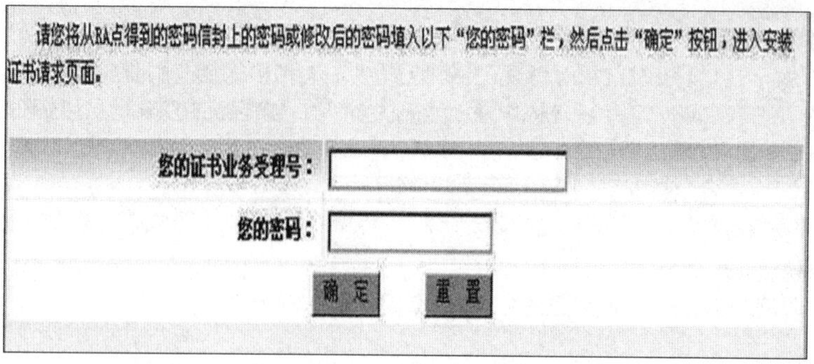

图 7-21　安装证书

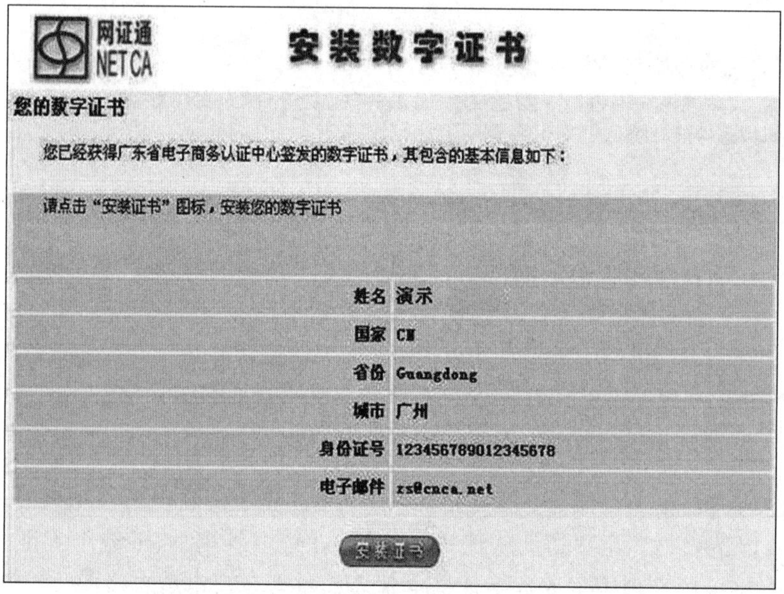

图 7-22　安装证书

上查看证书的内容，具体操作方法请见认证中心网站，客户服务区里面数字证书应用指南系列文档；各存储介质的使用手册请见本中心网站，客户服务区里面各驱动的说明文档。

现介绍一下数字证书在电子邮件中的应用。用户在 https://digitalid.itrus.com.cn/ConsumerClass1VTN/client/userEnrollMSfree.htm 中申请数字证书。具体实现步骤是：

① 在申请页面"https://digitalid.itrus.com.cn/ConsumerClass1VTN/client/userEnrollMSfree.htm"中，根据提示输入相应的信息，如图 7-23 所示。

② 单击【接受】按钮，在图 7-24 所示的几步中，请连续单击【确定】按钮。最后，会看到页面中有【祝贺您！您已成功地注册了国际安全电子邮件证书……请查看一封来自管理员的电子邮件。】的提示字样，如图 7-24 所示。

③ 在申请证书的邮箱中会发现来自【digitalid@itrus.com.cn】的邮件。接着复制邮件中的身份识别码并单击打开邮件中的链接地址，在弹出页面中单击【获取证书】按

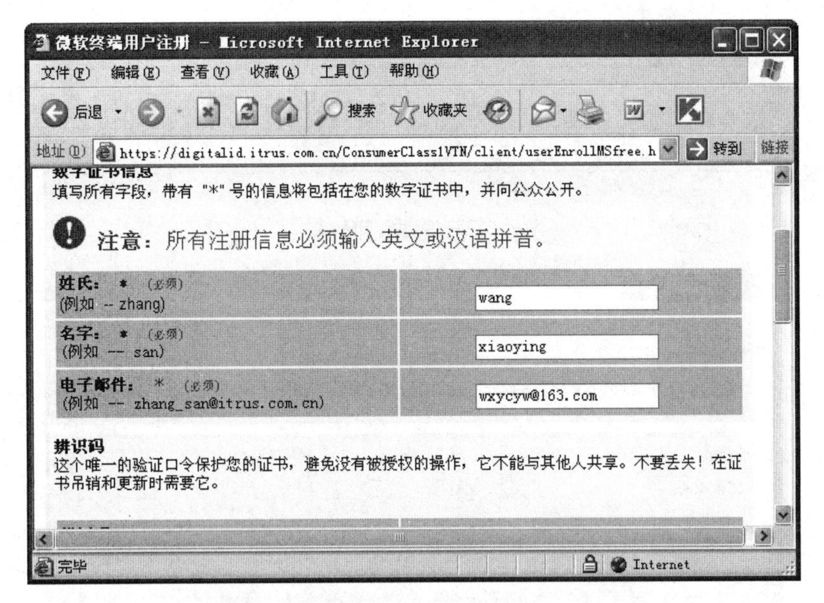

图 7-23 申请数字证书

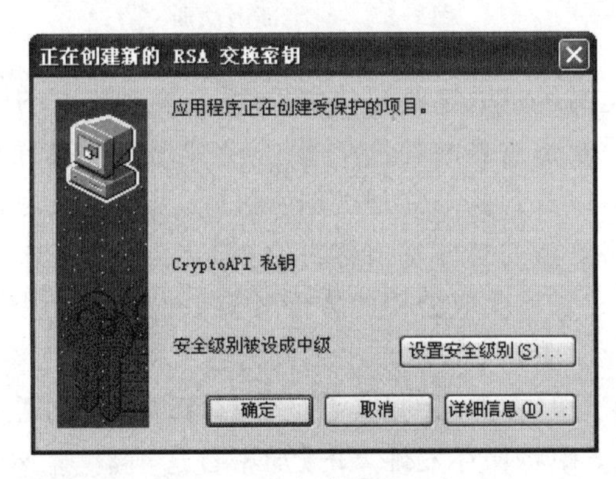

图 7-24 申请数字证书

钮，并粘贴身份识别码。当弹出【即将安装证书到我们的计算机】的提示框时，单击【是】按钮将证书安装到系统中。然后会看到【祝贺你！你的数字证书已经成功产生并安装。】的提示。

④ 现在需要在 Outlook Express(OE)中依次单击【工具】→【账户】→【邮件】→【账户(选择申请证书的邮箱账户)】→【属性】→【安全】项，接着分别单击【签署证书】和【加密首选项】部分的【选择】按钮，在弹出的证书列表框中选择申请到的证书。

⑤ 安全邮件的发送与接收。在完成上述设置后，在 OE 中就可以撰写一封邮件了。此时只能单击工具栏目中的【签名】按钮，而不能单击【加密】按钮，否则将出现【数字标识丢失】对话框。这主要是因为我们没有收到对方公钥，所以无法实现加密。同理，如果上面的设置中，还没有在【加密首选项】导入证书，那么将无法在发送【数字签名】邮件的同时，将公钥发出，而对方在收取不到公钥的时候，亦将会出现此时遇到的【数字标识丢失】的情况。

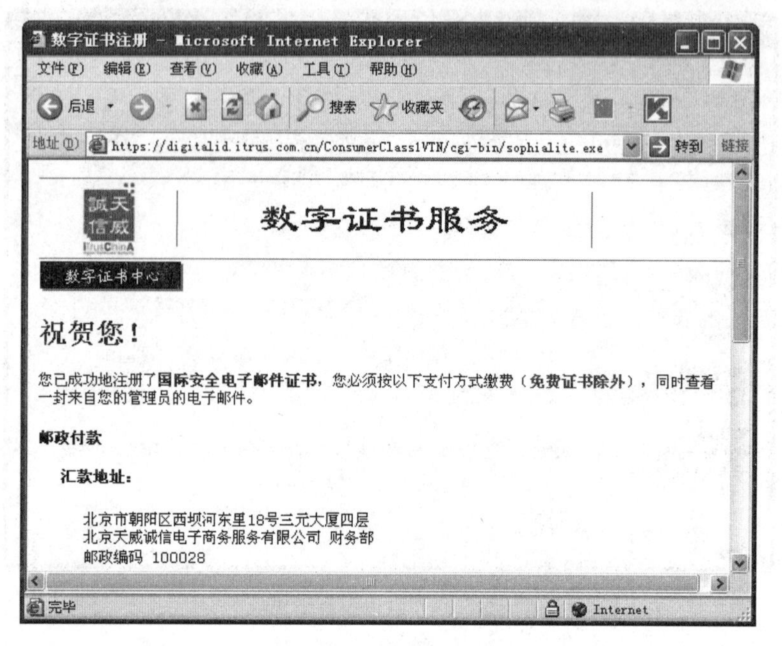

图 7-25　数字证书注册

稍后，当对方收到这封经过数字签名的邮件后，会发现邮件的图标上有一个红色的小图标，打开邮件后内容后单击右侧的红色小图标，会弹出数字签名的详细信息。通过单击【查看证书】按钮，我们可以看到此邮件是否加密过，是否发件人为源发件人。

显然，发送包含数字签名的邮件是很容易的。那么，如何获取邮件中的公钥呢？要知道发送加密邮件可就靠它了！获取公钥的方法其实也很简单：假设现在乙方给甲方发了封签名邮件，那么甲方此时应在 OE 中单击邮件内容右侧的红色签名图标，在弹出的属性窗口中单击【查看证书】按钮，在弹出的【查看证书】对话框中单击【添加到通讯簿】按钮，根据说明可以知道在通讯簿中将保存发件人的【加密首选项】。显然，这一步的操作将使发件人的公钥可以保存到甲的计算机中。

在获取公钥后，甲方在使用 OE 给乙发送邮件时就可以同时选中签名和加密两项了，并可以成功发送。当乙方获【签名＋加密】双重安全防范的邮件时，将会发现此时邮件图标又不一样了，在邮件图标上将会出现一把锁的小图标，而且邮件的正文内容将无法即时观看，从提示内容中可以看出邮件已经被加密和签名。

此时只有单击【继续】按钮才能查看到邮件的内容，在出现邮件内容后单击加密和签名的图标，可以看到相应的证书内容。如果这封邮件在中途被篡改过，那么邮件将出现黑色的提示已经被中途被篡改过的不安全页面。

如果在 OE 中【工具】→【选项】→【安全】中，选取【对所有待发邮件的内容和附件进行加密】和【在所有待发邮件中添加数字签名】两项的复选框，那么就可以自动在所有邮件中使用数字签名和加密了。

那么，如果没有证书的其他人能不能看到邮件内容呢？答案是：数字签名的可以看到，加密的将无法读取。显然，数字签名只是证明身份的，而加密则是保护邮件内容的。

本文中介绍的数字证书与加密功能的使用方法非常简单而且实用，对于在企业中需要经常传递邮件的员工来说，是非常值得一用的。

7.3.4 防火墙技术

随着因特网在全世界的迅速发展和普及，因特网中出现的信息泄密、数据篡改、服务拒绝等网络安全问题也越来越严重，为解决这些问题出现了很多网络安全控制的技术和方法，防火墙就是其中一种常用的安全控制技术。

1. 防火墙的概念

防火墙的本义原是指古代人们房屋之间修建的那道墙，这道墙可以防止火灾发生的时候蔓延到别的房屋。而这里所说的防火墙当然不是指物理上的防火墙，而是指隔离在本地网络与外界网络之间的一道防御系统，是这一类防范措施的总称。

防火墙是网络安全的屏障。一个防火墙(作为阻塞点、控制点)能极大地提高一个内部网络的安全性，并通过过滤不安全的服务而降低风险。由于只有经过精心选择的应用协议才能通过防火墙，所以网络环境变得更安全。使用防火墙软件可以在一定程度上控制局域网和 Internet 之间传递的数据。

防火墙一般是指用来在两个或多个网络间加强访问控制的一个或一组网络设备。从逻辑上来看，防火墙是分离器、限制器和分析器；从物理上来看，各个防火墙的物理实现方式可以多种多样，但是归根到底它们都是一组硬件设备(路由器、主机)和软件的组合体；从本质上来看，防火墙是一种保护装置，它用来保护网络数据、资源和合法用户的声誉；从技术上来看，防火墙是一种访问控制技术，它在某个机构的网络与不安全的网络之间设置障碍，阻止对网络信息资源的非法访问。

2. 防火墙的历史

自从 1968 年美国 Digital 公司在 Internet 上安装了全球第一个商用防火墙系统后，提出了防火墙的概念，防火墙技术得到了飞速的发展。目前有几十家公司推出了功能不同的防火墙产品。防火墙本身也经历了以下几个发展阶段。

(1) 第一代防火墙。第一代防火墙技术几乎与路由器同时出现，利用了包过滤(Packet Filter)技术。主要通过对数据包源地址、目的地址、端口号等参数来决定是否允许该数据包通过，对其进行转发。但这种防火墙很难抵御住地址欺骗等攻击，而且审计功能很差，管理工作量很大而且不可靠，这是现代防火墙的前身。

(2) 第二、三代防火墙。第二代防火墙于 1989 年由贝尔实验室的 Dave Presotto 和 Howard Trickey 推出，即电路层防火墙，功能完全从路由器上剥离处理，并提供专门的管理工具，令防火墙成为路由器功能相独立的实用产品，极大地提高了防火墙功能的可用性。同时贝尔实验室又推出了第三代防火墙，即应用层防火墙(代理防火墙)的初步结构。代理防火墙与普通防火墙工作在同一个物理位置，但是功能和性质完全不同。防火墙是基于 IP 包转发过滤的，工作在 OSI 参考模型的第 7 层。因此，代理(防火墙)并不是严格意义上的防火墙，它可以完成以下普通防火墙不具备的功能，完成相当少量用户通过认证，实现代理上网这样的基于软件类型的网关，但它不能像防火墙一样融入网络的基本环境，并承载网络流量的强大负载。

(3) 第四代防火墙。第四代防火墙于 1992 年由信息科学院的 BobBraden 开发了基于动态包过滤(Dynamic Packet Filter)的技术，后来演变成为目前所说的状态监视(Stateful Inspection)技术。1994 年，以色列的 Check Point 公司开发了第一个基于这种技术的商业化产品。采用这种技术的防火墙对通过其建立的每一个连接都进行跟踪，并且根据需要可动态地在过滤规则中增加或者更新条目。

(4) 第五代防火墙。第五代防火墙于 1989 年由 NAI 公司推出了一种自适应代理(Adaptive Proxy)技术，并在其产品 Gauntlet Firewall for NT 中得以实现，给代理型防火墙赋予了全新的意义。自适应代理技术是一种最新的防火墙技术，在一定程度上反映了防火墙目前发展的动态。该技术可以根据用户定义的安全策略，动态适应传送中的分组流量。如果安全要求较高，安全检查应在应用层完成，以保证代理的最大安全性。

(5) 一体化安全网关 UTM。随着万兆 UTM 的出现，UTM 代替防火墙的趋势不可避免。在国际上，飞塔公司高性能的 UTM 占据了一定的市场份额，在国内，启明星辰的高性能 UTM 则一直领跑国内市场。

国外对防火墙研究和应用已经开始多年，美国、英国等都十分重视防火墙软件的开发和应用系统的建设。以美国为例，政府成立了联邦指导委员会，对其提供政策、法规、标准等方面的指导。在这些政策的影响下，防火墙技术的研究取得长足的进步。国内的网络安全防护意识正在兴起。我国政策规定，政府、军工、重点投资项目等必须采用中国企业的网络安全产品，给了国内企业网络安全产品特有的市场空间。目前市场上比较著名的防火墙产品中，国外的占了很大的优势，比较著名的有 McAfee、comodo、juniper 等，国内的主要有飞塔、天融信、深信服等产品。防火墙发展到现在，还是主要针对应用程序进行过滤，安全功能有限。部分个人防火墙将应用代理的部分功能加入进来，针对应用进行特殊的过滤设计。

3. 防火墙的功能

设计防火墙的根本目的就是不要让那些来自不受保护的网络(如 Internet)上的多余的未授权的信息进入专用网络(如 LAN 或 WAN)，而仍能够允许本地网络上的合法用户访问 Internet 服务。一般来说，防火墙应该具有以下五个功能：

① 允许网络管理员定义一个中心点来防止非法用户进入内部网络。

② 便于对网络的安全性进行监视和报警。

③ 为网络地址变换(Network Address Translation，NAT)对地点进行部署，将有限的口地址与内部的 IP 地址对应起来，从而缓解地址空间的短缺，能够作为审计和记录 Internet 使用费用的最佳地点。

④ 是审计和记录 Internet 使用费用的一个最佳地点。网络管理员可以在此向管理部门提供 Internet 连接的费用情况，查出潜在的带宽瓶颈位置，并能够依据本机构的核算模式提供部门级的计费。

⑤ 能够连接一个单独的网段，并且能从物理结构上与内部网段隔开，并能在此网段部署 Web 服务器和 FTP 服务器，作为向外部发布内部信息的地点。

防火墙对流经它的网络通信进行扫描，这样能够过滤掉一些攻击，以免其在目标计算机上被执行。防火墙还可以关闭不使用的端口，而且它还能禁止特定端口的流出通信，封锁特洛伊木马。最后，它可以禁止来自特殊站点的访问，从而防止来自不明入侵者的所有通信。

通常所说的网络防火墙是借鉴了古代真正用于防火的防火墙的喻义，它指的是隔离在本地网络与外界网络之间的一道防御系统。防火可以使企业内部局域网(LAN)网络与 Internet 之间或者与其他外部网络互相隔离、限制网络互访用来保护内部网络。典型的防火墙具有以下三个方面的基本特性：

(1) 内部网络和外部网络之间的所有网络数据流都必须经过防火墙。这是防火墙所处网络位置特性，同时也是一个前提。因为只有当防火墙是内、外部网络之间通信的唯一通道，才可以全面、有效地保护企业网部网络不受侵害。

根据美国国家安全局制定的《信息保障技术框架》，防火墙适用于用户网络系统的边界，属于用户网络边界的安全保护设备。所谓网络边界即是采用不同安全策略的两个网络连接处，比如用户网络和互联网之间连接、和其他业务往来单位的网络连接、用户内部网络不同部门之间的连接等。防火墙的目的就是在网络连接之间建立一个安全控制点，通过允许、拒绝或重新定向经过防火墙的数据流，实现对进、出内部网络的服务和访问的审计和控制。

(2) 只有符合安全策略的数据流才能通过防火墙。防火墙最基本的功能是确保网络流量的合法性，并在此前提下将网络的流量快速地从一条链路转发到另外的链路上去。从最早的防火墙模型开始谈起，原始的防火墙是一台“双穴主机”，即具备两个网络接口，同时拥有两个网络层地址。防火墙将网络上的流量通过相应的网络接口接收上来，按照 OSI 协议栈的七层结构顺序上传，在适当的协议层进行访问规则和安全审查，然后将符合通过条件的报文从相应的网络接口送出，而对于那些不符合通过条件的报文则予以阻断。因此，从这个角度上来说，防火墙是一个类似于桥接或路由器的、多端口的(网络接口≥2)转发设备，它跨接于多个分离的物理网段之间，并在报文转发过程之中完成对报文的审查工作。

(3) 防火墙自身应具有非常强的抗攻击免疫力。这是防火墙之所以能担当企业内部网络安全防护重任的先决条件。防火墙处于网络边缘，它就像一个边界卫士一样，每时每刻都要面对黑客的入侵，这样就要求防火墙自身要具有非常强的抗击入侵本领。它具有这么强的本领的关键是防火墙操作系统强大，只有自身具有完整信任关系的操作系统才可以谈论系统的安全性。其次就是防火墙自身具有非常低的服务功能，除了专门的防火墙嵌入系统外，再没有其他应用程序在防火墙上运行。当然这些安全性也只能说是相对的。

7.3.5 入侵检测技术

1. 入侵检测的基本概念

入侵检测(Intrusion Detection)是对入侵行为的检测。它通过收集和分析网络行为、安全日志、审计数据、其他网络上可以获得的信息以及计算机系统中若干关键点的信息，检查网络或系统中是否存在违反安全策略的行为和被攻击的迹象。入侵检测作为一种积极主动的安全防护技术，提供了对内部攻击、外部攻击和误操作的实时保护，在网络系统受到危害之前拦截和响应入侵。因此被认为是防火墙之后的第二道安全闸门，在不影响网络性能的情况下能对网络进行监测。入侵检测通过执行以下任务来实现：监视、分析用户及系统活动；系统构造和弱点的审计；识别反映已知进攻的活动模式并向相关人士报警；异常行为模式的统计分析；评估重要系统和数据文件的完整性；操作系统的审计跟踪管理，并识别用户违反安全策略的行为。入侵检测是防火墙的合理补充，帮助系统对付网络攻击，扩展了系统管理员的安全管理能力（包括安全审计、监视、进攻识别和响应），提高了信息安全基础结构的完整性。它从计算机网络系统中的若干关键点收集信息，并分析这些信息，看看网络中是否有违反安全策略的行为和遭到袭击的迹象。

入侵检测系统（Intrusion Detection System，IDS）是一种对网络传输进行即时监视，在发现可疑传输时发出警报或者采取主动反应措施的网络安全设备。它与其他网络安全设备的不同之处便在于，IDS 是一种积极主动的安全防护技术。IDS 最早出现在 1980 年 4 月。1980 年，James P. Anderson 为美国空军做了一份题为 *Computer Security Threat Monitoring and Surveillance* 的技术报告，在其中他提出了 IDS 的概念。1980 年代中期，IDS 逐渐发展成为入侵检测专家系统（IDES）。1990 年，IDS 分化为基于网络的 IDS 和基于主机的 IDS，后又出现分布式 IDS。目前，IDS 发展迅速，已有人宣称 IDS 可以完全取代防火墙。

现在做一个形象的比喻：假如防火墙是一幢大楼的门卫，那么 IDS 就是这幢大楼里的监视系统。一旦小偷爬窗进入大楼，或内部人员有越界行为，只有实时监视系统才能发现情况并发出警告。IDS 入侵检测系统以信息来源的不同和检测方法的差异分为几类。根据信息来源可分为基于主机 IDS 和基于网络的 IDS，根据检测方法又可分为异常入侵检测和滥用入侵检测。不同于防火墙，IDS 入侵检测系统是一个监听设备，没有跨接在任何链路上，无须网络流量流经它便可以工作。因此，对 IDS 的部署，唯一的要求是：IDS 应当挂接在所有所关注流量都必须流经的链路上。在这里，"所关注流量"指的是来自高危网络区域的访问流量和需要进行统计、监视的网络报文。在如今的网络拓扑中，已经很难找到以前的 HUB 式的共享介质冲突域的网络，绝大部分的网络区域都已经全面升级到交换式的网络结构。因此，IDS 在交换式网络中的位置一般选择在：

① 尽可能靠近攻击源。

② 尽可能靠近受保护资源。

这些位置通常是：

① 服务器区域的交换机上。

② Internet 接入路由器之后的第一台交换机上。

③ 点保护网段的局域网交换机上。

由于入侵检测系统的市场在近几年中飞速发展，许多公司投入到这一领域上来。Venustech（启明星辰）、Internet Security System（ISS）、思科、赛门铁克等公司都推出了自己的产品。

2. 入侵检测的特点

入侵检测的部署与实现是和用户的需求密切相关的,有的是用来检测内部用户发起的攻击行为,有的是用来检测外部发起的攻击行为,无论采用什么样的入侵检测系统,也不管入侵检测系统是基于什么机制,入侵检测系统应该具有以下特点:

① 可靠性。检测系统必须可以在无人监控的情况下持续运行。系统必须是可靠的,这样才可以允许它运行在被检测的系统环境中。而且,检测系统不是一个"黑匣子",其内部情况应该可以从外部观察到,并且具有可控制性和可操作性。

② 容错性。入侵检测系统必须是可容错的,即使系统崩溃,检测系统本身必须能保留下来,而且不必在重启系统时重建知识库。

③ 可用性。入侵检测系统所占用的系统资源要最小,这样不会严重降低系统性能。

④ 可检验性。入侵检测系统必须能观察到非正常行为。

⑤ 对观察的系统来说必须是易于开发的。每一个系统都有不同的使用模式,防御机制应该和这些模式兼容。

⑥ 可适应性。检测系统应能实时追踪系统环境的改变,如操作系统和应用系统的升级。

⑦ 准确性。检测系统不能随意发送误警报和漏报。

⑧ 安全性。检测系统应不易于被欺骗,能保护自身系统的安全。

3. 入侵检测的功能

入侵检测的主要功能是对用户和系统行为的监测与分析、系统配置和漏洞的审计检查、重要系统和数据文件的完整性评估、已知的攻击行为模式的识别、异常行为模式的统计分析、操作系统的审计跟踪管理及违反安全策略的用户行为的识别。入侵检测通过迅速地检测入侵,在可能造成系统损坏或数据丢失之前,识别并驱除入侵者,使系统迅速恢复正常工作,并且阻止入侵者进一步的行动。同时,收集有关入侵的技术资料,用于改进和增强系统抵抗入侵的能力。入侵检测技术是对传统安全产品的合理补充,帮助系统对网络攻击做出响应,使系统管理员时刻了解网络系统(包括程序、文件和硬件设备等)的任何变更,还能给网络安全策略的制订提供指南,方便终端管理员布置安全策略。

习 题 7

一、填空题

1. 信息安全是指利用网络管理控制和技术措施,保证在一个网络环境里,数据的(　　)性、(　　)性及(　　)性受到保护。

2. 计算机病毒是一个程序,一段(　　)。

3. 数据加密技术主要分为(　　)加密和(　　)加密。

4. 数据传输加密技术主要是对传输中的数据流进行加密,常用的有(　　)加密、(　　)加密和(　　)加密三种方式。

5. 木马程序一般由两部分组成,分别是(　　)端程序和(　　)端程序。

二、简答题

1. 简述防火墙应该具备的功能。
2. 简述入侵检测系统应该具备的特点。
3. 木马病毒的特征有哪些?

三、操作题

1. 证书的申请与应用,要求如下:

(1) 在证书网站中申请个人数字证书;

(2) 将证书导出并保存到个人磁盘;

(3) 将证书导入到需要应用证书的计算机中。

2. 完成木马的安装

(1) 冰河木马客户端的配置;

(2) 发送客户端程序到服务器端;

(3) 实现远程控制,完成远程桌面的登录;

(4) 抓取服务器端的桌面;

(5) 实现远程命令的发送。

3. 简述木马病毒的特征。

习题7答案

一、填空题

1. 保密、完整、可用。
2. 可执行代码。
3. 数据传输、数据存储。
4. 链路加密、节点加密和端到端加密。
5. Server(服务器)端程序和 Client(客户)端程序。

二、简答题

1. 防火墙具备的功能如下:

① 允许网络管理员定义一个中心点来防止非法用户进入内部网络。

② 便于对网络的安全性进行监视和报警。

③ 为网络地址变换(Network Address Translation,NAT)对地点进行部署,将有限

的口地址与内部的 IP 地址对应起来，从而缓解地址空间的短缺，能够作为审计和记录 Internet 使用费用的最佳地点。

④ 是审计和记录 Internet 使用费用的一个最佳地点。网络管理员可以在此向管理部门提供 Internet 连接的费用情况，查出潜在的带宽瓶颈位置，并能够依据本机构的核算模式提供部门级的计费。

⑤ 能够连接一个单独的网段，并且能从物理结构上与内部网段隔开，并能在此网段部署 WWW 服务器和 FTP 服务器，作为向外部发布内部信息的地点。

2. 入侵检测系统具备的特点如下：

① 可靠性。检测系统必须可以在无人监控的情况下持续运行。系统必须是可靠的，这样才可以允许它运行在被检测的系统环境中。而且，检测系统不是一个“黑匣子”，其内部情况应该可以从外部观察到，并且具有可控制性和可操作性。

② 容错性。入侵检测系统必须是可容错的，即使系统崩溃，检测系统本身必须能保留下来，而且不必在重启系统时重建知识库。

③ 可用性。入侵检测系统所占用的系统资源要最小，这样不会严重降低系统性能。

④ 可检验性。入侵检测系统必须能观察到非正常行为。

⑤ 对观察的系统来说必须是易于开发的。每一个系统都有不同的使用模式，防御机制应该和这些模式兼容。

⑥ 可适应性。检测系统应能实时追踪系统环境的改变，如操作系统和应用系统的升级。

⑦ 准确性。检测系统不能随意发送误警报和漏报。

⑧ 安全性。检测系统应不易于被欺骗，能保护自身系统的安全。

3. 木马病毒的特征如下：

隐蔽性、功能特殊性、自动运行性、欺骗性、自动恢复性、能自动打开特别的端口。

三、操作题

略

第8章 多媒体技术基础

学习目标：

(1) 掌握多媒体相关概念。
(2) 了解多媒体技术的特点。
(3) 掌握多媒体信息的类型。
(4) 了解多媒体技术的应用领域。
(5) 掌握多媒体计算机系统的组成。
(6) 掌握多媒体信息的一些关键技术。
(7) 了解多媒体软件的应用。

从20世纪90年代以来，信息化技术迅猛发展，我们常常听到这样一种说法，“这是一个信息化时代”。的确如此，现在我们的工作、学习、生活中都能体会到信息化带来的便利。工作中采用的OA系统，学习时采用的在线考试系统、MOOC平台，生活中的在线购物、微信挂号、智能家居等都是信息化的生动体现。而多媒体技术及其应用在信息化社会发展的大潮中起到了助推作用。多媒体技术改善了人与人、人与机器交互的方式。它是一门综合性的电子信息技术，它给传统的计算机系统、音频设备、视频设备等带来了重大的变革，它已经给大众传媒带来了深远的影响，并将继续影响下去。在今天，我们已经越来越依赖的智能手机、平板电脑、笔记本电脑、台式机、车载媒体等都离不开多媒体技术的支持。在学习中用到的网络多媒体教学、仿真工艺过程；在医疗中的远程诊断、远程手术；在旅游时用的自助导游讲解器；在工作中的视频会议；在房产广告中利用VR技术可以实现全景看房体验；在一些科普类的少儿读物中，利用AR技术获得3D立体形式的视觉呈现，类似的例子还有很多，都是多媒体技术的完美呈现。本章就将多媒体技术所涉及的一些概念、核心技术、多媒体计算机系统、常用的多媒体软件等内容进行介绍，以便读者更好地了解多媒体技术。

8.1 多媒体技术的基本概念

8.1.1 多媒体的相关概念

1. 媒体

媒体(Media)一词来源于拉丁语“Medius”，音译为媒介，意为两者之间。媒体是指传播信息的媒介。它是指人借助用来传递信息与获取信息的工具、渠道、载体、中介物或技术手段。也可以把媒体看作为实现信息从信息源传递到受信者的一切技术手段。

国际电话电报咨询委员会 CCITT（Consultative Committee on International Telephone and Telegraph，国际电信联盟 ITU 的一个分会）把媒体分成如下 5 类：

（1）感觉媒体（Perception Medium）：指直接作用于人的感觉器官，使人产生直接感觉的媒体，如引起听觉反应的声音，引起视觉反应的图像等。

（2）表示媒体（Representation Medium）：指传输感觉媒体的中介媒体，即用于数据交换的编码，如图像编码（JPEG、MPEG 等）、文本编码（ASCII 码、GB2312 等）和声音编码等。

（3）表现媒体（Presentation Medium）：指进行信息输入和输出的媒体，如键盘、鼠标、扫描仪、话筒、摄像机等为输入媒体；显示器、打印机、喇叭等为输出媒体。

（4）存储媒体（Storage Medium）：指用于存储表示媒体的物理介质，如硬盘、软盘、磁盘、光盘、ROM 及 RAM 等。

（5）传输媒体（Transmission Medium）：指传输表示媒体的物理介质，如电缆、光缆等。

我们通常所说的"媒体"（Media）包括其中的两点含义。一是指信息的物理载体（即存储和传递信息的实体），如书本、挂图、磁盘、光盘、磁带以及相关的播放设备等；另一层含义是指信息的表现形式（或者说传播形式），如文字、声音、图像、动画等。多媒体计算机中所说的媒体，是指后者而言，即计算机不仅能处理文字、数值之类的信息，而且还能处理声音、图形、电视图像等各种不同形式的信息。

以图 8-1 为例，用户通过终端看到的这段视频 XXX. flv 就是感觉媒体。这段视频是 flv 格式的，这种表示方式称为表示媒体。呈现这段视频的显示器是表现媒体。存储这段视频的计算机硬盘是存储媒体。服务器与显示器之间传输用到的电缆、光缆、路由器等设备，属于传输媒体。

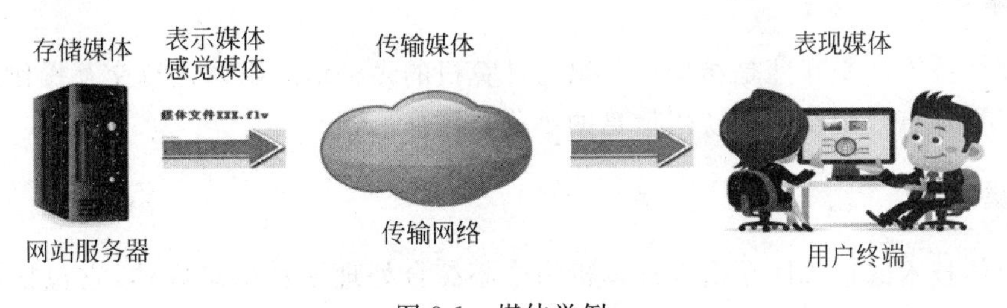

图 8-1　媒体举例

2. 多媒体

多媒体（Multimedia）是多种媒体的综合，一般包括文本，声音和图像等多种媒体形式。

在计算机系统中，多媒体指组合两种或两种以上媒体的一种人机交互式信息交流和传播媒体。使用的媒体包括文字、图片、照片、声音 、电视图像、动画和影片，以及所提供的互动功能。

多媒体是超媒体(Hypermedia)系统中的一个子集,而超媒体系统是使用超链接(Hyperlink)构成的全球信息系统,全球信息系统是因特网上使用TCP/IP协议和UDP/IP协议的应用系统。二维的多媒体网页使用HTML、XML等语言编写,三维的多媒体网页使用VRML等语言编写。许多多媒体作品使用光盘发行,以后将更多地使用网络发行。

3. 多媒体技术

多媒体技术(Multimedia Technology)是一种基于计算机的综合技术,包括数字化信息的处理技术、音频和视频技术、计算机硬件和软件技术、人工智能和模式识别技术、通信和图像技术等,是一门跨学科的综合技术。

通俗地讲,多媒体技术是利用计算机对文本、图形、图像、声音、动画、视频等多种信息综合处理、建立逻辑关系和人机交互作用的技术。多媒体技术的发展改变了计算机的使用领域,使计算机由办公室、实验室中的专用品变成了信息社会的普通工具,广泛应用于工业生产管理、学校教育、公共信息咨询、商业广告、军事指挥与训练,甚至家庭生活与娱乐等领域。

8.1.2 多媒体技术的特点

多媒体技术有以下几个特点。

1. 多样性

多媒体技术的多样性是指信息载体的多样性,相对于计算机而言的,是指信息媒体的多样性。其媒体可以是文本、图形、图像、音频、视频、动画等多种形式。

2. 交互性

多媒体技术的交互性是指用户可以与计算机的多种信息媒体进行交互操作从而为用户提供了更加有效地控制和使用信息的手段。

3. 集成性

多媒体技术的集成性是指以计算机为中心综合处理多种信息媒体,它包括信息媒体的集成和处理这些媒体的设备的集成。

4. 数字化

多媒体技术的数字化是指媒体大多是以数字形式(0和1)存在的,不同于传统的模拟信号方式。数字化可以使得多媒体信息的加密、压缩等操作更方便、更安全。

5. 实时性

多媒体技术的实时性是指声音、动态图像(视频)随时间变化而变化。多媒体系统提供了对这些媒体实时处理的能力。

8.1.3 多媒体信息的类型

多媒体信息主要包括以下 5 种。

1. 文本

文本包括数字、汉字、字母、符号；如图 8-2 所示的都是文本。

图 8-2 文本

2. 图形、图像

图形是指通过计算而描述的矢量图形，例如利用 CAD 画出的图形。图像是指用像素点描述的自然影像，例如我们拍的照片。图 8-3 所示为图形，图 8-4 所示为图像。

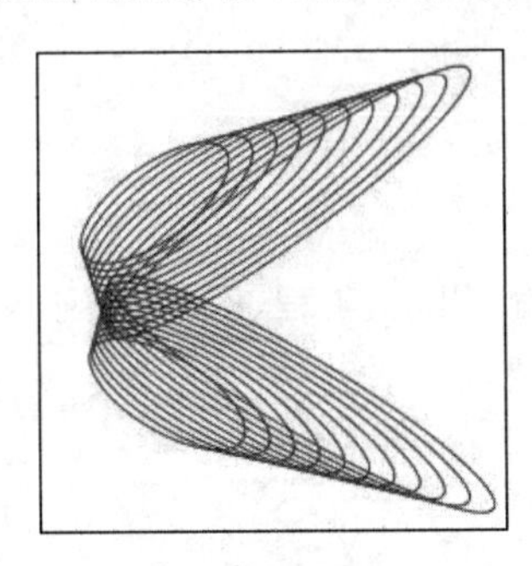

图 8-3 图形

图 8-4 图像

3. 动画

由多幅静态图片组合而成，它们在形体动作方面有连续性，从而产生动态效果，包括二维动画和三维动画。图 8-5 所示为动画，但是动画要在播放的状态下才可以看到动态的效果。

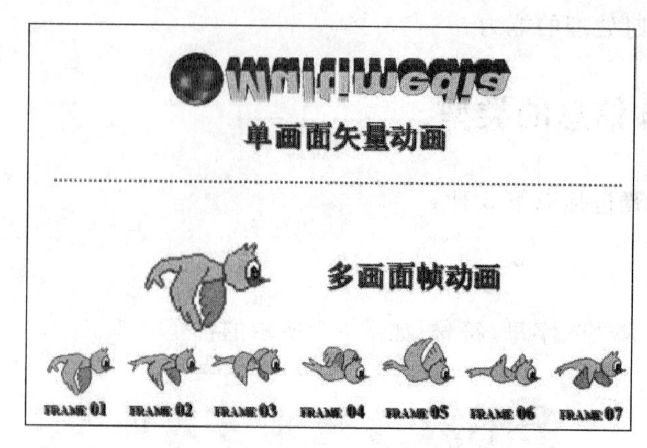

图 8-5　动画

4. 音频

音频包括音乐、语音、歌曲、各种发声。例如，图 8-6 所示是从网上下载的 MP3 格式的音乐文件。用录音设备录制的语音文件等也都是音频。

5. 视频

视频包括录像、电视、视频光盘(VCD 或 DVD)播放的连续动态图像。常见的视频文件的格式有 avi、wma、rmvb、rm、fla、mp4、mid、3GP 等。例如，图 8-7 所示为视频文件。

图 8-6　MP3 格式的音频

图 8-7　视频

8.1.4　多媒体技术的应用

多媒体技术的应用领域已涉足诸如广告、艺术、教育、娱乐、工程、医药、商业及科学研究等行业，在日常生活中随处可见，可以概括为以下领域。

1. 教育

多媒体技术在教育中的应用主要是用于电子教案、形象教学、模拟交互过程、网络多媒体教学、仿真工艺过程。

近几年比较流行的还有虚拟现实技术(VR)在教育中的应用。虚拟现实技术是一种可以创建和体验虚拟世界的计算机仿真系统，它利用计算机生成一种模拟环境，是一种多源信息融合的、交互式的三维动态视景和实体行为的系统仿真，使用户沉浸到该环境中。当前许多高校都在积极研究虚拟现实技术及其应用，并相继建起了虚拟现实与系统仿真的研究室，将科研成果迅速转化实用技术，如北京航空航天大学在分布式飞行模拟方面的应用;浙江大学在建筑方面进行虚拟规划、虚拟设计的应用;哈尔滨工业大学在人机交互方面的应用;清华大学对临场感的研究等都颇具特色。

2. 商业广告

多媒体技术在商业广告中的应用主要是用于制作影视商业广告、公共招贴广告、大型显示屏广告、平面印刷广告等。此外,近年来运用3D全景和虚拟现实技术(VR)等实现的全景看车、全景看房的广告模式越来越受地产商和汽车厂家的青睐,给消费者带来了全新的体验,更吸引眼球。

3. 影视娱乐业

多媒体技术在娱乐业的应用主要是用于电视/电影/卡通混编特技、演艺界的MTV特技制作、三维成像模拟特技、仿真游戏等。

4. 医疗

多媒体技术在医疗领域的应用主要是用于网络远程诊断、网络远程操作完成手术等方面。

5. 旅游

多媒体技术在旅游中的应用主要是用于风光重现、风土人情介绍、服务项目等方面。

6. 人工智能模拟

多媒体技术在人工智能领域的应用主要是用于进行生物形态模拟、生物智能模拟、人类行为智能模拟。

7. 出版行业

增强现实技术(AR)是一种将真实世界信息和虚拟世界信息"无缝"集成的新技术,是把原本在现实世界的一定时间空间范围内很难体验到的实体信息(视觉信息、声音、味道、触觉等),通过一系列技术,模拟仿真后再叠加,将虚拟的信息应用到真实世界,被人类感官所感知,从而达到超越现实的感官体验。真实的环境和虚拟的物体实时地叠加到了同一个画面或空间同时存在。

AR出版物可以带给读者仅仅从纸张中无法获得的东西,尤其对于虚构类读物来说,AR可以完美地将书中的瑰丽想象呈现给读者。对于非虚构的事实类读物,AR可以给读者提供文字之外的额外信息:声音、视频等。天猫发布了一本奇妙图书——《小鸡球球成长绘本》AR特别版,在安卓手机上用天猫APP扫一扫,绘本中小动物能立刻"跳到"屏幕中,呈现小鸡捉虫、小花猫玩皮球的3D动画,小朋友还能点击屏幕,与童话书中的动物互动。AR图书中可以将文字、图片、声音、视频、动画、超链接等任何形式融合起来,这种多媒体的融合,可以给予读者视觉、听觉、触觉等多感官的刺激。对于读者来说,更容易理解、记忆书中的知识。

8.2 多媒体计算机系统

多媒体计算机系统就是可以交互式处理多媒体信息的计算机系统。一般说的多媒体计算机 MPC(Multimedia Personal Computer)指的是具有多媒体处理功能的个人计算机。MPC 与一般的个人机并无太大的差别，只不过是多了一些软硬件配置而已。其实，目前所购置的个人计算机大多都具有了多媒体应用功能。多媒体计算机系统由多媒体计算机硬件系统和多媒体计算机软件系统组成。

8.2.1 多媒体计算机硬件系统

多媒体计算机硬件系统如图 8-8 所示，除了需要较高配置的计算机主机外，还包括表示、捕获、存储、传递和处理多媒体信息所需要的硬件设备，主要有以下两类。

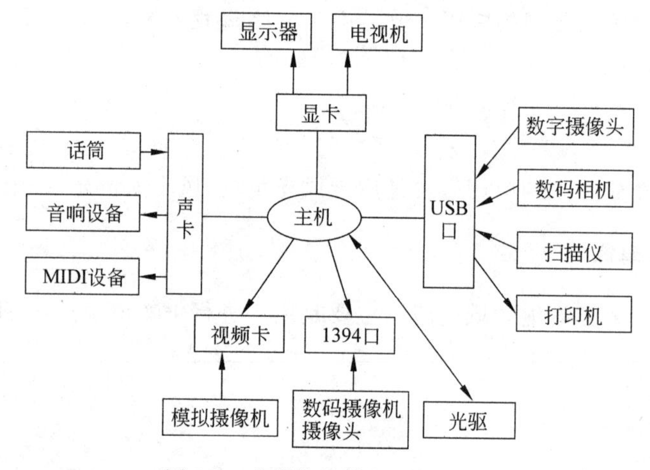

图 8-8 多媒体计算机硬件系统

1. 多媒体外部设备

按其功能又可分为如下 4 类。

(1) 人机交互设备，如键盘、鼠标、触摸屏、绘图板、光笔及手写输入设备等。实物如图 8-9～图 8-12 所示。

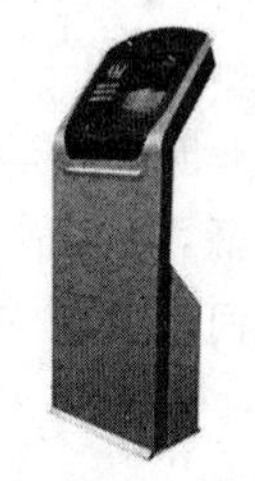

图 8-9 触摸屏

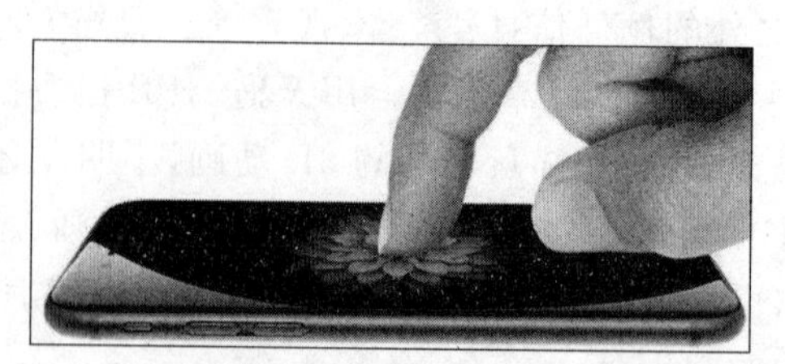

图 8-10 手机触摸屏

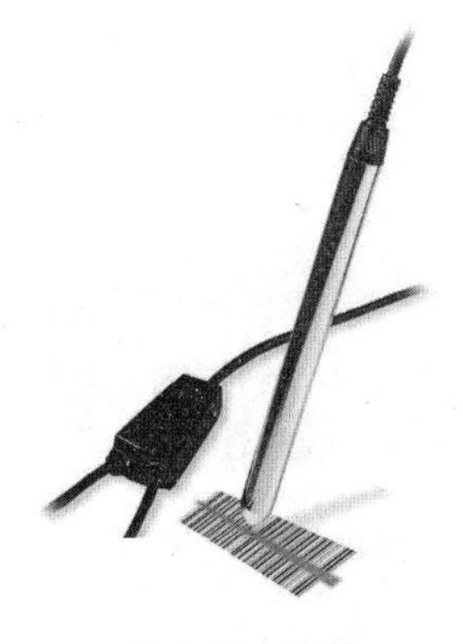

图 8-11　光笔

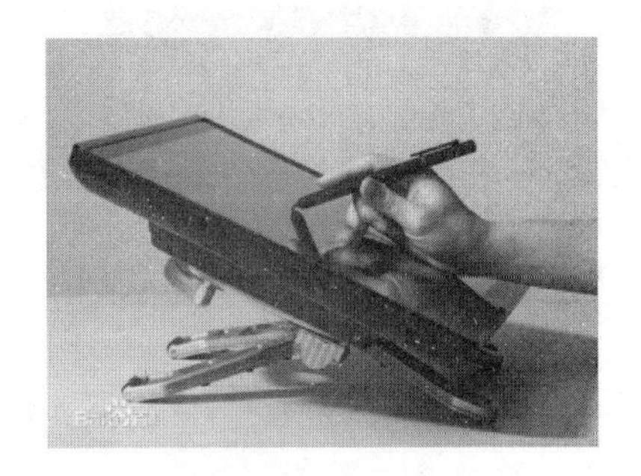

图 8-12　绘图板

(2) 存储设备,如磁盘、光盘等,如图 8-13 所示。

图 8-13　光盘

(3) 视频、音频输入设备,如摄像机、录像机、扫描仪、数码相机、数码摄像机和话筒等,如图 8-14～图 8-16 所示。

图 8-14　摄像机

图 8-15　扫描仪

图 8-16　数码相机

(4) 视频、音频播放设备,如音响、电视机和大屏幕投影仪等,如图 8-17 和图 8-18 所示。

图 8-17　多媒体电视机

图 8-18　投影仪

2. 多媒体接口卡

多媒体接口卡是根据多媒体系统获取、编辑音频或视频的需要而插接在计算机上的接口卡。常用的接口卡有以下两类。

(1) 声卡。声卡也叫音频卡,如图 8-19 所示,是 MPC 的必要部件,它是计算机进行声音处理的适配器,用于处理音频信息。它可以将话筒、唱机(包括激光唱机)、录音机、电子乐器等输入的声音信息进行模/数转换、压缩处理,也可以将经过计算机处理的数字化声音信号通过还原(解压缩)、数/模转换后用扬声器播放或记录下来。

(2) 视频卡。视频卡是一种统称,如图 8-20 所示,有视频捕捉卡、视频显示卡(VGA卡)、视频转换卡(如 TV Coder)以及动态视频压缩和视频解压缩卡等。它们完成的功能主要包括图形图像的采集、压缩、显示、转换和输出等。

图 8-19　声卡

图 8-20　视频卡

8.2.2　多媒体计算机软件系统

多媒体计算机软件系统主要分为系统软件和应用软件。任务是使用户能够方便、有效地组织调度多媒体数据,让硬件去处理相应的媒体数据,实现音频、视频等信息同步,真正实现多媒体的信息表达方式。

1. 系统软件

多媒体计算机系统的系统软件包含以下几种:

(1) 多媒体驱动软件。多媒体驱动软件是多媒体计算机系统中最底层硬件的软件支撑环境，直接与计算机硬件相关。它可以完成设备初始化、基于硬件的压缩/解压缩、图像快速变换及功能调用等。

(2) 驱动器接口程序。驱动器接口程序是高层软件与驱动程序之间的接口软件。

(3) 多媒体操作系统。多媒体操作系统可以实现多媒体环境下实时多任务调度，保证音频、视频同步控制及信息处理的实时性，提供多媒体信息的各种基本操作和管理，具有对设备的相对独立性和可操作性。多媒体各种软件要运行于多媒体操作系统之上，故操作系统是多媒体软件的核心。

(4) 多媒体素材制作软件。它是为多媒体应用程序进行数据准备的程序，主要是多媒体数据采集软件，作为开发环境的工具库，供设计者调用。常见的多媒体素材制作软件如表 8-1 所示。

表 8-1　常用多媒体素材制作软件

多媒体元素		典型产品
文字		记事本、写字板、Word、WPS
图形		AutoCAD、FreeHand、CorelDRAW
图像		画图、PhotoShop、Fireworks、Painter
动画	二维	Flash、Toon Boom Studio、Animator Pro
	三维	3DS MAX、Maya、Cool 3D
声音		录音机、Cool Edit Pro、Audition、Wave Edit
视频		Movie Marker、Premiere、Ulead Media Studio

(5) 多媒体创作工具、开发环境。主要用于编辑生成特定领域的多媒体应用软件，是在多媒体操作系统上进行开发的软件工具。常见的多媒体创作工具如表 8-2 所示，具有以下功能，如提供多媒体程序编程环境；进行超文本、超媒体和多媒体数据管理；支持多媒体数据的输入输出；提供应用连接；对多媒体数据进行制作；提供友好的用户界面等。

表 8-2　常见多媒体创作工具

典型产品	特　　点
Authorware	基于图标和流程图为基础的编辑工具，常用于制作课件
Director	基于通道和时间轴为基础的编辑工具，通用性强
Tool Book	基于描述语言、以页面为基础的编辑工具
PowerPoint	多媒体教学、演示的工具软件

2. 多媒体应用软件

多媒体应用软件是在多媒体创作平台上设计开发的面向特定应用领域的软件系统。通俗地讲，就是开发人员利用计算机语言或多媒体创作工具制作的面向用户的最终产品。

具有以下特点，如具有较强的友好性、涉及技术领域广、技术层次高、技术标准化以及技术的集成化和工具化等。常见的多媒体应用软件如具有一定主题的应用型产品、演示系统、会议系统、视频点播系统、管理信息系统等。

8.3 多媒体信息的数字化和压缩技术

多媒体技术涉及面相当广泛，主要包括音频技术、视频技术、图像技术、图像压缩技术、通信技术等。要想将音频、视频、图像等信息在多媒体系统中进行处理，就要进行数字化和压缩。数字化是使得那些信息可以用计算机进行处理、传输。由于多媒体信息的数据量相对较大，所以利用压缩技术压缩后可以方便信息的传输与存储。下面将主要介绍多媒体的音频信息、图像信息、视频信息、压缩技术等关键技术。

8.3.1 音频信息

1. 音频的概念

音频是个专业术语，人类能够听到的所有声音都称之为音频，它可能包括噪音等。声音被录制下来以后，无论是说话声、歌声、乐器都可以通过数字音乐软件处理，或是把它制作成 CD，这时候所有的声音没有改变，因为 CD 本来就是音频文件的一种类型。而音频只是储存在计算机里的声音。如果有计算机再加上相应的音频卡——就是我们经常说的声卡，我们可以把所有的声音录制下来，声音的声学特性如音的高低等都可以用计算机硬盘文件的方式储存下来。反过来，我们也可以把储存下来的音频文件用一定的音频程序播放，还原以前录下的声音。

在本章所说的音频是指人耳可以听到的、频率在 20Hz～20kHz 之间的声波，并进行数字化后成为存储了声音内容的文件。

2. 模拟音频的数字化

想要将声音用计算机进行处理，非常重要的一步就是将模拟音频进行数字化，然后才能将数字化后的音频在计算机中进行保存、传输或做其他处理等。

换句话说，就是在用计算机对音频信息处理之前，就要将模拟信号（如语音、音乐等）转换成数字信号。过程如图 8-21 所示，要经过采样、量化、编码后才能转换为数字音频。

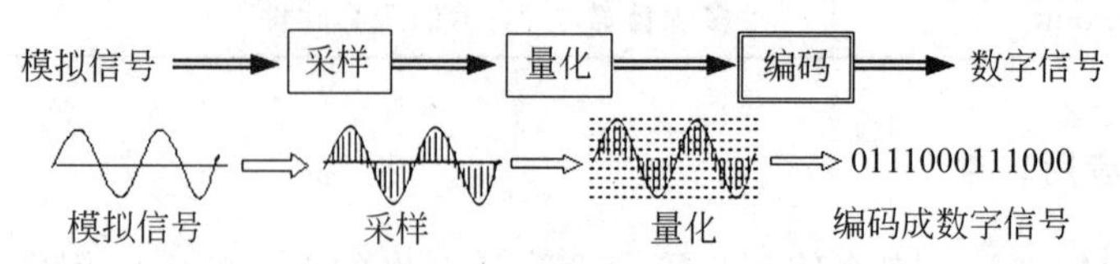

图 8-21 模拟音频数字化的过程

（1）采样是指每隔一定时间间隔对模拟波形上取一个幅度值，如图 8-22 所示。

（2）量化是指将每个采样点得到的幅度值以数字形式存储，如图 8-23 所示。

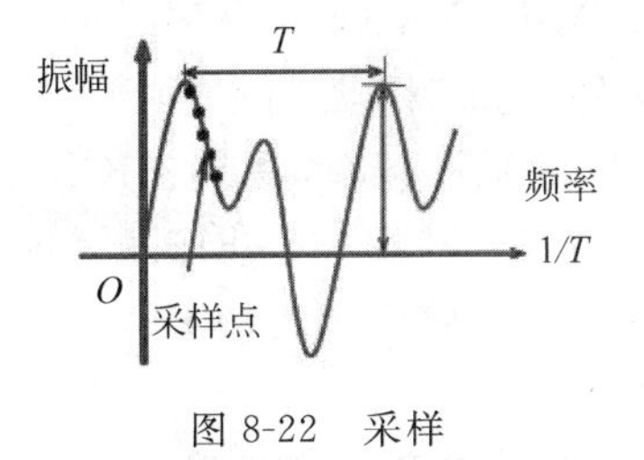

图 8-22　采样

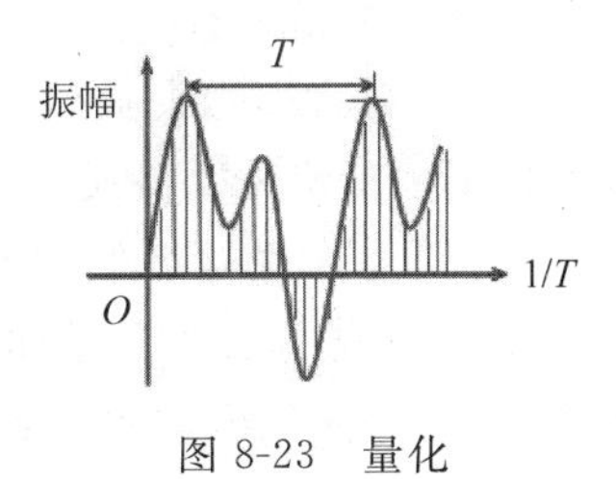

图 8-23　量化

（3）编码是将采样和量化后的数字数据以一定的格式记录下来。

3. 数字音频的技术指标

数字音频的技术指标包括采样频率、量化位数、声道数。采样频率和量化位数可以反映出声卡处理数字音频的性能如何。通过图 8-24 可以看出不同采样频率和量化参数的差别，会直接影响数字音频的品质高低。声道数指的是声音通道的个数。单声道音频，计算机用一个波形来记录。双声道则要使用两个波形来记录，双声道音频所需的存储空间也要大于单声道音频，是它的二倍。听觉效果上，双声道音频更具空间感，所以它又称为立体声。在没有进行压缩的情况下，数字音频的大小可以用一个公式来计算：

数字音频大小(B)＝采样频率×量化位数×声道数×持续时间(s)÷8

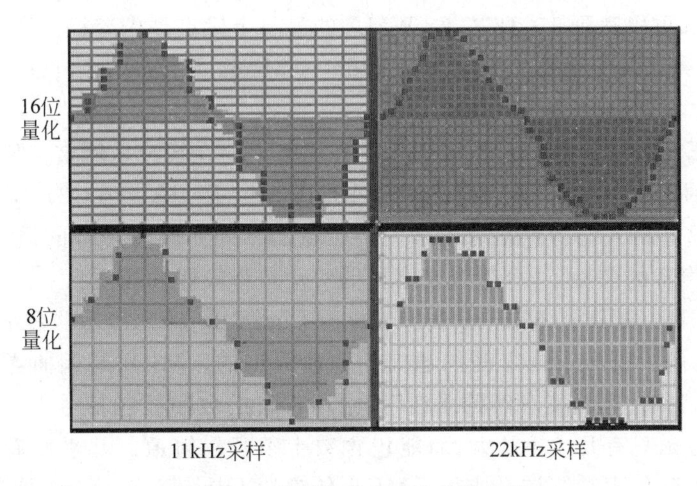

图 8-24　采样频率和量化参数比较

例如，录制一首 16 分钟的立体声歌曲，用 22.05kHz 的采样频率采样，选用 16 位量化，在计算机上约占用多大空间（结果以 MB 为单位表示）？

正确的答案是：

22.05×1000×16×16×60×2÷8＝ 84672000 (B)≈80.75(MB)

4. 数字音频的格式

常见的数字音频的格式有很多,如 WAV 、MP3、MIDI、RA、CDA、WMA、REAL 等。

(1) *.CDA。在大多数播放软件的“打开文件类型”中,都可以看到 *.CDA 格式,这就是 CD 音轨了。标准 CD 格式也就是 44.1kHz 的采样频率,速率 88KB/s,16 位量化位数,因为 CD 音轨可以说是近似无损的,因此它的声音基本上是忠于原声的,因此用户如果是一个音响发烧友的话,CD 是你的首选。它会让你感受到天籁之音。CD 光盘可以在 CD 唱机中播放,也能用电脑里的各种播放软件来重放。

(2) *.WAV。*.WAV (Wave)格式支持 MSADPCM、CCITT A LAW 等多种压缩算法,支持多种音频位数、采样频率和声道数,标准格式的 WAV 文件和 CD 格式一样,也是 44.1kHz 的采样频率,速率 88KB/s,16 位量化位数。可以说,WAV 格式的声音文件质量和 CD 相差无几,也是目前 PC 机上广为流行的声音文件格式,几乎所有的音频编辑软件都“认识”WAV 格式。由于 WAV 格式文件记录了真实声音的二进制采样数据,通常文件较大。

(3) *.MP3。MP3 全称是动态影像专家压缩标准音频层面 3(Moving Picture Experts Group Audio Layer III)。它是当今较流行的一种数字音频编码和有损压缩格式,它用来大幅度地降低音频数据量,是一种有损压缩。

(4) *.WMA。WMA (Windows Media Audio) 格式是来自于微软公司的重量级选手,音质要强于 MP3 格式,更远胜于 RA 格式,它和日本 YAMAHA 公司开发的 VQF 格式一样,是以减少数据流量但保持音质的方法来达到比 MP3 压缩率更高的目的,WMA 的压缩率一般都可以达到 1∶18 左右,WMA 的另一个优点是内容提供商可以通过 DRM (Digital Rights Management)方案如 Windows Media Rights Manager 7 加入防复制保护。

(5) *.REAL。RealAudio 主要适用于在网络上的在线音乐欣赏。REAL 的文件格式主要有这几种:有 RA(RealAudio)、RM(RealMedia,RealAudio G2)、RMX(RealAudio Secured)等。这些格式的特点是可以随网络带宽的不同而改变声音的质量,在保证大多数人听到流畅声音的前提下,令带宽较富裕的听众获得较好的音质。

(6) *.MIDI。MIDI (Musical Instrument Digital Interface)乐器数字接口,是 20 世纪 80 年代初为解决电声乐器之间的通信问题而提出的。MIDI 是编曲界最广泛的音乐标准格式,可称为“计算机能理解的乐谱”。它用音符的数字控制信号来记录音乐。一首完整的 MIDI 音乐只有几十 KB 大,而能包含数十条音乐轨道。几乎所有的现代音乐都是用 MIDI 加上音色库来制作合成的。MIDI 传输的不是声音信号, 而是音符、控制参数等指令, 它指示 MIDI 设备要做什么,怎么做, 如演奏哪个音符、多大音量等。它们被统一表示成 MIDI 消息(MIDI Message)。

5. 数字音频的获取方法

获取数字音频比较简单的方法一种是从网络上下载、另一种是利用录音机等工具软件进行录制,复杂一些的方法是从 CD 或视频文件中获取。

(1) 从网络上下载数字音频资源。网上提供了很多可以免费下载数字音频资源的链接，例如在“百度音乐”上可以很方便地将所需的数字音频资源下载下来，如图 8-25 所示。如图 8-26 所示，虾米网也提供了下载服务。在网上类似的资源和服务还有很多。

图 8-25　百度音乐提供的音频下载

图 8-26　虾米网上提供的音频下载

(2) 录制数字音频资源。除了直接从网上获取音频资源，还可以自己录制音频。例如，通过 Windows 自带的【录音机】程序就可以录制。如果在程序列表中无法找到【录音机】，可以在【开始】→【运行】中输入“soundrecorder”，按回车键就打开了【录音机】的窗口，如图 8-27 所示。单击【开始录制】，录制开始，当录制结束时，单击图 8-28 所示的【停止录制】，弹出如图 8-29 所示的窗口，选择刚刚录制的音频文件的保存位置并命名后即可保存下来。在这里保存的文件为 WMA 格式。

图 8-27　【录音机】→【开始录制】

图 8-28　【录音机】→【停止录制】

当然，现在提供录音的软件还有很多，也可以通过手机上的录音功能进行录音后将文件传至计算机进行进一步处理。

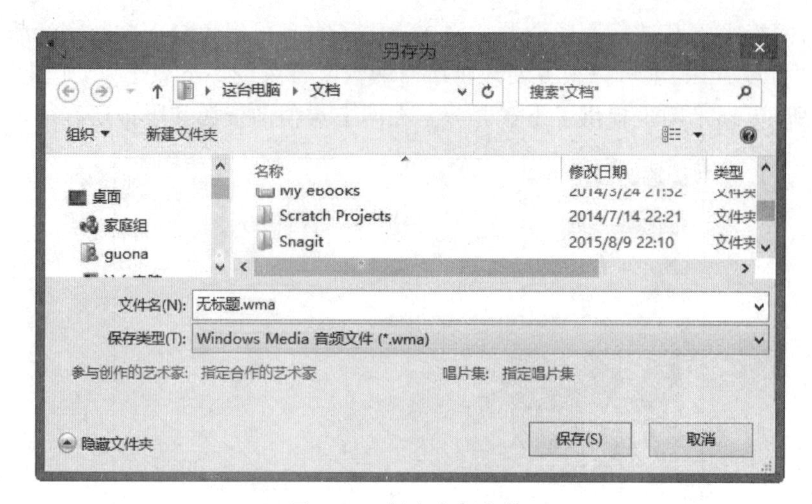

图 8-29 保存音频文件

(3) 从 CD 或视频文件中获取数字音频。从 CD 中获取数字音频也是一种常用的方式。CD 中的文件为.CDA，这些文件中存放的不是真正的音频信息，而是音乐索引信息，所以不能用简单的复制粘贴的方法将其提取。需要使用专门的音轨抓取软件，如 Cool Edit Pro、EAC 软件、CD 音轨高速抓取专家等，将其音乐文件保存到硬盘中。并且现在很多播放器都提供了音轨抓取和刻录 CD 的功能，例如 Windows 7 自带的 Windows Media Player 就具有"翻录"功能，可以方便地对音轨进行抓取。

要从视频文件中获取数字音频，可以利用一些软件来实现，例如 VirtualDub 视频编辑软件。打开此软件后，用它打开一个视频文件，然后选择【File】→【Save WAV】，选择保存后的音频文件的存放位置并输入文件名即可。

6. 数字音频的播放

数字音频的播放可以采用很多软件，常用的如千千静听、Windows Media Player、暴风影音、酷狗音乐等都是简单易用的音频播放软件。现在的主流播放软件几乎支持所有常见的音频文件格式。

8.3.2 图像信息

1. 图像的基本概念

计算机的图像就是数字化的图像，包括两种，一种是图像，另一种是图形。

图像又被称为"位图"，是直接量化的原始信号形式，是由像素点组成的。将这种图像放大到一定程度，就会看到一个个小方块，就是我们所说的像素，每个像素点由若干个二进制位进行描述。由于图像对每个像素点都要进行描述，所以数据量比较大，但表现力强、色彩丰富，通常用于表现自然景观、人物、动物、植物等一切自然的、细节的事物。位图图像效果好，放大以后会失真。

图形又称为矢量图，使用直线和曲线来描述图形，这些图形的元素是一些点、线、矩形、多边形、圆和弧线等，它们都是通过数学公式计算获得的，所以矢量图形文件一般较小，但在表现复杂图形时就要花费较长的时间，同时由于图形无论放大多少始终能表现光滑的边缘和清晰的质量，常用来表现曲线和简单的图案。Adobe 公司的 Illustrator、Corel 公司的 CorelDRAW 是众多矢量图形设计软件中的佼佼者。大名鼎鼎的 Flash MX 制作的动画也是矢量图形动画。矢量图一般用来表达比较小的图像，移动、缩放、旋转、复制、改变属性都很容易，一般用来做成一个图库，比如很多软件里都有矢量图库，你可以把它拖出来根据自己的需要画成任意的大小。

2. 图像的数字化

前面介绍了如何使得模拟音频进行数字化，下面介绍一下图像的数字化。也就是日常生活中的图像是怎样被传入计算机中的，这也要经过采样和量化两个过程，如图 8-30 所示。

图 8-30　图像数字化的过程

图像的采样是指将图像转变成为像素集合的一种操作。我们使用的图像基本上都是采用二维平面信息的分布方式，将这些图像信息输入计算机进行处理，就必须将二维图像信号按一定间隔从上到下有顺序地沿水平方向或垂直方向直线扫描，从而获得图像灰度值阵列，再对其求出每一特定间隔的值，就能得到计算机中的图像像素信息。

在采样过程中，采样孔径和采样方式决定了采样得到的图像信号。采样孔径确定了采样像素的大小、形状和数量，通常有方形、圆形、长方形和椭圆形等四种。采样方式是采样间隔确定后相邻像素之间的位置关系和像素点阵的排列方式。采样相邻像素的位置关系有三种情况，即相邻像素相离、相邻像素相切、相邻像素相交。前两种为不重复采样，后一种为重复采样。像素点阵的排列方式通常采用把采样孔径中心点排列成正交点阵的形状和把采样孔径中心排成三角点阵的形状。不同采样方式所获取的图像信号是不同的。

经过采样后，图像已被分解成在时间和空间上离散的像素，但这些像素值仍然是连续量，并不是我们在计算机中所见的图像。量化则是指把这些连续的浓淡值变换成离散值的过程。也就是说量化就是对采样后的连续灰度值进行数字化的过程，以还原真实的图像。

经过采样和量化后就可以在计算机中处理已经被数字化的图像。

3. 图像的主要参数

图像的主要参数有图像的分辨率、色彩深度、图像容量等。

(1) 图像的分辨率(Image Resolution)。图像的分辨率是图像最重要的参数之一。图像的分辨率的单位是 ppi (pixels per inch),即每英寸所包含的像素点。如果图像分辨率是 100ppi,就是在每英寸长度中包含 100 个像素点。图像分辨率越高,意味着每英寸所包含的像素点越高,图像就有越多的细节,颜色过渡就越平滑。图像分辨率和图像大小之间也有着密切的关系,图像分辨率越高,所包含的像素点越多,也就是图像的信息量越大,因而文件也就越大。

(2) 色彩深度(也称像素深度, Pixels Depth)。色彩深度是衡量每个像素包含多少位色彩信息的方法,色彩深度值越大,表明像素中含有更多的色彩信息,更能反映真实的颜色,色彩深度和图像色彩信息量的关系如表 8-3 所示。

表 8-3 色彩深度与图像色彩关系表

色彩深度	色彩信息数量	色彩模式
1 位	$2^1=2$ 种颜色	位图模式
8 位	$2^8=256$ 种颜色	索引模式 灰度模式
24 位	$2^{24}=16\ 777\ 216$ 种颜色	RGB 色彩模式 CMYK 色彩模式

黑白图,图像的色彩深度为 1,则用一个二进制位 1 和 0 表示纯白、纯黑两种情况。

灰度图,图像的色彩深度为 8,占一个字节,灰度级别为 256 级。通过调整黑白两色的程度(称颜色灰度)来有效地显示单色图像。

RGB 24 位图,又称真彩色图,彩色图像显示时,由红、绿、蓝三基色通过不同的强度混合而成,当强度分成 256 级(值为 0~255),占 24 位,就构成了 $2^{24}=16\ 777\ 216$ 种颜色的"真彩色"图像。不同色彩深度的图像对比如图 8-31 所示。

图 8-31 色彩深度为 8 位的灰度图与色彩深度为 24 位的彩色图对比

(3) 图像容量。这里所说的图像容量是指图像文件的数据量,也就是在存储设备中所占的空间,其计量单位是字节(Byte)。图像的容量与很多因素有关,如色彩的数量、画面的大小、图像的格式等。图像的画面越大、色彩数量越多，图像的质量就越好，文件的容量也就越大，反之则越小。一幅未经压缩的图像，其数据量大小的计算公式为：

图像数据量大小＝垂直像素总数×水平像素总数×色彩深度÷8

例如，一幅大小为640×480像素的24位真彩色BMP图片，在计算机上约占用多大空间(结果以MB为单位表示)？

正确的答案是：

640×480×24÷8＝921600(Bytes)≈0.88(MB)

各种图像文件格式都有自己的图形压缩算法，有些可以把图像压缩到很小，比如一张800×600ppi的PSD格式的图片大约有621KB，而同样尺寸同样内容的图像以JPG格式存储只需要21KB。

计算机图像的容量是我们在设计时不得不考虑的问题，尤其在网页制作方面，图像的容量关系着下载的速度，图像越大，下载越慢。这时就要在不损失图像质量的前提下，尽可能地减小图像容量，在保证质量和下载速度之间寻找一个较好的平衡。

4. 图像的格式

图像格式有：BMP、PCX、TIFF、GIF、JPEG、WMF、DIB、TGA、EXIF、FPX、SVG、PSD、CDR、PCD、DXF、UFO、EPS、AI、PNG、HDRI、RAW等格式。比较常见的格式是：BMP、TIFF、GIF、JPEG、PSD、WMF、DIB、PNG。

(1) BMP：位图(Bit Map)，是一种与硬件设备无关的图像文件格式，使用非常广。它采用位映射存储格式，除了色彩深度可选以外，不采用其他任何压缩，因此，BMP文件所占用的空间很大。BMP文件存储数据时，图像的扫描方式是按从左到右、从下到上的顺序。由于BMP文件格式是在Windows环境中交换与图有关的数据的一种标准，因此在Windows环境中运行的图形图像软件都支持BMP图像格式。

(2) TIFF：标签图像文件格式(Tag Image File Format)是由Aldus和微软公司为桌面出版系统研制开发的一种较为通用的图像文件格式。TIFF格式灵活易变。支持多种编码方法，其中包括RGB无压缩、RLE压缩、JPEG压缩等。TIFF是现存图像文件格式中最复杂的一种，它具有扩展性、方便性、可改性等特点。

(3) GIF：图形交换格式(Graphics Interchange Format)，是CompuServe公司在1987年开发的图像文件格式。GIF文件的数据，是一种基于LZW算法的连续色调的无损压缩格式。其压缩率一般在50%左右，它不属于任何应用程序。几乎所有相关软件都支持它，公共领域有大量的软件在使用GIF图像文件。GIF图像文件的数据是经过压缩的，而且是采用了可变长度等压缩算法。所以GIF的色彩深度从1位到8位，也就是说GIF最多支持256种色彩的图像。GIF格式的另一个特点是其在一个GIF文件中可以存多幅彩色图像，如果把存于一个文件中的多幅图像数据逐幅读出并显示到屏幕上，就可构成一种最简单的动画。

(4) JPEG：联合照片专家组(Joint Photographic Expert Group)，JPEG也是最常见的一种图像格式，它是由一个软件开发联合会组织制定的，是一种有损压缩格式，能够将图像压缩在很小的储存空间，图像中重复或不重要的资料会被丢失，因此容易造成图像数据的损伤，尤其是使用过高的压缩比例，将使最终解压缩后恢复的图像质量明显降低，如果追求高品质图像，不宜采用过高压缩比例。但是JPEG压缩技术十分先进，它用有损压缩方式去除冗余的图像数据，在获得极高的压缩率的同时能展现十分丰富生动的图像，换句话说，就是可以用最少的磁盘空间得到较好的图像品质。而且JPEG是一种很灵活的格式，具有调节图像质量的功能，允许用不同的压缩比例对文件进行压缩，支持多种压缩级别，压缩比率通常在10∶1到40∶1之间，压缩比越大，品质就越低；相反，压缩比越小，品质就越好。JPEG格式压缩的主要是高频信息，对色彩的信息保留较好，适合应用于互联网，可减少图像的传输时间，可以支持24位真彩色，也普遍应用于需要连续色调的图像。JPEG格式的应用非常广泛，特别是在网络和光盘读物上，都能找到它的身影。各类浏览器均支持JPEG这种图像格式，因为JPEG格式的具有文件尺寸较小，下载速度快的特点。但是JPEG不适用于所含颜色很少、具有大块颜色相近的区域或亮度差异十分明显的较简单的图片。

(5) PSD：PSD (PhotoShop Document)是Photoshop图像处理软件的专用文件格式，文件扩展名是psd，可以支持图层、通道、蒙板和不同色彩模式的各种图像特征，是一种非压缩的原始文件保存格式。扫描仪不能直接生成该种格式的文件。PSD文件有时容量会很大，但由于可以保留所有原始信息，在图像处理中对于尚未制作完成的图像，选用PSD格式保存是最佳的选择。打开它就可以继续修改完善图像。

(6) WMF：WMF(Windows Metafile Format)是Windows中常见的一种图元文件格式，也称其为位图和矢量图的混合体。Windows中许多剪贴画图像是以该格式存储的。它具有文件短小、图案造型化的特点，广泛应用于桌面出版印刷领域。

(7) DIB：设备无关位图(Device Independent Bitmap)，它是为了保证由某个应用程序创建的位图图形可以被其他应用程序装载或显示。DIB的与设备无关性主要体现在以下两个方面：DIB的颜色模式与设备无关。例如，一个256色的DIB既可以在真彩色显示模式下使用，也可以在16色模式下使用。256色以下(包括256色)的DIB拥有自己的颜色表，像素的颜色独立于系统调色板。由于DIB不依赖于具体设备，因此可以用来永久性地保存图像。DIB一般是以*.BMP文件的形式保存在磁盘中的，有时也会保存在*.DIB文件中。运行在不同输出设备下的应用程序可以通过DIB来交换图像。Windows环境中经常使用此格式。

(8) PNG：便携式网络图形(Portable Network Graphics)，是网上接受的最新图像文件格式。利用iPhone抓取当前屏幕的截图就自动保存为PNG格式，还有一些抓图软件也默认将截图保存为此格式。PNG能够提供长度比GIF小30%的无损压缩图像文件。它同时提供24位和48位真彩色图像支持以及其他诸多技术性支持。由于PNG非常新，所以并不是所有的程序都可以用它来存储图像文件，但Photoshop可以处理PNG图像文件，也可以用PNG图像文件格式存储。

5. 图像素材的获取

图像素材的获取方式有很多，用得较多的有这样几种：一是从互联网上下载；二是利用数码相机拍照或用扫描仪扫描后将文件保存下来，还可以导入计算机利用图像编辑软件进行进一步的处理；三是直接利用一些绘图软件绘制图像。

(1) 从互联网上下载。现在很多搜索引擎都提供了免费下载图片的服务，利用如图8-32和图8-33所示的百度图片、好搜图片等就可以方便地下载各类图片。

图 8-32　百度图片

图 8-33　好搜图片

(2) 利用数码相机或扫描仪获取图像素材。利用数码相机可以将照片拍好后保存在存储卡中，需要的时候再将其导出即可。利用扫描仪可以将一些证书、文件之类的实物文档扫描后存成图片的形式保存下来，以备以后使用。最简单的方法还可以利用手机拍照来获取图像素材。因为现在手机的使用人群非常大，并且大多数手机都支持相机功能。手机中保存的照片可以通过数据线导入到计算机中，或者直接利用QQ新推出的功能中选中【我的电脑】，无须数据线就可以将手机中的文件轻松传至计算机中。

(3) 使用绘图软件绘制图像。常用的绘图软件有很多，如Windows自带的“画图”、Office中自带的“绘图”工具、Macromedia 的 Flash 、Adobe 的 PhotoShop、Fireworks 等都可以绘制出自己设计的图像，并保存下来作为图像素材。也可以利用一些抓屏软件截取所需屏幕窗口将其保存为图像文件，如Snagit、HyperSnap等。还可以利用键盘上的Print Screen键方便地进行抓屏操作。

8.3.3 视频信息

1. 视频的基本概念

视频(Video)泛指将一系列静态影像以电信号的方式加以捕捉、记录、处理、储存、传送与重现的各种技术。连续的图像变化每秒超过24帧(frame)画面以上时，根据视觉暂留原理，人眼无法辨别单幅的静态画面；看上去是平滑连续的视觉效果，这样连续的画面称为视频。

视频技术最早是为了电视系统而发展，但现在已经发展为各种不同的格式以便消费者将视频记录下来。网络技术的发达也促使视频的纪录片段以流媒体的形式存在于因特网之上并可被计算机接收与播放。视频与电影属于不同的技术，后者是利用照相术将动态的影像捕捉为一系列的静态照片。

2. 视频的数字化

视频数字化就是将视频信号经过视频采集卡转换成数字视频文件存储在数字载体(硬盘)中。在使用时，将数字视频文件从硬盘中读出，再还原成为电视图像加以输出。

首先是提供模拟视频输出的设备，如录像机、电视机、电视卡等。数字视频的来源有很多，如来自于摄像机、录像机、影碟机等视频源的信号，包括从家用级到专业级、广播级的多种素材。还有计算机软件生成的图形、图像和连续的画面等。高质量的原始素材是获得高质量最终视频产品的基础。

然后是可以对模拟视频信号进行采集、量化和编码的设备，这一般都由专门的视频采集卡来完成；对视频信号的采集，尤其是动态视频信号的采集需要很大的存储空间和数据传输速度。这就需要在采集和播放过程中对图像进行压缩和解压缩处理，不过是利用硬件进行压缩。大多使用的是带有压缩芯片的视频采集卡上。

最后，由多媒体计算机接收和记录编码后的数字视频数据。在这一过程中起主要作用的是视频采集卡，它不仅提供接口以连接模拟视频设备和计算机，而且具有把模拟信号转换成数字数据的功能。

3. 视频的主要参数

视频的主要参数有画面更新率、扫描传送、分辨率、长宽比例等。

(1) 画面更新率。画面更新率(Frame Rate)又称为帧率，是指视频格式每秒钟播放的静态画面数量。典型的画面更新率由早期的每秒 6 或 8 张(frame per second，fps)至现今的每秒 120 张不等。PAL(欧洲、亚洲、澳洲等地的电视广播格式)与 SECAM (法国、俄罗斯、部分非洲等地的电视广播格式)规定其更新率为 25fps，而 NTSC (美国、加拿大、日本等地的电视广播格式)则规定其更新率为 29.97fps。电影胶卷则是以稍慢的 24fps 在拍摄；这使得各国电视广播在播映电影时需要一些复杂的转换程序。要达成最基本的视觉暂留效果大约需要 10fps 的速度。

(2) 扫描传送。视频可以用逐行扫描或隔行扫描来传送，交错扫描是早年广播技术不发达，带宽甚低时用来改善画质的方法。NTSC、PAL 与 SECAM 皆为交错扫描格式。在视频分辨率的简写当中经常以 i 来代表交错扫描。例如 PAL 格式的分辨率经常被写为 576i50，其中 576 代表垂直扫描线数量，i 代表隔行扫描，50 代表每秒 50 个 field(一半的画面扫描线)。

在逐行扫描系统当中每次画面更新时都会刷新所有的扫描线。此法较消耗带宽但是画面的闪烁与扭曲则可以减少。

为了将原本为隔行扫描的视频格式(如 DVD 或类比电视广播)转换为逐行扫描显示设备(如 LCD 电视等)可以接受的格式，许多显示设备或播放设备都具有转换的程序。但是由于隔行扫描信号本身特性的限制，转换后无法达到与原本就是逐行扫描的画面同等的品质。

(3) 分辨率。视频的画面大小称为分辨率。数位视频以像素为度量单位，而类比视频以水平扫描线数量为度量单位。

标清电视信号的分辨率为 720/704/640×480i60(NTSC)或 768/720×576i50(PAL/SECAM)。新的高清电视(HDTV)分辨率可达 1920×1080p60，即每条水平扫描线有 1920 个像素，每个画面有 1080 条扫描线，以每秒钟 60 张画面的速度播放。

经过数字化后视频信息如果未经压缩，数据量是比较大的。数据量大小的计算公式是：

视频数据量大小＝帧数×每帧图像的数据量

例如，要在计算机上连续显示分辨率为 1280×1024 的 24 位真彩色图像，以每秒 30 帧计算，播放 1 分钟的数据量为：1280×1024×3(B)×30(frame/s)×60(s)≈6.6(GB)。

因为是 24 位真彩色图像，1 个字节由 8 个连续的位构成，24 位也就构成了 3 个字节(Byte)，所以列式中会出现 3(B)；因为是一分钟的播放时间，所以列式中会出现 60(s)。由上例得到的结果可以看出，视频文件的容量是比较大的，因此视频的数字化通常需要进行压缩处理。

(4) 长宽比例。长宽比例(Aspectratio)是用来描述视频画面与画面元素的比例。传统的电视屏幕长宽比为 4∶3(约为 1.33∶1)。HDTV 的长宽比为 16∶9(约为 1.78∶1)。而 35mm 胶卷底片的长宽比约为 1.37∶1。

虽然计算机荧幕上的像素大多为正方形，但是数字视频的像素通常并非如此。例如使用于 PAL 及 NTSC 信号的数位保存格式 CCIR 601，以及其相对应的非等方宽荧幕格式。因此以 720×480 像素记录的 NTSC 规格 DV 影像可能因为是比较“瘦”的像素格式而在放映时成为长宽比 4∶3 的画面，或反之由于像素格式较“胖”而变成 16∶9 的画面。

4. 视频的格式

视频格式有：MPEG/MPG/DAT、AVI、RA/RM/RAM、MOV、ASF、WMV、DivX、RMVB、FLV、F4V、MP4、3GP、AMV。常见的视频格式有：MPEG/MPG/DAT、AVI、RA/RM/RAM、MOV、WMV、RMVB、FLV、3GP、AMV。

(1) MPEG/MPG/DAT：MPEG(Motion Picture Experts Group)，这类格式包括了 MPEG-1、MPEG-2 和 MPEG-4 在内的多种视频格式。MPEG-1 正在被广泛地应用在 VCD 的制作和一些视频片段下载的网络应用上面，大部分的 VCD 都是用 MPEG-1 格式压缩的(刻录软件自动将 MPEG-1 转为 DAT 格式)，使用 MPEG-1 的压缩算法，可以把一部 120 分钟长的电影压缩到 1.2 GB 左右大小。MPEG-2 则是应用在 DVD 的制作；同时在一些 HDTV(高清晰电视广播)和一些高要求视频编辑、处理上面也有相当多的应用。使用 MPEG-2 的压缩算法压缩一部 120 分钟长的电影可以压缩到 5～8 GB 的大小，MPEG-2 的图像质量是 MPEG-1 与其无法比拟的。

(2) AVI：AVI(Audio Video Interleaved，音频视频交错)是微软公司推出的视频音

频交错格式，也就是视频和音频交织在一起进行同步播放，是一种桌面系统上的低成本、低分辨率的视频格式。它的一个重要的特点是具有可伸缩性，性能依赖于硬件设备。它的优点是可以跨多个平台使用，缺点是占用空间大。

(3) RA/RM/RAM：RM是Real Networks公司所制定的音频/视频压缩规范Real Media中的一种。在Real Media规范中主要包括三类文件：RealAudio、Real Video和Real Flash，最后一种是Real Networks公司与Macromedia公司合作推出的新一代高压缩比动画格式。Real Video (RA、RAM)格式由一开始就是定位在视频流应用方面的，所以又称其为视频流技术的始创者。

(4) MOV：MOV即QuickTime影片格式，它是苹果公司开发的一种音频、视频文件格式，用于存储常用数字媒体类型。利用它可以合成视频、音频、动画、静止图像等多种素材。

(5) WMV：WMV是一种独立于编码方式的在Internet上实时传播多媒体的技术标准，微软公司希望用其取代QuickTime之类的技术标准以及WAV、AVI之类的文件扩展名。WMV的主要优点有可扩充的媒体类型、本地或网络回放、可伸缩的媒体类型、流的优先级化、多语言支持、扩展性等。

(6) RMVB：这是一种由RM视频格式升级延伸出的新视频格式，它的先进之处在于RMVB视频格式打破了原先RM格式那种平均压缩采样的方式，在保证平均压缩比的基础上合理利用比特率资源，就是说静止和动作场面少的画面场景采用较低的编码速率，这样可以留出更多的带宽空间，而这些带宽会在出现快速运动的画面场景时被利用。这样在保证了静止画面质量的前提下，大幅地提高了运动图像的画面质量，从而图像质量和文件大小之间就达到了微妙的平衡。在网上可以看见好多电视剧采用这种格式保存，以便用户下载。

(7) FLV：FLV(Flash Video)是随着Flash MX的推出发展而来的新的视频格式。由于它形成的文件极小、加载速度极快，使得网络观看视频文件成为可能，它的出现有效地解决了视频文件导入Flash后，使导出的SWF文件体积庞大，不能在网络上很好地使用等缺点。各在线视频网站如优酷、土豆、YouTube等均采用此视频格式。

5. 视频素材的获取

获取视频素材的方式有以下几种：一是在互联网上下载；二是通过数码摄像机或摄像头自行录制视频；三是利用屏幕录制软件录制视频或使用视频编辑软件对现有的视频文件进行截取和转换处理等。

8.3.4 数据压缩技术

1. 为什么要采用数据压缩技术

在前面的介绍中可以看到一些音视频、图像等文件的数据量是非常大的。这就带来一些问题，例如存储这些文件时占用大量的存储容量、影响计算机的处理速度和播放效果、降低通信干线的信道传输率等。要想解决上述问题，就要采用数据压缩技术。

2. 数据压缩的种类

数据压缩分为两类：一类是有损压缩，另一类是无损压缩。

(1) 有损压缩。有损压缩方法是以牺牲某些信息为代价，换取了较高的压缩比。牺牲的这部分信息基本不影响对原始数据的理解。损失的信息是不能再恢复的，因此这种压缩法是不可逆的。有损压缩广泛用于语音、图像和视频数据的压缩。

(2) 无损压缩。无损压缩方法是去掉或减少数据中的冗余，但这些冗余值是可以重新插入到数据中的，因此无损压缩是可逆的。这类算法主要特点是压缩比较低，为 2∶1～5∶1，一般用来压缩文本数据或计算机绘制的图像(色彩不丰富)。

典型的无损压缩算法有行程编码、Huffman 编码等。

行程编码的思想是对连续出现的符号用一个计数值来表示，能确保解压后的数据不失真。例如要压缩 AAAABBBCCDDDDDE，压缩后即 4A3B2C5DE。

Huffman 编码思想是出现频率较高的符号采用短码字，出现频率较低的符号采用较长的码字，以达到缩短平均码长来实现数据的压缩。

3. 数据压缩的国际标准

(1) JPEG 标准：适用于连续色调和多级灰度的静态图像，是 Joint Photographic Experts Group(联合图像专家小组)的缩写，是第一个国际图像压缩标准。由于 JPEG 图像压缩算法能够在提供良好的压缩性能的同时，具有比较好的重建质量，所以被广泛应用于图像、视频处理领域。人们日常碰到的 jpeg、jpg 等指代的是图像数据经压缩编码后在媒体上的封存形式，不能与 JPEG 压缩标准混为一谈。

(2) MPEG 标准：是 Moving Picture Experts Group(动态图像专家组)的缩写，是 ISO(International Standardization Organization，国际标准化组织)与 IEC(International Electrotechnical Commission，国际电工委员会)于 1988 年成立的专门针对运动图像和语音压缩制定国际标准的组织。MPEG 标准适用于运动图像、音频信息，包括 MPEG 视频、MPEG 音频、MPEG 系统(视频和音频的同步)。MPEG 标准已制定了 MPEG-1、MPEG-2、MPEG-4 和 MPEG-7 四种。

4. 数据压缩技术的性能指标

衡量数据压缩技术的性能指标如下。

(1) 压缩比：即压缩前后的信息存储之比，该值越大说明压缩比越高。

(2) 恢复效果：即要尽可能恢复到原始数据，与原始数据差别越小说明恢复效果越好。

(3) 速度：即压缩、解压缩的速度，当然此速度越快越好。

(4) 开销：即实现压缩的软、硬件开销，开销越小越好。

8.4 常用的多媒体软件应用实例

多媒体软件按照用途不同有很多种，下面就选取几种常用并且实用的多媒体软件，结合几个实例来介绍其使用方法。

8.4.1 以 Gold Wave 为例介绍如何进行不同歌曲的合成

Gold Wave 是一个功能强大的数字音乐编辑器，是一个集声音编辑、播放、录制和转换的音频工具。它还可以对音频内容进行转换格式等处理。它体积小巧，功能却无比强大，支持许多格式的音频文件，包括 WAV、OGG、VOC、IFF、AIFF、AIFC、AU、SND、MP3、MAT、DWD、SMP、VOX、SDS、AVI、MOV、APE 等音频格式。

Gold Wave 的安装比较简单，运行其安装文件即可，在此不多做介绍。打开 Gold Wave 后，工作界面如图 8-34 所示。本例想要在两首不同的歌曲中各剪切一部分，然后合成到一起，做一个歌曲串烧。具体操作过程如下。

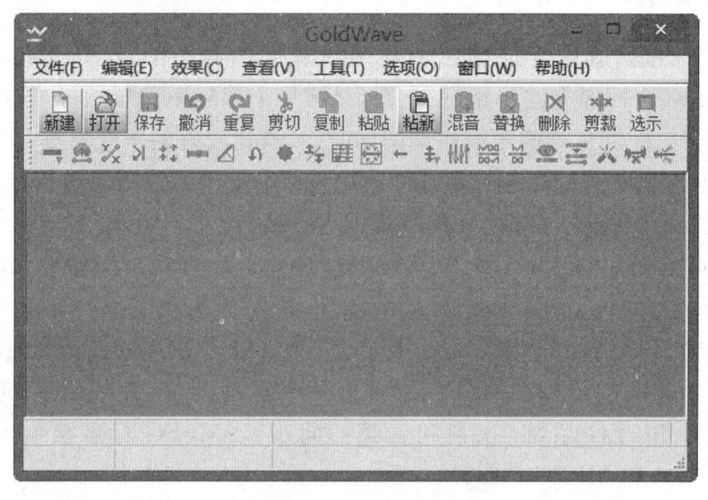

图 8-34　Gold Wave 工作界面

1. 歌曲剪切

在 Gold Wave 中打开要被剪切的第一首歌曲，单击【文件】→【打开】，在弹出的如图 8-35 所示的对话框中选中歌曲，打开即可，打开后的界面如图 8-36 所示。可以看到左侧有一条线，如图 8-37 所示，拖动此线可以选定一个范围，同理右侧也可以这样做。被选中的要剪裁掉的部分是图 8-37 中深色部分，单击工具栏上如图 8-38 所示的【剪裁】按钮即可完成，剪切后的音频单击【文件】→【保存】即可覆盖原文件，或者单击【文件】→【另存为】，命名剪切后的音频文件并选择要保存的位置后保存下来，保存过程中会出现图 8-39 所示的界面。同样的做法可以再剪切第二首歌曲，并保存，在此不再赘述。

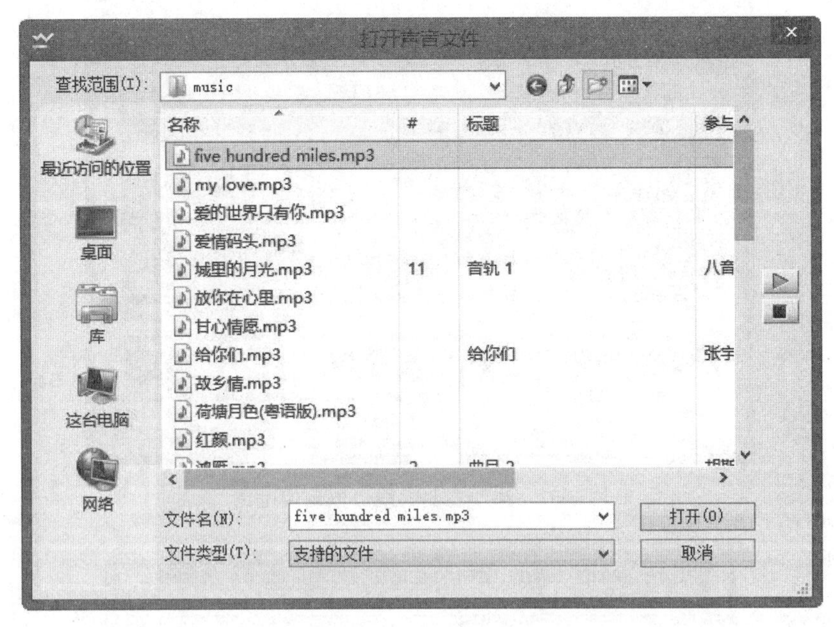

图 8-35　打开文件

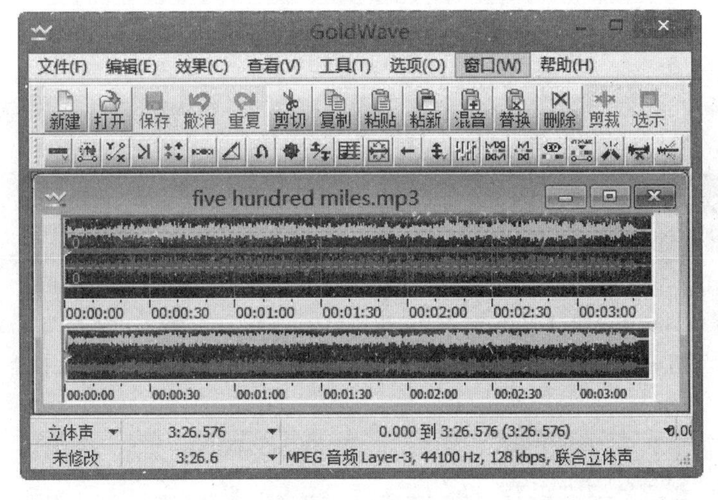

图 8-36　打开歌曲

2. 歌曲合并

合并音频文件步骤如下：单击【工具】→【文件合并器】，如图 8-40 所示。在弹出的如图 8-41 所示的对话框中单击【添加文件】按钮，添加将要合并的文件。

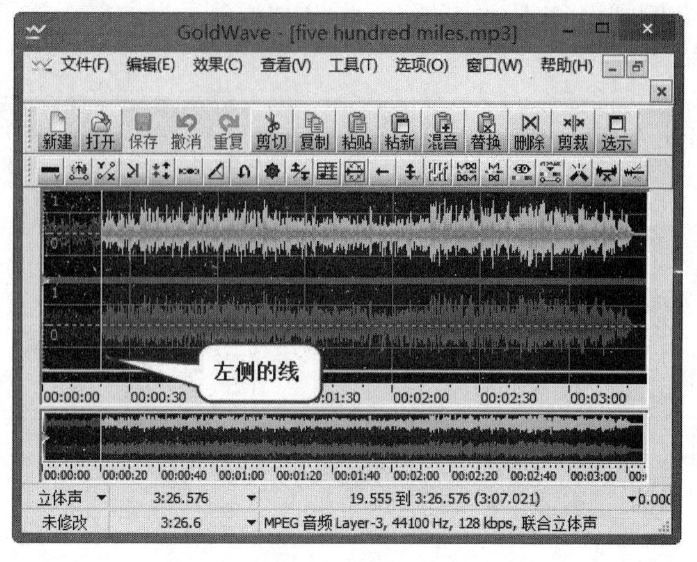

图 8-37　拖动左侧的线可以确定范围

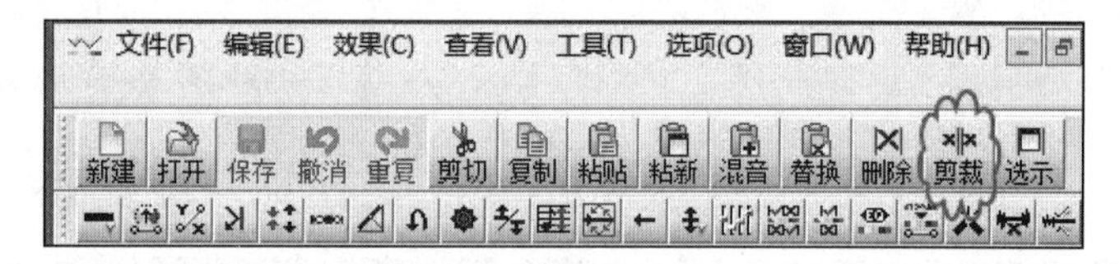

图 8-38　单击【剪裁】

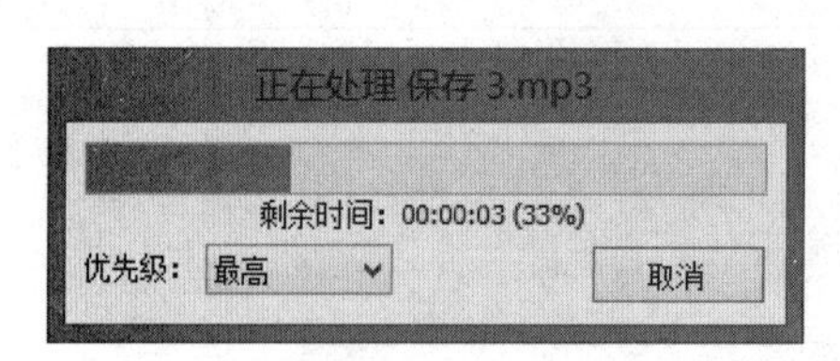

图 8-39　保存新音频

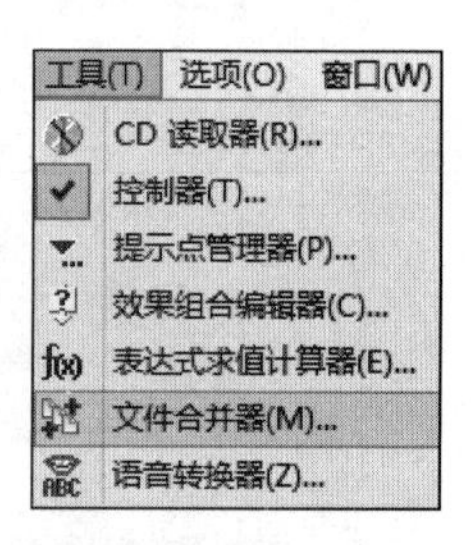

图 8-40　选取文件合并器

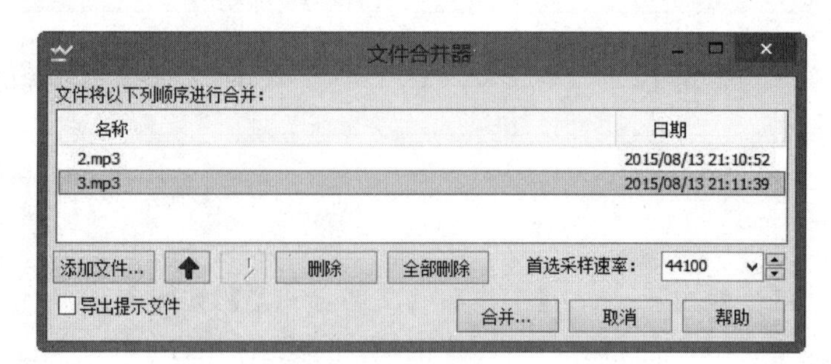

图 8-41　添加文件进行合并

如需更改文件顺序，直接在图 8-41 所示的对话框中通过拖曳文件名的方式即可实现。安排好顺序后，并选择【首选采样速率】后，单击【合并】按钮，在弹出图 8-42 所示的窗口，为文件命名，并选取合适的保存类型后，单击【保存】按钮。弹出如图 8-43 所示的窗口，表示正在处理合并文件，等待此窗口自动关闭后，新合并的音频文件就已经保存好。将此文件利用音频播放软件打开即可听到合成后的效果。

图 8-42　保存文件

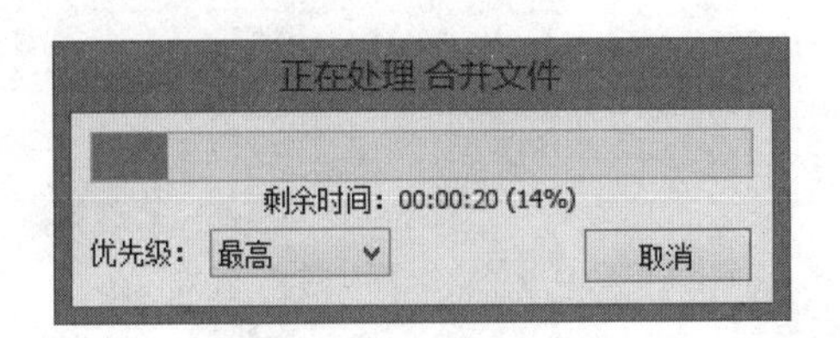

图 8-43　处理合并文件

8.4.2　以 Photoshop 为例介绍如何进行图片合成及编辑

Adobe Photoshop，简称 PS，是由 Adobe 公司开发和发行的图像处理软件。Photoshop 主要处理以像素所构成的数字图像。Photoshop 软件因其强大的图形图像处理功能，自推出之日起就一直深受广大平面设计者的青睐。在图像处理软件中，它是最为常用及流行的专业级软件。其操作界面直观、功能强大，可以方便地编辑图像，例如给图像加特技效果、调整和改变图像的各种属性、图片合成等。此处通过两个实例来介绍如何利用 Photoshop 进行图片合成及编辑。

1. 利用 Photoshop 进行图片合成

操作步骤如下。

(1) 启动 Photoshop，如图 8-44 所示。将要进行合成的两幅图片打开，分别如图 8-45 和图 8-46 所示。欲将图片中的猴子单独粘贴到小猪所在的图片中，将其进行合成。

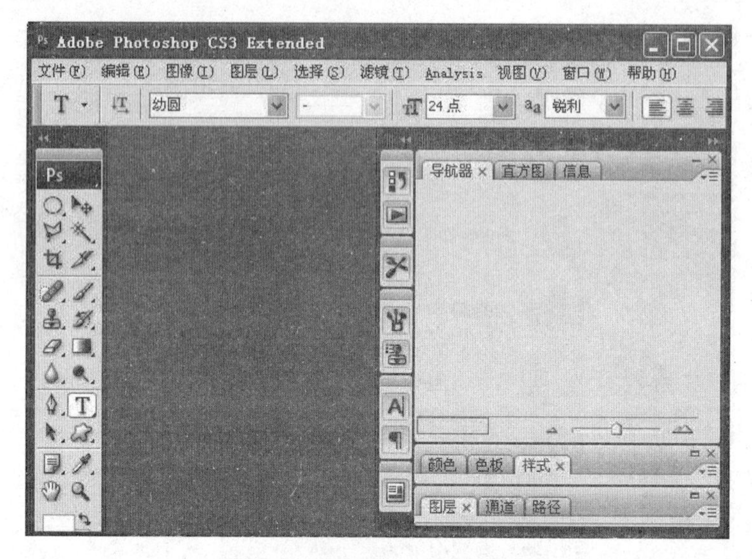

图 8-44 Photoshop 启动界面

图 8-45 猴子图片

图 8-46 小猪图片

(2) 首先选择猴子所在的图片，利用魔棒工具来选取选区。选择工具箱中的【魔棒】，要选猴子图片中的除了白色背景之外的区域作为选区，可以先用【魔棒】在空白处单击，当出现如图 8-47 所示的虚线框后，单击【选择】→【反向】后，选区就成为只有猴子的区域。

(3) 利用快捷键【Ctrl＋C】将刚刚设定好的选区复制到剪贴板上，选中小猪所在图片，按快捷键【Ctrl＋V】后，就可以看到，猴子图案已经被复制到小猪所在图片上，效果如

图 8-48 所示。如需调整猴子选区的大小及位置,单击【编辑】→【变换】→【缩放】或者单击【编辑】→【变换】→【旋转】后,调整到合适处按回车键即可。

图 8-47　选择白色背景选区

图 8-48　合成后的图片

(4) 保存处理好的图片时,单击【文件】→【存储为】,在打开的对话框中,填入合适的文件名及保存位置,如图 8-49 所示,默认的保存文件类型为 psd,此类型文件可供以后再次编辑时使用,也可以在【格式】下拉列表中选择 jpg 格式。

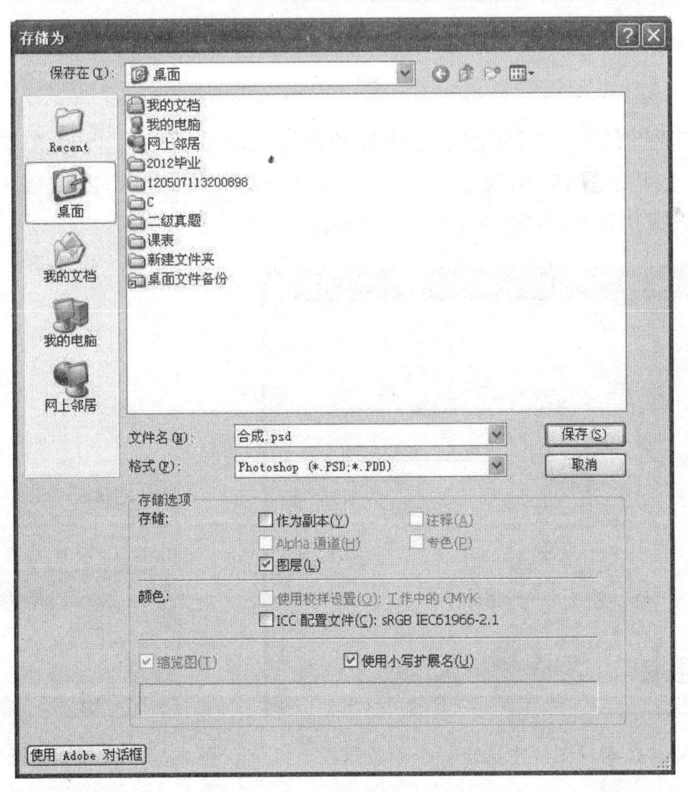

图 8-49　保存文件对话框

2. 利用 Photoshop 制作图片的模糊特效

操作步骤如下。

(1) 将素材图片在 Photoshop 中打开如图 8-50 所示。

(2) 将要加入特效的区域选做选区。选择工具箱中的【椭圆选框】工具,如图 8-51 所示;在素材图片中拖动鼠标形成一个椭圆选区,如图 8-52 所示。

图 8-50 素材图片

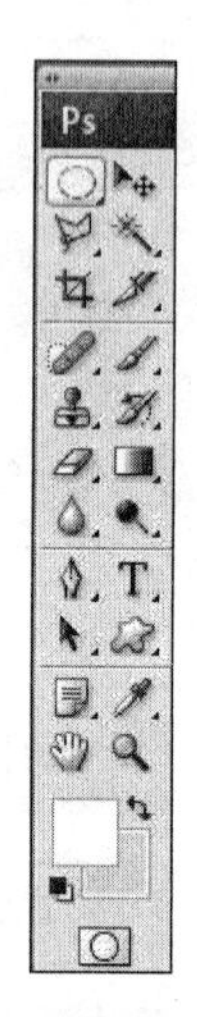

图 8-51 选中工具箱中的椭圆选框工具

(3) 利用快捷键【Ctrl+C】将刚刚设定好的选区复制到剪贴板上,再按快捷键【Ctrl+V】后,在图层调板上可以看到,出现了一个新图层,名称为“图层 1”,此图层上的内容就为刚刚复制过来的椭圆选区的内容,如图 8-53 所示。

图 8-52 在素材图片中选定一个椭圆选区

图 8-53 将复制椭圆选区的内容粘贴到一个新图层上

(4) 在“图层 1”上,单击【滤镜】→【模糊】→【径向模糊】,如图 8-54 所示,打开对话框,如图 8-55 所示。在此对话框中设置模糊方法及数量等参数即可。最终形成的效果图如图 8-56 所示,已达到预期的特效目标。

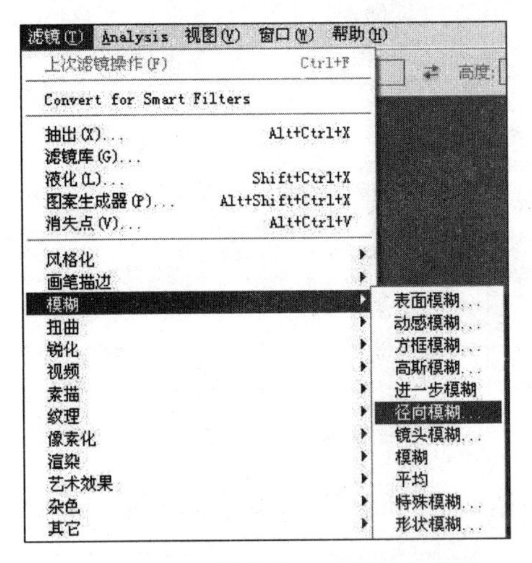

图 8-54　在滤镜菜单下选择径向模糊

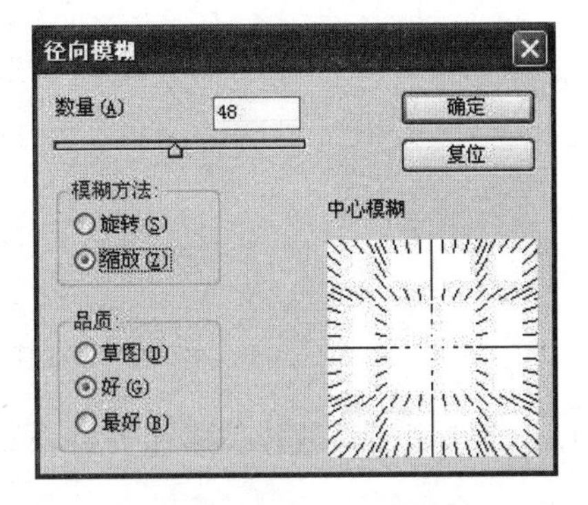

图 8-55　径向模糊对话框

(5) 如果想将“背景图层”和“图层 1”合并,可以在图层调板的按钮右击,弹出的快捷菜单中,选择【合并可见图层】,如图 8-57 所示,就可以将以上两个图层合并为一个。

图 8-56　径向模糊后的效果

图 8-57　合并可见图层

(6) 将编辑完成的图片按照上个实例中讲到的保存方法保存即可。其他特效的做法与此类似。

3. 利用 Photoshop 制作特效文字

操作步骤如下。

(1) 打开素材图片,选择工具箱中的【横排文字工具】,如图 8-58 所示。

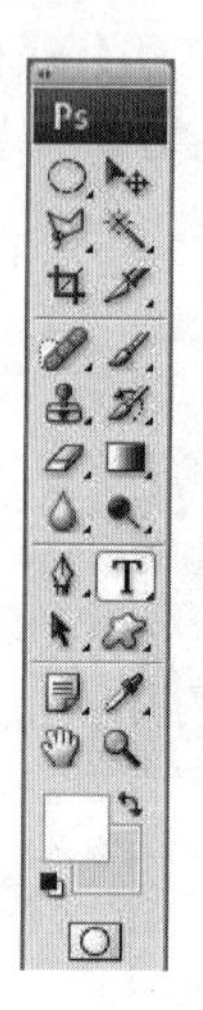

图 8-58　选择工具箱中横排文字工具

(2) 将文字工具的各项属性进行设置，如图 8-59 所示，设置其字体大小、字体颜色等属性。

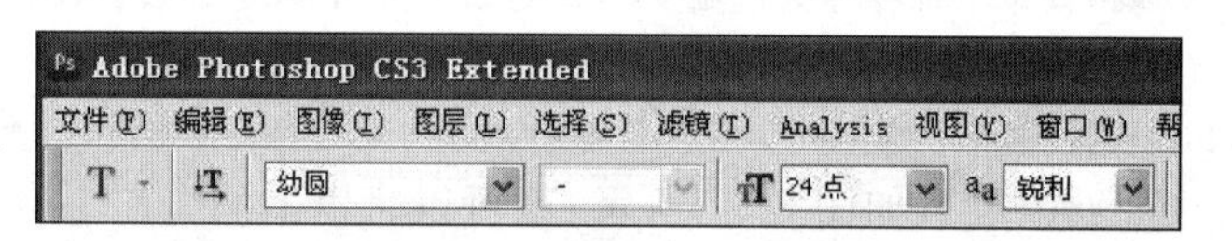

图 8-59　设置文字工具属性

(3) 在图层上单击之后，光标闪烁时就可以输入文字，如图 8-60 所示，输入“米老鼠”后，调整其位置。

图 8-60　输入文字

(4) 如需进一步设置文字及段落格式，可以单击如图 8-61 所示的按钮，打开如图 8-62 所示的设置文字及段落相关参数对话框，在其中进行设置。

(5) 如果想为文字图层的样式做进一步设置，可以在图层调板上选择文字图层，右击后在弹出的如图 8-63 的快捷菜单中选择【混合选项】。打开的对话框如图 8-64 所示，在这里可以为文字图层设置各种样式。图 8-65 是设置【阴影】和【描边】后的效果图，当然，图层样式里列出的所有样式的设置方法都类似，都是选中后依据需要，修改相应参数即可。

图 8-61　文字和段落调板

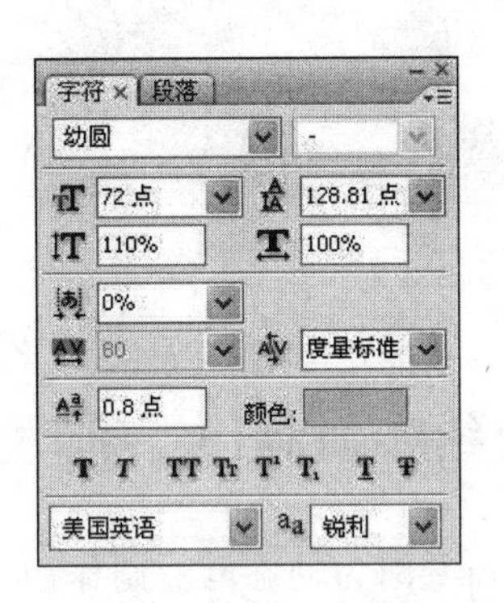

图 8-62　设置文字及段落相关参数对话框

图 8-63　图层上右击弹出的快捷菜单

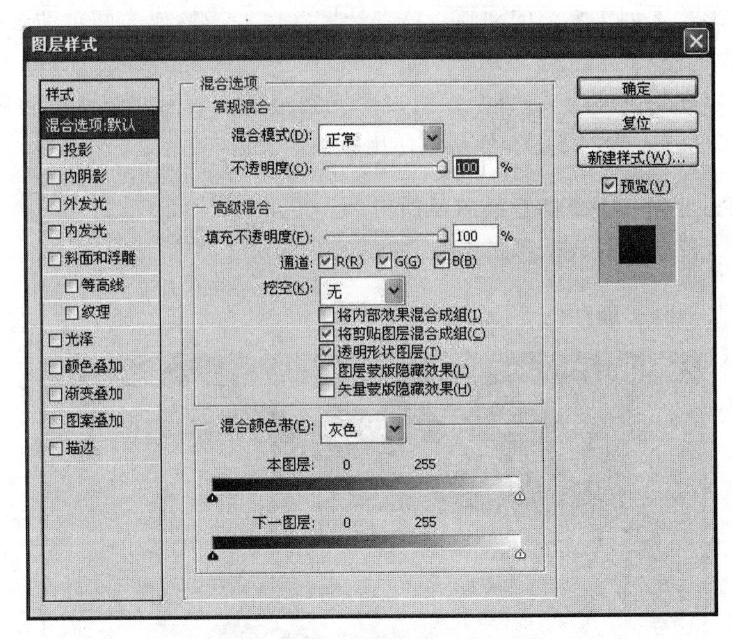

图 8-64　图层样式对话框

(6) 最后的合并图层及保存的操作方法与前面两个实验讲述的步骤一样。

图 8-65　文字图层设置特殊样式后的效果

8.4.3　以 Flash 为例介绍如何制作二维动画

Flash 是由 Macromedia 公司专门为动态网页制作而设计的，它可以让网页中不再只有简单的 GIF 动画或 Java 小程序，而是一个完全交互式多媒体网站，并且具有很多的优势，如基于矢量图形的 Flash 动画可以随意缩放、强大的多媒体编辑功能、可以使用透明技术和物体变形技术创建复杂的动画。总之，Flash 已经慢慢成为网页动画的标准，成为一种新兴的技术发展方向。一个 Flash 动画可以由一个或多个场景(scene)组成，每个场景又由多个图层和动画帧组成，每个帧由多个元素组成。下面介绍两个利用 Flash 制作动画的实例，以便读者掌握 Flash 的基本使用方法。

1. 利用 Flash 做一个单图层的简单动画

操作步骤如下。

(1) 启动 Flash，界面如图 8-66 所示。

图 8-66　Flash 启动界面

(2) 单击【创建新项目】→【Flash 文档】,已创建的新文档如图 8-67 所示。

图 8-67　新建 Flash 文档

(3) 在自动生成的“图层 1”中,在第 1 帧上,选择工具箱中的【椭圆工具】,如图 8-68 所示。在工具箱上设置好颜色之后,在空白工作区,拖动鼠标,画一个圆形,如图 8-69 所示。

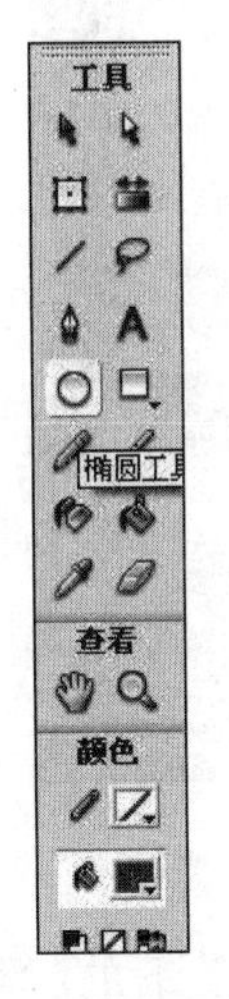

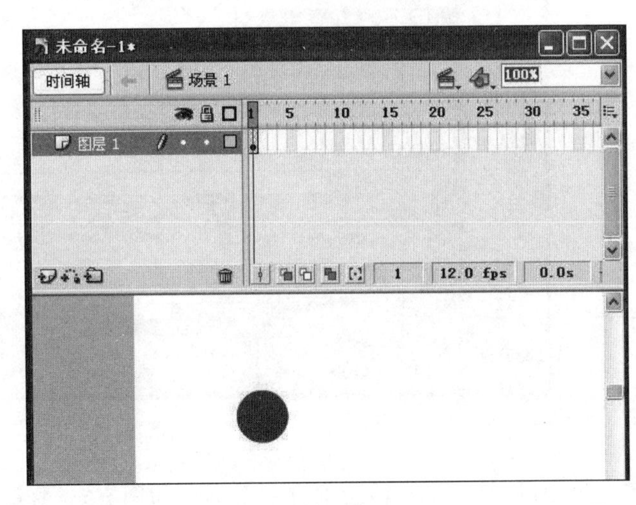

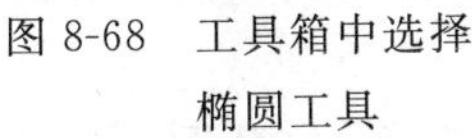
图 8-68　工具箱中选择椭圆工具

图 8-69　在工作区画圆

(4) 将鼠标放到第 25 帧上右击,弹出的快捷菜单中选择【插入关键帧】,如图 8-70 所示。

(5) 单击工具箱中的【选择工具】,按住鼠标左键,将第 1 帧中的圆形拖至第 25 帧,释放鼠标,第 25 帧就出现一个和第 1 帧相同的圆形,如图 8-71 所示。

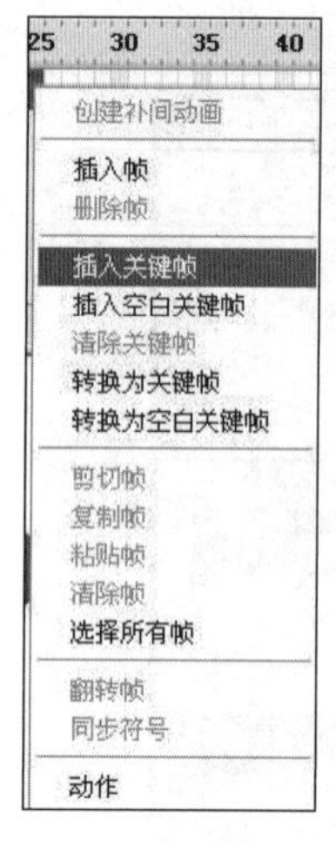

图 8-70　插入关键帧

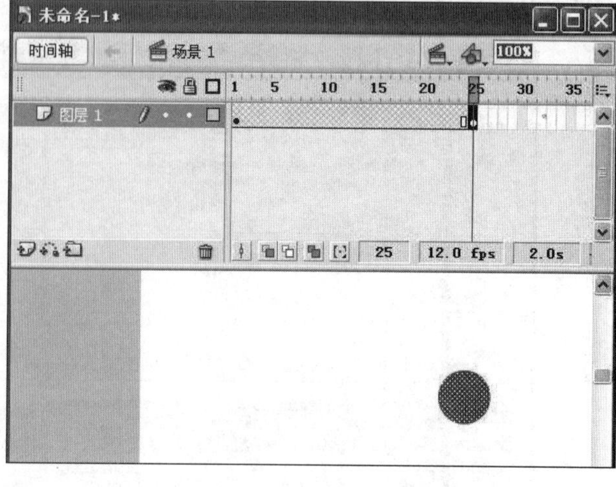

图 8-71　第 25 帧中的图形

(6) 切换回第 1 帧，选择【属性】→【补间】→【形状】，如图 8-72 所示，第 2～24 帧就完成了补间。

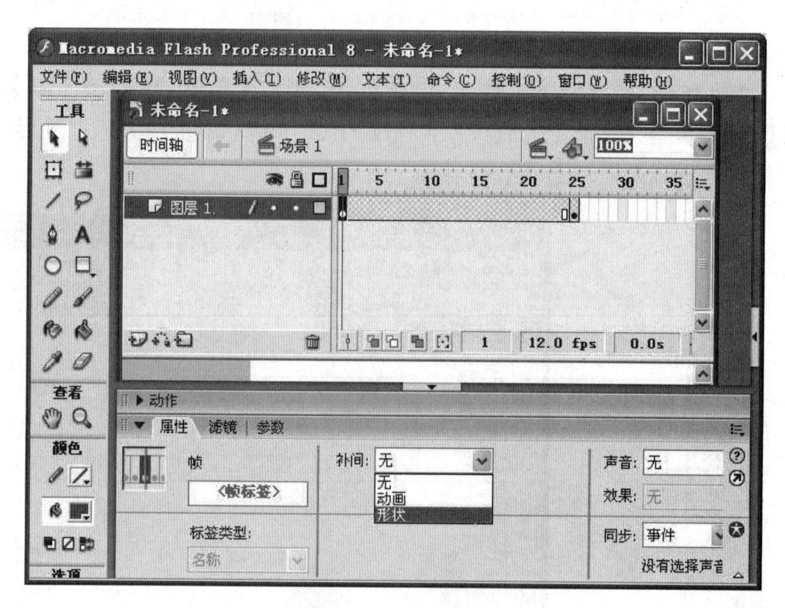

图 8-72　补间形状

(7) 至此，从第 1～25 帧就都有一个圆形的图案，选择【控制】菜单下的【播放】即可看到播放后的效果，即生成一个视觉上连续运动的动画效果。

(8) 如需调整帧切换的频率，在如图 8-73 所示的帧频率上双击，打开图 8-74 所示的【文档属性】对话框，在此修改帧频率即可。

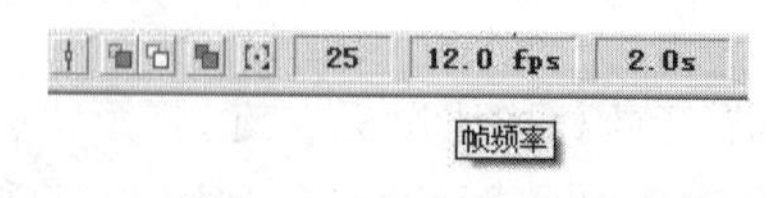

图 8-73　双击帧频率

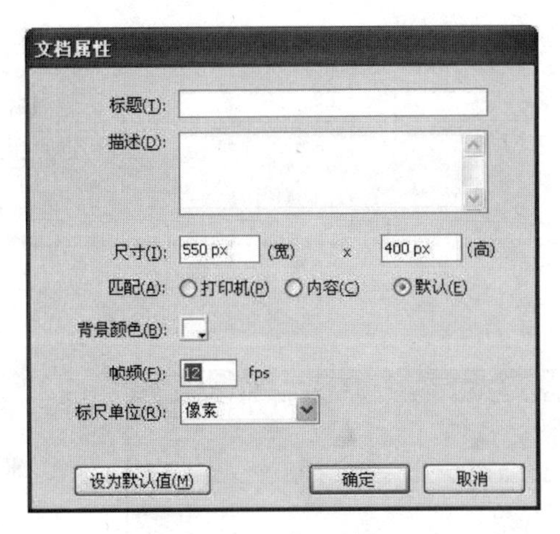

图 8-74 修改帧频

(9) 保存文件时,单击【文件】→【另存为】,打开如图 8-75 所示对话框中,填写合适的文件名,选择保存位置即可。Flash 源文件默认的保存格式是 fla,如果需要保存为影片形式,可以选择【文件】→【导出】→【导出影片】命令,在弹出的对话框中,编辑合适的文件名及保存位置,即可保存格式为 swf 的、直接可以播放的影片文件。

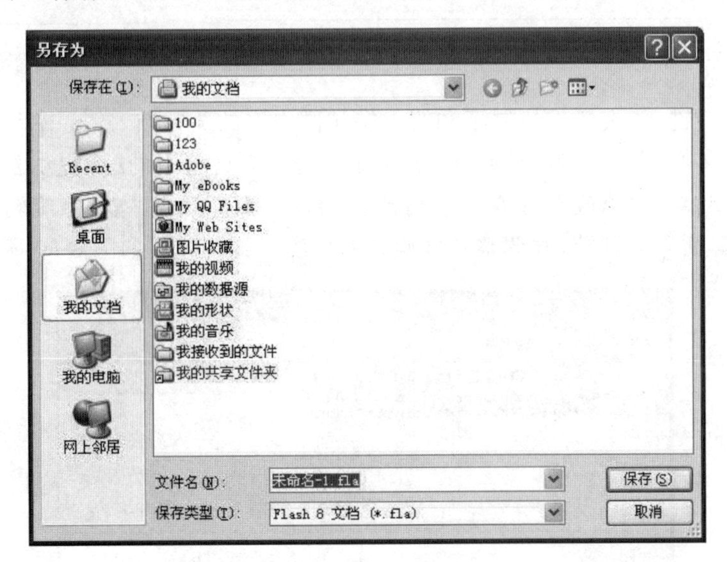

图 8-75 保存文件

2. 利用 Flash 做两个图层的"富"字逐帧播放动画

操作步骤如下。

(1) 新建一个 Flash 文档,在图层 1 上,单击工具箱上的【文本工具】,可以在【属性】中设置合适的字体、字号、颜色等,如图 8-76 所示。设置完成后,在工作区拖动鼠标时,出现闪烁的光标,在工作区输入"富"字,如图 8-77 所示。

(2) 选择"富"字后,单击【修改】→【分离】如图 8-78 所示,将文字打散。

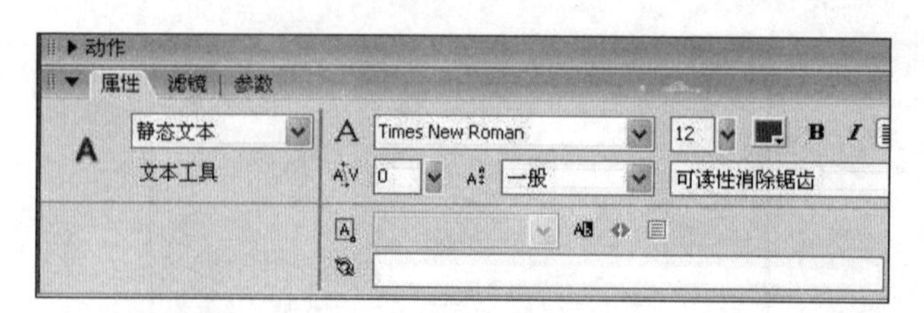

图 8-76　设置文字属性

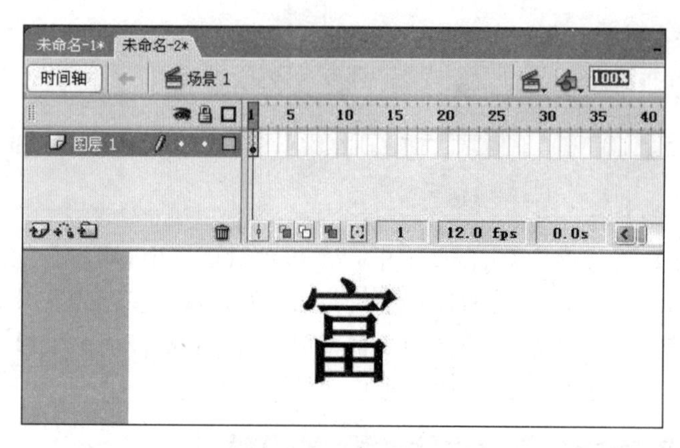

图 8-77　书写富字

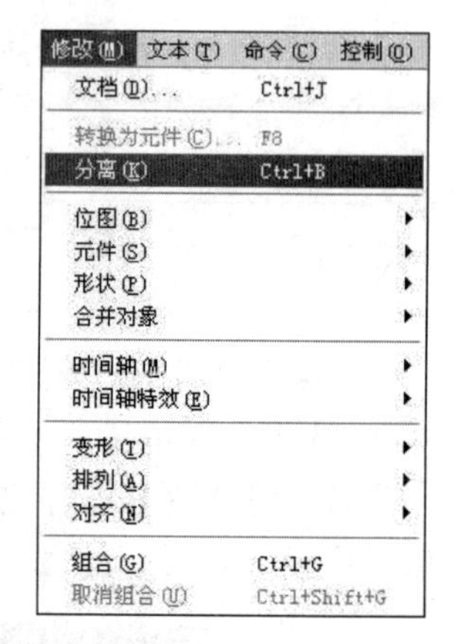

图 8-78　修改菜单下的分离

(3) 按【F6】键，依次插入复制了和第一帧相同内容的关键帧，并按书写顺序在各帧依次删除多余的笔画，如图 8-79 所示，擦除时可以选择工具箱中的【橡皮擦】。选到最后一帧，选中“富”字，单击【修改】→【变形】→【旋转与倾斜】命令，将“富”字旋转 180°，为了旋转的平滑，同样插入关键帧，并调整各帧旋转的角度。旋转过程如图 8-80 所示。

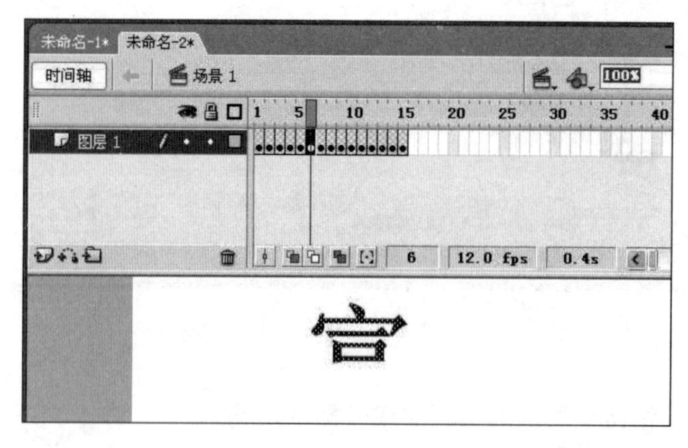

图 8-79　擦除多余部分的帧

(4) 新建“图层 2”，选择【笔触】和【填充】颜色均为红色，并在工具栏中选择矩形工具，绘制一个红色的正方形，将“图层 2”拖放至“图层 1”下方，以免“图层 2”遮挡文字。再将正方形旋转 90°，形成如图 8-81 所示的效果。

图 8-80　旋转文字

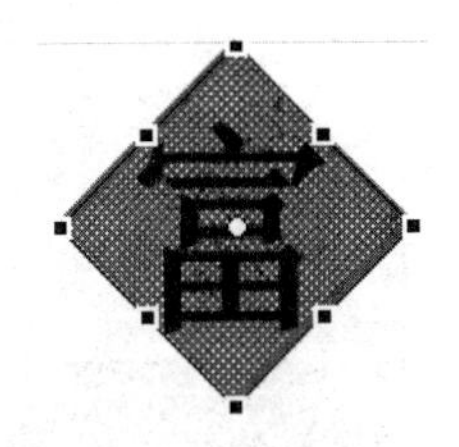

图 8-81　旋转后的红色正方形

(5) 单击【控制】→【播放】命令，播放影片查看效果。

(6) 达到满意效果后，单击【文件】→【保存】命令保存为 fla 文件，或单击【文件】→【导出】→【导出影片】命令导出为.swf 文件。播放后就可以看到逐帧连续播放时字体一笔一画显示出来的效果。

8.4.4　以 FSSB 为例介绍如何制作电子相册

FSSB(Flash Slideshow Builder) 直接翻译成中文就是 Flash 幻灯片构建器。这是一个专业的 Flash 相册制作工具，可以制作出活泼生动的 Flash 幻灯片相册，可以在几分钟内把照片、音乐制作成漂亮的 Flash 幻灯片。支持导出为 SWF、EXE、HTML 多种格式，适用于多种用途。软件内置 200 多种转换特效，30 余种模板，大量动作特效，功能非常强大。下面就通过一个实例来介绍如何利用 FSSB 制作精美的电子相册。

要想制作出电子相册，首先要有素材图片和背景音乐文件，准备好后，开始操作，步骤如下。

1. 打开软件

打开 FSSB 后，呈现出的工作界面如图 8-82 所示。

2. 导入素材

将做电子相册所需的素材图片和背景音乐依次导入。在工作界面的左侧文件列表中，选择照片所在的文件夹，该文件夹中所有的图片会被显示在右侧的区域，如图 8-82 所示。通过鼠标选中这些照片中想要做成相册的一部分或全部图片后，按住鼠标左键向下拖曳到如图 8-83 所示的位置后释放鼠标，就可以发现照片已经添加完毕。

在如图 8-84 所示的位置单击【添加音乐】，弹出如图 8-85 所示的对话框，选择背景音乐即可添加进来。图 8-86 所示为照片和音乐均添加完毕后在工作界面的下方显示的效果。

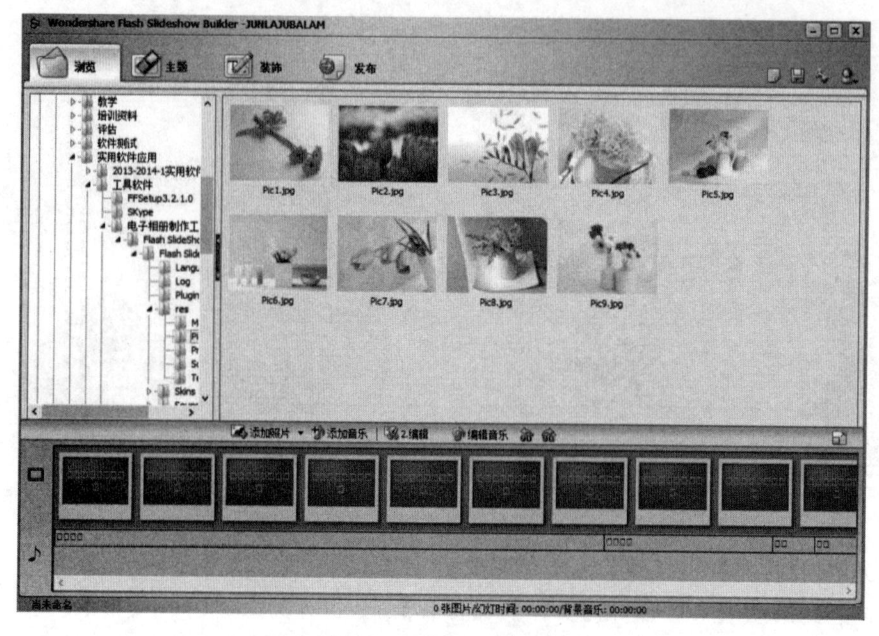

图 8-82　FSSB 工作界面

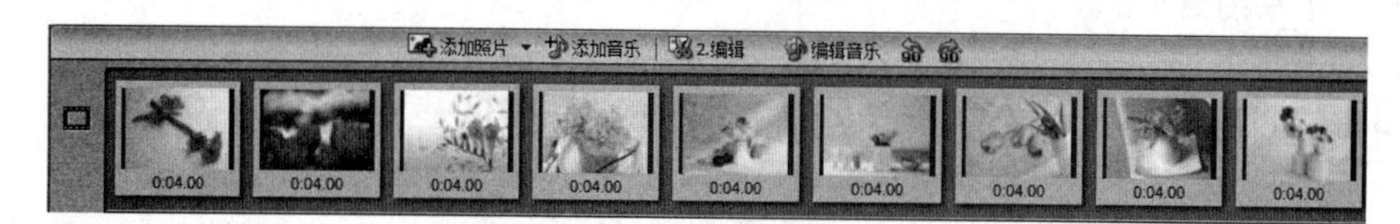

图 8-83　添加照片

图 8-84　添加音乐

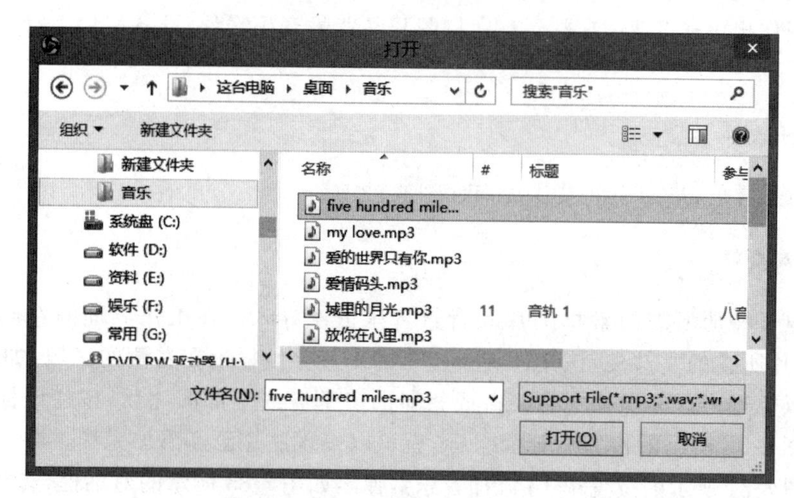

图 8-85　打开音乐所在位置

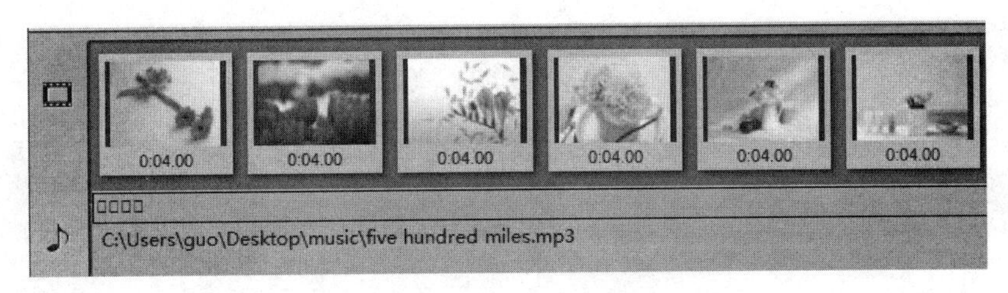

图 8-86　照片与音乐添加完毕

3. 选择主题

在界面中选择【主题】选项卡，如图 8-87 所示。在图 8-88 所示的不同主题模板中选择适合的主题。选中后呈现出图 8-89 所示的效果。

图 8-87　选择【主题】选项卡

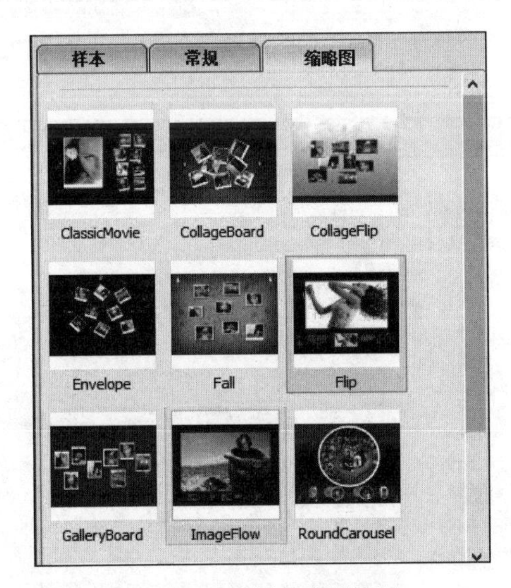

图 8-88　不同的主题模板

4. 添加效果

在图 8-89 所示的状态下，还可以通过单击下方照片之间的图标，打开图 8-90 所示的设置照片切换效果的对话框。选择自己喜欢的照片过渡效果即可。

5. 装饰图片

切换至【装饰】选项卡，选择一幅照片后，通过在左侧选择不同的装饰效果直接拖至图片预览区，即可看到装饰效果，如图 8-91 所示。

图 8-89　选中主题后预览的效果

图 8-90　设置切换效果

6. 发布文件

单击【发布】选项卡，如图 8-92 所示。选择想要发布的文件类型后，在如图 8-93 所示的对话框中为文件命名、选择保存位置后即可发布，至此，电子相册制作完毕，可以打开保存的电子相册文件进行观看。

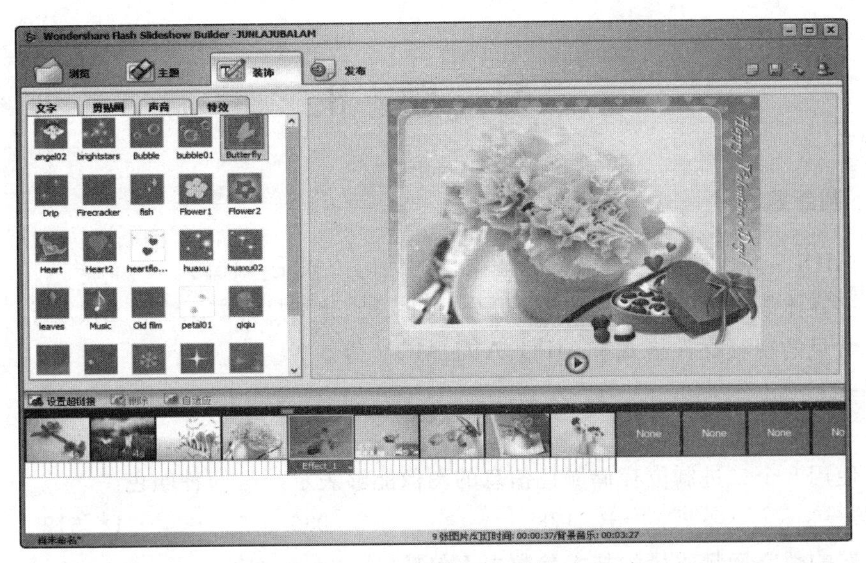

图 8-91　添加装饰效果

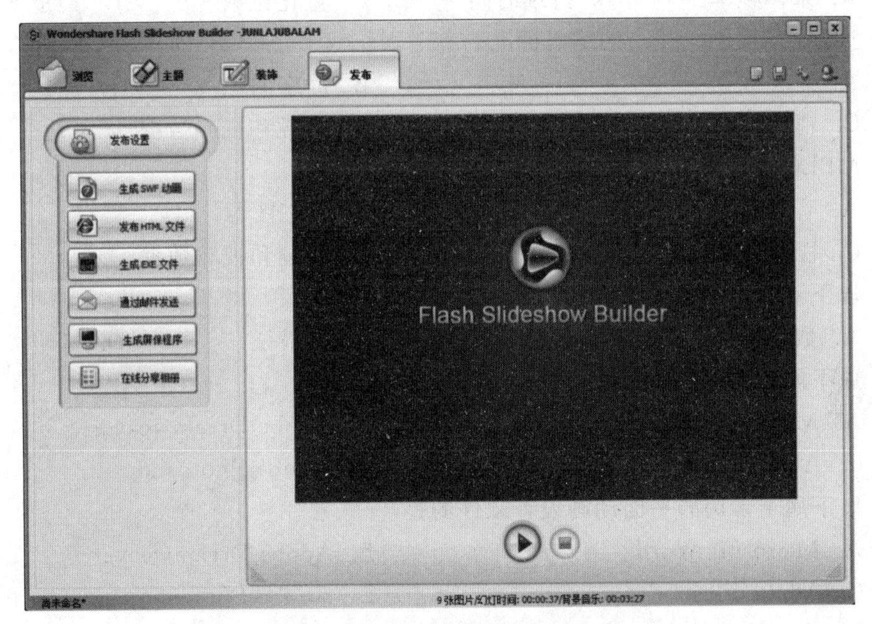

图 8-92　发布文件

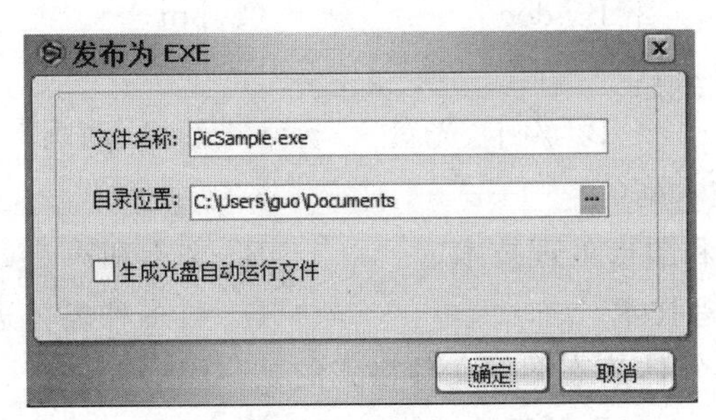

图 8-93　保存电子相册文件

习　题　8

一、判断题

1. MIDI音乐文件与数字波形音乐文件的编码方式是一样的。(　　)
2. 多媒体数据数据压缩编码方法可分为两大类,分别是有损压缩和无损压缩。(　　)
3. 常见的视频文件格式有MPG、AVI、MOV等。(　　)

二、选择题

1. 使用8个二进制位存储颜色信息的图像能够表示(　　)种颜色。
   A. 8　　B. 128　　C. 256　　D. 512
2. 影响数字音频质量的技术参数中不包括(　　)。
   A. 采样频率　　B. 持续时间　　C. 量化位数　　D. 声道数
3. JPEG是用于(　　)的编码标准。
   A. 音频数据　　B. 静态图像
   C. 视频图像　　D. 音频和视频数据
4. MPEG-1是用于(　　)的编码标准。
   A. 音频数据　　B. 静态图像
   C. 视频图像　　D. 音频和视频数据
5. 以下不属于图像输入设备的是(　　)。
   A. 数码相机　　B. 摄像头　　C. 扫描仪　　D. 打印机
6. 以下属于常用的图像处理软件的是(　　)。
   A. Microsoft Word　　B. Adobe Dreamweaver
   C. Adobe Flash　　D. Adobe Photoshop
7. 以下属于常用的平面动画设计软件的是(　　)。
   A. Microsoft Word　　B. Adobe Dreamweaver
   C. Adobe Flash　　D. Adobe Photoshop
8. Flash制作发布后的动画文件扩展名是(　　)。
   A. swf　　B. doc　　C. ppt　　D. exe
9. 多媒体信息不包括(　　)。
   A. 音频、视频　　B. 声卡、光盘　　C. 影像、动画　　D. 文字、图形
10. 所谓多媒体技术是(　　)。
    A. 一种图像和图形处理技术　　B. 文本和声音处理技术
    C. 超文本处理技术　　D. 对多种媒体进行处理的技术
11. 以下不属于多媒体静态图像文件格式的是(　　)。
    A. JPG　　B. MPG　　C. BMP　　D. PCX

12. 所谓媒体是指(　　)。

A. 计算机的外部设备　　B. 存储信息的实体和传输信息的载体

C. 各种信息的编码　　D. 应用软件

三、填空题

1. 设有一幅256色的图像，大小为480×360像素，在不做任何压缩的情况下，在计算机上存储，约占用多大空间(结果以MB为单位表示，用1024进制，结果保留到小数点后两位)是(　　)MB。

2. 模拟声音信号需要通过(　　)和(　　)两个过程才能转化为数字音频信号。

3. 影响数字音频质量的技术参数中包括(　　)、(　　)和(　　)。

4. 一个完整的多媒体计算机系统由(　　)和(　　)两部分组成。

四、计算题

录制一首8分钟的单声道歌曲，用44.1kHz的采样频率采样，选用32位量化，在计算机上约占用多大空间(结果以MB为单位表示)?

习题8答案

一、判断题

1. ×　　2. √　　3. √

二、选择题

1. C　　2. B　　3. B　　4. D　　5. D　　6. D

7. C　　8. A　　9. B　　10. D　　11. B　　12. B

三、填空题

1. 0.16　　2. 采样|量化　　3. 采样频率|量化位数|声道数　　4. 硬件|软件

四、计算题

答案：44.1 * 1000 * 32 * 8 * 60 * 1/8＝84672000 (B)≈80.75(MB)，或44.1 * 1000 * 32 * 8 * 60 * 1/8＝84672000 (B)≈84.67(MB)

第 9 章 数据库基础

学习目标：

(1) 掌握数据库的基本概念和特点；

(2) 了解数据模型的定义和作用；

(3) 掌握结构化查询语言 SQL 的使用方法；

(4) 掌握 Access 的相关应用。

当今，数据库技术广泛应用于银行、电信、交通、教育、网站、企业等领域，人们的工作、生活高效和便捷。设想某天，银行数据库不能正常工作，导致人们不能存取款，不能刷卡购物，不能转账等，那将会给人们的生活带来诸多不便。可见，数据库技术是信息系统的核心和基础。本章主要介绍数据库的基本概念，数据库的设计理论—数据模型，Access 实例数据库的一些操作等内容。本章内容是学习和掌握现代数据库技术的基础。

9.1 数据库技术的基本概念

9.1.1 数据与数据库

1. 数据(Data)

数据是描述现实世界中客观事物或抽象概念的可存储并具有明确意义的符号序列。数据有多种形式，可以是数字，也可以是文字、图形、图像、声音、语言等。通过数据，我们可以得到需要的信息。

2. 数据库(Database，DB)

数据库是长期存储在计算机内、有组织、可共享的大量数据的集合。数据库中的数据按一定的数据模型组织、描述和存储，具有较小的冗余度、较高的数据独立性和扩展性，可为多个用户、多个应用共享使用。长期存储、有组织和可共享是数据库所具备的 3 个基本特点。

在数据库中，数据通常按一定格式或结构来组织和存储，如采用记录的方式。如某企业员工信息库中的一条记录为(李朝阳，男，2016，清华大学，信息安全，201705，开发部)，这条员工记录就是描述员工基本信息的数据。反映出信息为：李朝阳，男，2016 年毕业于清华大学信息安全专业，2017 年 5 月进入公司开发部。

9.1.2 数据库管理系统

数据库管理系统(Database Management System，DBMS)是一种用于管理数据库的计算机系统软件。它位于应用程序和操作系统之间，是数据库系统的核心软件。DBMS 的功能主要包括以下几个方面：

(1) 数据库的定义功能。DBMS 对数据库的结构进行描述，数据库完整性的定义；安全保密定义(如用户口令、级别、存取权限)；存取路径的定义。

(2) 数据库的操作功能。DBMS 提供用户对数据的操作功能。操作功能包括对数据库数据进行查询、插入、修改、删除。

(3) 数据库的保护功能。DBMS 的保护功能包括防止未经授权的用户存取数据库中的数据，以免造成数据的泄露、更改和破坏；检查将数据控制在有效的范围内，或保证数据之间满足一定的关系；对多用户的并发操作加以控制和协调。出现故障时将数据库从错误状态恢复到正确状态。

(4) 数据库的建立和维护功能。DBMS 提供数据库的初始化、转储、重组织、重构造及数据库的性能监视等。

(5) 数据组织、存储和管理功能。DBMS 需要分类组织、存储和管理各种数据(如数据字典、用户数据、数据的存取路径等)，以确定采用何种文件结构和存取方式物理地组织这些数据，如何实现数据之间的联系，进而提高存储空间利用率和数据存取效率。

通过 DBMS 的支持，用户可以抽象地处理数据，而不必关心这些数据在计算机中的存放以及计算机处理数据的过程细节，把处理数据具体而繁杂的工作交给 DBMS 完成。目前市场有许多数据库管理系统的产品，如 Oracle、Sybase、MySQL、DB2、Informix、Microsoft SQL Server、Microsoft Access 等，这些产品各有各的特点，用户可以根据产品的特点和需要选择合适的 DBMS。

9.1.3 数据库系统

数据库系统(Database System，DBS)是为适应数据处理的需要而发展起来的一种较为理想的数据处理系统，是存储介质、处理对象和管理系统的集合体，简而言之，是采用了数据库技术的计算机系统。数据库系统通常由数据库、硬件、软件和人员 4 部分组成，它们之间的关系如图 9-1 所示。

(1) 硬件：构成计算机系统的各种物理设备，包括存储所需的外部设备。硬件配置应满足整个数据库系统的需要。

(2) 软件：包括操作系统、数据库管理系统及应用程序。

(3) 人员：包括系统设计人员、数据库管理员(Database Administrator，DBA)、用户。

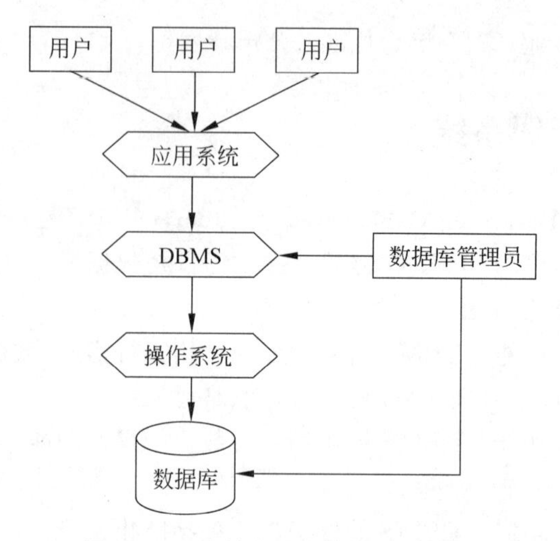

图 9-1　一个简化的数据库系统环境

9.2　数据管理技术的发展

数据管理是指对数据进行收集、整理、组织、存储、检索、维护和传送等操作处理过程，是数据处理的中心问题。而数据的处理是指对各种数据进行收集、管理、加工和传播等一系列活动的总和。随着数据处理量的增长，数据管理技术应运而生。在应用需求的不断推动下，在计算机软硬件发展的基础上，数据管理技术得到不断发展。下面详细介绍数据管理技术的 3 个发展阶段。

1. 人工管理阶段

人工管理阶段是指在 20 世纪 50 年代中期以前。这个时期计算机主要用于科学计算。没有直接存取的存储设备(如磁盘)，只有卡片、纸带、磁带。软件上只有汇编语言编写的计算软件，没有操作系统，没有管理数据的软件，所有数据完全由人工进行管理。数据与应用程序之间的对应关系如图 9-2 描述，从中得出如下特点：①数据不保存；②没有专用的数据管理软件；③数据不能共享；④数据不具有独立性。

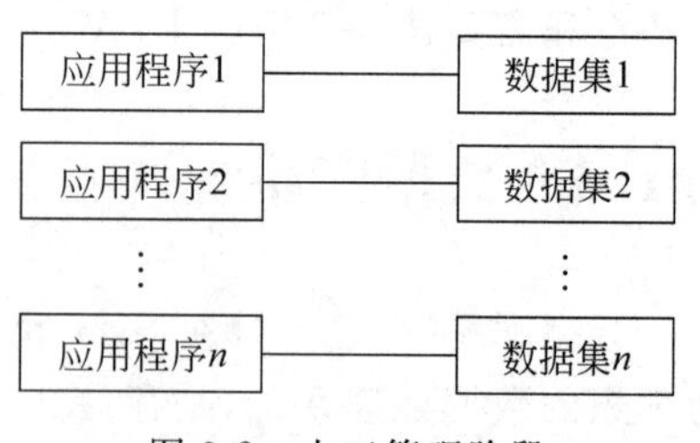

图 9-2　人工管理阶段

2. 文件系统阶段

文件系统阶段是指 20 世纪 50 年代后期至 60 年代中期。这个时期计算机不仅用于科学计算，而且还大量用于信息处理，出现了磁盘、磁鼓等直接外部存储设备。高级语言和操作系统已经有了比较完善的产品。应用程序和数据之间的对应关系如图 9-3 所示。在文件系统阶段，数据管理具有如下特点：(1)数据可长期保存；(2)应用程序和数据之间具有一定的独立性；(3)文件组织形式多样。

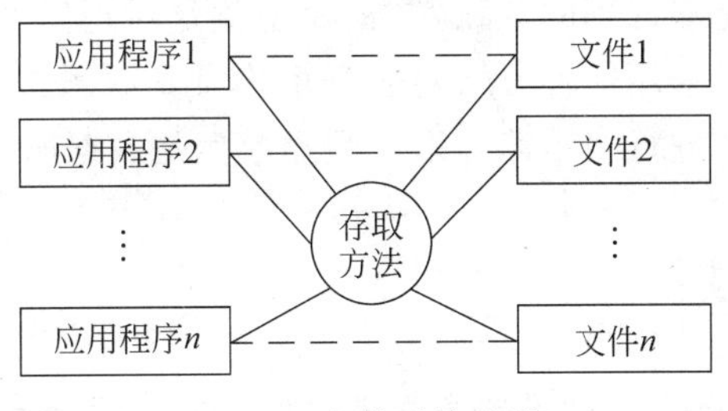

图 9-3　文件系统阶段

文件系统阶段较人工管理阶段是一个巨大的进步，但仍存在如下缺点：

(1) 数据联系弱。在文件系统中，文件之间相互独立、缺乏联系，不能反映现实世界事物之间的内在联系，人为制造“信息孤岛”。

(2) 数据共享性差，冗余度大。由于文件结构在设计时仍然是面向具体应用的，一个文件基本上对应于一个应用程序，文件之间缺乏联系，因此不同的应用程序即使有部分相同的数据，共享起来也相当困难，各应用程序的数据在组织存储时通常需要建立各自的文件(或文件组)，这样导致了大量数据冗余。

3. 数据库系统阶段

20 世纪 60 年代后期以来，计算机用于数据管理的规模越来越大，出现了大容量、快速存取的磁盘存储设备。数据库技术克服了文件系统在数据管理上的缺陷，对数据提供更高级、更有效的管理。应用程序和数据之间的对应关系如图 9-4 所示，概括起来，数据库系统阶段的数据管理具有如下特点：(1)数据结构化；(2)数据共享性高、冗余度低、易扩充；(3)数据独立性高；(4)统一的数据管理和控制；(5)为用户提供了方便的用户接口。

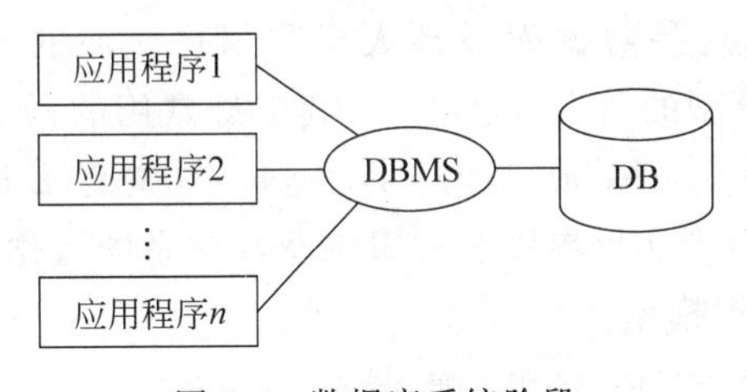

图 9-4　数据库系统阶段

9.3　何为数据模型

模型是对现实世界客观事物某些特征的模拟和抽象。模型可分为实物模型和抽象模型。例如建筑模型、汽车模型等都是实物模型，它们通常是客观事物的某些外观特征或者内在功能的模拟与刻画；人口增长模型、身高预测模型等都是抽象模型，它们通常揭示客观事物某些本质的固有特征。由于计算机不能直接处理现实世界中的客观事物，所以必须把它们抽象成计算机能够处理的数据，数据模型就是对现实世界客观事物的数据特征的抽象。数据模型规定了采用何种方式对客观事物及其联系进行抽象，以及这些抽象而来的数据如何在计算机中进行表示和存取。数据模型是数据库技术的核心和基础。

9.3.1 数据抽象过程

在数据库系统中，要将现实世界的客观事物抽象成DBMS能够进行管理的数据一般要经历两个层次的抽象，如图9-7所示，即从现实世界到信息世界的抽象，再从信息世界到机器世界的抽象。现实世界是存在于人脑之外的客观世界，是指客观存在的各种事物、事物之间的相互联系以及事物的发生、发展和变化过程等；信息世界是现实世界在人脑中的抽象反映，是指现实世界中的客观事物及其联系经过认知、选择、命名、分类等综合分析抽象形成的各种概念；机器世界也称计算机世界、数据世界，是指信息世界中的信息经过一定的组织、转换形成的能被计算机处理的各种数据。在对现实世界进行数据抽象过程中，第一层次的抽象采用概念数据模型来模拟和描述；第二层次的抽象采用逻辑数据模型对数据在计算机中的逻辑组织结构进行描述。

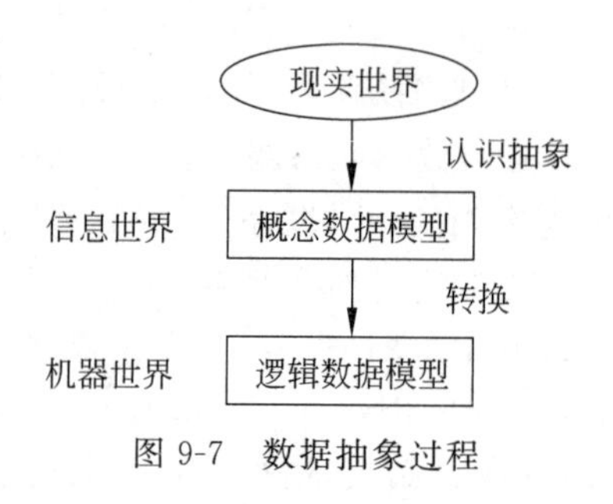

图9-7 数据抽象过程

9.3.2 概念数据模型

概念数据模型简称概念模型，也称信息模型，是对现实世界的第一层次抽象，是面向现实世界、面向用户的数据模型。其基本特征是按用户的观点对现实世界客观事物及其联系的数据特征进行建模，是数据库设计人员和用户交流的工具，与具体的计算机和DBMS无关。概念数据模型的表示方法很多，其中最常用的是P. P. S. Chen于1976年提出的实体-联系方法(Entity Relationship Approach)，简称E-R方法或E-R模型。E-R模型用E-R图来抽象表示现实世界中客观事物及其联系的数据特征，是一种语义表达能力强、易于理解的概念数据模型。

E-R模型常用术语有：实体、属性、键、联系。

1. 实体

现实世界中客观存在并可以相互区别的事物称为实体。实体可以是具体的人、事、物，也可以是抽象的概念。例如：一个学生、一名教师、一门课程、一个部门、一次比赛等都是实体。通常把同一类型实体的集合称为实体集。

2. 属性

实体通常具有若干个特征，每一个特征称为实体的一个属性。例如，一个学生实体有学号、姓名、性别、年龄、班级等属性。属性不能脱离实体,属性必须相对实体而存在,它表达了实体某个特定方面的特征。属性的名称称为属性名,同一类型的实体的属性一般采用相同的属性名。属性的具体取值称为属性值,用以刻画一个具体的实体,实体的属性值是数据库中存储的主要数据。

3. 联系

在现实世界中,事物内部以及事物之间通常存在一定的联系,这些联系在信息世界中反映为实体内部各实体之间的联系和不同实体之间的联系。联系也可能具有属性,用来描述联系的特征。实体间的联系主要有以下 3 种类型:

(1) 一对一(1∶1):实体集 A 中的每个实体至多与实体集 B 中的一个实体有联系,反之亦然,则称实体集 A 与实体集 B 具有一对一联系。如座位与学生之间具有一对一的联系,一个学生只能坐一个座位,而一个座位只能坐一个学生。

(2) 一对多(1∶n):如果实体集 A 中的每个实体与实体集 B 中 $n(n\geqslant 0)$ 个实体有联系,而实体集 B 中每个实体至多与实体集 A 中的一个实体有联系,则称实体集 A 与实体集 B 具有一对多联系。如班级与学生之间具有一对多的联系,即一个班级有多名学生,一名学生只属于一个班级。

(3) 多对多(m∶n):如果实体集 A 中的每个实体与实体集 B 中 $n(n\geqslant 0)$ 个实体有联系,而实体集 B 中的每个实体与实体集 A 中 $m(m\geqslant 0)$ 个实体有联系,则称实体集 A 与实体集 B 具有多对多联系。如学生与课程之间具有多对多的联系,一名学生可以选修多门课程,一门课程允许多名学生选修。

E-R 图是 E-R 模型的直观表示形式,是用来表示现实世界中客观事物及其联系的一种信息结构图。E-R 图提供了表示实体、属性和联系的方法。

(1) 实体:用矩形框表示,框内写明实体名。

(2) 属性:用椭圆形框表示,框内写明属性名,并用无向边将其与相应的实体或联系连接起来。如果属性是实体型的键,在属性名下用下划线标明。

(3) 联系:用菱形框表示,框内写明联系名,并用无向边分别与发生联系的实体型连接起来,同时在无向边上标明联系的类型。

设计一个 E-R 图可按以下步骤进行:

(1) 确定实体及其属性;

(2) 确定实体之间的联系及联系的属性;

(3) 画出 E-R 图。

【例 9-1】 用 E-R 图表示教务管理系统中学生与课程的联系。

实现步骤如下:

(1) 教务管理系统中包含学生与课程两个实体。其中学生的属性有学号、姓名、性别、年龄等。课程的属性有课程号、课程名、学分等。

(2) 每个学生可以选修若干门课程,每门课程可由若干名学生选修,可确定联系类型为多对多,学生与课程的联系是“选修”,联系“选修”产生属性“成绩”。

(3) 分别用矩形和椭圆表示学生与课程两个实体及其属性,用菱形和椭圆表示联系及联系属性，用无向边分别连接实体及其属性、联系及其属性、实体和联系，并标上联系的类型 $m:n$，得到教务管理系统中学生-课程实体的 E-R 图如图 9-8 所示。

9.3.3 逻辑数据模型

逻辑数据模型是现实世界第二层次的抽象，按计算机系统的观点对概念数据模型进行转换，以服务于 DBMS 的应用实现。它定义了数据的逻辑设计，它也描述了不同数据之间的关系。在数据库系统中最常使用的逻辑数据模型有层次模型、网状模型、关系模型、面向对象模型和对象-关系模型等。20 世纪 70 至 80 年代初，基于层次模型和网状模型的非关系模型的数据库系统非常流行。到了 20 世纪 80 年代中后期，基于关系模型的数据库系统逐渐取代了非关系模型的数据库系统，在数据库系统产品中占据了主导地位。与此同时，面向对象模型和对象-关系模型在一些特定领域得到了广泛的应用。由于篇幅所限，下面仅对前 3 种模型进行介绍。

1. 层次模型

层次模型是数据库系统中最早出现的逻辑数据模型。它采用树型(层次)结构来表示实体之间的联系。层次模型结构如图 9-9 所示，有且仅有一个结点无双亲结点，该结点称为根结点，每个子女结点有且仅有一个双亲结点，结点之间的联系用箭头连线表示，这种联系是双亲-子女之间的一对多(包括一对一)联系。图 9-10 给出了一个大学行政机构层次模型示例。

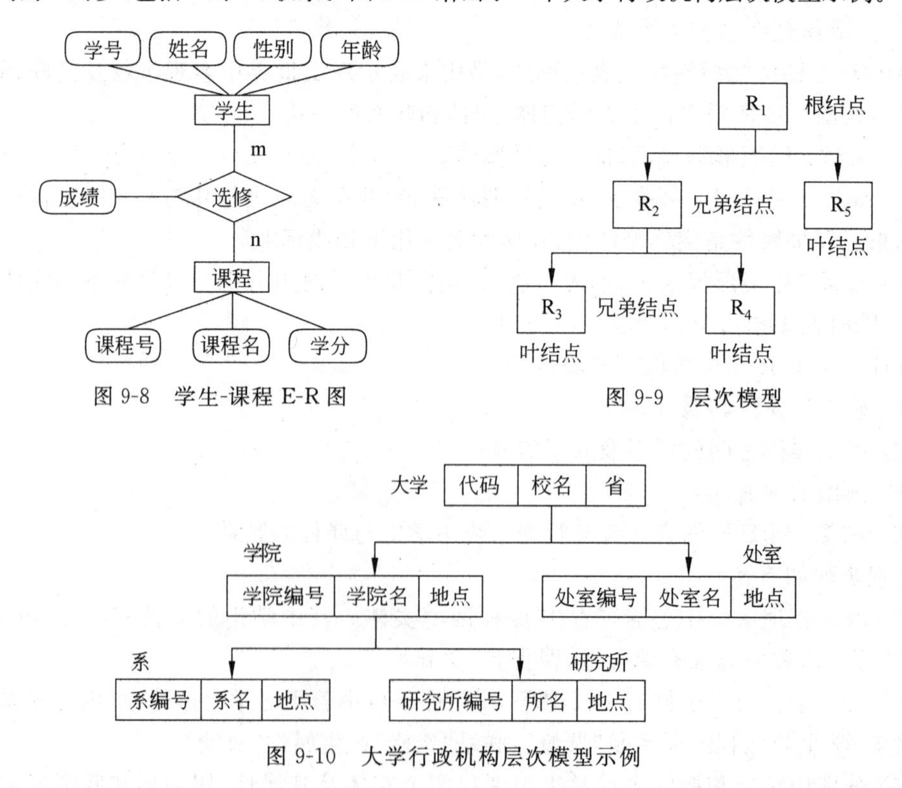

图 9-8 学生-课程 E-R 图

图 9-9 层次模型

图 9-10 大学行政机构层次模型示例

2. 网状模型

网状模型采用有向图结构来表示实体型及实体型之间的联系，可以克服层次模型不能直接表达非层次联系这一弊病。网状模型允许有一个以上的结点无双亲结点，允许一个结点有多个双亲结点，如图 9-11。网状模型是一个比层次模型更具有普遍性的数据模型。

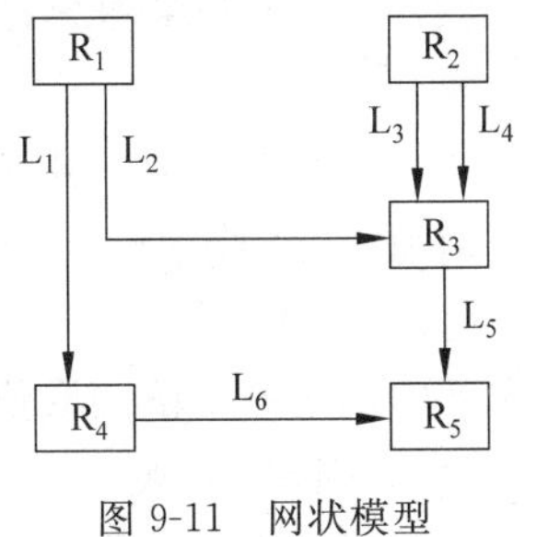

图 9-11　网状模型

3. 关系模型

关系模型是数据库设计中使用最广泛的一种逻辑数据模型。它实质上就是用二维表格表示实体的结构数据模型。它基本的数据结构是表格，表格由行和列组成，简单直观，表 9-1 为关系模型的实例。

表 9-1　Student 关系模型

学　号	姓名	性别	年龄
1250411001	康洪	男	18
1250411002	张力	男	20
1250413001	李小言	女	19
1250433001	庞倩	女	20
1250433002	孙浩	男	19

关系模型常用术语如下：

关系：关系实质上是一张规范化的二维表格，如学生(学号，姓名，性别，年龄)。

元组：表中的一行称为一个元组，关系是元组的集合，元组又称为记录。

属性：表中的一列称为一个属性，属性又称为字段，属性名又称为字段名，如学生关系中的学号、姓名、性别等。

主键：也称为主码，由表的一个属性或多个属性组成，主键的值可以唯一标识一个元组。如学生关系中的学号可以唯一标识一条学生记录，即学号为学生关系的主键。

外键：表中的一个属性或属性组，它们在其他表中作为主键而存在。一个表中的外键被认为是对另外一个表中主键的引用。如选课关系中的学号需引用学生关系中的学号，即学号在学生关系中是主键，在选课关系中是外键。

域：属性的取值范围。例如，学生的性别的取值只能是“男”或“女”。

关系模式：对关系的逻辑结构和属性描述称为关系模式，一般可表示为：关系名(属性名 1，属性名 2，…，属性名 *n*)。如果某属性是关系模式的主键，那么在属性名下用下划线标明。如学生关系模式表示为：

学生(<u>学号</u>，姓名，性别，年龄)

关系模型的数据操作一般有 4 种：查询、插入、删除及修改。其操作的对象是关系(表)，而操作的结果也是关系(表)。

在关系数据库中，对关系有一定的要求和限制，即关系必须符合以下特点：

(1) 关系中的每个属性都必须是不可分解的，是最基本的数据单元，即数据表中不能再包含表。

(2) 一个关系中不允许有相同的属性名，即在定义表结构时，一个表中不能出现重复的字段名。

(3) 关系中不允许出现相同的元组，即数据表上任意两行不能完全相同，以免造成数据查询和统计的错误，产生数据不一致问题。

(4) 关系中同一列的数据类型必须相同，即同一属性的数据具有同质性。也就是说，数据表中的任一字段的取值范围应属于同一个域。

(5) 关系中行、列的次序任意，即数据表中的元组和字段的顺序无关紧要。任意交换两行或两列的位置并不影响数据的实际含义。

9.3.4 概念模型到逻辑模型的转换

在数据库设计过程中，概念模型、逻辑模型的设计是两大核心内容。逻辑模型的设计主要工作是将E-R图转换成指定的RDBMS中的关系模式，设计是否合理将直接影响数据库系统的质量和运行效果。下面给出概念模型(E-R图)转换为逻辑模型(关系模型)的转换规则。

① 每一个实体转换为一个关系模式，实体的属性就是关系模式的属性，实体的键码就是关系模式的键码。

② 若实体间的联系为1∶1，则每个实体的键码均为该关系模式的键码。

③ 若实体间的联系为1∶n，则关系模式的键码是n端实体的键码。

④ 若实体间的联系为m∶n，则该联系转换为一个关系模式，与该联系相连的各实体的键码以及联系的属性转换为关系模式的属性。关系模式的键码为诸实体键码的组合。

【例9-2】 根据以上转换规则，将学生-课程的E-R图转换对应的逻辑模型。

具体转换步骤如下：

(1) 根据转换规则①，学生和课程分别转换为两个关系模式，对应的属性为关系模式的属性，两个关系模式的键码分别为"学号"和"课程号"。

(2) 根据转换规则④，学生实体和课程实体间的联系为m∶n，则将该联系转换为一个关系模式"选修"，学号、课程号及联系的属性"成绩"为关系模式的属性，学号和课程号组合作为选修关系模式的键码。由上可得出学生-课程的关系模式(下划线为键码)如下：

学生(<u>学号</u>，姓名，性别，年龄)

课程(<u>课程号</u>，课程名，学分)

选修(<u>学号</u>，<u>课程号</u>，成绩)

逻辑设计不仅仅是数据模式的转换问题，还要考虑数据模式的规范化、满足DBMS的各种限制等。逻辑设计的结果，即数据库逻辑模式，是以数据定义语言来表示的，具体在DBMS中进行。

9.4 Access的应用

9.4.1 Access 2016的介绍

Access 2016是由微软公司开发的一款把数据库引擎的图形用户界面和软件开发工具结合在一起的关系数据库管理系统。它广泛应用于财务、行政、金融、统计和审计等众多领域。Access 2016主要用途有两个方面：一是进行数据分析，Access 2016有强大的数据处理、统计分析能力，利用它的查询功能，可以方便地进行各类汇总、平均等统计，并可灵活设置统计的条件。比如在统计分析上万条记录、十几万条记录及以上的数据时速度快且操作方便，这一点是Excel无法与之相比的。二是开发软件，Access 2016用来开发软件，比如教务管理、销售管理、库存管理等各行业管理软件，具有易学、易懂、低成本等特点，满足了各行业管理工作人员的管理需要。Access 2016使用简便，只需使用所提供的操作向导即可完成数据库的管理、数据查询和报表打印等操作。即使开发复杂的应用数据库系统，只需编写少量的程序代码甚至无须编写程序代码即可实现。Access 2016还提供了近百种向导，可用于设计数据库、表格、窗体、报表、图表、控件和标签等。Access 2016提供了与其他数据库系统和程序的应用接口，可以轻松完成与SQL Server、Microsoft Excel、Microsoft Word的整合。

Access 2016提供了表、查询、窗体、报表、宏和模块等6种数据库对象，其主要功能就是通过这6种数据对象来完成的。Access 2016提供了许多数据库模板，方便用户建立数据库，用户也可以直接建立一个空的数据库。Access 2016的用户界面由多种元素构成，这些元素定义了用户与产品的交互方式，即帮助用户方便使用Access 2016，还有助于快速查找所需要的命令。成功启动Access 2016的界面如图9-12所示。

9.4.2 创建数据库实例——教务管理系统

教务管理是每个学校的日常事务，主要管理学生、课程、班级、专业、系部、教师等基本信息以及它们之间的关系，涉及的信息主要有学生信息、课程信息、选课信息、班级信息、专业信息、系部信息、教师信息、授课信息等。为了了解一个数据库的具体实现过程，下面以创建一个简单的教务管理系统数据库(仅包含学生信息、课程信息、选课信息)为例进行详细说明。

(1) 启动Access 2016，在启动界面中选择【空白桌面数据库】，弹出图9-13的窗口。将右方的文本框中的“Database1”改为“教务管理”，单击【浏览】，选择数据库的保存路径，然后单击【创建】，开始创建空白数据库，并自动创建了一个名称为表1的数据表，以数据表视图方式打开这个表1，如图9-14所示。

(2) 单击【视图】，在弹出的下拉菜单中选择【设计视图】，弹出【另存为】对话框，在表名称的文本框中输入“学生表”，单击【确定】，完成“学生表”的命名，并弹出学生表的设计

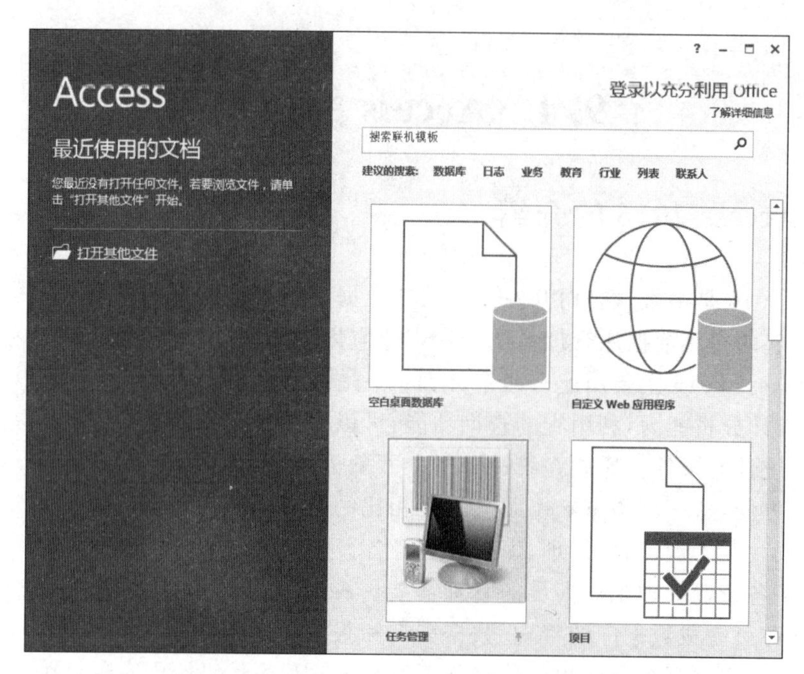

图 9-12　Access 2016 启动后的界面

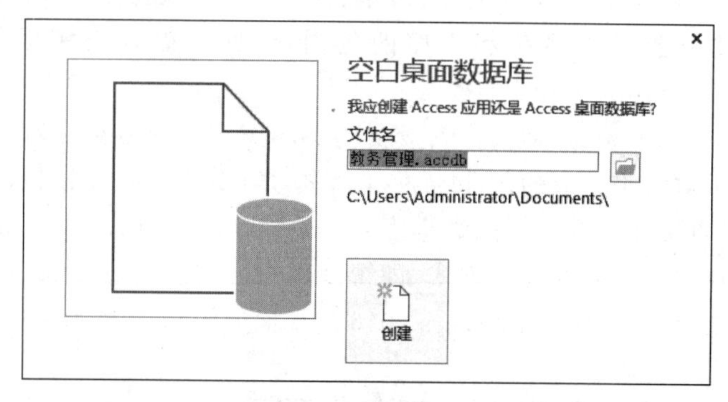

图 9-13　创建数据库

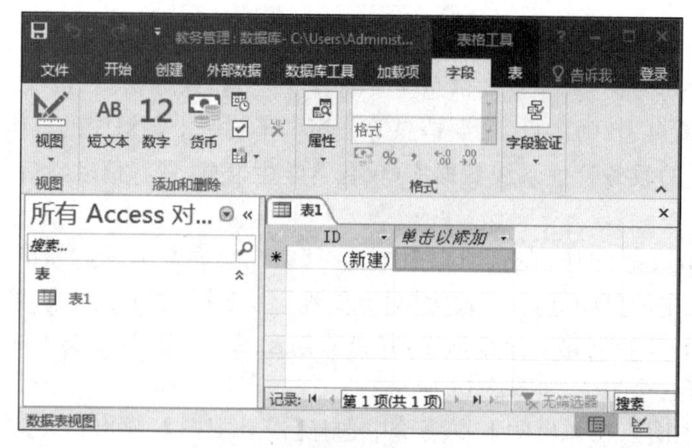

图 9-14　表 1 的数据表视图

视图如图 9-15 所示。

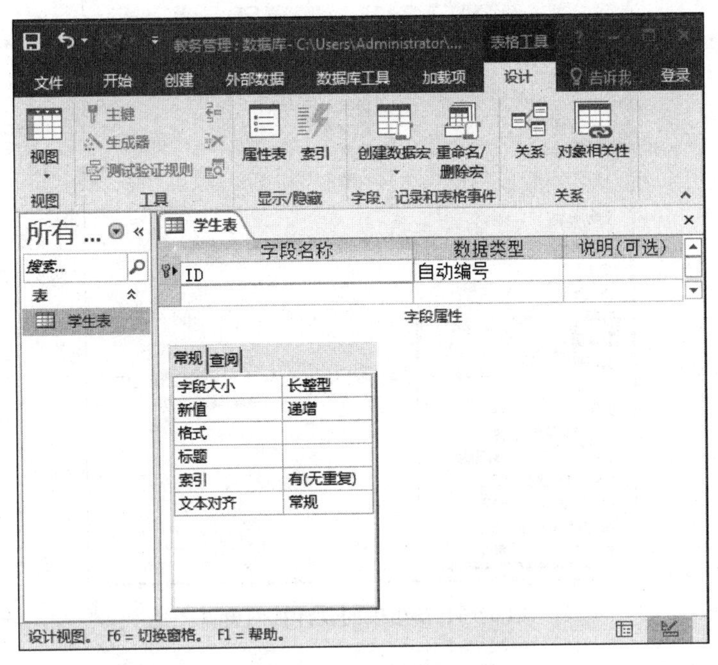

图 9-15　学生表的设计视图

(3) 参考表 9-2 学生表结构内容，在字段名称列输入字段名称，在数据类型列中选择相应的数据类型，在常规属性窗格中设置字段大小，把“学号”字段设置为学生表的主键，如图 9-16 所示。保存并退出学生表的设计视图窗口。

表 9-2　学生表结构

字段名称	数据类型	字段大小(格式)
学号	短文本	10
姓名	短文本	8
性别	短文本	2
年龄	数字	整型
政治面貌	短文本	8
籍贯	短文本	20

(4) 在左侧的导航窗格中双击“学生表”，在弹出学生空表中依次输入相应的学生记录，如图 9-17 所示，完成学生信息的输入，保存学生表并退出。

(5) 单击菜单栏【创建】，选择【表设计】，在设计视图窗口依次参考表 9-3 课程表结构、表 9-4 选课表结构分别创建课程表、选课表。其中课程表中选择“课程号”为主键，选课表中选择“学号”“课程号”组合为主键(方法：按 Ctrl 键的同时右击“课程号”并选择“主键”即可)，并输入相应的记录，结果如图 9-18 课程表、图 9-19 选课表所示。

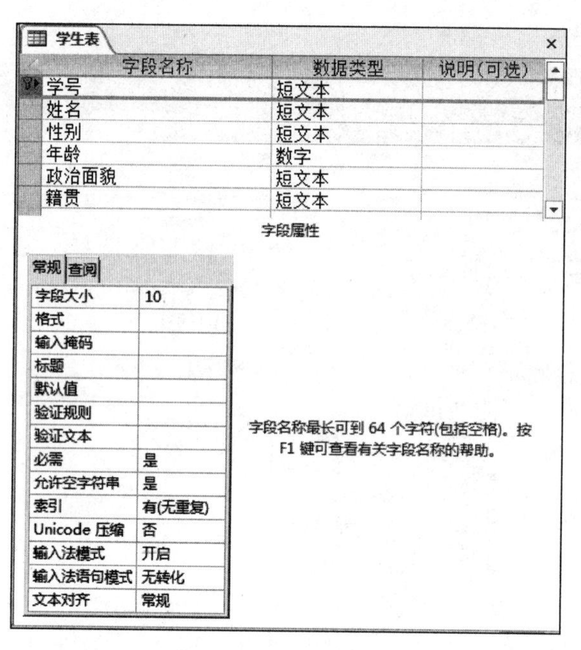

图 9-16　学生表的设计视图窗口

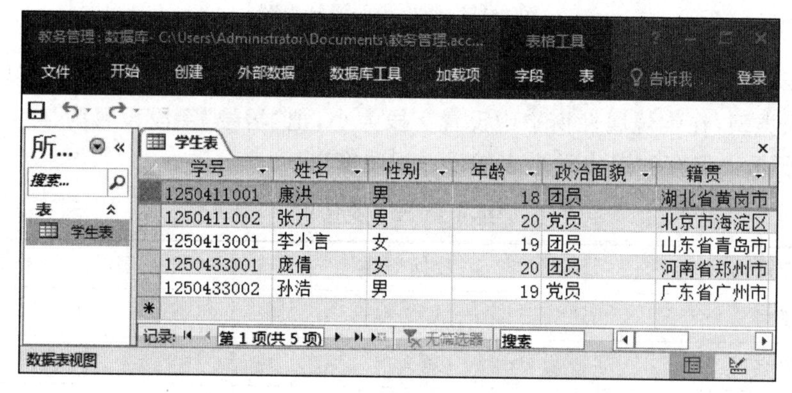

图 9-17　学生表

表 9-3　课程表结构

字段名称	数据类型	字段大小(格式)
课程号	短文本	5
课程名	短文本	20
学分	数字	整型

表 9-4　选课表结构

字段名称	数据类型	字段大小(格式)
学号	短文本	10
课程号	短文本	5
成绩	数字	整型

以上学生表、课程表和选课表均通过设计视图创建，当然，创建表也可以通过数据表视图创建，数据表视图创建直观快捷，但无法提供更详细的字段设置。因此，在需要设置更详细的表字段时，可以通过设计视图来创建表。

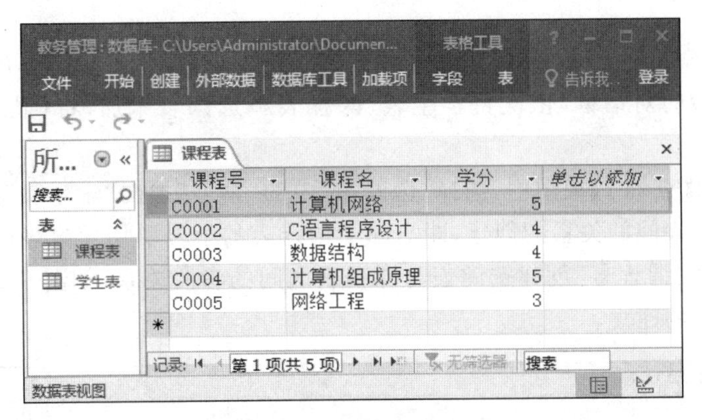

课程号	课程名	学分	单击以添加
C0001	计算机网络	5	
C0002	C语言程序设计	4	
C0003	数据结构	4	
C0004	计算机组成原理	5	
C0005	网络工程	3	

图 9-18 课程表

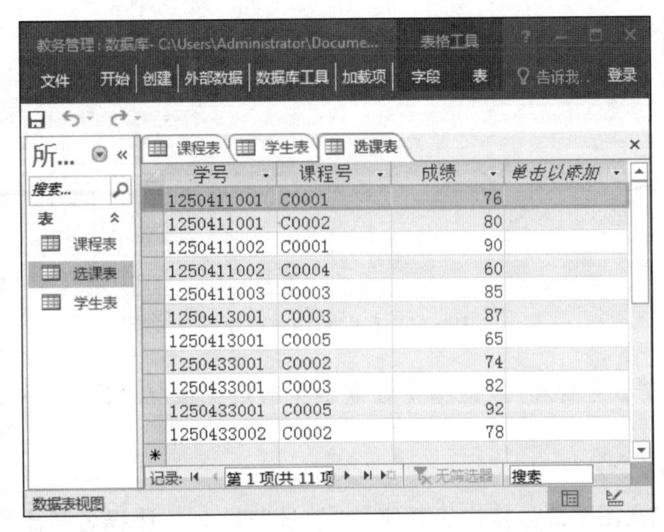

学号	课程号	成绩	单击以添加
1250411001	C0001	76	
1250411001	C0002	80	
1250411002	C0001	90	
1250411002	C0004	60	
1250411003	C0003	85	
1250413001	C0003	87	
1250413001	C0005	65	
1250433001	C0002	74	
1250433001	C0003	82	
1250433001	C0005	92	
1250433002	C0002	78	

图 9-19 选课表

9.4.3 创建查询

查询，就是根据给定的条件从数据库的一个或多个表中筛选出符合条件的记录，构成一个数据集合。而这些提供了数据的表被称为查询的数据来源。用户进行查询时系统会根据数据来源中当前数据产生查询结果，所以查询是一个动态集，随着数据库的变化而变化。按查询涉及的表数据，查询又分为单表查询和多表查询。查询的信息只涉及一张表的字段即为单表查询，涉及多张表的字段即为多表查询。在 Access 2016 中，创建查询方式有多种，下面介绍常见的两种查询方式：查询设计和 SQL（结构化查询语言）查询。

1. 查询设计

使用查询设计是建立查询的主要方法，在设计视图上由用户自主设计查询更为灵活。当查询涉及多张表的信息时，需要在查询之前建立表与表之间的连接关系。具体操作步骤如下。

(1) 打开“教务管理”数据库，选择菜单栏【创建】中的【查询设计】，弹出查询视图设计窗口及【显示表】的对话框，依次将学生表、课程表和选课表添加，将【显示表】的对话框关闭。

(2) 在弹出【查询 1】视图中，选择“选课表”中的“学号”拖向“学生表”的“学号”，完成了选课表和学生表间的关系的创建，即实现了选课表的学号引用学生表中的学号。同样的方法通过选择“课程号”创建选课表与课程表之间的参照关系，如图 9-20 所示，完成三张表的连接关系的建立。

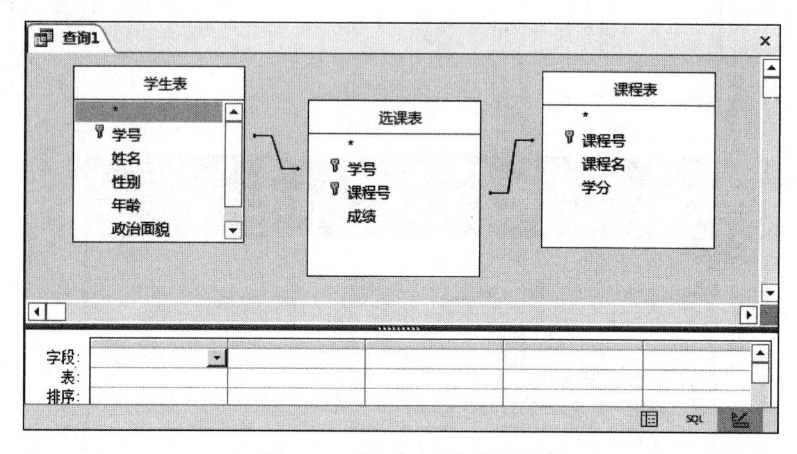

图 9-20 【查询 1】关系建立

【例 9-3】 在“教务管理”数据库中查询学生的选课情况，要求显示学号、姓名、课程名和成绩。

步骤如下：

(1)【查询 1】视图下部分依次选择字段“学号”“姓名”“课程名”“成绩”四个字段，如图 9-21 所示。

字段:	学号	姓名	课程名	成绩	
表:	学生表	学生表	课程表	选课表	
排序:					
显示:	☑	☑	☑	☑	☐
条件:					
或:					

图 9-21 【例 9-3】查询视图

(2) 选择菜单【设计】中的【运行】按钮执行查询，查询结果如图 9-22 所示。

【例 9-4】 查询选修课程名“C 语言程序设计”且成绩大于 75 的学生的学号和姓名。查询设计视图如图 9-23 所示。执行查询，即可查看查询结果如图 9-24 所示。

2. SQL 查询

SQL 是用于关系数据库的标准化语言。它是一种非过程化的语言，可用于定义、查

查询1

学号	姓名	课程名	成绩
1250411001	康洪	计算机网络	76
1250411001	康洪	C语言程序设计	80
1250411002	张力	计算机网络	90
1250411002	张力	计算机组成原理	60
1250413001	李小言	数据结构	87
1250413001	李小言	网络工程	65
1250433001	庞倩	C语言程序设计	74
1250433001	庞倩	数据结构	82
1250433001	庞倩	网络工程	92
1250433002	孙浩	C语言程序设计	78

图 9-22 【例 9-3】查询结果

字段:	学号	姓名	课程名	成绩
表:	学生表	学生表	课程表	选课表
排序:				
显示:	☑	☑	☐	☐
条件:			="C语言程序设计"	>=75
或:				

图 9-23 【例 9-4】查询视图

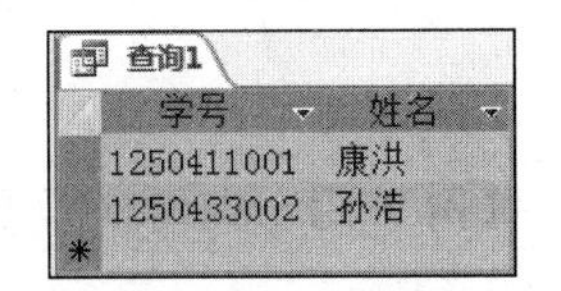

查询1

学号	姓名
1250411001	康洪
1250433002	孙浩

图 9-24 【例 9-4】查询结果

询、更新、管理关系型数据库，其中数据查询语句是 SQL 的核心。在数据库的实际应用中，用户最常使用的操作就是查询操作。SQL 的查询语句使用非常灵活，功能十分强大，它不仅可以实现简单查询，也可以实现连接查询、嵌套查询等复杂的查询操作。下面介绍 SQL 查询语句的一般格式和常用的查询语句。

查询语句的一般形式为：

```
SELECT [ ALL|DISTINCT ] <字段表达式 1>[,<字段表达式 2>[,…]]
    FROM <表名 1>,<表名 2>[,…]
    [WHERE <条件表达式>]
    [GROUP BY <分组表达式>[HAVING<分组条件表达式>]]
    [ORDER BY <字段>[ASC|DESC]]
```

该语句的含义是：根据 WHERE 子句的条件表达式，从指定的基本表中找出满足条件的元组，按 SELECT 子句中的字段表达式，选出元组中的属性值形成结果表。如果有 ORDER BY 子句，则结果表要根据指定的字段按升序或降序排序。GROUP BY 子句将结果按分组表达式分组，每个组产生结果表中的一个元组。分组的附加条件用 HAVING 短语给出，只有满足指定的条件表达式的组才予以输出。由于 SELECT 语句的选项很多，尤其是目标列和条件表达式。为了说明 SQL 查询语句的使用方法，下面以教务系统数据库为例介绍 SELECT 的用法，具体操作步骤如下。

(1) 打开"教务管理"数据库，选择菜单栏【创建】中的【查询设计】，弹出"查询 1"及【显示表】的对话框，将【显示表】的对话框关闭。

(2) 右击"查询 1"弹出如图 9-25 的快捷菜单，选择【SQL 视图】，进入 SQL 视图。

(3) 在 SQL 视图中编辑空白处输入相应的查询语句，然后选择菜单栏【设计】中的【运行】，即可实现查询结果。

图 9-25　SQL 视图快捷菜单

【例 9-5】 查询全部男生的基本信息。

```
SELECT * FROM 学生表 WHERE 性别='男'
```

说明：用"*"来表示查询指定基本表的全部属性，属性顺序与表本身的顺序相同。上面的查询等价于：

```
SELECT 学号,姓名,性别,年龄 FROM 学生表 WHERE 性别='男'
```

在 SQL 视图中输入的查询语句如图 9-26，运行结果如图 9-27。

图 9-26　【例 9-5】SQL 查询语句

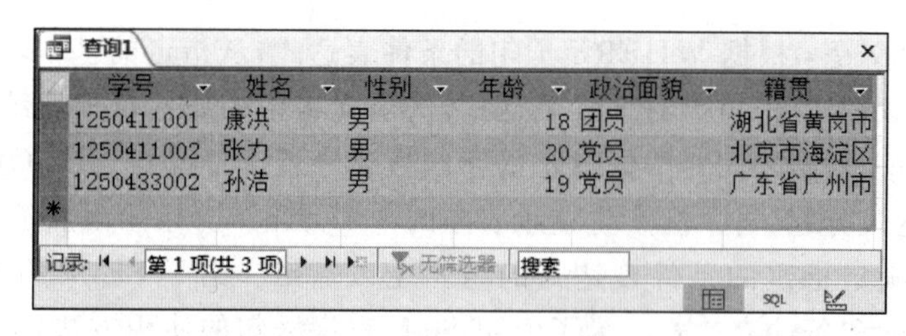

学号	姓名	性别	年龄	政治面貌	籍贯
1250411001	康洪	男	18	团员	湖北省黄岗市
1250411002	张力	男	20	党员	北京市海淀区
1250433002	孙浩	男	19	党员	广东省广州市

记录：第 1 项(共 3 项)　无筛选器　搜索

图 9-27　【例 9-5】SQL 查询结果显示

【例 9-6】 查询年龄大于 19 岁的学生的学号和姓名。

```
SELECT 学号,姓名 FROM 学生表 WHERE 年龄>19
```

【例 9-7】 查询所有"张"姓的学生信息。

```
SELECT * FROM 学生表 WHERE 姓名 LIKE'张%'
```

【例 9-8】 查询选修课程号为“C0001”的不及格的学生学号。

```
SELECT 学号 FROM 选课表 WHERE 课程号='C0001'AND 成绩<60
```

【例 9-9】 查询选修课程号为“C0002”的学生的学号、姓名和成绩。

```
SELECT 学生表.学号,姓名,成绩 FROM 学生表,选课表 WHERE 学生表.学号=选课表.学号 AND
课程号='C0002'
```

说明：涉及多个表的查询要用连接两个表的连接条件或连接字段，一般格式为：表1.列名＝表2.列名。

【例 9-10】 查询男生和女生的平均年龄。

```
SELECT 性别,AVG(年龄)AS 平均年龄 FROM 学生表 GROUP BY 性别
```

说明：AVG()是聚集函数，用来计算某字段的平均值。其他的聚集函数有最大值函数 MAX()，最小值函数 MIN()，求和函数 SUM()，统计函数 COUNT()。用 AS 表示字段的别名。

【例 9-11】 查询选修课程名为“计算机网络”的学生学号及成绩。

```
SELECT 学号,成绩 FROM 选课表 WHERE 课程号 IN(SELECT 课程号 FROM 课程表 WHERE 课程名
='计算机网络')
```

说明：此查询为嵌套查询，也称为子查询，是指一个 SELECT 查询块可以嵌入在另一个 SELECT 查询块中。嵌套的 SELECT 查询使得 SQL 语言可以实现各种复杂的查询。嵌套查询必须用括号括起来。

习　题　9

一、选择题

1. 不属于数据库系统(DBS)的组成的是(　　)。
   A. 硬件系统　　B. 文件系统
   C. 数据库管理系统及相关软件　　D. 数据库管理员
2. DBMS 中数据库数据的检索、插入、修改和删除操作的功能称为(　　)。
   A. 数据操作　　B. 数据控制
   C. 数据管理　　D. 数据定义
3. 在数据管理技术发展的三个阶段中，数据共享最好的是(　　)。
   A. 文件系统阶段　　B. 人工管理阶段
   C. 数据库管理阶段　　D. 三个阶段都相同
4. 关系模型中的“关系”一般是指(　　)。
   A. 满足一定规范化要求的二维表格　　B. 没有任意要求的表格
   C. 二维表中的记录　　D. 二维表中的数据项

5. 在 E-R 图中,用来表示实体联系的图形是(　　)。

A. 矩形　　B. 菱形　　C. 椭圆形　　D. 三角形

6. 一间宿舍可住多位学生,一位学生只能住一间宿舍,则宿舍与学生之间的联系是(　　)。

A. 一对一　　B. 一对多　　C. 多对一　　D. 多对多

7. 假设一个书店用(书号,书名,作者,出版社,出版日期,库存量)属性来描述图书,可以作为“关键字”的属性是(　　)。

A. 书号　　B. 作者　　C. 书名　　D. 出版社

8. 在学生管理的关系数据库中,存取一个学生信息的数据单位是(　　)。

A. 文件　　B. 数据库　　C. 字段　　D. 记录

9. 数据库设计中,E-R 图的设计是属于数据库设计的(　　)。

A. 需求分析阶段　　B. 概念设计阶段　　C. 逻辑设计阶段　　D. 物理设计阶段

10. Access 2016 的默认数据库文件的扩展名是(　　)。

A. .mdb　　B. .accdb　　C. .accde　　D. .mde

二、填空题

1. 数据库管理系统常见的数据模型有层次模型、________、________三种。

2. 二维表中的一行称为关系的________,二维表中的一列称为关系的________。

3. 关系数据库中,从关系中找出满足条件的元组,该操作称为________。

4. E-R 图中包括实体、________、________三部分。

5. 如果一名病人可看多名医生,而一名医生可以给多名病人看病,则病人和医生之间存在________联系。

三、查询设计题(基于“教务管理”数据库,用 SQL 查询完成下列各题)

1. 查询女生的基本信息。

2. 查询“李”姓的男生信息。

3. 查询课程号为“C0002”课程的选课信息。

4. 查询选修“网络工程”的选课情况。

5. 查询选修成绩大于 80 的学生信息。

四、E-R 图设计题

某体育运动锦标赛有来自全国各地的体育代表团参加各类比赛项目,其中代表团包含有多名运动员,运动员可以参加多个比赛项目,每个比赛项目有多名运动员参加,记录运动员的比赛时间以及成绩,每个比赛类别包含有不同的比赛项目。代表团的属性包括团编号,地区,住所,负责人;运动员的属性包括编号,姓名,年龄,性别,籍贯;比赛项目的属性包括项目编号,项目名称,级别;比赛类别的属性包括类别编号,类别名称,主管,联系方式。请画出 E-R 图,并注明属性及联系类型。

习题9答案

一、选择题

1. B　2. A　3. C　4. A　5. B　6. B　7. A　8. D　9. B　10. B

二、填空题

1. 网状模型、关系模型　2. 元组(或记录)、属性(或字段)　3. 查询　4. 属性、联系　5. 多对多

三、查询设计题

1. SELECT * FROM 学生表 WHERE 性别='女'

2. SELECT * FROM 学生表 WHERE 姓名 LIKE'李%' AND 性别='男'

3. SELECT * FROM 选课表 WHERE 课程号='C0002'

4. SELECT 选课表.* FROM 选课表,课程表 WHERE 选课表.课程号=课程表.课程号 AND 课程名='网络工程'
   SELECT * FROM 选课表 WHERE 课程号 IN(SELECT 课程号 FROM 课程表 WHERE 课程名='网络工程')

5. SELECT 学生表.* FROM 学生表,选课表 WHERE 学生表.学号=选课表.学号 AND 成绩>80
   SELECT * FROM 学生表 WHERE 学号 IN(SELECT 学号 FROM 选课表 WHERE 成绩>80)

四、E-R图设计题

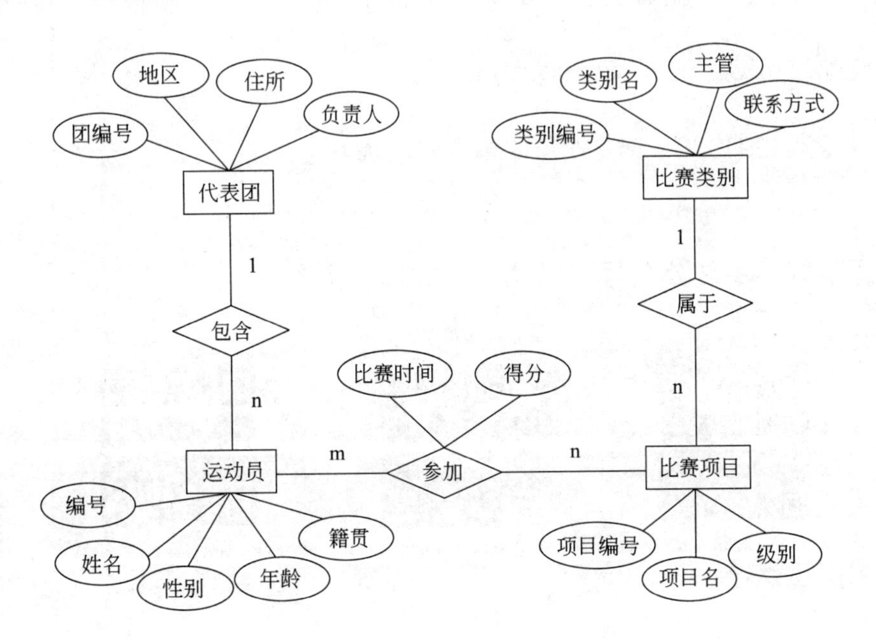

图书资源支持

感谢您一直以来对清华版图书的支持和爱护。为了配合本书的使用，本书提供配套的资源，有需求的读者请扫描下方的"书圈"微信公众号二维码，在图书专区下载，也可以拨打电话或发送电子邮件咨询。

如果您在使用本书的过程中遇到了什么问题，或者有相关图书出版计划，也请您发邮件告诉我们，以便我们更好地为您服务。

我们的联系方式：

地　　址：北京市海淀区双清路学研大厦 A 座 714

邮　　编：100084

电　　话：010-83470236　010-83470237

客服邮箱：2301891038@qq.com

QQ：2301891038（请写明您的单位和姓名）

资源下载：关注公众号"书圈"下载配套资源。

资源下载、样书申请

书圈

图书案例

清华计算机学堂

观看课程直播